U0227207

高职高专土建类专业教材编审委员会

主 任 委 员 陈安生 毛桂平

副主任委员 汪 绯 蒋红焰 陈东佐 李 达 金 文

委 员 （按姓名汉语拼音排序）

蔡红新 常保光 陈安生 陈东佐 窦嘉纲 冯 斌
冯秀军 龚小兰 顾期斌 何慧荣 洪军明 胡建琴
黄利涛 黄敏敏 蒋红焰 金 文 李春燕 李 达
李椋京 李 伟 李小敏 李自林 刘昌云 刘冬梅
刘国华 刘玉清 刘志红 毛桂平 孟胜国 潘炳玉
邵英秀 石云志 史 华 宋小壮 汤玉文 唐 新
汪 绯 汪 葵 汪 洋 王 波 王崇革 王 刚
王庆春 王锁荣 温艳芳 吴继锋 夏占国 肖凯成
谢延友 徐广舒 徐秀香 杨国立 杨建华 余 斌
曾学礼 张苏俊 张宪江 张小平 张宜松 张轶群
赵建军 赵 磊 赵中极 郑惠虹 郑建华 钟汉华

"十二五"职业教育国家规划教材
经全国职业教育教材审定委员会审定

温艳芳　主编　　张学著　副主编

安装工程计量与计价实务

ANZHUANG GONGCHENG JILIANG YU JIJIA SHIWU

（第二版）

化学工业出版社
·北京·

本书包括5个学习情境和2个附录，内容涵盖了给排水工程、采暖工程、电气照明工程、消防工程、通风空调工程等实用内容。

本书立足于职业能力的培养，基于工作过程以工作任务为载体构建课程体系，打破了传统的以学科体系进行教材编写的模式，采用学习情境与学习单元组织教材内容，每个学习情境中都有具体的知识目标与能力目标，以任务描述→任务资讯→任务分析→任务实施为主线，含有详细的理论知识、现行定额和清单两种计价模式的实践技能以及思考与练习等。

本书可作为高职高专工程造价、建筑工程管理、建筑经济管理与建筑设备类专业及相关专业的教材，也可作为成人教育以及其他人员培训和参考的教材，还可供从事建筑安装工程等技术工作的人员参考或自学使用。

图书在版编目（CIP）数据

安装工程计量与计价实务/温艳芳主编. —2版. —北京：化学工业出版社，2013.8（2018.2重印）

ISBN 978-7-122-17913-5

Ⅰ.①安… Ⅱ.①温… Ⅲ.①建筑安装工程-工程造价-高等职业教育-教材 Ⅳ.①TU723.3

中国版本图书馆CIP数据核字（2013）第151088号

责任编辑：李仙华

责任校对：蒋 宇　　　　装帧设计：尹琳琳

出版发行：化学工业出版社（北京市东城区青年湖南街13号 邮政编码100011）

印　　装：三河市延风印装有限公司

787mm×1092mm 1/16 印张18½ 字数469千字 2018年2月北京第2版第8次印刷

购书咨询：010-64518888（传真：010-64519686） 售后服务：010-64518899

网　　址：http://www.cip.com.cn

凡购买本书，如有缺损质量问题，本社销售中心负责调换。

定　　价：35.00元

版权所有 违者必究

前 言

本书为“十二五”职业教育国家规划教材。本书是化学工业出版社2009年出版的《安装工程计量与计价实务》的再版。随着新技术的不断涌现，新规范、新定额的实施与使用，教材力求与时俱进，更新陈旧的不适用的内容，增加了新的必要的知识，为适应工程造价、建筑经济管理、建筑工程管理等专业教学的需要，在保持第一版教材原有体系的基础上，对教材内容作了适当的删减和修改，注重新技术、新规范、新定额的宣贯与应用，积极推行工学结合，融“教、学、做”为一体，强化学生职业能力的培养。

在第二版教材的修订中，保持原教材5个学习情境和2个附录，内容涵盖给排水工程、采暖工程、电气照明工程、消防工程和通风空调工程，按现行定额和清单两种计价模式编写了计量与计价的实用内容，更新并采用了最新版GB 50500—2013《建设工程工程量清单计价规范》、2011年建设工程计价依据《安装工程预算定额》、《建设工程费用定额》的相关内容。

参加本教材编写工作的有：山西工程职业技术学院温艳芳（学习情境一、附录）、张学著（学习单元2.2、学习单元3.2、学习单元5.2）；阳泉职业技术学院牛晓勤（学习单元2.1）；太原城市职业技术学院相跃进、雷洁兰（学习单元3.1）；山西工程职业技术学院赵鑫、太原晋源地产杨振琴（学习情境四）；山西建筑职业技术学院段克润（学习单元5.1）。全书由温艳芳任主编并统稿，张学著任副主编，由山西工程职业技术学院蔡红新教授主审。

在本书编写过程中，省建设厅标准定额站给予了大力支持，并提出了很好的建议；西北建筑设计院王娟芳高级工程师在施工图和资源素材方面提供了帮助；兄弟院校的老师也提出了很好的意见和建议。在此一并表示感谢。

由于编者水平有限，加之时间仓促，书中疏漏之处难免，我们将在实践中不断加以改进和完善，对书中不足之处恳请读者给予批评指正。

本书提供电子教案，可发信到cipedu@163.com邮箱免费获取。

编者

2014年8月

第一版前言

高等职业教育作为高等教育发展中的一个类型，肩负着培养面向生产、建设、服务和管理第一线需要的高素质技能型专门人才的使命，积极与行业、企业合作开发课程，改革课程体系、教学内容和教学方法，大力推行工学结合，改革人才培养模式，融“教、学、做”为一体，强化学生职业能力的培养。

安装工程计量与计价实务是一门实践性很强的课程，为此本教材根据教育部教高[2006] 16号文件关于《全面提高高等职业教育教学质量的若干意见》指导方案进行编写，立足于职业能力的培养，基于工作过程以工作任务为载体构建课程体系，打破了传统的以学科体系进行教材编写的模式，采用学习情境与学习单元组织教材内容，以任务描述→任务资讯→任务分析→任务实施为主线，坚持理实一体，注重培养学生动手能力、分析能力和解决问题的能力，力求在内容和选材方面体现学以致用，保持其系统性和实用性，采用新技术、新材料、新工艺，贯彻新规范，力求内容精炼，表述清楚，图文并茂，便于理解掌握。

本教材包括5个学习情境和2个附录，每个学习情境包括2个学习单元，内容涵盖了给排水工程、采暖工程、电气照明工程、消防工程、通风空调工程计量与计价的实用内容，为提高实际动手能力，按现行定额与清单两种计价模式编写了完整的工程实例和安排了工作任务。

本书由山西工程职业技术学院温艳芳担任主编并统稿，太原城市职业技术学院相跃进、湖南娄底职业技术学院李清奇担任副主编。山西工程职业技术学院温艳芳；阳泉职业技术学院牛晓勤、宁连旺；太原城市职业技术学院相跃进、雷洁兰；山西建筑职业技术学院段克润和山西鸿升房地产开发有限公司杨振琴共同编写。在本书编写过程中，西北建筑设计院王娟芳高级工程师和山西工程职业技术学院蔡红新教授在施工图和资料方面提供了帮助，山西省建设厅标准定额站给予了大力的支持。在此一并表示感谢。

由于水平有限，加之时间仓促，书中疏漏之处在所难免，将在实践中不断加以改进和完善，对书中不足之处恳请读者给予批评指正。

本书提供有电子教案，可发信到 cipedu@163. com 邮箱免费获取。

编者

2009年5月

目　录

学习情境一　给排水工程计量与计价

知识目标

了解暖卫工程常用材料、卫生设备和给排水工程项目的组成；了解给排水工程施工图的主要内容及其识读方法；理解安装工程消耗量定额及安装工程与建筑工程计量与计价的主要区别；掌握定额与清单两种计价模式的给排水工程施工图计量与计价编制的步骤、方法、内容、计算规则及其格式。

能力目标

能熟练识读给排水工程施工图；比较熟练地依据合同、设计资料及目标进行两种模式的给排水工程计量与计价；学会根据计量与计价成果文件进行给排水工程工料分析、总结、整理各项造价指标。

任务描述

一、工作任务

完成某三层办公楼给排水工程定额计量与计价。

某三层办公楼给水、排水施工图如图1-1～图1-3所示。工程设计与施工说明如下。

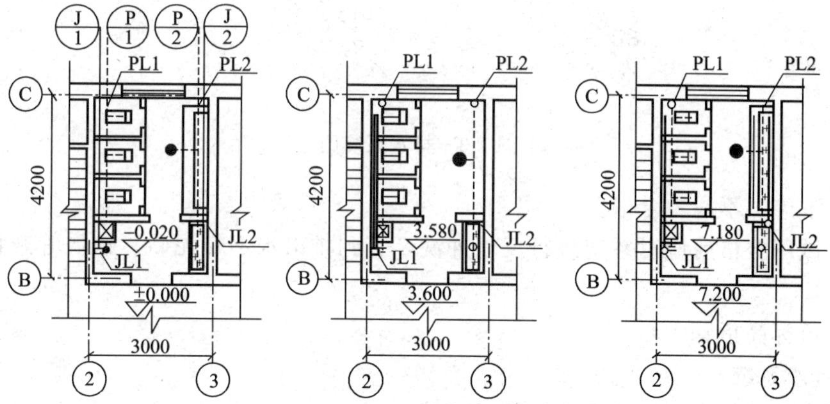

(a) 一层给排水平面图　(b) 二层给排水平面图　(c) 三层给排水平面图

图1-1　室内给排水平面图

（一）给水系统

（1）给水由室外干管引入，入口压力不低于0.2MPa，给水为下行上给式。

（2）管材选用热浸镀锌钢管螺纹连接，阀门采用截止阀，型号J11T-16。

（3）管道穿墙、楼板时，应埋设钢制套管，安装在楼板内的套管其顶部应高出地面50mm，底部与楼板面齐平；安装在墙内的套管，应与饰面相平。

（4）管道安装完毕后应进行水压试验，试验压力为0.6MPa，在10min内压降不大于

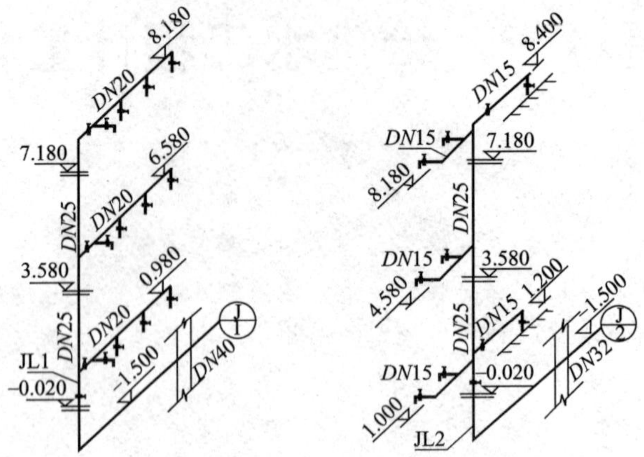

图 1-2　给水系统图

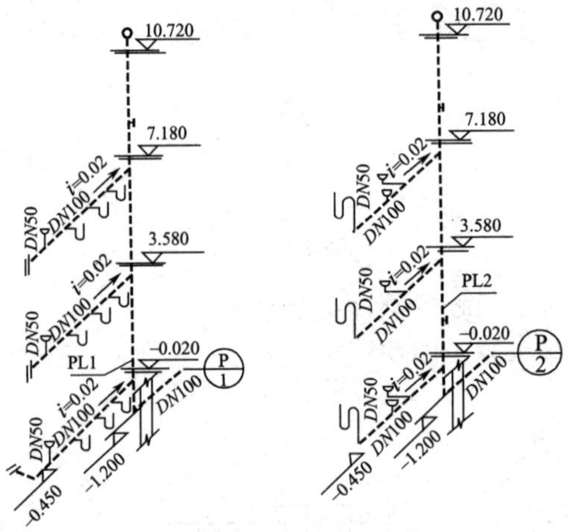

图 1-3　排水系统图

0.05MPa，不渗、不漏为合格。

（5）经试压合格后应对系统进行反复冲洗，直到排出水不带泥砂、铁屑等杂物且水色清晰为合格。

（6）管道标高指管中心。

（二）排水系统

（1）排水管采用离心铸铁管柔性接口连接。

（2）卫生器具安装按标准图 05S2。

（3）管道安装完毕做通水试验，不堵、不渗、不漏为合格。

（4）管道标高指管底。

（三）防腐

（1）给排水不论明暗装，管道、管件及支架等刷漆前，先清除表面的灰尘、污垢、锈斑及焊渣等物。

（2）埋地镀锌钢管及铸铁管均刷沥青漆二道，明装镀锌钢管刷银粉漆一道。

（3）支架不论明暗装，均除锈后刷防锈漆一道，银粉漆二道。

二、可选工作手段

包括：现行建筑安装工程预算定额；当地建设工程材料指导价格；计算器；五金手册；建筑施工规范；建筑施工质量验收规范。

学习单元 1.1　给排水工程定额计量与计价

任务资讯

一、给排水工程

给排水工程是构成工业与民用建筑单项工程的室内外给排水工程，包括给水工程和排水工程。

（一）给水工程

给水工程是将城市市政给水管网中的水输送到建筑物内各个用水点上，并满足用户对水质、水量、水压要求的工程。工业与民用建筑工程中，给水工程包括室内和室外两部分。

1. 室外给水工程

指住宅楼或住宅小区及厂区范围内自市政给水管网接引管道至各建筑物之间的给水管道的铺设、阀门的设置及其给水配套工程。

2. 室内给水工程

由进户管道通过计量水表后，经干管、立管、水平管至各用水点（厨房、卫生间管路、阀门及卫生器具）的安装工程。

（二）排水工程

排水工程是将生产废水和生活污水通过管道排入市政排水管网和废水处理站，经回收处理再利用的工程。一般建筑工程中的排水工程分为室内和室外两部分。

1. 室外排水工程

与市政下水管网相连接。各种排水管路的布置及系统规划，受到环保条例的制约，其中工业排水必须经回收处理达到标准才能排放。

2. 室内排水工程

由卫生洁具、管道、检查口、清扫口所组成，室内排水管道为无压力、自流状态水通过管道排出，因此排水管道的设置，不仅取决于卫生洁具的平面位置，还应考虑立面标高和水平管坡度的影响。

二、暖卫工程常用材料

（一）常用管材

建筑给水系统中管道材料可分为金属管材、非金属管材和复合管材等。

1. 金属管

（1）焊接钢管　焊接钢管俗称水煤气管，又称低压流体输送管或有缝钢管。通常用普通碳素钢中钢号为 Q215、Q235、Q255 的软钢制造而成。按其表面是否镀锌可分为镀锌钢管和焊接钢管。按钢管壁厚不同又分为普通钢管、加厚钢管两种。按管端是否带有螺纹还可分为带螺纹钢管和不带螺纹钢管两种。

焊接钢管的直径规格用公称直径“*DN*”表示，单位为 mm（如 *DN*20）。

普通焊接钢管用于非生活饮用水管道或一般工业给水管道；镀锌钢管适用于生活饮用水管道或某些水质要求较高的工业用水管道。

(2) 无缝钢管　无缝钢管常用普通碳素钢、优质碳素钢或低合金钢制造而成。按制造方法可分为热轧钢管和冷轧钢管两种。

无缝钢管的规格用“管外径×壁厚”表示，符号为 $D\times\delta$，D 和 δ，单位均为 mm（如 159×4.5）。

无缝钢管常用于输送氧气、乙炔管道、室外供热管道和高压水管线。

焊接钢管、镀锌钢管和无缝钢管公称直径、内径、壁厚、外径及其规格重量见表 1-1、表 1-2。

表 1-1　焊接钢管、镀锌钢管规格重量

公称直径 DN	公称直径 in	近似内径/mm	壁厚/mm	外径/mm	焊接钢管重量/(kg/m)	镀锌钢管重量/(kg/m)
15	$\frac{1}{2}$	15	2.75	21.25	1.25	1.313
20	$\frac{3}{4}$	20	2.75	26.75	1.63	1.712
25	1	25	3.25	33.50	2.43	2.541
32	$1\frac{1}{4}$	32	3.25	42.25	3.13	3.287
40	$1\frac{1}{2}$	40	3.50	48.00	3.84	4.032
50	2	50	3.50	60.00	4.88	5.124
70	$2\frac{1}{2}$	70	3.75	75.50	6.64	6.972
80	3	80	4.00	88.50	8.34	8.757
100	4	106	4.00	140.00	10.85	11.393
125	5	131	4.50	140.00	15.04	15.792
150	6	156	4.50	165.00	17.81	18.700

表 1-2　无缝钢管规格重量（摘自 YB 231—70）

公称直径 DN	外径 D /mm	壁厚 δ/mm 2.5	3.0	3.5	4.0	4.5	5.0	6.0	7.0	8.0
		理论重量/(kg/m)								
50	57	3.36	4.00	4.62	5.23	5.83	6.41	7.55	8.63	9.67
	60	3.55	4.22	4.88	5.52	6.16	6.78	7.99	9.15	10.26
70	73	4.35	5.18	6.00	6.81	7.60	8.38	9.91	11.39	12.82
	76	4.53	5.40	6.26	7.10	7.93	8.75	10.36	11.91	13.12
80	89	5.33	6.36	7.38	8.38	9.38	10.36	12.28	14.16	15.98
	102	6.13	7.32	8.50	9.67	10.82	11.96	14.21	16.40	18.55
100	108	6.5	7.77	9.02	10.26	11.49	12.70	15.09	17.44	19.73
	114				10.48	12.15	13.44	15.98	18.47	20.91
125	133				12.73	14.26	15.78	18.79	21.75	24.66
	140				13.42	15.04	16.65	19.83	22.96	26.04
150	159					17.15	18.99	22.64	26.24	29.79
	168						20.10	23.97	27.79	31.57
200	219							31.52	36.60	41.63
250	273								45.92	52.28
300	325									62.54

(3) 铸铁管　由生铁铸造而成的生铁管称为铸铁管。分为给水铸铁管和排水铸铁管两种，直径规格均用公称直径“*DN*”表示。

给水铸铁管常用灰口铸铁或球墨铸铁浇铸而成，出厂前内外表面已用防锈沥青漆防腐。按压力分为高压给水铸铁管（≤1.0MPa）、普压给水铸铁管（≤0.75MPa）和低压给水铸铁管（≤0.5MPa）三种。按接口形式分为承插式给水铸铁管和法兰式给水铸铁管两种。其公称直径、壁厚及其规格重量见表 1-3。

表 1-3　给水铸铁管规格重量

公称直径 *DN*	承插直管				双盘直管			
	壁厚/mm	长度/m	每根重量/kg	每米重量/kg	壁厚/mm	长度/m	每根重量/kg	每米重量/kg
75	9.0	3	58.5	19.50	9.0	3	59.5	19.83
100	9.0	3	75.5	25.17	9.0	3	76.4	25.47
125	9.0	4	119.0	29.75	9.0	3	93.1	31.03
150	9.0	4	149.0	37.25	9.0	3	116.0	38.67
200	10.0	4	207.0	51.75	10.0	4	207.0	51.75
250	10.8	4	277.0	69.25	10.8	4	280.0	70.00
300	11.4	4	348.0	87.00	11.4	4	353.0	88.25
350	12.0	4	426.0	106.50	12.0	4	434.0	108.50
400	12.8	4	519.0	129.75	12.8	4	525.0	131.25
450	13.4	4	610.0	152.50	13.4	4	622.0	155.50
500	14.0	4	706.0	176.50	14.0	4	721.0	180.25

高压给水铸铁管用于室外给水管道，普压给水铸铁管、低压给水铸铁管可用于室外燃气、雨水等管道。

排水铸铁管，自 2000 年 6 月 1 日起，在城镇新建住宅中，淘汰砂模铸造铸铁排水管用于室内排水管道，推广应用 UPVC 塑料排水管和符合《排水用柔性接口铸铁管及管件》(GB/T 12772—1999) 的柔性接口机制铸铁排水管。柔性卡箍式离心排水铸铁管以灰口铸铁为原料，经离心浇铸而成。由无承口离心铸铁管、无承口管道配件、专用不锈钢卡箍及密封橡胶圈四大部分组成。接口是将直管或配件的端头插入专用的密封橡胶圈内，密封橡胶圈外用专用的不锈钢卡箍锁紧，达到连接和止水的目的，属于柔性接口。离心铸铁管箍及密封橡胶圈如图 1-4 所示。其公称直径、壁厚及其规格重量见表 1-4。

表 1-4　离心排水铸铁管规格重量

公称直径 *DN*	外径/mm	壁厚/mm	管长/m	重量/(kg/根)	公称直径 *DN*	外径/mm	壁厚/mm	管长/m	重量/(kg/根)
50	61	4.3	3	16.5	150	162	4.8	3	51.2
75	86	4.4	3	24.4	200	214	5.8	3	81.9
100	111	4.8	3	34.6	250	268	6.1	3	113.6
125	137	4.8	3	43.1	300	318	7.0	3	148.0

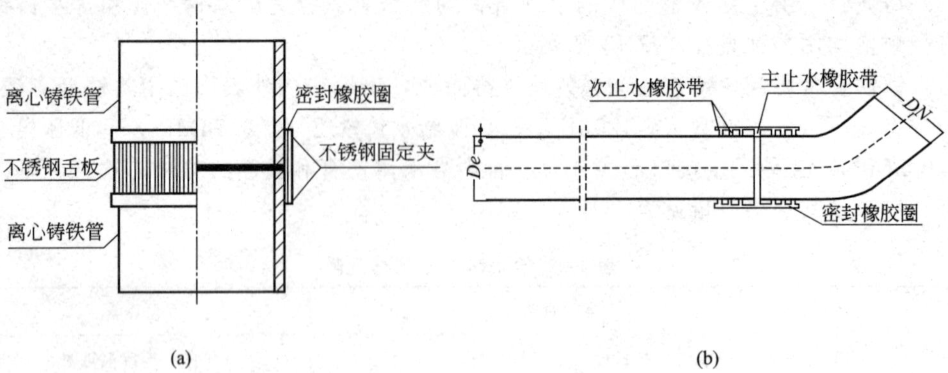

图 1-4　离心铸铁管箍及密封橡胶圈示意图

其适用于各种类型建筑的雨水、污水、通气管道系统，尤其适用于防火等级要求高，管道需一定抗震性能的高层建筑，该管路系统可以承压 1MPa 以上，它既可以用于无压排水管路系统，又可以用于有压排水管路系统。

2. 非金属管

（1）塑料管　塑料管是以合成树脂为主要成分，加入适量添加剂，在一定温度和压力下塑制成型的有机高分子材料管道。分为用于室内外输送冷、热水和低温地板辐射采暖管道的聚乙烯（PE）管、聚丙烯（PP-R）管、聚丁烯（PB）管等。适用于输送生活污水和生产污水的有聚氯乙烯（PVC-U）管。

PVC-U 承插排水管规格见表 1-5，PB、PP-R 管材规格见表 1-6、表 1-7。

表 1-5　PVC-U 承插排水管规格

公称外径 *De*	壁厚/mm	公称外径 *De*	壁厚/mm	公称外径 *De*	壁厚/mm
40	2.0	80	3.2	125	3.2
50	2.0	90	3.2	160	4.0
75	2.3	110	3.2		

表 1-6　PB 管材规格

公称直径 *DN*	外径/mm	壁厚/mm	内径/mm	管材每米重量/kg	公称直径 *DN*	外径/mm	壁厚/mm	内径/mm	管材每米重量/kg
12	16	2.2	11.6	0.088	40	50	4.6	40.8	0.610
15	20	2.8	14.4	0.141	50	63	5.8	51.4	0.969
20	25	2.8	20.4	0.152	65	75	6.8	61.4	1.354
25	32	3.0	26.0	0.254	80	90	8.2	73.6	1.960
32	40	3.7	32.6	0.392	100	110	10.0	90.0	2.920

表 1-7　PP-R 管材规格

公称外径 *De*	20	25	32	40	50	63	75	90	100
冷水管计算内径/mm	15.4	20.4	26.0	32.6	40.8	51.5	61.2	73.6	90.0
热水管计算内径/mm	13.2	16.6	21.2	26.6	33.2	42.0	50.0	60.0	73.4

（2）其他非金属管材　给排水工程中除使用给水塑料管、硬聚氯乙烯排水塑料管外，还经常在室外给排水工程中使用自应力和预应力钢筋混凝土给水管及钢筋混凝土、玻璃钢和带釉陶土排水管等。

3. 复合管材

（1）铝塑复合管　铝塑复合管中间层采用焊接铝管，外层和内层采用中密度或高密度聚乙烯或交联高密度聚乙烯，经热熔胶黏和复合而成。适用于新建、改建和扩建的工业与民用建筑中冷、热水供应管道。铝塑复合管不得用于消防供水系统或生活消防合用的供水系统。管材规格见表1-8。

表 1-8　铝塑复合管规格

规格代号	外径/mm	壁厚/mm	每卷长度/m
1216	16	2	100～200
1418	18	2	100～200
1620	20	2	100～200
2025	25	2.5	50～100
2632	32	3	25～50

（2）钢塑复合管　钢塑复合管是在钢管内壁衬（涂）一定厚度塑料复合而成的管子。一般分为衬塑管和涂塑管两种。适用于室内外给水的冷、热水管道和消防管道。

（二）常用管件

1. 螺纹管件

一般给水和采暖工程中，比较常用的有管箍、活接头、弯头、三通、四通、丝堵等，如图1-5所示。管件规格和管子规格是一致的，以公称直径标称。

2. 铸铁管件

（1）铸铁给水管件　铸铁给水管的安装，分为承插和法兰连接两种，在一般工程中常采用承插式，用石棉水泥打口。管路中所用的管件有异径管、三通、四通、弯头等，如图1-6所示。

（2）离心铸铁排水管件　在排水管路中，按其接口形式分为A型柔性接口（法兰压盖连接）和W型柔性接口（管箍连接）两种，简称A型和W型。按照具体情况，常采用的有弯曲管、90°弯头、45°弯头、90°三通、45°三通、正四通、Y三通、TY三通、P形存水弯、S形存水弯等管件，如图1-7所示。

3. 焊接管件

在焊接钢管和无缝钢管的安装中，经常要根据现场情况制作一些钢制管件，按制作方法分为压制法和焊接法两种。在给水和采暖工程中经常采用压制弯头进行管道转弯的连接件。

4. 铝（钢）塑复合管件

铝（钢）塑复合管件种类较多，常用的有异径弯头、等径和异径三通、等径直通、内外牙直通、内外

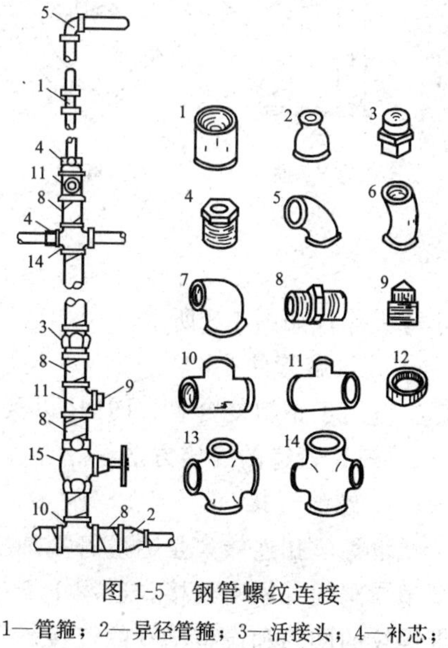

图1-5　钢管螺纹连接

1—管箍；2—异径管箍；3—活接头；4—补芯；5—90°弯头；6—45°弯头；7—异径弯头；8—内管箍；9—管堵；10—等径三通；11—异径三通；12—根母；13—等径四通；14—异径四通；15—阀门

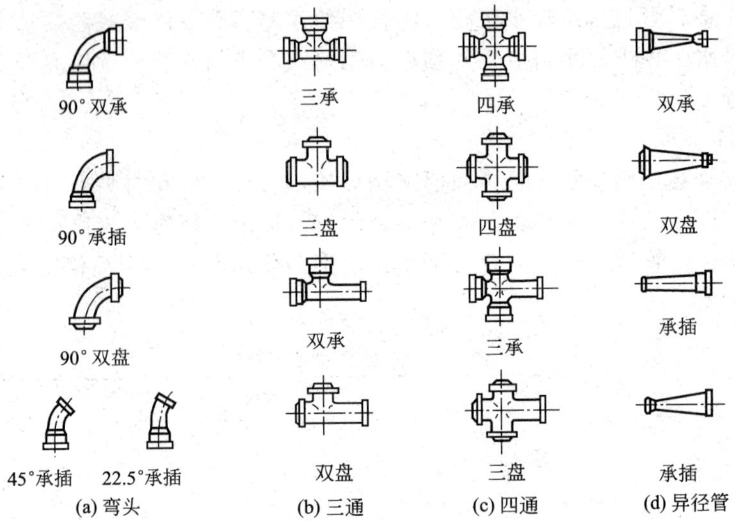

图 1-6 给水铸铁管件

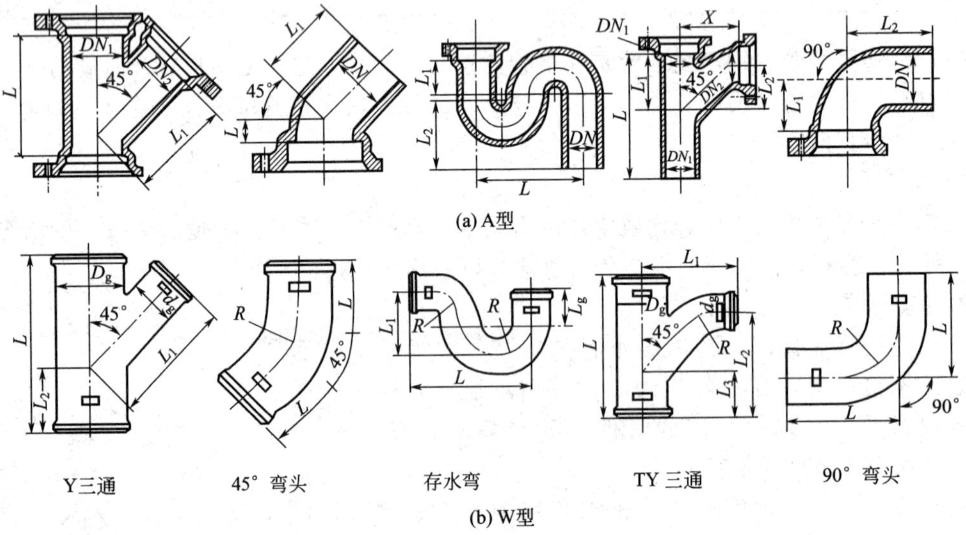

图 1 7 离心铸铁管件

牙弯头等，如图 1-8 所示。

5. 热熔管件

应用于钢塑复合管、PP-R 以及 PE 管材的连接，有直接、弯头、三通、弯径、法兰等。

（三）管道的连接方法

1. 螺纹连接

也称丝扣连接，是通过管端加工的外螺纹和管件内螺纹，将管子与管子、管子与管件、管子与阀门等紧密连接。适用于 $DN \leqslant 100$ 镀锌钢管及较小管径、较低压力的焊管的连接及带螺纹的阀门和设备接管的连接。

2. 法兰连接

是管道通过连接法兰及紧固件螺栓、螺母的紧固，压紧两法兰中间的垫片而使管道连接的方法。常用于 $DN \geqslant 100$ 镀锌钢管、无缝钢管、给水铸铁管、PVC-U 管和钢塑复合管的连接。

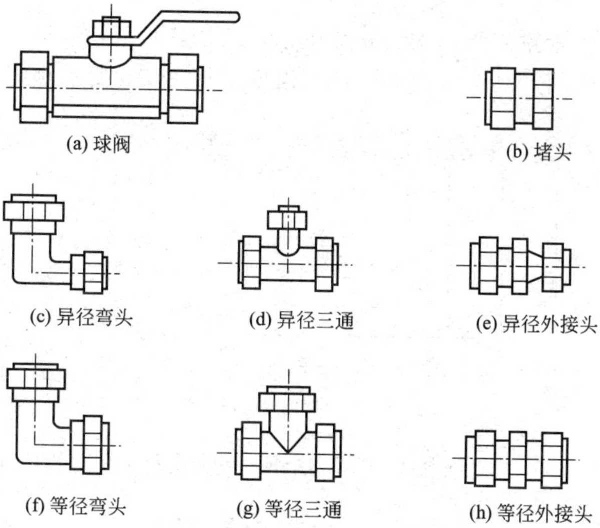

图 1-8　铝塑复合管的铜阀和铜管件

3. 焊接连接

是管道安装工程中应用最广泛的一种连接方法。常用于 $DN>32$ 的焊接钢管、无缝钢管、铜管的连接。

4. 柔性接口

卡箍式离心铸铁管采用不锈钢卡箍连接，管与管或管与配件之间属于对口连接，在该部位外套一层密封橡胶圈，再用不锈钢卡箍进行紧箍。

5. 热熔连接

是将两根热熔管道的配合面紧贴在加热工具上加热其平整的端面直至熔融，移走加热工具后，将两个熔融的端面紧靠在一起，在压力的作用下保持到接头冷却，使之成为一个整体的连接方式。适用于 PP-R、PB、PE 等塑料管的连接。

6. 电熔连接

是将 PE 管材完全插入电熔管件内，将专用电熔机两导线分别接通电熔管件正负两极，接通电源加热电热丝使内部接触处熔融，冷却完毕成为一个整体的连接方式。包括电熔承插连接和电熔鞍形连接。电熔连接主要应用在直径较小的燃气管道系统。

7. 卡套式连接

是由带锁紧螺纹和丝扣管件组成的专用接头而进行管道连接的一种连接形式。广泛用于铝塑复合管、钢塑复合管等的连接。

8. 卡箍连接

也称沟槽连接，内层的密封橡胶圈置于被连接管道的外侧，并与预先滚制的沟槽相吻合，再在橡胶圈外部扣上卡箍，由螺栓紧固连接的一种形式。广泛用于钢塑复合管、铸铁管、$DN\geqslant100$ 钢管的连接。

（四）常用附件

暖卫工程中的附件是指在管道及设备上的用以启闭和调节分配介质流量和压力的装置。有配水附件和控制附件两类。

1. 配水附件

配水附件用以调节和分配水量，一般指各种冷、热水龙头。

2. 控制附件

控制附件用以启闭管路、调节水量和水压，一般指各种阀门。

(1) 阀门型号　阀门产品型号由七个单元组成，按图 1-9 所示顺序编制。

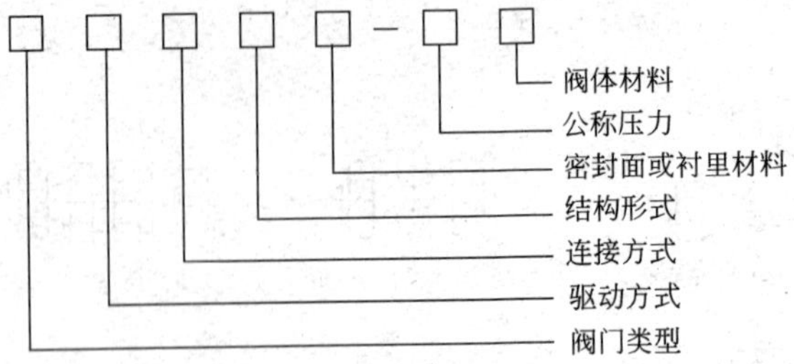

图 1-9　阀门产品型号

例如，Z43H-16C 表示法兰连接 Cr13 不锈钢衬里平板闸阀，公称压力 1.6MPa，阀体材料为碳钢。

① 第一单元用汉语拼音字母表示阀件类别，如闸阀代号为 Z，截止阀代号为 J，球阀代号为 Q，蝶阀代号为 D，旋塞阀代号为 X，止回阀代号为 H，减压阀代号为 Y，安全阀代号为 A，疏水阀代号为 S 等。

② 第二单元用一位阿拉伯数字表示驱动方式。如电磁动为 0，电磁-液动为 1，电动为 9 等。对手轮、手柄和扳手驱动的闸阀、截止阀及安全阀、减压阀、疏水阀，则省略此单元。

③ 第三单元用一位阿拉伯数字表示阀件的连接形式，如内螺纹连接代号为 1，法兰连接代号为 4，焊接代号为 6。如长箍代号为 8，长套代号为 9 等。

④ 第四单元用一位阿拉伯数字表示阀件的结构形式。如平板代号为 3，直通代号为 1 等。

⑤ 第五单元用汉语拼音字母表示密封面或衬里材料。如阀体直接加工为 W，Cr13 不锈钢为 H，衬胶为 J 等。

⑥ 第六单元用阿拉伯数字表示阀件的公称压力，并以横线“—”与第五单元隔开。

⑦ 第七单元用汉语拼音字母表示阀体材料。如碳钢为 C，可锻铸铁为水，塑料为 S 等。对低温阀、带加热套的保温阀、带波纹管的阀件和杠杆式安全阀，在代号前分别加汉语拼音字母 D、B、W 和 G。

(2) 阀门的分类

① 闸阀　闸阀的启闭件为闸板，由阀杆带动闸板沿阀座密封面作升降运动而切断或开启管路。按连接方式分为螺纹闸阀和法兰闸阀，主要用于 $DN \geqslant 50$ 的冷、热水、采暖、室内煤气等工程的管路或需双向流动的管段。

② 截止阀　截止阀的启闭件为阀瓣，由阀杆带动沿阀座轴线作升降运动而切断或开启管路。按连接方式分为螺纹截止阀和法兰截止阀两种。主要用于 $DN \leqslant 50$ 的冷、热水管路中或需要经常启闭的管道，它内部严密可靠，但水流阻力大，安装有方向性。

③ 止回阀　止回阀的启闭件为阀瓣，利用阀门两侧介质的压力差值自动启闭水流通路，阻止水的倒流。按结构形式分为升降止回阀和旋启止回阀两类。一般用于引入管、水泵出水管、密闭用水设备的进水管和进出合用一条管道的水箱的出水管。安装时有方向性不能倒流。

④ 球阀　球阀的启闭件为金属球状物，球体中部有一圆形孔道，操纵手柄绕垂直于管路的轴线旋转 90°即可全开或全闭。按连接方式分为内螺纹球阀、法兰球阀和对夹式球阀。常用于管径较小的给水管道中。

⑤ 旋塞阀　旋塞阀的启闭件为金属塞状物，塞子中部有一孔道，绕其轴线转动 90°即为全开或全闭。该阀门密闭性较差，仅适用于压力较低和管径较小、需要快速启闭的管路，为防止因迅速关断水流而产生水击。

⑥ 减压阀　减压阀是通过启闭件（阀瓣）的节流将介质压力降低，并依靠介质本身的能量使出口压力自动保持稳定的阀门。用于空气、蒸汽设备和管道上把蒸汽压力降到需要的数值，保证设备安全。按结构不同分为薄膜减压阀、弹簧薄膜减压阀、活塞减压阀、波纹管减压阀等。

⑦ 蝶阀　蝶阀阀板 90°旋转范围内可起调节流量和关断水流的作用，它体积小、质量小、启闭灵活、关闭严密、水头损失小，适合制造较大直径的阀门。适用于室外管径较大的给水管道和室外消火栓给水系统的主干管。

⑧ 浮球阀　浮球阀是一种利用液位变化可以自动开启关闭的阀门，多装于水箱或水池内。浮球阀口径为 15～100mm，与各种管径的规格相同。采用浮球阀时不宜少于两个，与进水管标高一致。

⑨ 安全阀　安全阀是当管道或设备内的介质压力超过规定值时，启闭件（阀瓣）自动排放，低于规定值时，自动关闭，对管网、用具或密闭水箱等设备起保护作用的阀门。按构造分为杠杆重锤安全阀、弹簧安全阀、脉冲安全阀三种。

⑩ 疏水阀　疏水阀又称疏水器。是自动排放凝结水并阻止蒸汽通过的阀门。用于蒸汽管道系统中。有浮球疏水阀、浮桶疏水阀、热动力疏水阀、倒吊桶疏水阀、波纹管疏水阀、双金属片疏水阀、脉冲疏水阀等多种。

（五）卫生设备

卫生设备是指厨房、卫生间内盥洗设施。包括浴盆、淋浴器、洗面盆、大便器（坐便器、蹲便器）、小便器、洗涤盆和工厂用化验盆以及冲洗水箱、水龙头、排水栓、地漏等项目。

1. 洗澡设施

（1）浴盆　在住宅、宾馆、酒店等公共建筑卫生间设置洗浴用浴盆。按浴盆材质可分为铸铁搪瓷浴盆、钢板搪瓷浴盆、亚克力浴盆、玻璃钢浴盆等，规格为 1080～1700mm 不等。浴盆由盆体、供水管（冷、热）、控制混合水嘴、存水弯等组成。浴盆安装示意图如图 1-10 所示。

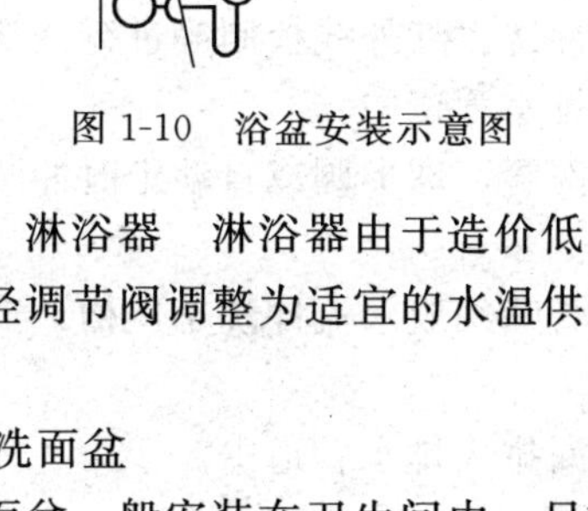

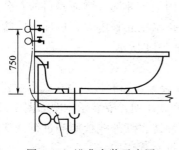

图 1-10　浴盆安装示意图

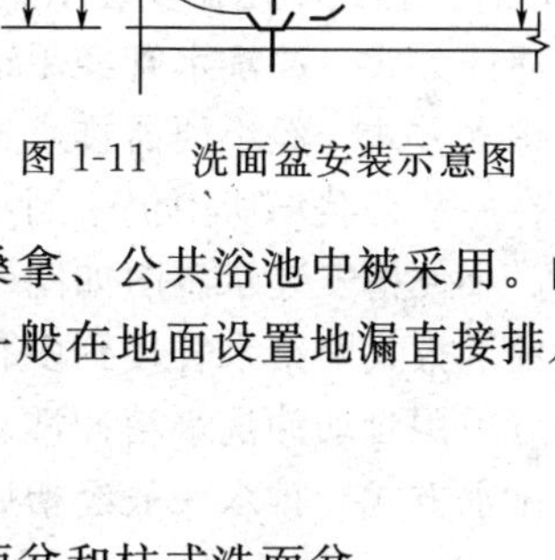

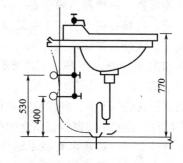

图 1-11　洗面盆安装示意图

（2）淋浴器　淋浴器由于造价低、占地面积小，在桑拿、公共浴池中被采用。由冷、热水管道经调节阀调整为适宜的水温供给淋浴喷头。排水一般在地面设置地漏直接排入下水管道中。

2. 洗面盆

洗面盆一般安装在卫生间内，目前广泛采用台式洗面盆和柱式洗面盆。

（1）台式洗面盆　台式洗面盆有两种，一般由大理石、人造大理石、花岗岩等为台面，固定于焊接支架上，台式洗面盆安装于台面上或台面下。目前还有亚克力整体洗面盆（盆与台面为整体）和圆形玻璃洗面盆。

（2）柱式洗面盆　柱式洗面盆由盆体与柱体两部分组成。盆体固定于墙上，柱体放置于盆下，主要作用是支撑盆体，隐蔽下水装置，增加洗面盆整体美感。

洗面盆一般由冷、热水管道供水，有一些仅供冷水。冷、热水经管道送至盆体上方的调节水龙头。排水部分由排水栓、存水弯流入室内排水管道中。洗面盆安装示意图如图 1-11 所示。

3. 大便器

卫生间大便器分为两种，即坐便器和蹲便器。

（1）坐便器　坐便器按结构形式分为连体低水箱坐便器、分体式坐便器。按排水位置分为前出水和后出水两种。低水箱坐便器安装示意图如图 1-12 所示。

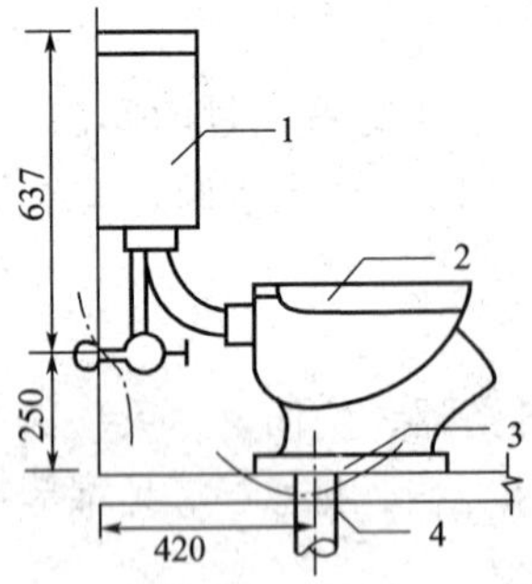

图 1-12　低水箱坐便器安装示意图

1—低水箱；2—坐便器；

3—油灰；4—*DN*100 排水管

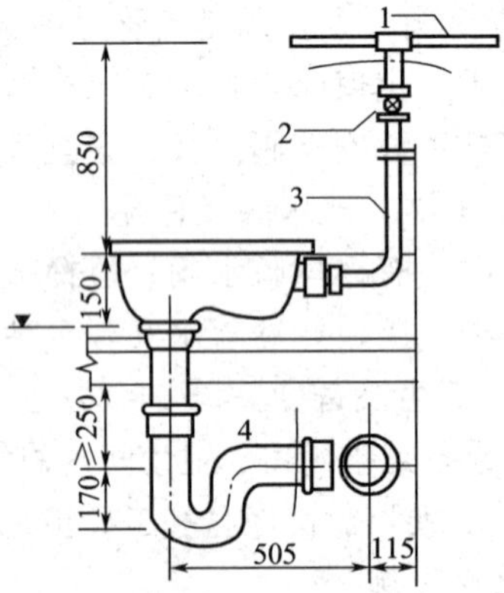

图 1-13　直接冲洗阀蹲便器安装示意图

1—水平管；2—*DN*25 普通冲洗阀；

3—*DN*25 冲洗管；4—*DN*100 存水弯

（2）蹲便器　蹲便器由蹲便器、高位冲洗水箱、管道、阀门等组成。一些设计不采用高位冲洗水箱，直接在供水管路上加装延时冲洗阀或手压阀进行冲洗，蹲便器目前在公共卫生间采用较多。大便器冲洗水经存水弯经过管道排入室内排水主立管中。直接冲洗阀蹲便器安装示意图如图 1-13 所示。高水箱蹲便器安装示意图如图 1-14 所示。

4. 小便器

一般在公共建筑男卫生间设置有小便器。小便器按安装方式和形状分为立式小便器、挂式小便器等数种。挂式小便器安装示意图如图 1-15 所示。立式小便器安装示意图如图 1-16 所示。

（1）冲洗方式　冲洗水管经手动冲洗阀或延时自闭冲洗、红外线控制等进行冲洗。

（2）排水方式　经小便器排水栓和存水弯排入室内排水管道中。

目前在一些公共场所中仍采用小便槽。小便槽由冲洗管、球形阀或自动定时冲洗水箱及便槽组成。小便槽安装示意图如图 1-17 所示。

（1）冲洗方式　给水管接到多孔冲洗管上，由多孔管喷细股水流冲洗小便槽，当小便槽较长时，可采用自动冲洗水箱冲洗。

（2）排水方式　排水一般经槽底的专门排水栓或地漏排入排水管道中。

5. 洗涤盆

洗涤盆大部分采用不锈钢和白色陶瓷制作。洗涤盆安装示意图如图 1-18 所示。

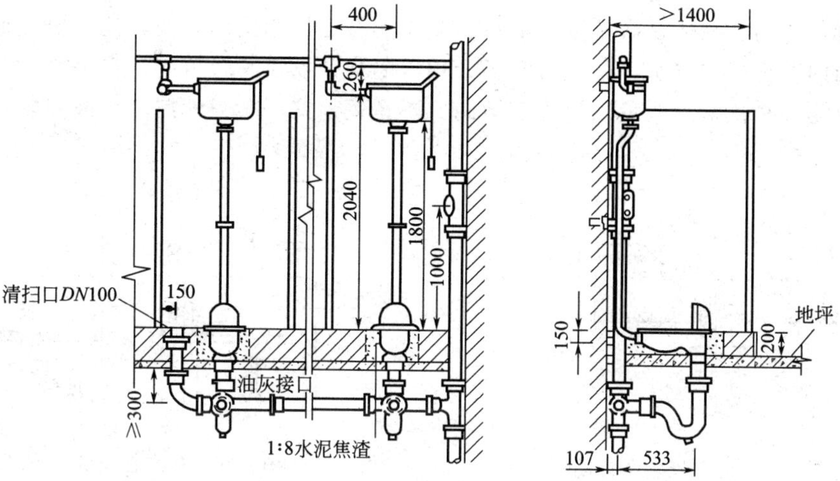

图 1-14　高水箱蹲便器安装示意图

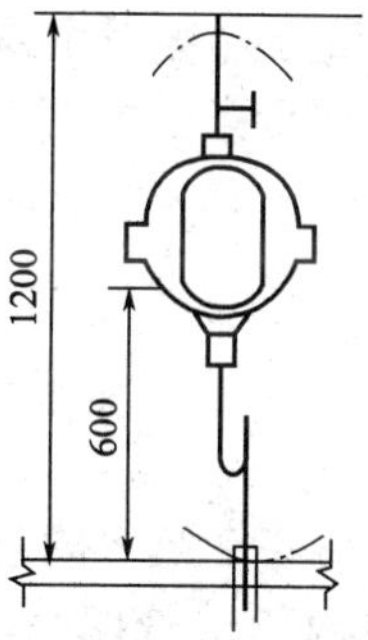

图 1-15　挂式小便器安装示意图

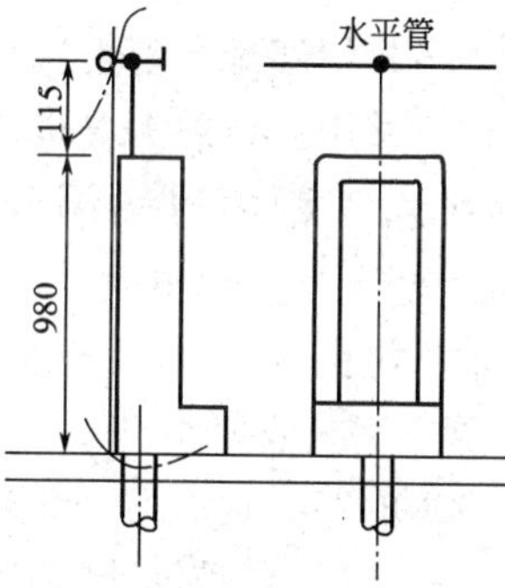

图 1-16　立式小便器安装示意图

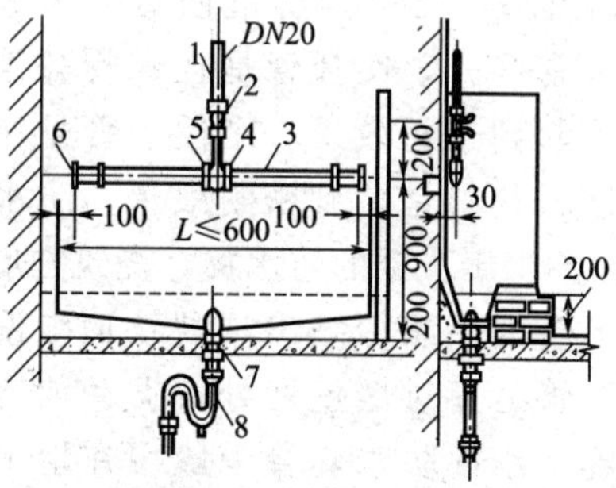

图 1-17　小便槽安装示意图

1—给水管；2—截止阀；3—多孔冲洗管；4—管补芯；

5—三通；6—管帽；7—排水栓；8—S形存水弯

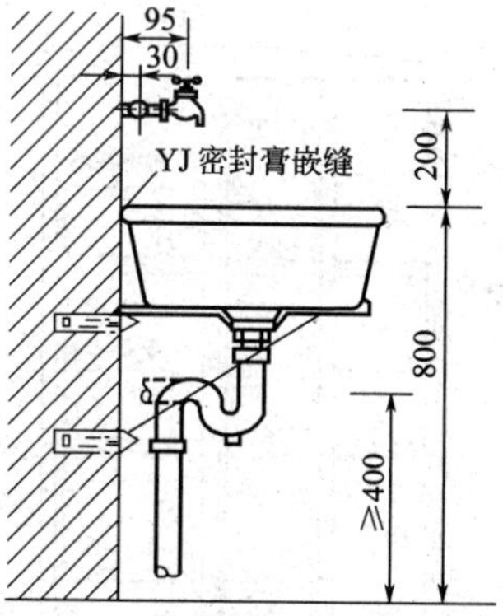

图 1-18　洗涤盆安装示意图

(1) 供水设施　洗涤盆一般设置冷水管，而目前家庭和酒店、宾馆等均设置了热水管道，经水龙头供洗涤用冷、热水。

(2) 排水方式　污水经排水栓、存水弯排入室内下水管道中。

6. 地漏

地漏设在厨房、厕所、盥洗室、浴室、洗衣房及工厂车间内，及其他需要从地面上排除污水的房间内。地漏在排水口处盖有箅子，用以阻止杂物落入管道内，自带水封，可以直接与下水管道相连接。按材质可以分为铜地漏、不锈钢地漏、塑料地漏。地漏安装示意图如图1-19 所示。

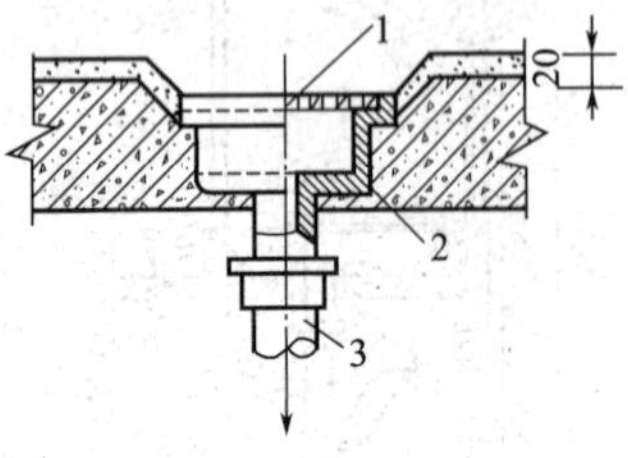

图 1-19　地漏安装示意图

1—箅子；2—地漏；3—排水立支管

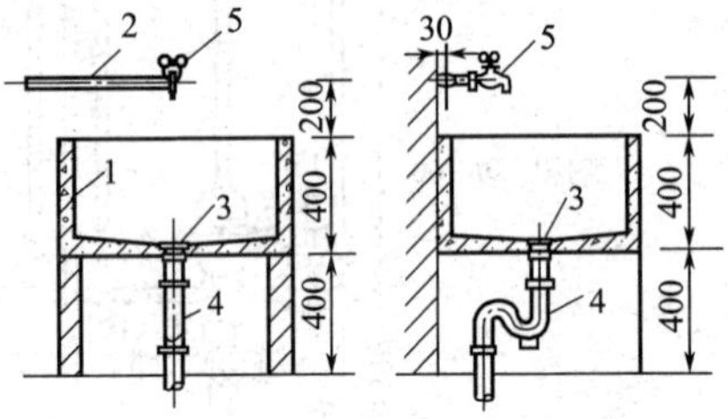

图 1-20　排水栓安装示意图

1—污水池；2—给水管；3—排水栓；4—存水弯；5—配水龙头

7. 排水栓

为了防止污物堵塞排水管道，在洗面盆、浴盆、污水池、洗涤盆等卫生器具与存水弯之间设置排水栓。常用规格为 *DN*32、*DN*40、*DN*50。排水栓安装示意图如图 1-20 所示。

三、给排水工程项目的组成

(一) 室内给水系统的组成

室内给水系统由以下几部分组成，如图 1-21 所示。

1. 进户管（引入管）

是室内给水的首段管道，一般采用单管进户，由建筑物外第一个给水阀门井引至室内给水总阀门或室内进户总水表之间的管段，是室外给水管网与室内给水管网之间的联络管段。进户管道多埋于室内外地面以下，由建筑物基础预留洞或由采暖地沟引入。

进户管敷设时，应尽量与建筑物外墙轴线相垂直，这样穿过基础或外墙的管段最短。在穿过建筑物基础时，应预埋防水套管，防水套管按照建设部相关的 02S404 或 02S312 标准图集分为柔性防水套管和刚性防水套管。柔性套管是在套管与管道之间用柔性材料封堵起到密封效果。刚性套管是在套管与管道之间用刚性材料封堵达到密封效果。防水套管是在套管外壁增加不少于 1 圈的防水翼，浇筑在墙体内成为一个整体，不会因热胀冷缩出现裂纹而渗漏。柔性防水套管适用于管道穿过墙壁之处有振动或有严密防水要求的建筑物，刚性防水套管一般用在地下室或地下入户需穿建筑物外墙等需穿管道的位置，如图1-22 所示。

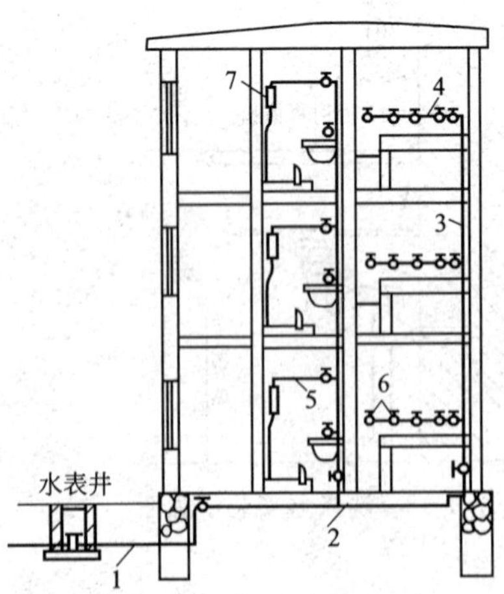

图 1-21　室内给水系统的组成

1—进户管；2—水平干管；3—立管；4—横管；5—支管；6—水嘴；7—便器冲洗水箱

2. 水表

每栋建筑有一个供水系统，设有阀门和水表作为进户装置，便于控制和计量整个系统的用水量，一般为湿式水表，采用螺纹或焊接法兰连接两种方式安装。

(a) 柔性防水套管　　(b) 刚性防水套管

图 1-22　防水套管

3. 给水管道

是将水输送到各用水点的管道和附件，室内给水管道包括水平干管、立管、横管、支管、阀门、水嘴等。

(1) 水平干管　由室外引入室内送给各立管的水平管道。水平干管可根据设计要求明装或暗敷与立管连接。高层建筑中引入各层的水平干管一般悬吊暗敷设在吊顶内或沿地下室墙顶明装，采用角钢托架或管卡及吊架固定。为便于维修时放空，给水干管宜设 0.002～0.005 的坡度，坡向泄水装置。

(2) 立管　与水平干管交叉送往各层的给水竖管。一般沿墙、柱明敷设，管外皮距离墙：$DN \leqslant 32$ 时，应为 25～35mm；当 $DN > 32$ 时，应为 30～50mm，立管上安装的控制阀设在距地面 150mm 处。立管应用管卡固定且符合要求，楼层高度小于或等于 5m，每层必须安装 1 个；楼层高度大于 5m，每层不得少于 2 个。管卡安装高度，距地面应为 1.5～1.8m，2 个以上管卡应均匀安装，同一房间管卡应安装在同一高度上。

(3) 横管　与立管交叉连接的水平管道。横管一般沿墙明敷设，宜有 0.002～0.005 的坡度，坡向泄水方向，以便于检修时放空管道中的积水。

(4) 支管　向一个用水点敷设的管道。支管一般为 $DN15 \sim DN20$，沿墙用托钩或管卡固定。

钢管水平安装的支吊架间距不应大于表 1-9 的规定；塑料管及复合管垂直或水平安装的支架间距应符合表 1-10 的规定；钢塑复合管沟槽连接安装支架间距应符合表 1-11 的规定。

表 1-9　钢管管道支架的最大间距

公称直径/mm		15	20	25	32	40	50	70	80	100	125	150	200	250	300
支架最大间距/m	保温管	2	2.5	2.5	2.5	3	3	4	4	4.5	6	7	7	8	8.5
	不保温管	2.5	3	3.5	4	4.5	5	6	6	6.5	7	8	9.5	11	12

表 1-10　塑料管及复合管管道支架的最大间距

管径/mm		14	16	18	20	25	32	40	50	63	75	90	100
最大间距/m	立管	0.6	0.7	0.8	0.9	1.0	1.1	1.3	1.6	1.8	2.0	2.2	2.4
	水平冷水管	0.4	0.5	0.5	0.6	0.7	0.8	0.9	1.0	1.1	1.2	1.35	1.55
	水平热水管	0.2	0.25	0.3	0.3	0.35	0.4	0.5	0.6	0.7	0.8		

表 1-11　钢塑复合管沟槽连接安装支架的最大间距

管径/mm	65～100	125～200	250～315
最大间距/m	3.5	4.2	5.0

4. 给水附件及设备

(1) 阀门、水嘴　在给水管路中，为控制和检修设置有阀门和水嘴。$DN \leqslant 50$ 时宜采用截止阀，$DN > 50$ 时宜采用闸阀。

(2) 贮水设备——给水水箱　给水水箱在给水系统中起贮水、稳压作用，是重要的给水设备。多用钢板焊制而成，也可用钢筋混凝土制成。有圆形和矩形两种。给水水箱一般置于建筑物最高层的水箱间内。给水水箱配管如图 1-23 和图 1-24 所示。其连接管道有以下几种。

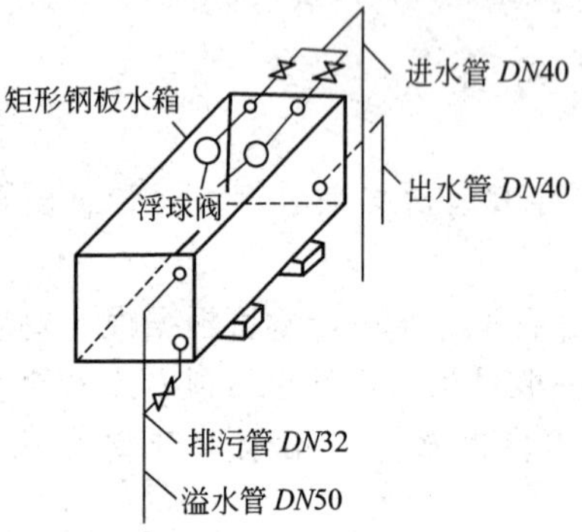

图 1-23　水箱管道安装示意图

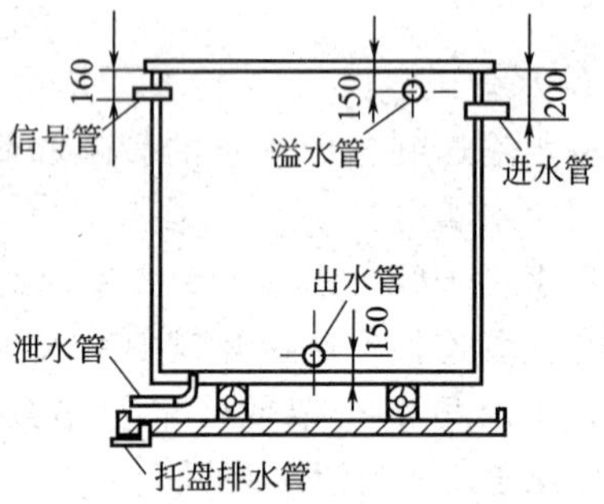

图 1-24　水箱托盘排水管

① 进水管　来自室内供水干管或水泵供水管，接管位置应在水箱一侧距箱顶 200mm 处，并与水箱内的浮球阀接通，进水管上应安装阀门以控制和调节进水量。

② 出水管　位于水箱的一侧距箱底 100mm 处接出，连接于室内给水干管上。出水管上应安装阀门。当进水管和出水管连接在一起，共用一根管道时，出水管的水平管段上应安装止回阀。

③ 溢水管　从水箱顶部以下 100mm 处接出，其直径比进水管直径大 2 号。溢水管上不得安装阀门，并应将管道引至排水池槽处，但不得与排水管直接连接。

④ 排污管　从箱底接出，一般直径应为 40～50mm，应安装阀门，可与溢水管相连接。

⑤ 信号管　接在水箱一侧，其高度与溢水管相同，管路引至水泵间的池槽处，用以检查水箱水位情况，当信号管出水时应立即停泵。信号管管径一般为 25mm，管路上不装阀门。当水泵与水箱采用联锁自动控制时，可不设信号管。

给水水箱制作安装应符合国家标准，配管时所有连接管道均应以法兰或活接头与水箱连接，以便于拆卸。水箱内外表面均应做防腐。

(3) 升压设备——离心水泵

① 离心水泵型号的表示　离心水泵型号如图 1-25 所示。

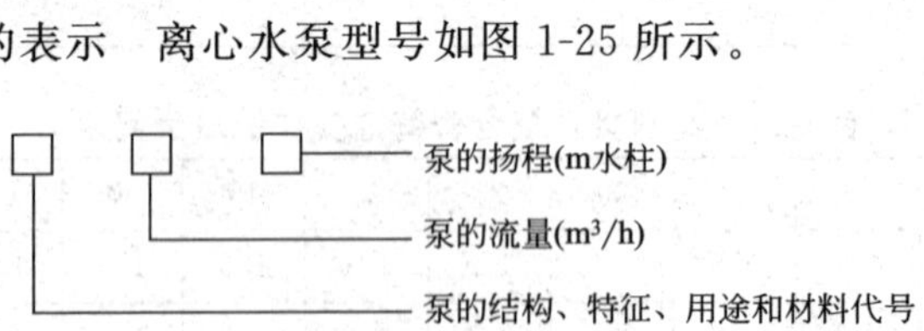

图 1-25　离心水泵型号

② 离心水泵工作原理　水泵启动前，先将泵壳和吸水管中灌满水，当叶轮在电机的带动下高速旋转时，充满叶片间槽道内的水从叶轮中心被甩向泵壳，获得能量，并随叶轮旋转而流到泵的出水管处，进入压水管道。这时叶轮的中心处由于水被甩出而形成了真空，在水池液面大气压力的作用下，水被压入叶轮补充由压水管道流出的水，叶轮连续旋转，就会源

源不断地使水获得能量被压出。

③ 离心水泵管路附件　离心水泵管路附件如图1-26所示。水泵的工作管路有压水管和吸水管两条。压水管是将水泵压出的水送到需要的地方，管路上应安装闸阀、止回阀、压力表；吸水管是由水池至水泵吸水口之间的管道，将水由水池送至水泵内，管路上应安装吸水底阀和真空表；如水泵安装得比水液面低时用闸阀代替吸水底阀，用压力表（正压表）代替真空表。

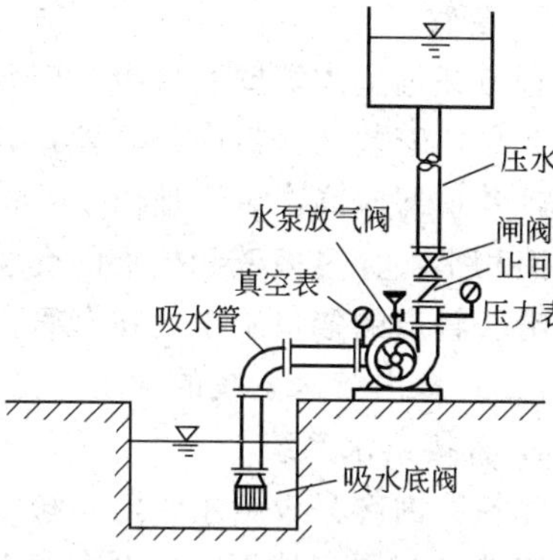

图 1-26　离心水泵管路附件

水泵工作管路附件可简称：一泵、二表、三阀。

水管闸阀在管路中起调节流量和维护检修水泵、关闭管路的作用；止回阀在管路中起到保护水泵，防止突然停电时水倒流入水泵中的作用；水泵底阀起阻止吸水管内的水流入水池，保证水泵能注满水的作用；压力表用于测量出水压力和真空度。

（4）无负压变频供水设备　传统的供水方式离不开蓄水池，蓄水池中的水一般由自来水管网供给，这样，原来有压力的水进入水池后变成了零，然后从零开始加压，造成大量的电力能源浪费。无负压供水设备，是一种理想的节能供水设备，它是一种能直接与自来水管网连接，水在自来水管网剩余压力驱动下压入设备进水管，设备的加压水泵在进水剩余压力的基础上继续加压，将供水压力提高到用户所需的压力后向出水管网供水，对自来水管网不会产生任何副作用的二次给水设备，在市政管网压力的基础上直接叠压供水，节约能源，并且还具有全封闭、无污染、占地量小、安装快捷、运行可靠、维护方便等诸多优点。

无负压供水设备的基本工作原理是根据用户用水量变化自动调节运行水泵台数和一台水泵转速，使水泵出口压力保持恒定。当用户用水量小于一台水泵出水量时，系统根据用水量变化有一台水泵变频调速运行，当用水量增加时管道系统内压力下降，这时压力传感器把检测到的信号传送给微机控制单元，通过微机运行判断，发出指令到变频器，控制水泵电机，使转速加快以保证系统压力恒定，反之当用水量减少时，使水泵转速减慢，以保持恒压。当用水量大于一台泵出水时，第一台泵切换到工频运行，第二台泵开始变频调速运行，当用水量小于两台泵出水量时，能自动停止一台或二台泵运行。在整个运行过程中，始终保持系统恒压不变，使水泵始终工作在高效区，既保证用户恒压供水，又节省电能。工作原理如图1-27所示。

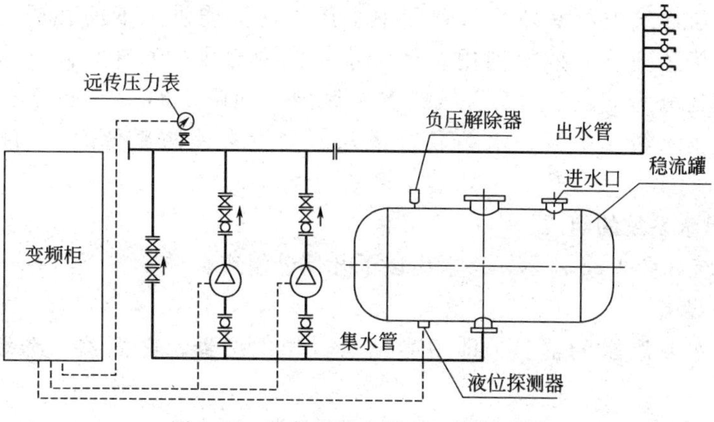

图 1-27　无负压供水设备工作原理图

5. 套管

管道穿过室内墙壁和楼板，应设置钢套管或 PVC 套管。一般套管管径比所穿过管道管径大 2 号，安装在楼板内的套管，其顶部应高出装饰地面 20mm；安装在卫生间及厨房内的套管，其顶部应高出装饰地面 50mm，底部应与楼板底面相平；安装在墙壁内的套管其两端与饰面相平。穿过墙壁和楼板的套管与管道之间缝隙应用阻燃密实材料和防水油膏填实且端面光滑。管道的接口不得设在套管内。

（二）室内给水系统的给水方式

1. 直接给水系统

建筑物内部只设给水管道系统，不设其他辅助设备，室内给水管道系统与室外给水管网直接连接，利用室外管网压力直接向室内给水系统供水，如图 1-28 所示。

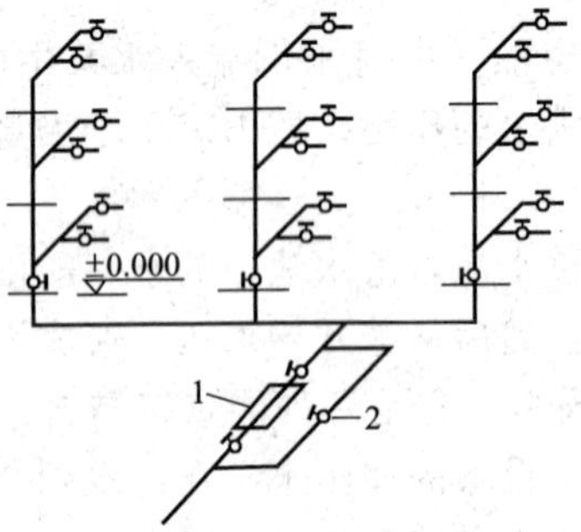

图 1-28　直接给水系统

1—水表；2—水表旁通管

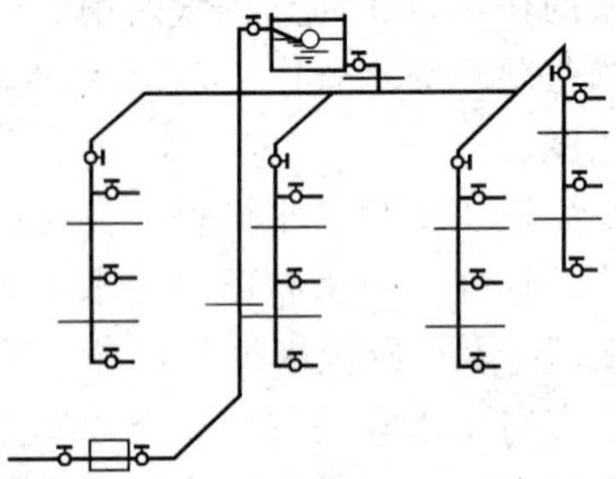

图 1-29　设有水箱的给水系统

2. 设有水箱的给水系统

建筑物内部除设有给水管道系统外，还在屋顶设有水箱，室内给水管道与室外给水管网直接连接。当室外给水管网水压足够时，室外管网直接向水箱供水，再由水箱向各配水点连续供水；当外网水压较小时，则由水箱向室内给水系统补充水量，如图 1-29 所示。

3. 设有水池、水泵和水箱的给水系统

建筑物内除设有给水管道系统外，还增设了升压（水泵）和贮存水量（水池、高位水箱）的辅助设备。当室外给水管网压力经常性或周期性不足，室内用水不均匀时，多采用此种给水系统，如图 1-30 所示。

4. 竖向分区给水系统

在多层或高层建筑中，室外给水管网中水压往往只能供到下面几层，而不能满足上面几层的需要，为了充分有效地利用室外给水管网中提供的水压，减少水泵、水箱的调节量，可将建筑物分为上、下两个区域或多个区域，如图 1-31 所示。下区可直接由室外管网供水，上区由水箱或水泵、水箱联合供水。当设有消防系统时，消防水泵则按上、下两区考虑。

（三）室内排水系统的组成

室内排水系统如图 1-32 所示，一般由以下几部分组成。

1. 污水收集设备

用来收集污水或废水的器具，即卫生洁具，如大便器、洗面盆、洗涤盆、浴盆、地漏等。

2. 排出管道系统

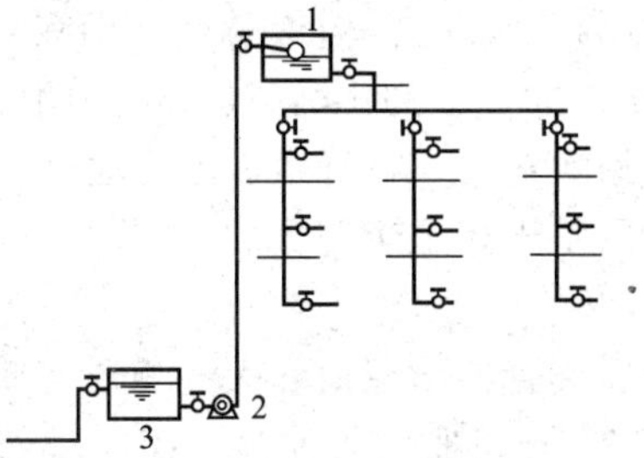

图 1-30　设有水池、水泵、水箱的给水系统

1—水箱；2—水泵；3—水池

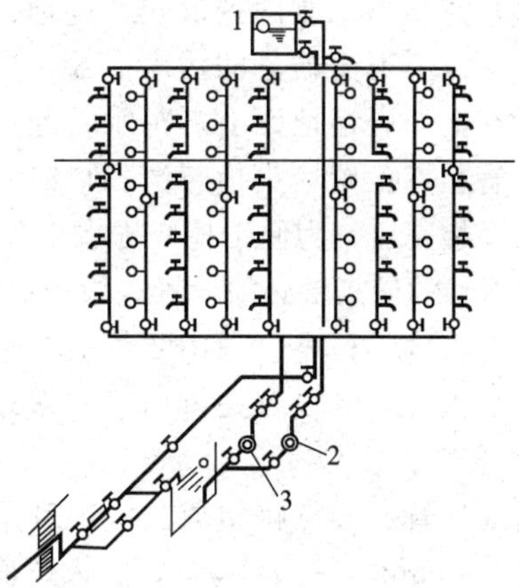

图 1-31　竖向分区给水系统

1—水箱；2—生活水泵；3—消防水泵

(1) 排水支管　将卫生洁具产生的污水送入排水横管的排水管。一般设计为 $DN50$，大便器为 $DN100$。

(2) 排水横管　水平连接各排水支管的排水管。一般设计均要求有自然排放坡度，各楼层的排水横管在楼板下悬吊敷设。

排水管的安装标高与坡度必须符合设计要求，并用支架固定。塑料排水管道支吊架最大间距应符合表 1-12 的规定。

(3) 排水立管　与排水横管垂直连接的排水管。一般设计为 $DN75 \sim DN150$，设置在卫生间或厨房的角落，明装敷设，在每层距地面 1.6m 处设支架一个。立管上每两层设置一个检查口，在最底层和有卫生间的最高层必须设置，检查口中心距地面一般为 1m。

(4) 排出管　由室内立管到室外检查井的一段管道。立管与排出管之间的转弯处，用两个 45°弯头，保证污水畅通排泄，一般设计为 $DN100 \sim DN200$。

排出管一般敷设于地下或地下室。穿过建筑物基础时应预留孔洞，并设防水套管。当 $DN \leqslant 80$ 时，孔洞尺寸为 300mm×300mm；$DN \geqslant 100$ 时，孔洞尺寸为 $(300+d)$mm×$(300+d)$mm。为便于检修，排出管的长度不宜太长，一般自室外检查井中心至建筑物基础外边缘距离不小于 3m，不大于 10m。

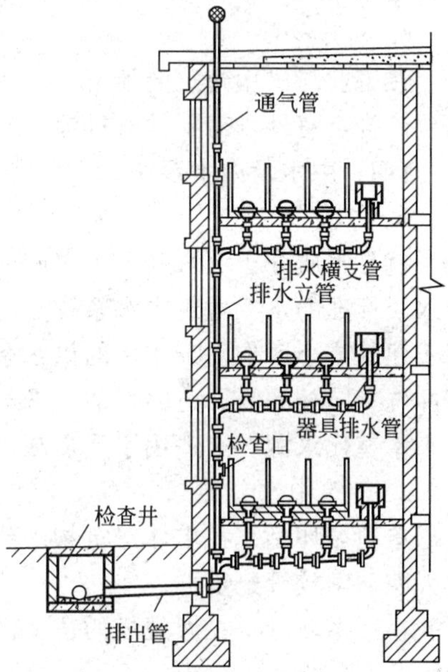

图 1-32　室内排水系统

表 1-12　塑料排水管道支吊架最大间距

管径/mm	50	75	110	125	160
立管/m	1.2	1.5	2.0	2.0	2.0
横管/m	0.5	0.75	1.10	1.30	1.6

3. 清通设备

在排水管道系统内，为便于管道堵塞检修，设置清扫口、检查口和检查井等。

(1) 清扫口　有两种形式，即地面清扫口和横管丝堵清扫口。连接两个及两个以上大便器或三个以上卫生器具的污水横管上应设置清扫口。当污水管在楼板下悬吊敷设时，可将清扫口设在上一层楼地面上，污水管起点的清扫口与管道相垂直的墙面距离不得小于200mm；若污水管起点设置堵头代替清扫口时，与墙面距离不得小于400mm。

(2) 检查口　为便于检修排水立管，在立管上应每隔一层设置一个检查口，但在最底层和有卫生器具的最高层必须设置。检查口中心高度距操作地面一般为1m，检查口的朝向应便于检修。离心铸铁检查口采用法兰盖，塑料立管采用丝扣塑料帽，在管道进行清通时打开。

(3) 检查井　设置在排出管与室外管道交接处，属于土建施工部分。

4. 通气装置

由通气管、透气帽组成。一般利用排水立管作为通气管伸出屋面和大气相通，伸出屋面大于等于0.3m，一般0.7m，上人屋面其高度不低于2.2m，通气管伸出屋面的顶部装设透气帽，防止杂物落入管中堵塞影响透气。

5. 附件

主要有排水栓、存水弯等。排水栓一般设在盥洗槽、污水盆的下水口处，防止大颗粒污染物堵塞管道。存水弯一般设在排水支管上，防止管道内污浊空气进入室内。

6. 抽升设备

在工业与民用建筑的地下室、人防建筑等内部标高低于室外地坪的房间，其污水一般难以自流排至室外，需要抽升排泄。常用的抽升设备有水泵、空气扬水器等。

(四) 中水及中水系统

1. 中水

就是水质介于上水和下水之间的、可重复利用的再生水，是污水经处理后达到一定的回用水质标准的水。建筑中水系统是将建筑或小区内使用后的生活污水、废水经适当处理后回用于建筑或小区作为杂用水的供水系统。虽然与自来水相比，中水的供应范围要小，但在厕所冲洗、园林灌溉、道路保洁、洗车、城市喷泉、冷却设备补充用水等方面，中水是最好的自来水替代水源。它适用于严重缺水的城市和淡水资源缺乏的地区。

2. 建筑中水分类

单独循环型：在单体建筑物中建立中水处理和回用设施，这种系统可用于建筑小区、机关大院、学校等建筑群。

小区循环型：在大规模的住宅区、开发区等范围较小的地区，区内建筑可共用一套中水系统。

地区循环型：利用城市污水处理厂出水为中水水源，处理后供大面积的建筑群使用。

3. 中水工艺流程

中水回用的处理技术按其机理可分为物理化学法、生物化学法和物化生化组合法等。

(1) 生物化学法：原水—格栅—调节池—生物接触氧化池—(加混凝剂) 沉淀池—过滤—消毒—出水。

(2) 物理化学法：这种工艺主要用于有机物浓度较低的原水，如雨水。原水—格栅—调节池—(加混凝剂) 絮凝沉淀池—超滤膜—消毒—出水。

(3) 物化生化结合法：这种方法可以处理优质杂排水或综合生活污水。原水—格栅—调节池—活性污泥池—膜生物反应器—消毒—出水。

4. 中水回用的供水方式

(1) 简单的供水方式　当室外污水配水管网所具有的可靠压力大于室内管网所需压力时

采用此方式，它具有所需设备少、维护简单、投资少的优点，其水平干管可布置在底层地下、地沟内或地下室天花板下，也可以布置在最高层的天花板下、吊顶内或技术层。

（2）单设屋顶水箱的供水方式　当室外污水配水管网所具有的可靠压力大部分可满足室内管网所需压力，只是在某一用水高峰时间不能保证室内供水时，可采用此方式。当室外污水配水管网压力较大时，可供水给楼内用户和水箱；当压力下降时，高层的用户由水箱供水，该方式的水平干管一般为下行铺设。

（3）小区中水给水方式

① 单设水泵中水给水方式。单设水泵中水给水方式包括恒速水泵和变频调速泵两种给水方式。恒速泵给水一般由人工控制，水泵运行时中水管网有水，否则无水，常为定时供水，适合于小区绿化、汽车冲洗等。变频调速泵是通过水泵转速的变化来调节管网的水量以满足用户的要求，适用于定时和不定时的情况。

② 气压供水方式。气压供水方式其水压由压力继电器控制，气压水罐内气压达到高压时水泵自动停止，由气压水罐供水，当其气压降到低压时，水泵重新启动向管网供水，适用于定时和不定时的情况。

③ 水泵和水箱供水方式。有条件的小区可建立高位水塔或屋顶水箱，可贮存水量也可安装水位继电器控制水泵的运行和停止。管理不方便，增加了基建费用，往往有消防要求的小区或供电不可靠的小区可选用。

④ 中水消防与其他用水合用的供水方式。中水用于消防、绿化、冲厕时，建筑小区采用统一的中水管网。由于消防水量较大，水压高，另设消防泵。平时用杂用水泵。

（4）分区供水方式　对于多层和高层建筑，为缓解管中配水压力过高，可将建筑划为2个或2个以上供水区，底层由室外配水管网直接供水，高层通过水泵和水箱供水。

任务分析

一、室内给排水工程施工图识读

（一）管道识图一般知识

室内给排水、采暖工程的施工图主要有平面图和系统图（轴测图），看懂管道在平面图和系统图上表示的含义，是识读管道施工图的基本要求。

1. 管道在平面图上的表示

某一层楼的各种水暖管道平面图，一般要把该楼层地面以上楼板以下的所有管道都表示在该层建筑平面图上，对于底层还要把地沟内的管道表示出来。

各种位置和走向的水暖管道在平面图上的具体表示方法是：水平管、倾斜管用单线条的水平投影表示；当几根水平投影重合时，可间隔一定距离并排表示；当管子交叉时，位置较高的可直线通过，位置较低的在交叉投影处断开表示；垂直管道在图上用圆圈表示；管道在空间向上或向下拐弯时按图1-33方法表示。

2. 管道在系统图上的表示

室内管道系统图（轴测图）主要反映管道在室内空间走向和标高位置。一般左右方向用水平线表示；上下方向用竖线表示；前后方向用45°斜线表示，如图1-34所示。

3. 管道标高、坡度、管径的标注

（1）标高　管道的标高一般在管子的起点或终点。标高数字对于给排水、采暖管道是指管中心处距离±0.000的高度；对于排水管道常指管内底的相对标高。标高以“m”标注。

如 2.800 表示管道高出首层地面 2.8m。

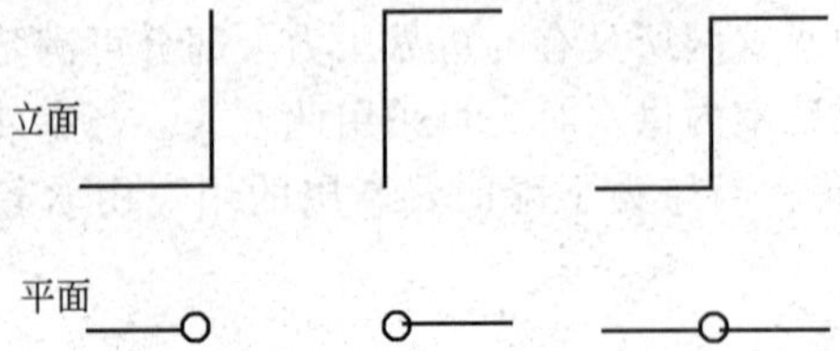

图 1-33 管道向上或向下拐弯在平面图上的表示

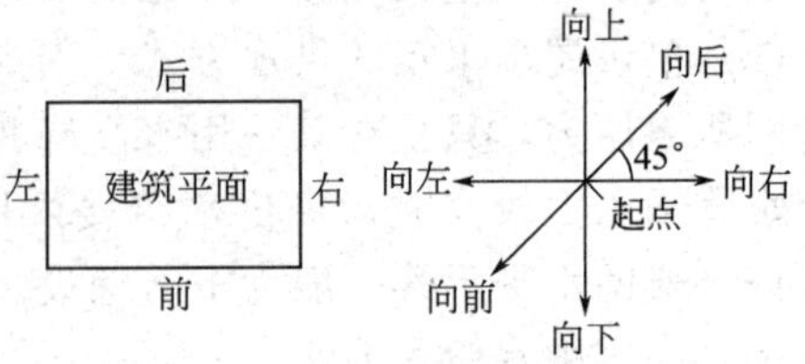

图 1-34 管道在轴测图上的表示

（2）坡度 坡度符号可标在管子的上方或下方，其箭头所指一端是管子的低端，一般表示为 $i=\times\times\times$。

（3）管径 用公称直径标注。一段管子的管径一般标在该段管子的起始端，而中间不标注，如图 1-35 所示。

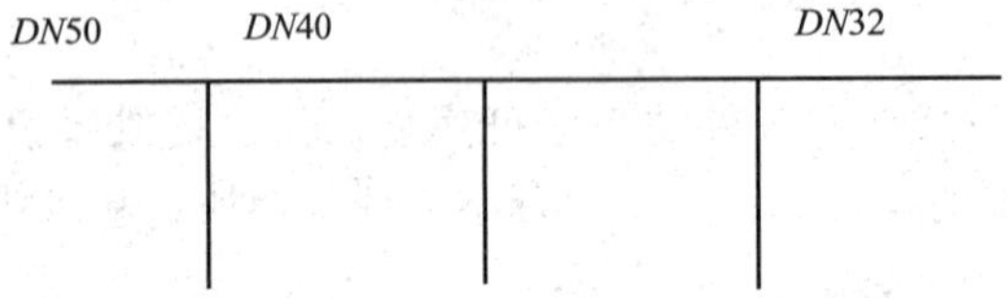

图 1-35 管径的标注

（二）室内给排水施工图平面图的识读

给排水管道和设施的平面图是室内给排水工程施工图纸中最基本和最重要的图，它主要表明给排水管道和卫生器具等的平面布置。在识读此图时应注意掌握以下内容。

（1）查明卫生器具和用水设施的类型、数量、安装位置、接管方式。

（2）弄清给水引入管和污水排出管的平面走向、位置。

（3）分别查明给水干管、排水干管、立管、横管、支管的平面位置与走向。

（4）查明水表、消火栓等的型号、安装方式。

（三）室内给排水施工图系统图的识读

给排水系统图主要表示管道系统的空间走向。在给水系统图上不画出卫生器具，只用图例符号画出水嘴、淋浴喷头、冲洗水箱等，在排水系统图上也不画出主要卫生器具，只画出卫生器具下的存水弯、地漏或排水支管等。识读系统图时要重点掌握以下两点。

（1）查明各部分给水管的空间走向、标高、管径尺寸及其变化情况和阀门的设置位置。

（2）查明各部分排水管的空间走向、管路分支情况、管径尺寸及其变化，查明横管坡度、管道各部分标高、存水弯形式、清通设施的设置情况。

（四）给排水施工图详图的识读

室内给排水工程详图主要有水表节点、卫生器具、管道支架等安装图。有的详图选用了标准图和通用图时，需查阅相应标准图和通用图集。

（五）识读给排水施工图时应注意的问题

（1）识图时先看设计说明，明确设计要求。

（2）要把施工图按给水、排水分开阅读，把平面图和系统图对照起来看。

（3）给水系统图可以从给水引入管起，顺着管道水流方向看；排水系统图可以从卫生器具开始，也顺着水流方向阅读。

（4）卫生器具的安装形式及详细配管情况要参阅设计选用的相关标准图集。

二、定额与计量

（一）安装工程预算定额

2011 年××省建设工程计价依据《安装工程预算定额》共 11 册，每册均由册说明、目录、章说明、定额项目表组成。

第一册《机械设备安装工程》

第二册《电气设备安装工程》

第三册《热力设备安装工程》

第四册《炉窑砌筑工程》

第五册《静置设备与工艺金属结构制作安装工程》

第六册《工业管道工程》

第七册《消防及建筑智能化设备安装工程》

第八册《给排水、采暖、燃气工程》

第九册《通风空调工程》

第十册《自动化控制装置及仪表安装工程》

第十一册《刷油、防腐蚀、绝热工程》

1. 册说明

① 定额的适用范围。

② 定额主要依据的标准和规范。

③ 有关费用（如脚手架搭拆费、高层建筑增加费、工程超高增加费等）的计取方法和定额系数的规定。

④ 该册定额包括的工作内容和不包括的工作内容说明。

⑤ 定额的使用方法、使用中应注意的事项和有关问题的说明。

2. 目录

主要列出定额组成项目名称和页次，以便查找、检索定额项目。

3. 章说明

① 分部工程定额包括的主要工作内容和不包括的工作内容。

② 定额的一些基本规定和有关问题说明，如界限划分、适用范围等。

③ 分部工程人工、材料、机械消耗量的计算方法和有关系数的一些规定。

4. 定额项目表

是安装工程预算定额的核心部分。主要包括以下几点。

① 分项工程的名称、工作内容、计量单位一般列入项目表表头。

② 一个计量单位的分项工程的人工、材料、机械台班消耗的种类、数量标准及定额基价。

③ 附注。在项目表的下方，解释一些定额说明中未尽的问题。

④ 人工、材料、机械台班单价的确定依据和计算方法及有关规定。

（二）工程量计算规则

1. 管道安装

（1）定额说明

1）给水管道界限划分

① 室内外界限以建筑物外墙皮 1.5m 为界，入口处设阀门者以阀门为界；

② 与市政管道界限以水表井为界，无水表井者，以与市政管道碰头点为界。

2）排水管道界限划分

① 室内外以出户第一个排水检查井为界；

② 室外管道与市政管道以与市政管道碰头井为界。

3）本章定额包括以下工作内容

① 管道及接头零件安装。

② 水压试验或灌水试验。

③ 钢管包括弯管制作与安装（伸缩器除外），无论是现场煨制或成品弯管均不得换算。

4）各类铸铁及塑料排水管均包括透气帽、雨水漏斗制作安装。

5）本章定额不包括以下工作内容

① 室内外管道沟土方及管道基础，执行《建筑工程预算定额》。

② 管道安装中不包括法兰、阀门及伸缩器的制作、安装，按本册相应项目另行计算。

③ 过墙、板如采用防水套管时，应执行第六册相应子目。

④ 室内外各类管道支架及托钩的制作安装，按本章“管道支架制作安装”项目另行计算。

⑤“成品管卡安装”项目，适用于随各类管道配套供应的成品管卡、扣座的安装。

⑥ 定额未包括预留管槽及管槽内填充保温材料等项目，发生时按设计要求另计。

⑦ 各类管道安装项目工作内容中，均不包括预留孔洞、（打）堵洞眼、（剔）堵管槽，应按本章附属项目相应子目另行计算。

6）室内、外塑料给水管道（热熔连接）项目中，管道接头零件均为与管道连接方式相同的塑料管件，不包括各类钢（铜）塑转换零件，如发生可以另计材料费，其余不变。

7）沟槽式管道安装，应按第七册《消防及建筑智能化系统设备安装工程》相应项目计算。

（2）计算规则

1）各种管道均以施工图所示中心长度，以“m”为计量单位，不扣除阀门、管件（包括减压器、疏水器、水表、伸缩器等）所占的长度。

2）管道支架制作安装，以“100kg”为计量单位。

① 首先要弄清在哪些地方设支架，设几个支架，支架质量怎么计算等。给水管道各种支架标准图见《全国通用给水排水标准图集》S151、S342。

② 它适用于一般工矿企业和民用建筑中室内给水、排水管道支架、吊架和托架的制作与安装。

③ 管架间距分为 1.5m、3m、6m 三种。

④ 管道支架的个数计算：支架个数＝某规格管子的长度/该规格管子支架间距，计算结果有小数进 1 取整。

⑤ 每个支架的质量计算

a. 沿墙安装不保温水平管道托钩式支架　图 1-36 为沿墙安装托钩式支架安装示意图，支架规格及质量见表 1-13。

b. 安装在混凝土墙、砖墙上单管立式支架（一）　如图 1-37 所示，可承受不大于 3m 长的管道质量，支架规格及质量见表 1-14。

c. 安装在砖墙上单管立式支架（二）　如图 1-38 所示，适用于固定立管安装，支架规格

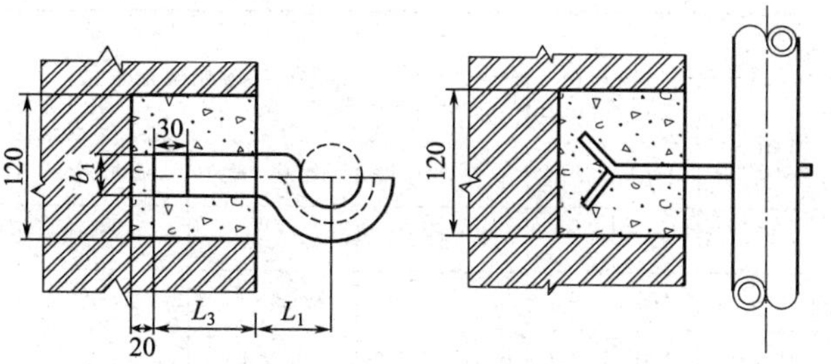

(a) 立面图　　(b) 平面图

图 2-1　沿墙安装托钩式支架安装示意图

及质量见表 1-15。

表 1-13　砖墙上托钩支架规格及质量

公称直径 DN	15	20	25	32	40	50	70	80
规格 $b_1\times\delta$	15×5	15×5	15×5	20×6	20×6	20×6	25×8	25×8
全长 L/mm	198	208	217	234	245	264	293	315
件数/件	1	1	1	1	1	1	1	1
质量/kg	0.12	0.12	0.13	0.22	0.23	0.25	0.46	0.49

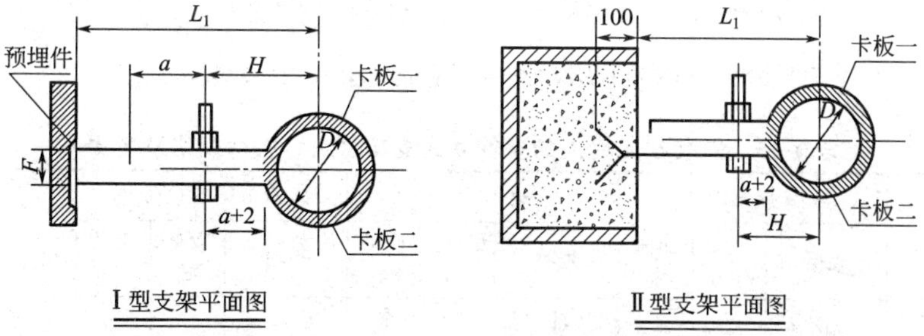

(a) Ⅰ型单管立式支架用于混凝土墙上　　(b) Ⅱ型单管立式支架用于砖墙上

图 1-37　DN15～DN50 单管立式支架（一）

表 1-14　安装在混凝土墙、砖墙上的单管立式支架（一）主材规格及质量

序号	公称直径 DN	管质量/kg		扁钢 规格	扁钢 展开长/mm Ⅰ型	扁钢 展开长/mm Ⅱ型	扁钢 质量/kg Ⅰ型	扁钢 质量/kg Ⅱ型	六角带帽螺栓带垫 规格/套	六角带帽螺栓带垫 质量/kg	单个支架质量/kg Ⅰ型	单个支架质量/kg Ⅱ型
				①	②	③	④	⑤	⑥	⑦	⑧=④+⑦	⑨=⑤+⑦
1	15	保温	40	—30×3	237	337	0.17	0.24	M8×40	0.03	0.2	0.27
		不保温	20	—25×3	195	295	0.12	0.17	M8×40	0.03	0.15	0.2
2	20	保温	50	—30×3	251	351	0.18	0.25	M8×40	0.03	0.21	0.28
		不保温	20	—25×3	219	319	0.13	0.19	M8×40	0.03	0.16	0.22
3	25	保温	50	—35×3	282	382	0.23	0.31	M8×40	0.03	0.26	0.34
		不保温	20	—25×3	237	337	0.14	0.2	M8×40	0.03	0.17	0.23

续表

序号	公称直径 DN	管质量/kg		扁钢					六角带帽螺栓带垫		单个支架质量/kg	
				规格	展开长/mm		质量/kg					
					Ⅰ型	Ⅱ型	Ⅰ型	Ⅱ型	规格/套	质量/kg	Ⅰ型	Ⅱ型
				①	②	③	④	⑤	⑥	⑦	⑧=④+⑦	⑨=⑤+⑦
4	32	保温	60	－35×4	316	416	0.35	0.46	M10×45	0.05	0.4	0.51
		不保温	20	－25×3	270	370	0.16	0.22	M8×40	0.03	0.19	0.25
5	40	保温	60	－35×4	342	442	0.38	0.49	M10×45	0.05	0.43	0.54
		不保温	20	－25×3	296	396	0.17	0.23	M8×40	0.03	0.2	0.26
6	50	保温	70	－35×4	374	474	0.41	0.52	M10×45	0.05	0.46	0.57
		不保温	30	－25×3	327	427	0.19	0.25	M8×40	0.03	0.22	0.28

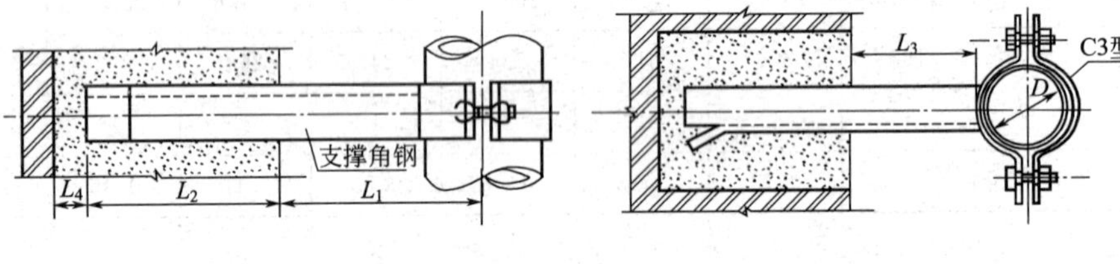

(a) 立面图　　(b) 平面图

图 1-38　*DN*50～*DN*200 单管立式支架（二）安装示意图

表 1-15　安装在砖墙上的单管立式支架（二）主材规格及质量

序号	公称直径 DN	支撑角钢			扁钢管卡			六角带帽螺栓带垫			单个支架质量/kg
		规格	长度/mm	质量/kg	规格	展开长/mm	质量/kg	规格	数量/套	质量/kg	
		①	②	③	④	⑤	⑥	⑦	⑧	⑨	⑩=③+⑥+⑨
1	50	∟30×4	184	0.33	－30×4	394	0.38	M10×45	2	0.11	0.82
2	70	∟30×4	186	0.33	－40×4	480	0.6	M12×50	2	0.16	1.09
3	80	∟36×4	200	0.43	－40×4	520	0.66	M12×50	2	0.16	1.25
4	100	∟36×4	227	0.49	－40×4	600	0.76	M12×50	2	0.16	1.41
5	125	∟40×4	234	0.57	－50×6	768	1.8	M16×60	2	0.34	2.71
6	150	∟40×4	321	0.78	－50×6	846	2	M16×60	2	0.34	3.12
7	200	∟40×4	324	0.79	－50×6	1008	2.38	M16×60	2	0.34	3.51

d. 沿墙安装的单管托架　如图 1-39 所示，适用于固定水平管安装，支架规格及质量见表 1-16。

3）管道消毒、冲洗、压力试验，均按管道长度以“m”为计量单位，不扣除阀门、管件所占的长度。

4）新旧管道碰头，不分室内、外，按不同管径以“个”为计量单位。

5）管道预留孔洞、打堵洞眼分结构类型按不同孔洞周长以“个”为计量单位。

6）机械钻孔分结构类型，按不同孔径以进尺长度“m”为计量单位。

7）堵洞眼按每个洞口填堵体积不同以“m^3”为计量单位。

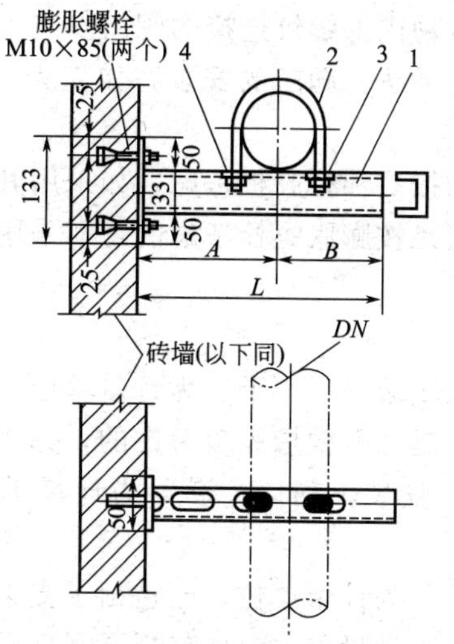

图 1-39　*DN*15～*DN*125 沿墙安装的单管托架

1—槽钢（角钢）支架；2—圆钢管卡；3—螺母；4—垫圈

表 1-16　沿墙安装单管托架主材规格及质量（*DN*15～*DN*125）

序号	公称直径 *DN*	托架间距/m		支撑角钢			圆钢管卡			螺母垫圈		单个支架质量/kg
				规格	长度/mm	质量/kg	规格	展开长/mm	质量/kg	规格	质量/kg	
				①	②	③	④	⑤	⑥	⑦	⑧	⑨=③+⑥+⑧
1	15	保温	1.5	∟40×4	370	0.9	8	152	0.06	M8	0.02	0.98
		不保温	1.5	∟40×4	330	0.8						0.88
2	20	保温	1.5	∟40×4	370	0.9	8	160	0.06	M8	0.02	0.98
		不保温	≤3	∟40×4	340	0.82						0.9
3	25	保温	1.5	∟40×4	370	0.94	8	181	0.07	M8	0.02	1.03
		不保温	≤3	∟40×4	350	0.85						0.94
4	32	保温	1.5	∟40×4	390	0.94	8	205	0.08	M8	0.02	1.04
		不保温	≤3	∟40×4	360	0.87						0.97
5	40	保温	≤3	∟40×4	400	0.97	8	224	0.09	M8	0.02	1.08
		不保温	≤3	∟40×4	370	0.9						1.01
6	50	保温	≤3	∟40×4	410	0.99	8	253	0.1	M8	0.02	1.11
		不保温	≤3	∟40×4	380	0.92						1.04
7	70	保温	≤3	∟40×4	430	1.04	10	301	0.19	M10	0.03	1.26
		不保温	≤6	∟40×4	400	0.97						1.19
8	80	保温	≤3	∟40×4	450	1.09	10	342	0.21	M10	0.03	1.33
		不保温	≤6	∟40×4	430	1.04						1.28
9	100	保温	≤3	∟50×5	480	1.81	10	403	0.25	M10	0.03	2.09
		不保温	≤6	∟50×5	450	1.7						1.98
10	125	保温	≤3	∟50×5	510	1.92	12	477	0.42	M12	0.04	2.38
		不保温	≤6	∟50×5	490	1.85						2.31

2. 阀门、水位标尺安装

（1）定额说明

1）螺纹阀门安装适用于各种内外螺纹连接的阀门安装。

2）法兰阀门安装适用于各种法兰阀门的安装，如仅为一侧法兰连接时，定额中法兰及带帽螺栓数量减半。

3）各种法兰连接用垫片均按石棉橡胶板考虑，如采用其他材料，不作调整。

4）阻火圈安装项目内固定是按膨胀螺栓考虑的，如采用其他固定方式，材料可以换算，其余不变。

（2）计算规则

1）各种阀门、橡胶软接头安装均以“个”为计量单位。

2）各种法兰连接用垫片，是按石棉橡胶板考虑的，如用其他材料，不得调整。

3）法兰阀（带短管甲乙）安装，均以“套”为计量单位，如接口材料不同时，可作调整。

4）自动排气阀安装以“个”为计量单位，已包括了支架制作安装，不再另行计算。

5）浮球阀安装均以“个”为计量单位，已包括了联杆及浮球的安装，不再另行计算。

6）浮标液面计、水位标尺是按国标编制的，如设计与国标不同，可作调整。

7）园林喷头安装，分不同规格以“个”为计量单位。

8）塑料排水管道阻火圈按不同公称直径以“个”为计量单位。

3．水表组成与安装

（1）定额说明

1）法兰水表安装是按《全国通用给水、排水标准图集》S145 编制的。定额内包括旁通管及止回阀，如实际安装形式与此不同时，阀门及止回阀可按实际调整，其余不变。

2）立式螺纹水表执行螺纹水表项目。

（2）计算规则

1）法兰水表安装以“组”为计量单位，定额中旁通管及止回阀如与设计规定的安装形式不同，阀门及法兰可按设计规定进行调整，其余不变。

2）除污器、过滤器安装，分不同公称直径以“个”为计量单位。

4．卫生器具制作安装

（1）定额说明

1）所有卫生器具安装项目，均已按标准图集计算了与给水、排水管道连接的人工和材料。

2）浴盆安装适用于各种型号的浴盆，但浴盆支座和浴盆周边的砌砖、瓷砖粘贴应另行计算。

3）洗脸盆、洗手盆、洗涤盆适用于各种型号。

4）化验盆安装中的鹅颈水嘴、化验单嘴、双嘴适用于成品件安装。

5）洗脸盆肘式开关安装不分单双把均执行同一项目。

6）斗式、壁挂式小便器，执行挂斗式小便器安装相应子目。

7）脚踏开关安装包括弯管和喷头的安装人工和材料。

8）淋浴器铜制品安装适用于各种成品淋浴器安装。

9）蒸汽-水加热器安装项目中，包括了莲蓬头安装，但不包括支架制作安装。阀门和疏水器安装可按相应项目另行计算。

10）冷热水混合器安装项目中包括了温度计安装，但不包括支座制作安装，可按相应项目另行计算。

11）小便槽冲洗管制作安装定额中，不包括阀门安装，可按相应项目另行计算。

12）大、小便槽水箱托架安装已按标准图集计算在定额内。

13）高（无）水箱蹲式大便器，低水箱坐式大便器安装，适用于各种型号。

14）整体浴房、电热水器、电开水炉、小型电采暖炉安装定额仅考虑了本体安装，连接管、连接件等按相应项目另行计算。

15）饮水器安装的阀门和脚踏开关安装，可按相应项目另行计算。

16）容积式水加热器安装，定额内已按标准图集计算了其中的附件，但不包括安全阀安装、本体保温、刷油和基础砌筑。

17）卫生器具安装采用非金属管道连接的，连接管材及管件可按设计换算，其余不变。

（2）计算规则

1）卫生器具组成安装以“组”为计量单位，已按标准图综合了卫生器具与给水管、排水管连接的人工与材料用量，不再另行计算。

2）蹲式大便器安装，已包括了固定大便器的垫砖，但不包括大便器蹲台砌筑。

3）大便槽、小便槽自动冲洗水箱安装以“套”为计量单位，包括了水箱托架的制作安装，不再另行计算。

4）小便槽冲洗管制作与安装以“m”为计算单位，不包括阀门安装，其工程量可按相应定额另行计算。

5）冷热水混合器安装以“套”为计量单位，不包括支架制作安装及阀门安装，其工程量可按相应项目另行计算。

6）蒸汽-水加热器安装以“台”为计量单位。

7）容积式水加热器安装以“台”为计量单位。

8）整体浴房、电热水器、电开水炉、小型电采暖炉安装以“台”为计量单位。

9）饮水器安装以“台”为计量单位。

5. 小型容器制作安装

（1）定额说明

1）本章适用于给排水、采暖系统中一般低压碳钢容器的制作和安装。

2）各种水箱连接管，均未包括在定额内，可执行室内管道安装的相应项目。

3）各类水箱均未包括支架制作安装，如为型钢支架，执行本册定额“一般管道支架”项目，混凝土或砖支座，执行《建筑工程预算定额》。

4）水箱制作包括水箱本身及人孔的重量。水位计、内外人梯均未包括在定额内，发生时另行计算。

（2）计算规则

1）钢板水箱制作，按施工图所示尺寸，不扣除人孔、手孔重量，以“kg”为计量单位，法兰和短管水位计可按相应定额另行计算。

2）钢板水箱安装，按国家标准图集水箱容量“m^3”，执行相应项目。各种水箱安装，均以“个”为计量单位。

6. 泵安装

（1）泵安装

以“台”为计量单位，以设备重量（单位：t）分列定额项目；包括设备本体与本体联件的附件、管道、润滑冷却装置的清洗、组装、刮研及联轴器或皮带安装。

在计算重量时，直联式泵以泵本体、电动机以及底座的总重量计算；非直联式泵以泵本体和底座的总重量计算。不包括电动机重量，但包括电动机安装。

(2) 深井泵安装

按本体、电动机、底座及设备扬水管的总重量计算；包括深井泵的泵体扬水管及滤水网安装；其橡胶轴与连接扬水管的螺栓按设备带考虑。

(3) DB 型高硅铁离心泵安装

以“台”为计量单位，按不同设备型号分别列定额项目。

(4) 定额不包括的工作内容

① 支架、底座、联轴器、键和键槽的加工、制作。

② 深井泵扬水管与平面的垂直度测量。

③ 电动机的检查、干燥、配线、调试等。

④ 试运转时所需排水的附加工程（如修筑水沟、接排水管等）。

7. 给排水、采暖工程定额总说明

(1) 工业管道、生产生活共用管道、锅炉房和泵类配管以及高层建筑物内加压泵间的管道执行第六册《工业管道工程》相应项目。

(2) 刷油、防腐蚀、绝热工程执行第十一册《刷油、防腐蚀、绝热工程》相应项目。

(3) 单件重量大于 100kg 的支架执行第五册《静置设备与工艺金属结构制作安装工程》“设备支架安装”项目。

(4) 脚手架搭拆费可参照人工费的 3%计算，其中人工工资占 25%。

(5) 高层建筑增加费（指高度在 6 层或 20m 以上的工业与民用建筑）参照表 1-17 计算。

表 1-17 高层建筑增加费

层数	9 层以下(30m)	12 层以下(40m)	15 层以下(50m)	18 层以下(60m)	21 层以下(70m)	24 层以下(80m)	27 层以下(90m)	30 层以下(100m)	33 层以下(110m)
按人工费/%	5	9	12	15	17	21	23	26	29
其中,人工费占/%	4	8	13	17	19	23	26	28	30
层数	36 层以下(120m)	39 层以下(130m)	42 层以下(140m)	45 层以下(150m)	48 层以下(160m)	51 层以下(170m)	54 层以下(180m)	57 层以下(190m)	60 层以下(200m)
按人工费/%	32	35	38	41	45	50	56	63	72
其中,人工费占/%	33	36	38	40	42	44	46	48	50

(6) 超高增加费：定额中操作高度均以 3.6m 为界限，如超过 3.6m 时，其超过部分（指由 3.6m 至操作高度）的定额人工费可参照表 1-18 计算。

表 1-18 超高增加费

标高±/m	3.6～8	3.6～12	3.6～16	3.6～20
超高系数/%	8	12	16	20

(7) 设置于管道间、管廊内的管道、阀门、法兰、支架安装，人工乘以系数 1.2。

(8) 设备水平和垂直运输：包括自安装现场指定堆放点运至安装地点的水平和垂直运输。

(9) 材料、成品、半成品水平和垂直运输：包括自施工单位现场仓库或现场指定堆放点运至安装地点的水平和垂直运输。

(10) 垂直运输基准面：室内以室内地平面为基准面，室外以安装现场地平面为基准面。

三、定额计价

(一) 安装工程定额计价的依据

(1) 经批准和会审的施工图设计文件及有关标准图集。

(2) 施工组织设计。

(3) 工程消耗量定额。

(4) 经批准的设计概算文件。

(5) 地区单位估价表（价目汇总表）。

(6) 工程费用定额。

(7) 材料预算价格、各地区材料市场信息或指导信息。

(8) 工程承包合同或协议书。

(9) 预算工作手册。

(二) 安装工程定额计价内容和程序

1. 安装工程定额计价文件包括的主要内容

(1) 封面　反映工程概况，填写内容包括：建设单位、单位工程名称、工程规模、结构类型；预算总造价、单方造价；编制单位名称、技术负责人、编制人和编制日期；审查单位名称、技术负责人、审核人和审核日期等。

(2) 编制说明　包括编制依据、工程性质、内容范围、所用定额、有关部门的调价文件、套用单价或补充单位估价方面的情况及其他需要说明的问题。

(3) 费用汇总表　指组成单位工程预算造价各费用的汇总表。包括直接费、间接费、利润、材料价差、税金等。

(4) 工程预算表　指分部分项工程直接工程费的计算表。内容包括定额号、分项工程名称、计量单位、工程数量、预算单价及合价，同时列出人工费、材料费、机械费，以便于汇总后计算其他费用。

(5) 材料汇总表或材差计算表　指单位工程所需的材料汇总表，包括材料名称、规格、单位、数量、单价等。

2. 安装工程定额计价程序

(1) 收集各种编制依据及资料，包括施工图纸、施工组织设计、现行预算定额、费用定额、相关价格信息等。

(2) 熟悉定额和施工图纸，充分了解施工组织设计和施工方案。

(3) 列出分项工程名称，根据定额规定的计量单位，运用规定的工程量计算规则计算分项工程量。

(4) 套用 2011 年××省建设工程计价依据《安装工程预算定额》编制预算表。注意分项工程的名称、规格、计量单位必须与定额计价表所列内容一致；注意定额总说明及分册说明中有关系数的调整，计费的规定和材料的换算等。

(5) 工料机分析。

(6) 动态调整。主要是材差的计算：

单项找差＝(材料指导价—材料定额取定价)×定额材料消耗量

按实找差＝(材料市场价—材料定额取定价)×定额材料消耗量

(7) 套取相应的费用定额，计算其他各项费用，汇总得出工程造价。

(8) 撰写编制说明、填写封面、装订成册。

(三) 安装工程费用组成及其计算程序

1. 费用组成

以 2011 年××省《建设工程费用定额》为例，如图 1-40 所示。

- 建筑安装工程费
  - 直接费
    - 直接工程费
      - 1. 人工费
      - 2. 材料费
      - 3. 施工机械使用费
    - 措施费
      - 组织措施费
        - 1. 环境保护费
        - 2. 文明施工费
        - 3. 安全施工费
        - 4. 临时设施费
        - 5. 夜间施工增加费
        - 6. 材料二次搬运费
        - 7. 冬雨季施工增加费
        - 8. 停水停电增加费
        - 9. 工程定位复测、工程点交、场地清理费
        - 10. 室内环境污染物检测费
        - 11. 检测试验费
        - 12. 生产工具用具使用费
        - 13. 施工因素增加费
        - 14. 赶工措施费
      - 技术措施费
        - 15. 大型机械进出场及安拆费
        - 16. 混凝土、钢筋混凝土模板及支架搭拆费
        - 17. 脚手架费
        - 18. 已完工程及设备保护费
        - 19. 施工排水、降水费
        - 20. 垂直运输机械费
  - 间接费
    - 规费
      - 1. 工程排污费
      - 2. 养老保险费
      - 3. 失业保险费
      - 4. 医疗保险费
      - 5. 工伤保险费
      - 6. 生育保险费
      - 7. 住房公积金
      - 8. 危险作业意外伤害保险
    - 企业管理费
      - 1. 管理人员工资
      - 2. 办公费
      - 3. 差旅交通费
      - 4. 固定资产使用费
      - 5. 工具用具使用费
      - 6. 工会经费
      - 7. 职工教育经费
      - 8. 民兵预备役经费、残疾人保障基金
      - 9. 财产保险费
      - 10. 财务费
      - 11. 税金
      - 12. 其他
  - 利润
  - 税金
    - 营业税
    - 城市维护建设税
    - 教育费附加

图 1-40 建筑安装工程费用

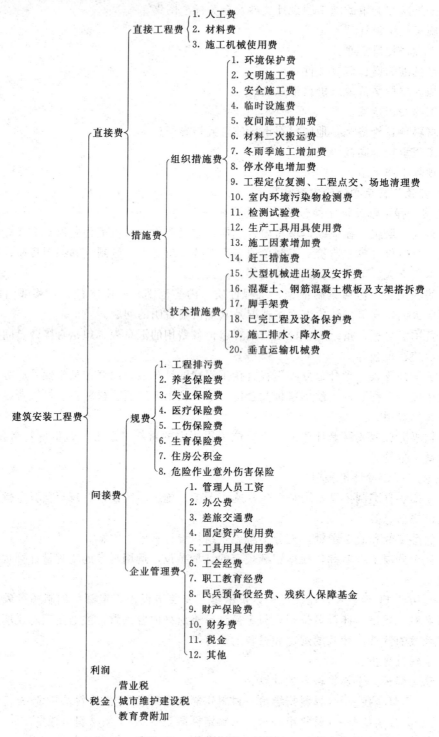

2. 安装工程费用计算程序

(1) 直接工程费　按2011年××省建设工程计价依据《安装工程预算定额》计算

(2) 其中：人工费　按2011年××省建设工程计价依据《安装工程预算定额》计算

(3) 施工技术措施费　按2011年××省建设工程计价依据《安装工程预算定额》计算

(4) 其中：人工费　按2011年××省建设工程计价依据《安装工程预算定额》计算

(5) 施工组织措施费　(2)×相应费率

(6) 其中：人工费　按规定的比例计算

(7) 直接费小计　(1)+(3)+(5)

(8) 企业管理费　[(2)+(4)+(6)]×相应费率

(9) 规费　[(2)+(4)+(6)]×核准费率

(10) 间接费小计　(8)+(9)

(11) 利润　[(2)+(4)+(6)]×相应利润率

(12) 动态调整　发生时按规定计算

(13) 主材费　定额未计价的材料

(14) 税金　[(7)+(10)+(11)+(12)+(13)]×相应税率

(15) 工程造价　(7)+(10)+(11)+(12)+(13)+(14)

(四) 安装工程定额计价与建筑工程定额计价区别

(1) 安装工程主材均为未计价材料。

(2) 安装工程取费基数按人工费取费。

(3) 技术措施项目费（脚手架搭拆费、高层建筑增加费等）按定额说明中系数计取。

任务实施

本节以某二层商业楼为例，介绍室内给排水工程施工图定额计量与计价。

一、某商业楼给排水工程施工图

给排水设计说明

1. 给水系统

(1) 给水由室外干管引入，入口压力不低于0.2MPa，给水为下行上给式。

(2) 管材选用热浸镀锌钢管螺纹连接，阀门采用截止阀，型号J11T-16。

(3) 管道穿墙、楼板时，应埋设钢制套管，安装在楼板内的套管其顶部应高出地面20mm，底部与楼板面齐平；安装在墙内的套管，应与饰面相平。

(4) 管道安装完毕后应进行水压试验，试验压力为0.6MPa，在10min内压降不大于0.05MPa，不渗、不漏为合格。

(5) 经试压合格后应对系统进行反复冲洗，直到排出水不带泥砂、铁屑等杂物且水色清晰为合格。

(6) 管道标高指管中心。

2. 排水系统

(1) 排水管采用UPVC粘接连接。

(2) 卫生器具安装按标准图05S2。

(3) 管道安装完毕做通水试验，不渗、不漏为合格。

(4) 管道标高指管底。

3. 防腐刷油

(1) 给排水不论明暗装，管道、管件及支架等刷漆前，先清除表面的灰尘、污垢、锈斑及焊渣等物。

(2) 明装镀锌钢管刷银粉漆二道，埋地管刷沥青漆二道。

(3) 明装支架，除锈后刷防锈漆一道，银粉漆二道，暗装支架刷沥青漆二道。

4. 管道穿墙留洞与土建施工密切配合

5. 管道施工安装严格依据国家规范、规程执行

6. 其他需说明的问题

(1) 本图除标高外，其他均以"mm"计。

(2) 室内外高差1.2m。

(3) 材料表见表1-19；施工图如图1-41所示。

表1-19 给排水材料表

序号	名称	型号规格	单位	数量	序号	名称	型号规格	单位	数量
1	镀锌钢管	*DN*40	m	8	10	检查口	*DN*100	个	2
2	镀锌钢管	*DN*32	m	6	11	透气帽	*DN*100	个	1
3	镀锌钢管	*DN*25	m	2	12	地漏	*DN*50	个	2
4	镀锌钢管	*DN*20	m	8	13	蹲式大便器		套	2
5	镀锌钢管	*DN*15	m	2	14	洗手盆		套	2
6	UPVC排水管	*DN*100	m	14	15	自闭冲洗阀	*DN*25	个	2
7	UPVC排水管	*DN*50	m	8	16	截止阀	*DN*20	个	2
8	P形存水弯	*DN*100	个	2	17	截止阀	*DN*32	个	2
9	S形存水弯	*DN*50	个	2	18	截止阀	*DN*40	个	1

二、室内给排水工程定额计量与计价实例

(一) 编制依据及有关说明

(1) 2011年××省建设工程计价依据《安装工程预算定额》。

(2) 2011年××省建设工程计价依据《建设工程费用定额》。

(3) 某商业集团二层商业楼室内给排水工程施工图。

(4) 材料按2011年××市建设工程材料预算价格。

(二) 工程量计算表、封面、安装工程费用总值表、安装工程预算表、价差计算表

工程量计算表、封面、安装工程费用总值表、安装工程预算表、价差计算表见表1-20～表1-24。

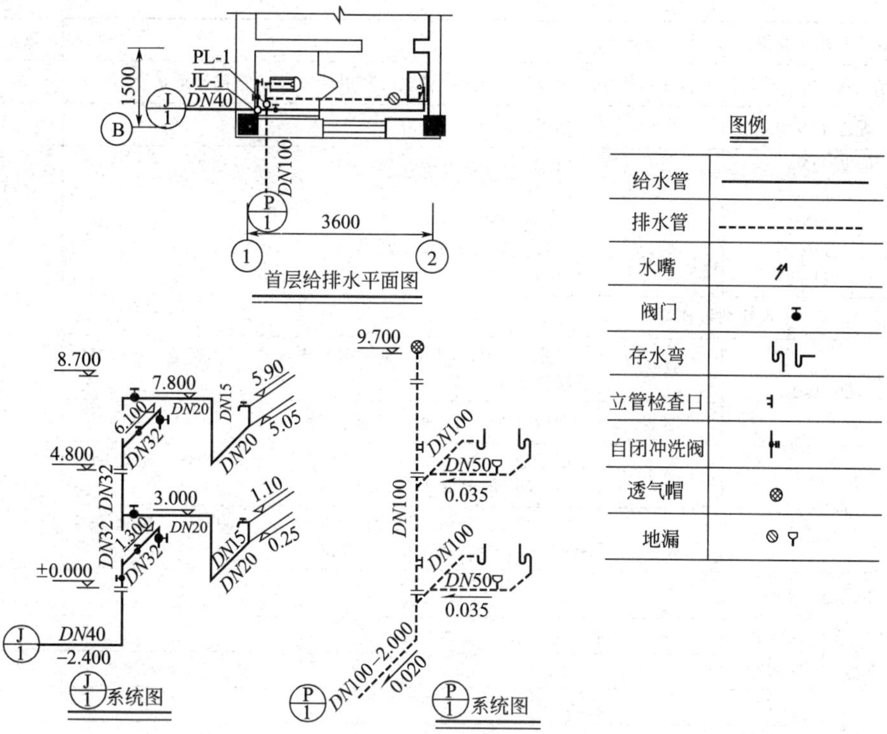

图 1-41　某二层商业楼给排水施工图

表 1-20　工程量计算表

工程名称：某商业集团二层商业楼

序号	项目名称及规格	敷设方式	计算式	数量	单位
一、给水系统热浸镀锌钢管螺纹连接，管中心距墙 DN50 以下按 0.05 计；DN50～DN100 按 0.1 计；DN100 以上按 0.15 计					
1	DN40	暗装	进户 1.5＋外墙厚 0.3＋管中心距墙 0.05＋立 2.4＝4.25	5.55	m
		明装	1.3		
2	DN32	暗装		9.1	m
		明装	立 7.8－1.3＋水平 1.3×2		
3	DN25	暗装		0.4	m
		明装	0.2×2(自闭冲洗阀以下部分在蹲便器定额中 10m/10 组)		
4	DN20	暗装		14.1	m
		明装	水平(3.6－0.1×2－0.05×2)×2＋立(3－0.25)×2＋水平1×2		
5	DN15	暗装		1.7	m
		明装	(1.1－0.25)×2		
二、给水管道冲洗消毒					
6	DN50 内		5.55＋9.1＋0.4＋14.1＋1.7	30.85	m
三、钢套管安装					
7	DN70(DN40 管)		进户(1)＋地面(1)	2	个
8	DN50(DN32 管)		楼板 1	1	个

续表

序号	项目名称及规格		敷设方式	计算式	数量	单位
四、给水管道支架,排水管道支架含在定额中不另计算。支架个数参照“沿墙安装单管托架重量表”计算						
9	埋地 $DN40$			(4.25/3)×1.01≈1.43	1.43	kg
10	明装 $DN40$ $DN32$ $DN25$ $DN20$ $DN15$			(1.3/3)×1.01≈0.44 (9.1/3)×0.97≈2.94 (0.4/3)×0.94≈0.13 (14.1/3)×0.9≈4.23 (1.7/1.5)×0.88≈1.0	8.74	kg
五、排水系统:UPVC 排水管粘接连接						
11	$DN100$		暗装	出户 3+外墙厚 0.3+管中心距墙 0.12+立 2+一层蹲便器横管 1=6.42	17.12	m
			明装	立管 9.7+二层蹲便器横管 1=10.7		
12	$DN50$		暗装	横干管(3.6−0.1×2−0.12×2+0.9)+一层地漏立 0.5+一层洗手盆立 0.5=5.06	10.12	m
			明装	横干管(3.6−0.1×2−0.12×2+0.9)+二层地漏立 0.5+二层洗手盆立 0.5=5.06		
六、阀门、卫生设备						
13	截止阀	$DN40$		1	1	个
14		$DN32$		2	2	个
15		$DN20$		2	2	个
16	大便器自闭冲洗阀			2	2	组
17	地漏 $DN50$			2	2	个
18	洗手盆			2	2	组
七、除锈、刷油						
19	明装镀锌钢管 银粉漆二道			1.3×0.151+9.1×0.133+0.4×0.105+14.1×0.084+1.7×0.067	2.75	m^2
20	埋地镀锌钢管 沥青漆二道			4.25×0.151	0.64	m^2
21	明装支架 防锈漆一道, 银粉漆二道			8.74	8.74	kg
22	暗装支架 沥青漆二道			1.43	1.43	kg

注：关于表格中数字因中间与最后保留小数位数的多少会造成较小的偏差，这一点不影响计算结果的准确性，以下表格同此。

表 1-21 建筑安装工程预算书封面

建筑安装工程预算书

建设工程名称:某二层商业楼	单位(项)工程名称:给排水工程
工程类别:	结构类型:框架
项目编号:	预(结)算造价:3500.46 元
建设单位:××商业集团	施工单位:××建筑安装工程公司
审核主管:×××	编制主管:×××
审核人:×××	编制人:×××
审核人证号:	编制人证号:
审核日期:	编制日期:

表 1-22　建筑（安装）工程预算总值表

序号	费用名称	取费说明	费率/%	费用金额/元
(1)	直接工程费			1243.88
(2)	其中:人工费			858.16
(3)	施工技术措施费			26.12
(4)	其中:人工费			6.53
(5)	施工组织措施费	(2)	11.82	101.43
(6)	其中:人工费	(5)	20	20.27
(7)	直接费小计	(1)+(3)+(5)		1371.43
(8)	企业管理费	(2)+(4)+(6)	25	221.24
(9)	规费	(2)+(4)+(6)	50.64	448.15
(10)	间接费小计	(8)+(9)		669.39
(11)	利润	(2)+(4)+(6)	24	212.39
(12)	主材费	未计价材料及设备		1129.63
(13)	税金	(7)+(10)+(11)+(12)	3.477	117.62
(14)	工程造价	(7)+(10)+(11)+(12)+(13)		3500.46

表 1-23　建筑（安装）工程预算表

序号	编号	名称	工程量		价值/元		其中/元			
			单位	数量	单价	合价	人工费	材料费	机械费	主材设备费
1	C8-90	室内管道　镀锌钢管(螺纹连接)　公称直径　40mm 以内	10m	0.56	175.85	97.6	79.09	17.99	0.52	
		镀锌钢管	m	5.661	25.42	143.9				143.9
2	C8-89	室内管道　镀锌钢管(螺纹连接)　公称直径　32mm 以内	10m	0.91	144.65	131.63	103.22	27.55	0.86	
		镀锌钢管	m	9.282	20.72	192.32				192.32
3	C8-88	室内管道　镀锌钢管(螺纹连接)　公称直径　25mm 以内	10m	0.04	141.55	5.66	4.54	1.09	0.04	
		镀锌钢管	m	0.408	16.02	6.54				6.54
4	C8-87	室内管道　镀锌钢管(螺纹连接)　公称直径　20mm 以内	10m	1.41	114.59	161.57	132.61	28.96		
		镀锌钢管	m	14.382	10.79	155.18				155.18
5	C8-86	室内管道　镀锌钢管(螺纹连接)　公称直径　15mm 以内	10m	0.17	113.78	19.34	15.99	3.35		
		镀锌钢管	m	1.734	8.28	14.36				14.36
6	C8-284	管道消毒、冲洗　公称直径 50mm 以内	100m	0.31	57.73	17.81	9.14	8.67		
7	C8-228	室内管道　穿墙、穿楼板钢套管制作、安装　公称直径　80mm 以内	10 个	0.2	64.34	12.87	10.26	1.01	1.59	
		碳钢管	m	0.612	49.21	30.12				30.12
8	C8-227	室内管道　穿墙、穿楼板钢套管制作、安装　公称直径　50mm 以内	10 个	0.1	42.68	4.27	3.53	0.36	0.38	
		碳钢管	m	0.306	28.79	8.81				8.81

续表

序号	编号	名称	工程量		价值/元		其中/元			
			单位	数量	单价	合价	人工费	材料费	机械费	主材设备费
9	C8-234	室内管道　管道支架制作安装　一般管架	100kg	0.01	979.21	14	3.79	1.94	8.27	
		型钢	t	0.0015	2450	3.68				3.68
10	C8-212	室内管道　承插塑料排水管（零件粘接）　管外径　110mm以内	10m	1.71	221.75	379.64	225.42	154.22		
		承插塑料排水管	m	14.5862	17.58	256.43				256.43
11	C8-210	室内管道　承插塑料排水管（零件粘接）　管外径　50mm以内	10m	1.01	104.71	105.97	87.68	18.29		
		承插塑料排水管	m	9.786	4.41	43.16				43.16
12	C8-376	螺纹阀　公称直径　40mm以内	个	1	20.45	20.45	14.25	6.2		
		螺纹阀门	个	1.01	21.54	21.76				21.76
13	C8-375	螺纹阀　公称直径　32mm以内	个	2	12.66	25.32	17.1	8.22		
		螺纹阀门	个	2.02	15.89	32.1				32.1
14	C8-373	螺纹阀　公称直径　20mm以内	个	2	7.98	15.96	11.4	4.56		
		螺纹阀门	个	2.02	6.87	13.88				13.88
15	C8-564	蹲式大便器　自闭式冲洗25mm	10组	0.2	654.22	130.84	82.19	48.65		
		瓷蹲式大便器	个	2.02	23.8	48.08				48.08
		大便器存水弯	个	2.01	8.96	18.01				18.01
		延时自闭冲洗阀	套	2.02	15.6	31.51				31.51
16	C8-539	洗手盆　冷水	10组	0.2	315.16	63.03	29.64	33.39		
		洗手盆	个	2.02	38.1	76.96				76.96
		存水弯	个	2.01	4.43	8.9				8.9
17	C8-605	塑料地漏　公称直径　50mm以内	10个	0.2	65.86	13.17	11.56	1.61		
		塑料地漏	个	2	3.95	7.9				7.9
18	C11-62	管道刷油　银粉漆　第一遍	$10m^2$	0.28	18.77	5.16	4.08	1.09		
		银粉漆	kg	0.1843	26.65	4.91				4.91
19	C11-63	管道刷油　银粉漆　第二遍	$10m^2$	0.28	16.87	4.64	3.92	0.72		
		银粉漆	kg	0.1733	26.65	4.62				4.62
20	C11-48	管道刷油　沥青漆　第一遍	$10m^2$	0.06	21.9	1.4	1.02	0.38		
		沥青防腐漆	kg	0.1843	10.15	1.87				1.87
21	C11-49	管道刷油　沥青漆　第二遍	$10m^2$	0.06	20.69	1.32	0.98	0.34		
		沥青防腐漆	kg	0.1581	10.15	1.6				1.6
22	C11-3	手工除锈　一般钢结构	100kg	0.1	29.57	3.02	1.98	0.12	0.92	

续表

序号	编号	名　　称	工程量		价值/元		其中/元			
			单位	数量	单价	合价	人工费	材料费	机械费	主材设备费
23	C11-88	金属结构刷油　一般钢结构 防锈漆　第一遍	100kg	0.09	24.12	2.1	1.14	0.18	0.78	
		酚醛防锈漆	kg	0.08	7.11	0.57				0.57
24	C11-89	金属结构刷油　一般钢结构 防锈漆　第二遍	100kg	0.09	23.34	2.03	1.09	0.16	0.78	
		酚醛防锈漆	kg	0.0679	7.11	0.48				0.48
25	C11-90	金属结构刷油　一般钢结构 银粉漆　第一遍	100kg	0.09	25.31	2.2	1.09	0.33	0.78	
		银粉漆	kg	0.0287	26.65	0.76				0.76
26	C11-91	金属结构刷油　一般钢结构 银粉漆　第二遍	100kg	0.09	24.94	2.17	1.09	0.3	0.78	
		银粉漆	kg	0.0252	26.65	0.67				0.67
27	C11-98	金属结构刷油　一般钢结构 沥青漆　第一遍	100kg	0.01	25.78	0.36	0.18	0.06	0.13	
		沥青防腐漆	kg	0.0281	10.15	0.29				0.29
28	C11-99	金属结构刷油　一般钢结构 沥青漆　第二遍	100kg	0.01	25.27	0.35	0.18	0.05	0.13	
		沥青防腐漆	kg	0.0241	10.15	0.24				0.24
		总　计				2373.51	858.16	369.79	15.96	1129.63

表 1-24　措施项目分项计价表

序号	编号	名称	工程量		价值/元		其中/元		
			单位	数量	单价	合价	人工费	材料费	机械费
1	BM105	脚手架搭拆费(给排水、采暖、燃气工程)	元	1	25.24	25.24	6.31	18.93	
2	BM108	脚手架搭拆费(刷油)	元	1	0.88	0.88	0.22	0.66	

学习单元 1.2　给排水工程清单计量与计价

任务资讯

一、工程量清单编制

(一) GB 50500—2013《建设工程工程量清单计价规范》通用安装工程计量主要内容

工程量清单是工程量清单计价的基础，是作为标准招标控制价、投标报价、计算工程量、支付工程款、调整合同价款、办理竣工结算及工程索赔的依据，由分部分项工程量清单、措施项目清单、其他项目清单、规费项目清单和税金项目清单组成。

工程量清单编制主要由招标人来完成，作为招标文件组成部分。招标文件中应列的清单如下。

1. 封面

按规定的内容填写、签字、盖章，造价员编制的工程量清单应由负责审核的造价工程师签字、盖章（表 1-25）。

表 1-25 工程量清单封面

________工程	
工程量清单	
招标人：________ （单位盖章）	工程造价咨询人：________ （单位资质专用章）
法定代表人 或其授权人：________ （签字或盖章）	法定代表人 或其授权人：________ （签字或盖章）
编制人：________ （造价人员签字盖专用章）	复核人：________ （造价工程师签字盖专用章）
编制时间： 年 月 日	复核时间： 年 月 日

2. 总说明

包括：工程概况；工程招标与分包范围；工程量清单编制依据；工程材料、质量、施工等的特殊要求；其他需要说明的问题。

3. 分部分项工程量清单与计价表

分部分项工程量清单与计价表见表 1-26。

表 1-26 分部分项工程量清单与计价表

工程名称：　　　　　　　　　标段：　　　　　　　　　　第 页 共 页

序号	项目编码	项目名称	项目特征描述	计量单位	工程量	金额/元		
						综合单价	合价	其中暂估价
合计								

注：暂估价是招标人在工程量清单中提供的用于支付必然发生但暂时不能确定的材料的单价暂估的金额。

4. 措施项目清单与计价表

措施项目清单与计价表见表 1-27、表 1-28。

表 1-27 措施项目清单与计价表（一）

工程名称：　　　　　　　　　标段：　　　　　　　　　　第 页 共 页

序号	项目编码	项目名称	计算基础	费率/%	金额/元
1	031301001	安全文明施工费			
2	031301002	夜间施工费			
3	031301003	非夜间施工照明			
4	031301004	二次搬运费			
5	031301005	冬雨季施工			
6	031301006	已完工程及设备保护			
7		专业工程措施项目			
7.1	031302001	脚手架搭拆			
7.2	031303001	高层施工增加			
7.3	031304010	安装与生产同时进行施工增加			
7.4	031304011	在有害身体健康环境中施工增加			
7.5	031304012	工程系统检测、检验			
7.6	031304013	设备、管道施工的安全、防冻和焊接保护			
7.7	……				
	合计				

表 1-28　措施项目清单与计价表（二）

工程名称：　　　　　　　　　　标段：　　　　　　　　　　第　页　共　页

序号	项目编码	项目名称	项目特征描述	计量单位	工程量	金额/元	
						综合单价	合价
合计							

注：该表适用于以综合单价形式计价的措施项目。

5. 其他项目清单与计价汇总表

其他项目清单与计价汇总表见表 1-29。

表 1-29　其他项目清单与计价汇总表

工程名称：　　　　　　　　　　标段：　　　　　　　　　　第　页　共　页

序号	项目名称	计量单位	暂定金额/元	备注
1	暂列金额			明细详见表 1-30
2	暂估价			
2.1	材料暂估价			明细详见表 1-31
2.2	专业工程暂估价			明细详见表 1-32
3	计日工			明细详见表 1-33
4	总承包服务费			明细详见表 1-34
5				
合计				

注：材料暂估单价进入清单项目综合单价，此处不汇总。

6. 暂列金额明细表

暂列金额是招标人在工程量清单中暂定并包括在合同价款中的一笔款项。用于施工合同签订时尚未确定或者不可预见的所需材料、设备、服务的采购，施工中可能发生的工程变更、合同约定调整因素出现时的工程价款调整以及发生的索赔、现场签证确认等的费用。招标人如不能详列，可只列暂列金额总额，投标人将总额计入投标总价中，见表 1-30。

表 1-30　暂列金额明细表

工程名称：　　　　　　　　　　标段：　　　　　　　　　　第　页　共　页

序号	项目名称	计量单位	暂定金额/元	备注
1				
2				
3				
4				
5				
合计				

7. 材料暂估单价表

暂估价的材料主要指甲供的材料。招标人在备注栏说明暂估价的材料拟用在哪些清单项目上，投标人将材料暂估单价计入工程量清单综合单价报价中；材料包括原材料、燃料、构配件以及按规定应计入建筑安装工程造价的设备，见表 1-31。

表 1-31 材料暂估单价表

工程名称： 标段： 第 页 共 页

序号	材料名称、规格、型号	计量单位	单价/元	备注
1				
2				
3				
4				
5				

8. 专业工程暂估价表

所谓专业工程，指投标人拟分包的工程，该暂估价包括管理费和利润，由招标人填写，投标人将专业工程暂估价计入投标总价中，见表 1-32。

表 1-32 专业工程暂估价表

工程名称： 标段： 第 页 共 页

序号	工程名称	工程内容	金额/元	备注
1				
2				
3				
4				
5				
合计				

9. 计日工表

计日工是在施工过程中，完成发包人提出的施工图纸以外的零星项目或工作，按合同中约定的综合单价计价。此表项目名称、数量由招标人填写，单价由投标人自主报价，见表 1-33。

表 1-33 计日工表

工程名称： 标段： 第 页 共 页

序号	项目名称	计量单位	暂定数量	综合单价/元	合价/元
一	人工				
人工小计					
二	材料				
材料小计					
三	施工机械				
机械小计					
合计					

10. 总承包服务费计价表

总承包服务费是总承包人为配合协调发包人进行的工程分包自行采购的设备、材料等管理、服务以及施工现场管理、竣工资料汇总整理等服务所需的费用，见表1-34。

表1-34　总承包服务费计价表

工程名称：　　　　　　　　　　　　标段：　　　　　　　　　　　　第　页　共　页

序号	工程名称	项目价值/元	服务内容	费率/%	金额/元
1	发包人发包专业工程				
2	发包人供应材料				
3					
合计					

其中项目价值和费率可参照下列标准计算。

(1) 招标人仅要求对分包的专业工程进行总承包管理和协调时，按分包的专业工程估算造价的1.5%计算。

(2) 招标人要求对分包的专业工程进行总承包管理和协调，并同时要求提供配合服务时，根据招标文件中列出的配合服务内容和提出的要求，按分包的专业工程估算造价的3%～5%计算。

(3) 招标人自行供应材料的，按招标人供应材料价值的1%计算。

11. 规费、税金项目清单与计价表

投标人报价时要按国家及省市规定计算，见表1-35。

表1-35　规费、税金项目清单与计价表

工程名称：　　　　　　　　　　　　标段：　　　　　　　　　　　　第　页　共　页

序号	项目名称	计算基础	费率/%	金额/元
1	规费			
1.1	工程排污费			
1.2	社会保障费			
(1)	养老保险费			
(2)	失业保险费			
(3)	医疗保险费			
1.3	住房公积金			
1.4	危险作业意外伤害保险费			
2	税金	分部分项工程费＋措施项目费＋其他项目费＋规费		
合计				

12. 注意事项

(1) 要熟悉定额项目及项目包括的工作内容，对于定额缺项的应知道如何借用其他项目和利用系数调整，或编制补充定额。

(2) 清单项目的计算规则或计量单位与定额的计算规则或计量单位不一样时，要注意两者的衔接。

例如：水箱制作安装，××省建设工程计价依据《安装工程预算定额》规定，按图示尺寸，不扣除人孔、手孔重量以“kg”计算；而GB 50500—2013《建设工程工程量清单计价规范》通用安装工程计量中表J.6采暖、给排水设备（编码：031006），水箱制作安装项目的工程量计算规则是“按设计图示数量计算”，计量单位“台”。

（3）下列费用计入措施项目清单

① 安全文明施工费、夜间施工费、二次搬运费等组织措施项目；

② 脚手架搭拆；

③ 高层施工增加；

④ 安装与生产同时进行增加；

⑤ 有害身体健康环境中施工增加；

⑥ 工程系统检测、检验；

⑦ 设备、管道施工的安全、防冻和焊接保护。

（二）GB 50500—2013《建设工程工程量清单计价规范》通用安装工程计量规范附录J给排水工程常用项目

J.1给排水、采暖、燃气管道（编码：031001）；J.2支架及其他（编码：031002）；J.3管道附件（编码：031003）；J.4卫生器具（编码：031004）；J.6给排水设备（编码：031006）。详见附录一。

二、工程量清单计价

（一）工程量清单计价格式

采用工程量清单计价，建设工程造价由分部分项工程费、措施项目费、其他项目费、规费和税金组成。工程量清单报价主要由投标人来完成，投标人投标报价时应提交以下内容。

1. 封面

封面见表1-36。

表1-36　封面

投　标　总　价
招标人：________________________
工程名称：________________________
投标总价（小写）：________________________
（大写）：________________________
投标人：________________________
（单位盖章）
法定代表人
或其授权人：________________________
（签字或盖章）
编制人：________________________
（造价人员签字盖专用章）
编制时间：　　年　　月　　日

2. 总说明

同招标人格式。

3. 工程项目投标报价汇总表

此表在各单项工程汇总表的基础上填报，所报暂估价、安全文明施工费、规费的金额，须与各单项工程汇总表相关数据一致。暂估价分为材料暂估价和专业工程暂估价两部分，此项费用由招标人估算并填写在清单中，投标人将此费用计入合同价中；安全文明施工费包括环境保护费、文明施工费、安全施工费、临时设施费，该项费用投标人必须按省建设行政主管部门规定的费率计算；规费包括工程排污费、社会保障费、住房公积金、危险作业意外伤害保险费等，其费用投标人须按省建设行政主管部门规定计算并报价，见表1-37。

表 1-37　工程项目投标报价汇总表

工程名称：　　　　　　　　　　　　　　　　　　　　　　　　第　页　共　页

序号	单项工程名称	金额/元	其　中		
			暂估价/元	安全文明施工费/元	规费/元
1					
2					
3					
合计					

4. 单项工程投标报价汇总表

此表是在各单位工程汇总表的基础上填报，所报暂估价、安全文明施工费、规费的金额，须与各单位工程汇总表相关数据一致，见表1-38。

表 1-38　单项工程投标报价汇总表

工程名称：　　　　　　　　　　　　　　　　　　　　　　　　第　页　共　页

序号	单项工程名称	金额/元	其　中		
			暂估价/元	安全文明施工费/元	规费/元
1					
2					
3					
合计					

5. 单位工程投标报价汇总表

单位工程投标报价汇总表见表1-39。

表 1-39　单位工程投标报价汇总表

工程名称：　　　　　　　　　　标段：　　　　　　　　　　　　第　页　共　页

序号	汇总内容	金额/元	暂估价/元
1	分部分项工程		
1.1			
1.2			
1.3			
1.4			
1.5			

续表

序号	汇总内容	金额/元	暂估价/元
2	措施项目		
2.1	安全文明施工费		
3	其他项目		
3.1	暂列金额		
3.2	专业工程暂估价		
3.3	计日工		
3.4	总承包服务费		
4	规费		
5	税金		
投标报价合计=1+2+3+4+5			

6. 分部分项工程量清单与计价表

分部分项工程量清单与计价表见表 1-26。

7. 工程量清单综合单价分析表

工程量清单综合单价分析表见表 1-40。

表 1-40 工程量清单综合单价分析表

工程名称： 标段： 第 页 共 页

项目编码			项目名称				计量单位				
清单综合单价组成明细											
定额编号	定额名称	定额单位	数量	单价/元				合价/元			
				人工费	材料费	机械费	管理利润	人工费	材料费	机械费	管理利润
人工单价	小计										
元/工日	未计价材料费										
清单项目综合单价											
材料费明细	主要材料名称、规格、型号			单位	数量			单价/元	合价/元	暂估单价/元	暂估合价/元
	其他材料费										
	材料费小计										

注：1. 如不使用省级或行业建设行政主管部门发布的计价依据，可不填定额项目、编号等。
2. 招标文件提供了暂估单价的材料，按暂估的单价填入表内“暂估单价”及“暂估合价”。

8. 措施项目清单与计价表

措施项目清单与计价表见表 1-27、表 1-28。

9. 其他项目清单与计价表

其他项目清单与计价表见表1-29。

10. 规费、税金项目清单与计价表

规费、税金、清单与计价表见表1-35。

根据招标人提供的工程量清单，投标人进行报价，报价时要对招标人提供的每个清单项目所包括的全部施工过程进行组价形成综合单价。

（二）注意事项

1. 对分部分项工程的每个清单项目所包括的施工过程用计价定额计价

（1）以室内给水镀锌焊接钢管安装项目（编码：031001001），管道刷银粉漆两遍（编码：031201001）为例，假设某投标单位参照××省计价依据《安装工程预算定额》和《建设工程费用定额》报价，企业管理费为人工费的25%，利润为人工费的24%，风险因素暂不考虑。

① 每米 DN25mm 室内镀锌焊接钢管（螺纹连接）：(C8-88)

投标人计算本清单项目（44.58m）

人工费：11.343×44.58=505.67（元）

材料费：2.718×44.58=121.17（元）

主材镀锌钢管 DN25：1.02×7.21×44.58=327.85（元）

机械费：0.094×44.58=4.19（元）

企业管理费：505.67×0.25=126.42（元）

利润：505.67×0.24=121.36（元）

合计：1206.66（元）

② 管道冲洗、消毒 DN50mm 内：(C8-284)

人工费：0.2963×44.58=13.21（元）

材料费：0.2808×44.58=12.52（元）

企业管理费：13.21×0.25=3.30（元）

利润：13.21×0.24=3.17（元）

合计：32.2元

③ 每米 DN25mm 镀锌钢管银粉漆第一遍：(C11-62)

投标人计算本清单项目（44.58m）管道表面积为：44.58×0.105=4.68（m^2）

人工费：1.482×4.68=6.94（元）

材料费：0.395×4.68=1.85（元）

主材银粉漆：0.067×26.65×4.68=8.36（元）

企业管理费：6.94×0.25=1.74（元）

利润：6.94×0.24=1.67（元）

合计：20.56元

④ 每米 DN25mm 镀锌钢管银粉漆第两遍：(C11-63)

投标人计算本清单项目（44.58m）管道表面积为：44.58×0.105=4.68（m^2）

人工费：1.425×4.68=6.67（元）

材料费：0.262×4.68=1.23（元）

主材银粉漆：0.063×26.65×4.68=7.86（元）

企业管理费：6.67×0.25=1.67（元）

利润：6.67×0.24=1.60（元）

合计 19.03 元

(2) 填写综合单价分析表，组成综合单价。见表 1 41。

表 1-41　分部分项工程量清单综合单价分析

序号	项目编码	项目名称	清单工程量	工程内容	综合单价组成/元					合价/元	综合单价/元
					人工费	材料费	机械费	管理费	利润		
1	031001001001	室内 *DN*25 焊接钢管安装	44.58	①	505.67	449.02	4.19	126.42	121.36	1206.66	27.79
				②	13.21	12.52		3.30	3.17	32.2	
				小计						1238.86	
2	031201001001	银粉漆两遍	44.58	③	6.94	10.21		1.74	1.67	20.56	0.888
				④	6.67	9.09		1.67	1.60	19.03	
				小计						39.59	

(3) 填写分部分项工程量清单计价表。见表 1-42。

表 1-42　分部分项工程量清单计价表

序号	项目编码	项目名称	计量单位	工程数量	综合单价	合价
1	031001001001	室内 *DN*25 焊接钢管安装	m	44.58	27.79	1238.86
2	031201001001	银粉漆两遍	m	44.58	0.888	39.59
3	……					

2. 措施项目清单计价

(1) 投标人根据本企业管理水平、技术水平为拟建工程制定的施工方案或施工组织设计，可对措施项目清单中提供的项目进行增减调整，然后计价。

【例 1-1】 假设投标企业为总承包企业。该拟建工程为六层建筑，层高均不超过 3.6m，室内给水分部分项工程人工费为 10895.46 元。根据施工组织设计确定该拟建工程只发生安全文明施工费和脚手架搭拆费等费用。参照安装工程预算定额和费用定额计价，则安全文明施工费为 10895.46×3.54%＝385.70（元）（其中文明施工费率 2%；安全施工费率 1.54%。其中人工费占 20%，材料费占 70%，机械费占 10%），并增加企业管理费和利润。

① 安全文明施工费：

人工费：385.70×20%＝77.14（元）

材料费：385.70×70%＝269.99（元）

机械费：385.70×10%＝38.57（元）

企业管理费：77.14×0.25＝19.29（元）

利润：77.14×0.24＝18.51（元）

合计：423.5 元

② 脚手架费

人工费：10895.46×3%×25%＝81.72（元）

材料费：10895.45×3%×75%＝245.15（元）

企业管理费：81.72×0.25＝20.43（元）

利润：81.72×0.24＝19.61（元）

合计：366.91 元

(2) 填写措施项目清单计价表。见表 1-43。

表 1-43　措施项目清单计价表

序号	项目名称	计算基础	费率/%	金额/元
1	安全文明施工费	10895.46	3.54＋3.54×0.2×(0.25＋0.24)＝3.887	423.50
2	脚手架搭拆费	10895.46	3＋3×0.25×(0.25＋0.24)＝3.368	366.91
合计				790.41

3. 其他项目清单计价

(1) 其他项目清单中暂列金额、专业工程暂估价由招标人填写，投标人将这部分项目的名称和金额，直接移植到其他项目清单与计价表内。

(2) 其他项目清单中材料暂估价由招标人填写，并在备注栏中说明暂估价的材料用在哪些清单项目上，投标人按暂估价计入相应综合单价中。

(3) 计日工表中的暂定项目、数量根据工程需要由招标人填写，投标人按招标人提供的项目、单位、数量自主报价，单价中要计算管理费和利润。

(4) 总承包服务费发生时参照国家相关标准计入。

任务实施

一、给排水工程量清单编制实例

某商业楼室内给排水工程工程量计算表见表 1-20。

封面、总说明、分部分项工程量清单与计价表、措施项目清单与计价表、其他项目清单中暂列金额明细表、计日工表、规费、税金项目清单与计价表见表 1-44～表 1-50。

表 1-44　封面

××商业集团商业楼给排水工程

工程量清单

招标人:××商业集团(单位盖章)　　工程造价咨询人:×××(资质单位盖章)

法定代表人:×××(签字盖章)　　法定代表人:×××(签字盖章)

编制人:×××(造价人员盖专用章)　　复核人:×××(造价人员盖专用章)

编制时间:　年　月　日　　复核时间:　年　月　日

表 1-45　总说明

工程名称:××商业集团商业楼给排水工程

一、工程概况:本工程为××商业集团二层商业楼给排水工程。

二、本期工程范围包括:室内给排水安装工程。

三、编制依据及有关说明

1. GB 50500—2013《建设工程工程量清单计价规范》。

2. 2011 年××省建设工程计价依据《安装工程预算定额》。

3. 2011 年××省《建设工程费用定额》中“工程量清单计价计算规则”及“工程量清单计价的计价程序”。

4. 某商业集团二层商业楼室内给排水工程施工图。

5. 2011 年××市建设工程材料预算价格。

四、投标人报价时,应按照招标文件规定的统一格式,提供完整的投标报价书。

表 1-46　分部分项工程量清单与计价表

工程名称：二层商业楼给排水

序号	项目编码	项目名称	项目特征	计量单位	工程量	金额/元		
						综合单价	合价	其中：暂估价
1	031001001001	镀锌钢管 *DN*15	*DN*15 室内给水镀锌钢管安装，螺纹连接，冲洗消毒	m	1.7			
2	031001001002	镀锌钢管 *DN*20	*DN*20 室内给水镀锌钢管安装，螺纹连接，冲洗消毒	m	14.1			
3	031001001003	镀锌钢管 *DN*25	*DN*25 室内给水镀锌钢管安装，螺纹连接，冲洗消毒	m	0.4			
4	031001001004	镀锌钢管 *DN*32	*DN*32 室内给水镀锌钢管安装，螺纹连接，冲洗消毒	m	9.1			
5	031001001005	镀锌钢管 *DN*40	*DN*40 室内给水镀锌钢管安装，螺纹连接，冲洗消毒	m	5.55			
6	031002003001	钢套管 *DN*70	*DN*70 钢套管制作安装	个	2			
7	031002003002	钢套管 *DN*50	*DN*50 钢套管制作安装	个	1			
8	031201001001	暗装管道刷油	暗装管道刷沥清漆两道	m^2	0.64			
9	031201001002	明装管道刷油	明装管道刷银粉漆两道	m^2	2.75			
10	031001006001	塑料管（UPVC、PVC、PP-C、PP-R、PE 管等）	UPVC110 排水管粘接连接	m	17.12			
11	031001006002	塑料管（UPVC、PVC、PP-C、PP-R、PE 管等）	UPVC50 排水管粘接连接	m	10.12			
12	031002001001	管道支架制作安装	一般管道支架制作安装	kg	10.17			
13	031201003001	管道支架刷油	明装管架除锈，防锈漆二道，银粉漆两道	kg	8.74			
14	031201003002	管道支架刷油	暗装管架除锈，沥青漆二道	kg	1.43			
15	031003001001	螺纹阀门	*DN*32 截止阀	个	2			
16	031003001002	螺纹阀门	*DN*40 截止阀	个	1			
17	031003001003	螺纹阀门	*DN*20 截止阀	个	2			
18	031004004001	洗手盆	*DN*15 单冷水嘴洗手盆	组	2			
19	031004006001	大便器	蹲式大便器，自闭冲洗阀，S 型存水弯	套	2			
20	031004008001	地漏	UPVC50 地漏	个	2			

表 1-47　措施项目清单与计价表（××省项目）

序号	项目编码	项目名称	计算基础	费率/%	金额/元
1	031301001001	安全施工费			
2	031301001002	文明施工费			
3	031301001003	生活性临时设施费			
4	031301001004	生产性临时设施费			
5	031301002001	夜间施工费			
6	031301004001	二次搬运费			
7	031301005001	冬雨季施工			
8	03B001	停水停电增加费			

续表

序号	项目编码	项目名称	计算基础	费率/%	金额/元
9	03B002	工程定位复测、工程点交、场地清理费			
10	03B003	室内环境污染物检测费			
11	03B004	检测试验费			
12	03B005	生产工具用具使用费			
13	03B006	环境保护费			
		专业工程措施项目			
14	031302001	脚手架搭拆			
		合计			

表 1-48 暂列金额明细表

序号	项目名称	计量单位	暂定金额/元	备注
1	施工图设计变更	元	1000	其中人工费暂定 200 元
2				
3				
合计				

表 1-49 计日工表

序号	项目名称	单位	暂定数量	综合单价/元	合价/元
1	人工				
1.1	综合工日	工日	1.74		
人工小计					
2	材料				
2.1	钢锯条 300mm	根	3.79		
2.2	厚漆	kg	0.14		
2.3	工程用水	m^3	0.05		
2.4	机械油	kg	0.23		
2.5	破布	kg	0.1		
2.6	麻皮(白麻)	kg	0.01		
2.7	白三通 15mm	个	3.17		
2.8	白弯头 15mm	个	11		
2.9	白管箍 15mm	个	2.2		
材料小计					
3	机械				
3.1	管子切断机 ϕ60mm	台班	0.02		
3.2	管子切断套丝机 ϕ159mm	台班	0.03		
施工机械小计					
合计					

表 1-50　规费、税金项目清单与计价表

序号	项目名称	计算基础	费率/%	金额/元
1	规费			
1.1	工程排污费	按工程所在地环保部门规定按实计算		
1.2	社会保障费	1.2.1+1.2.2+1.2.3+1.2.4+1.2.5		
1.2.1	养老保险费	人工费		
1.2.2	失业保险费	人工费		
1.2.3	医疗保险费	人工费		
1.2.4	工伤保险费	人工费		
1.2.5	生育保险费	人工费		
1.3	住房公积金	人工费		
1.4	危险作业意外伤害保险费	人工费		
2	税金	分部分项工程费+措施项目费+其他项目费+规费		

二、给排水工程清单计价实例

封面、单位工程投标报价汇总表、分部分项工程量清单与计价表、工程量清单综合单价分析表、措施项目清单与计价表、其他项目清单与计价汇总表、计日工表、规费、税金项目清单与计价表见表 1-51～表 1-59。总说明同招标人（略）。

表 1-51　封面

投标总价

招标人：××商业集团
工程名称：××商业集团商业楼给排水工程
投标总价（小写）：4836.29 元
（大写）：肆仟捌佰叁拾陆元贰角玖分
投标人：　××建设工程有限公司
（单位盖章）
法定代表人
或其授权人：×××（签字盖章）
编制人：×××
（造价人员签字盖专用章）
编制时间：×年×月×日

表 1-52　单位工程投标报价汇总表

序号	汇总内容	金额/元	其中：暂估价/元
1	分部分项工程	2913.74	
2	措施项目	144.53	
2.1	安全文明施工费、生活性临时设施费	61.46	
3	其他项目	1155.24	
3.1	暂列金额	1000	
3.2	专业工程暂估价	0	
3.3	计日工	155.24	
3.4	总承包服务费	0	
4	规费	460.27	
5	税金	162.51	
投标报价合计=1+2+3+4+5		4836.29	

表 1-53　分部分项工程量清单与计价表

工程名称：二层商业楼给排水

序号	项目编码	项目名称	项目特征	计量单位	工程量	金额/元		
						综合单价	合价	其中：暂估价
1	031001001001	镀锌钢管 DN15	DN15 室内给水镀锌钢管安装，螺纹连接，冲洗消毒	m	1.7	25.15	42.76	
2	031001001002	镀锌钢管 DN20	DN20 室内给水镀锌钢管安装，螺纹连接，冲洗消毒	m	14.1	27.8	391.92	
3	031001001003	镀锌钢管 DN25	DN25 室内给水镀锌钢管安装，螺纹连接，冲洗消毒	m	0.4	36.78	14.71	
4	031001001004	镀锌钢管 DN32	DN32 室内给水镀锌钢管安装，螺纹连接，冲洗消毒	m	9.1	41.88	381.1	
5	031001001005	镀锌钢管 DN40	DN40 室内给水镀锌钢管安装，螺纹连接，冲洗消毒	m	5.55	51.22	284.26	
6	031002003001	钢套管 DN70	DN70 钢套管制作安装	个	2	24.01	48.01	
7	031002003002	钢套管 DN50	DN50 钢套管制作安装	个	1	14.81	14.81	
8	031201001001	管道刷油	暗装管道刷沥清漆两道	m^2	0.64	11.22	7.18	
9	031201001002	管道刷油	明装管道刷银粉漆两道	m^2	2.75	8.45	23.25	
10	031001006001	塑料管（UPVC、PVC、PP-C、PP-R、PE 管等）	UPVC110 排水管粘接连接	m	17.12	43.61	746.52	
11	031001006002	塑料管（UPVC、PVC、PP-C、PP-R、PE 管等）	UPVC50 排水管粘接连接	m	10.12	18.98	192.08	
12	031002001001	管道支架制作安装	一般管道支架制作安装	kg	10.17	13.69	139.2	
13	031201003001	管道支架刷油	明装管架除锈，防锈漆二道，银粉漆两道	kg	8.74	1.9	16.62	
14	031201003002	管道支架刷油	暗装管架除锈，沥青漆二道	kg	1.43	1.41	2.01	
15	031003001001	螺纹阀门	DN32 截止阀	个	2	32.9	65.8	
16	031003001002	螺纹阀门	DN40 截止阀	个	1	49.19	49.19	
17	031003001003	螺纹阀门	DN20 截止阀	个	2	17.72	35.44	
18	031004004001	洗手盆	DN15 单冷水嘴洗手盆	组	2	81.71	163.42	
19	031004006001	大便器	蹲式大便器，自闭冲洗阀，S 型存水弯	套	2	134.36	268.72	
20	031004008001	地漏	UPVC50 地漏	个	2	13.37	26.74	
	合计						2913.74	

综合单价分析表仅列出有代表性的部分分部分项工程，其余项目读者可自行进行分析计算。综合单价分析表中采用2011年××省建设工程计价依据安装工程预算定额。企业管理费为人工费的25%，利润为人工费的24%，风险因素暂不考虑。具体如表1-54所示。

表 1-54　工程量清单综合单价分析表

项目编码		031001001001		项目名称		镀锌钢管 *DN*15				计量单位	m
清单综合单价组成明细											
定额编号	定额名称	定额单位	数量	单价/元				合价/元			
				人工费	材料费	机械费	管理费和利润	人工费	材料费	机械费	管理费和利润
C8-86	室内管道　镀锌钢管（螺纹连接）　公称直径15mm以内	10m	0.1	94.05	104.19		46.08	9.41	10.42		4.61
C8-284	管道消毒、冲洗　公称直径　50mm以内	100m	0.01	29.64	28.09		14.52	0.3	0.28		0.15
人工单价		小计						9.7	2.25		4.75
综合工日57元/工日		未计价材料费						8.45			
清单项目综合单价								25.15			
材料费明细	主要材料名称、规格、型号					单位	数量	单价/元	合价/元	暂估单价/元	暂估合价/元
	工程用水					m^3	0.055	5.6	0.31		
	镀锌钢管 *DN*15					m	1.02	8.28	8.45		
	其他材料费							—	1.94	—	
	材料费小计							—	10.7	—	
项目编码		031001001002		项目名称		镀锌钢管 *DN*20				计量单位	m
清单综合单价组成明细											
定额编号	定额名称	定额单位	数量	单价/元				合价/元			
				人工费	材料费	机械费	管理费和利润	人工费	材料费	机械费	管理费和利润
C8-87	室内管道　镀锌钢管（螺纹连接）　公称直径20mm以内	10m	0.1	94.05	130.6		46.08	9.41	13.06		4.61
C8-284	管道消毒、冲洗　公称直径　50mm以内	100m	0.01	29.64	28.09		14.52	0.3	0.28		0.15
人工单价		小计						9.7	2.33		4.75
综合工日57元/工日		未计价材料费						11.01			
清单项目综合单价								27.8			
材料费明细	主要材料名称、规格、型号					单位	数量	单价/元	合价/元	暂估单价/元	暂估合价/元
	工程用水					m^3	0.056	5.6	0.31		
	镀锌钢管					m	1.02	10.79	11.01		
	其他材料费							—	2.02	—	
	材料费小计							—	13.34	—	

续表

项目编码		031002003001		项目名称		钢套管 *DN*70			计量单位		个
清单综合单价组成明细											
定额编号	定额名称	定额单位	数量	单价/元				合价/元			
				人工费	材料费	机械费	管理费和利润	人工费	材料费	机械费	管理费和利润
C8-228	室内管道　穿墙、穿楼板钢套管制作、安装　公称直径　80mm以内	10个	0.1	51.3	155.65	7.97	25.14	5.13	15.57	0.8	2.51
人工单价		小计						5.13	0.51	0.8	2.51
综合工日57元/工日		未计价材料费						15.06			
清单项目综合单价								24.01			
材料费明细	主要材料名称、规格、型号					单位	数量	单价/元	合价/元	暂估单价/元	暂估合价/元
	碳钢管 *DN*70					m	0.306	49.21	15.06		
	其他材料费							—	0.51	—	
	材料费小计							—	15.57	—	

项目编码		031201001001		项目名称		暗装管道刷油			计量单位		m^2
清单综合单价组成明细											
定额编号	定额名称	定额单位	数量	单价/元				合价/元			
				人工费	材料费	机械费	管理费和利润	人工费	材料费	机械费	管理费和利润
C11-48	管道刷油　沥青漆第一遍	$10m^2$	0.1	15.96	35.17		7.82	1.6	3.52		0.78
C11-49	管道刷油　沥青漆第二遍	$10m^2$	0.1	15.39	30.37		7.54	1.54	3.04		0.75
人工单价		小计						3.14	1.12		1.54
综合工日57元/工日		未计价材料费						5.43			
清单项目综合单价								11.22			
材料费明细	主要材料名称、规格、型号					单位	数量	单价/元	合价/元	暂估单价/元	暂估合价/元
	沥青防腐漆黑					kg	0.535	10.15	5.43		
	其他材料费							—	1.12	—	
	材料费小计							—	6.55	—	

项目编码		031001006001		项目名称		塑料管(UPVC、PVC、PP-C、PP-R、PE管等)			计量单位		m
清单综合单价组成明细											
定额编号	定额名称	定额单位	数量	单价/元				合价/元			
				人工费	材料费	机械费	管理费和利润	人工费	材料费	机械费	管理费和利润
C8-212	室内管道　承插塑料排水管(零件粘接)　管外径　110mm以内	10m	0.1	131.67	239.86		64.52	13.17	23.99		6.45
人工单价		小计						13.17	9.01		6.45
综合工日57元/工日		未计价材料费						14.98			
清单项目综合单价								43.61			

续表

项目编码	031001006001	项目名称	塑料管(UPVC、PVC、PP-C、PP-R、PE管等)			计量单位	m
材料费明细	主要材料名称、规格、型号	单位	数量	单价/元	合价/元	暂估单价/元	暂估合价/元
	工程用水	m^3	0.031	5.6	0.17		
	改性硬聚氯乙烯(UPVC)排水管顺水三通 110mm	个	0.448	8.1	3.63		
	改性硬聚氯乙烯(UPVC)排水管弯头 90° 110mm	个	0.414	4.87	2.02		
	承插塑料排水管 UPVC 110×3.2	m	0.852	17.58	14.98		
	其他材料费			—	3.19	—	
	材料费小计			—	23.99	—	

项目编码		031201003001		项目名称		管道支架刷油				计量单位	kg
清单综合单价组成明细											
定额编号	定额名称	定额单位	数量	单价/元				合价/元			
				人工费	材料费	机械费	管理费和利润	人工费	材料费	机械费	管理费和利润
C11-3	手工除锈 一般钢结构	100kg	0.01	19.38	1.21	8.98	9.5	0.19	0.01	0.09	0.1
C11-88	金属结构刷油 一般钢结构 防锈漆 第一遍	100kg	0.01	13.11	8.57	8.98	6.43	0.13	0.09	0.09	0.06
C11-89	金属结构刷油 一般钢结构 防锈漆 第二遍	100kg	0.01	12.54	7.37	8.98	6.15	0.13	0.07	0.09	0.06
C11-90	金属结构刷油 一般钢结构 银粉漆 第一遍	100kg	0.01	12.54	12.58	8.98	6.15	0.13	0.13	0.09	0.06
C11-91	金属结构刷油 一般钢结构 银粉漆 第二遍	100kg	0.01	12.54	11.15	8.98	6.15	0.13	0.11	0.09	0.06
人工单价		小计						0.7	0.12	0.45	0.34
综合工日57元/工日		未计价材料费						0.29			
清单项目综合单价								1.9			

材料费明细	主要材料名称、规格、型号	单位	数量	单价/元	合价/元	暂估单价/元	暂估合价/元
	银粉漆	kg	0.0062	26.65	0.16		
	酚醛防锈漆铁红	kg	0.017	7.11	0.12		
	其他材料费			—	0.12	—	
	材料费小计			—	0.41	—	

项目编码		031003001001		项目名称		螺纹阀门 *DN*32				计量单位	个
清单综合单价组成明细											
定额编号	定额名称	定额单位	数量	单价/元				合价/元			
				人工费	材料费	机械费	管理费和利润	人工费	材料费	机械费	管理费和利润
C8-375	螺纹阀 公称直径32mm以内	个	1	8.55	20.16		4.19	8.55	20.16		4.19
人工单价		小计						8.55	4.11		4.19
综合工日57元/工日		未计价材料费						16.05			
清单项目综合单价								32.9			

续表

项目编码	031003001001	项目名称	螺纹阀门 DN32			计量单位	个
材料费明细	主要材料名称、规格、型号	单位	数量	单价/元	合价/元	暂估单价/元	暂估合价/元
	螺纹阀门 DN32	个	1.01	15.89	16.05		
	其他材料费			—	4.11	—	
	材料费小计			—	20.15	—	

项目编码		031004006001		项目名称		大便器				计量单位	套
清单综合单价组成明细											
定额编号	定额名称	定额单位	数量	单价/元				合价/元			
				人工费	材料费	机械费	管理费和利润	人工费	材料费	机械费	管理费和利润
C8-564	蹲式大便器　自闭式冲洗　25mm	10组	0.1	410.97	731.24		201.37	41.1	73.12		20.14
人工单价		小计						41.1	24.33		20.14
综合工日 57 元/工日		未计价材料费						48.8			
清单项目综合单价								134.36			

材料费明细	主要材料名称、规格、型号	单位	数量	单价/元	合价/元	暂估单价/元	暂估合价/元
	镀锌焊接钢管 DN25	m	1	10.39	10.39		
	瓷蹲式大便器	个	1.01	23.8	24.04		
	大便器存水弯 DN100	个	1.005	8.96	9		
	延时自闭冲洗阀(铜)25mm	套	1.01	15.6	15.76		
	其他材料费			—	13.94	—	
	材料费小计			—	73.12	—	

其他分部分项工程工程量清单综合单价分析表（略）。

表 1-55　措施项目清单与计价表（山西省项目）

序号	项目编码	项目名称	计算基础	费率/%	金额/元
1	031301001001	安全施工费	直接工程费中的人工费：881.169 元	1.54×[1+20%×(25%+24%)]=1.691 元	14.9
2	031301001002	文明施工费		2.00×1.098=2.196	19.36
3	031301001003	生活性临时设施费		2.81×1.098=3.085	27.2
4	031301001004	生产性临时设施费		1.92×1.098=2.108	18.57
5	031301002001	夜间施工费		0.54×1.098=0.593	5.23
6	031301004001	二次搬运费		0.60×1.098=0.659	5.81
7	031301005001	冬雨季施工		0.80×1.098=0.878	7.75
8	03B001	停水停电增加费		0.09×1.098=0.099	0.87
9	03B002	工程定位复测、工程点交、场地清理费		0.16×1.098=0.176	1.55
10	03B003	室内环境污染物检测费		—	
11	03B004	检测试验费		0.42×1.098=0.461	4.07
12	03B005	生产工具用具使用费		0.94×1.098=1.032	9.11
13	03B006	环境保护费		—	
		专业工程措施项目			
14	031302001	脚手架搭拆(给排水、刷油)			30.11
		合计			144.53

表 1-56　措施项目费分析表

序号	措施项目名称	单位	数量	金额/元						
				人工费	材料费	机械费	动态调整及风险费用	企业管理费	利润	综合单价
1	安全施工费	项	1	2.71	9.5	1.36		0.68	0.65	14.9
2	文明施工费	项	1	3.53	12.34	1.76		0.88	0.85	19.36
3	生活性临时设施费	项	1	4.95	17.34	2.48		1.24	1.19	27.2
4	生产性临时设施费	项	1	3.38	11.84	1.69		0.85	0.81	18.57
5	夜间施工增加费	项	1	0.95	3.33	0.48		0.24	0.23	5.23
6	冬雨季施工增加费	项	1	1.06	3.7	0.53		0.27	0.25	5.81
7	材料二次搬运费	项	1	1.41	4.94	0.71		0.35	0.34	7.75
8	停水停电增加费	项	1	0.16	0.55	0.08		0.04	0.04	0.87
9	工程定位复测、工程点交、场地清理费	项	1	0.28	0.99	0.14		0.07	0.07	1.55
10	室内环境污染物检测费	项	1							
11	检测试验费	项	1	0.74	2.59	0.37		0.19	0.18	4.07
12	生产工具用具使用费	项	1	1.66	5.8	0.83		0.42	0.4	9.11
13	环境保护费	项	1							
14	脚手架	项	1	6.7	20.12			1.68	1.61	30.11
15	BM105　脚手架搭拆费(给排水、采暖、燃气工程)	元	1	6.48	19.45			1.62	1.56	29.11
16	BM108　脚手架搭拆费(刷油)	元	1	0.22	0.67			0.06	0.05	1

表 1-57　其他项目清单与计价汇总表

序号	项目名称	计量单位	暂定金额/元	备注
1	暂列金额	元	1000	
2	暂估价			
2.1	材料暂估价			
2.2	专业工程暂估价			
3	计日工	元	155.24	
4	总承包服务费			
5				
合计			1155.24	

表 1-58　计日工表

工程名称：某商业集团二层商业楼给排水

序号	项目名称	单位	暂定数量	综合单价/元	合价/元
1	人工				
1.1	综合工日	工日	1.74	66	114.84
人工小计					114.84
2	材料				
2.1	钢锯条 300mm	根	3.79	0.84	3.18
2.2	厚漆	kg	0.14	19.48	2.73
2.3	工程用水	m^3	0.05	12.94	0.65
2.4	机械油	kg	0.23	15.71	3.61
2.5	破布	kg	0.1	9.11	0.91
2.6	麻皮(白麻)	kg	0.01	20.3	0.2

续表

序号	项目名称	单位	暂定数量	综合单价/元	合价/元
2.7	白三通 15mm	个	3.17	2.16	6.85
2.8	白弯头 15mm	个	11	1.53	16.83
2.9	白管箍 15mm	个	2.2	1.37	3.01
材料小计					37.97
3	机械				
3.1	管子切断机 ϕ60mm	台班	0.02	43.19	0.86
3.2	管子切断套丝机 ϕ159mm	台班	0.03	52.17	1.57
施工机械小计					2.43
合计					155.24

表 1-59　规费、税金项目清单与计价表

序号	项目名称	计算基础	费率/%	金额/元
1	规费			460.27
1.1	工程排污费			
1.2	社会保障费			378.1
1.2.1	养老保险费	908.9	32	290.85
1.2.2	失业保险费	908.9	2	18.18
1.2.3	医疗保险费	908.9	6	54.53
1.2.4	工伤保险费	908.9	1	9.09
1.2.5	生育保险费	908.9	0.6	5.45
1.3	住房公积金	908.9	8.5	77.26
1.4	危险作业意外伤害保险	908.9	0.54	4.91
小计				460.27
2	税金	分部分项工程费＋措施项目费＋其他项目费＋规费	3.477	162.51
小计				162.51
合计				622.78

小　　结

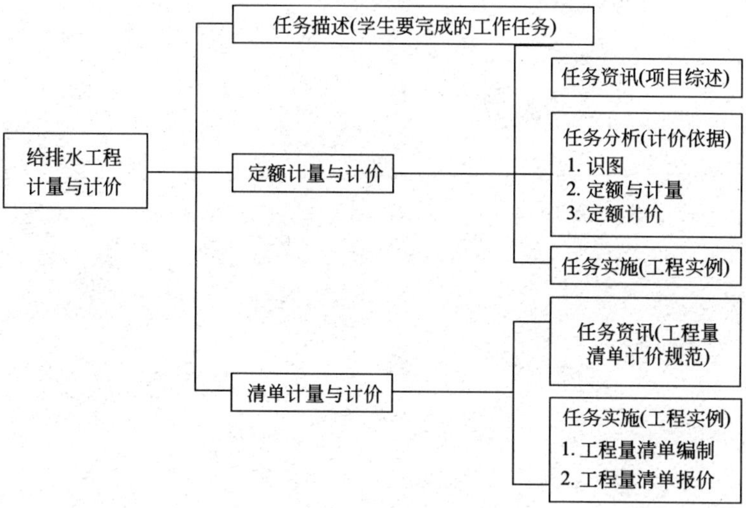

思考与练习

1. 建筑室内给排水系统由哪些部分组成？

2. 建筑给排水常用管材、管件有哪些？各有什么连接方法？

3. 建筑给排水管道有哪些常用的防腐措施？

4. 给排水管道安装常用什么支、托架？安装间距有什么要求？

5. 什么是给水系统上的贮水加压设备？常用的贮水加压设备有哪些？各有何优缺点？

6. 什么是水表节点？它的安装包括哪些内容？

7. 室内外给排水管道的分界线如何划分？

8. 室内排水管道的检查清通设施有哪些？在工程量计算时如何考虑？

9. 室内卫生设备定额消耗量中包括哪些内容？管道工程量计算时如何考虑？

10. 安装工程费由哪几部分组成？各包括哪些内容？怎么计费？

11. 安装工程计量计价与土建工程在计算方法上有哪些不同？计算安装工程要注意哪些问题？

学习情境二 采暖工程计量与计价

知识目标

了解采暖系统的组成，采暖工程常用材料、设备；理解采暖工程施工图的主要内容及其识读方法；掌握定额与清单两种计价模式采暖工程施工图计量与计价编制的步骤、方法、内容、计算规则及其格式。

能力目标

能熟练识读采暖工程施工图；能比较熟练依据合同、设计资料进行两种模式的采暖工程计量与计价；学会根据计量与计价成果进行采暖工程工料分析、总结、整理各项造价指标。

任务描述

一、工作任务

完成某三层办公楼采暖工程定额或清单计量与计价。

该建筑物六层，热负荷为 200kW，与供热外网直接连接，供暖热媒为热水，供回水设计温度为 95/70℃；管道材质为焊接钢管，$DN \leqslant 32$ 采用螺纹连接，$DN > 32$ 采用焊接；阀门均为闸阀；卫生间采用闭式钢制串片型散热器，挂墙安装；其余采用四柱 760 型铸铁散热器，并落地安装；管道与散热器均明装，并刷防锈漆二道，调和漆二道；敷设在地沟内的供回水干管均刷防锈漆二道，并做 40mm 厚矿棉管壳保温，外缠玻璃丝布保护层，刷沥青漆二道；系统试验压力为 0.3MPa；其他按现行施工验收规范执行。采暖施工图如图 2-1～图 2-4 所示。

二、可选工作手段

包括：现行建筑安装工程预算定额；当地建设工程材料指导价格；计算器；五金手册；建筑施工规范；建筑施工质量验收规范。

学习单元 2.1 采暖工程定额计量与计价

任务资讯

北方冬季为保持室内一定的环境温度，按照一定的方式向室内补充热量，称为采暖。采暖工程的任务就是将热源（锅炉房）产生的热量通过室外供热管网输送到建筑物内的室内采暖系统。一般采暖系统由三部分组成，即锅炉房部分、室外管道部分、室内采暖系统。

一、采暖方式

由于热源和热媒的不同，可以分为热水采暖、蒸汽采暖、辐射采暖、电热采暖、热泵采

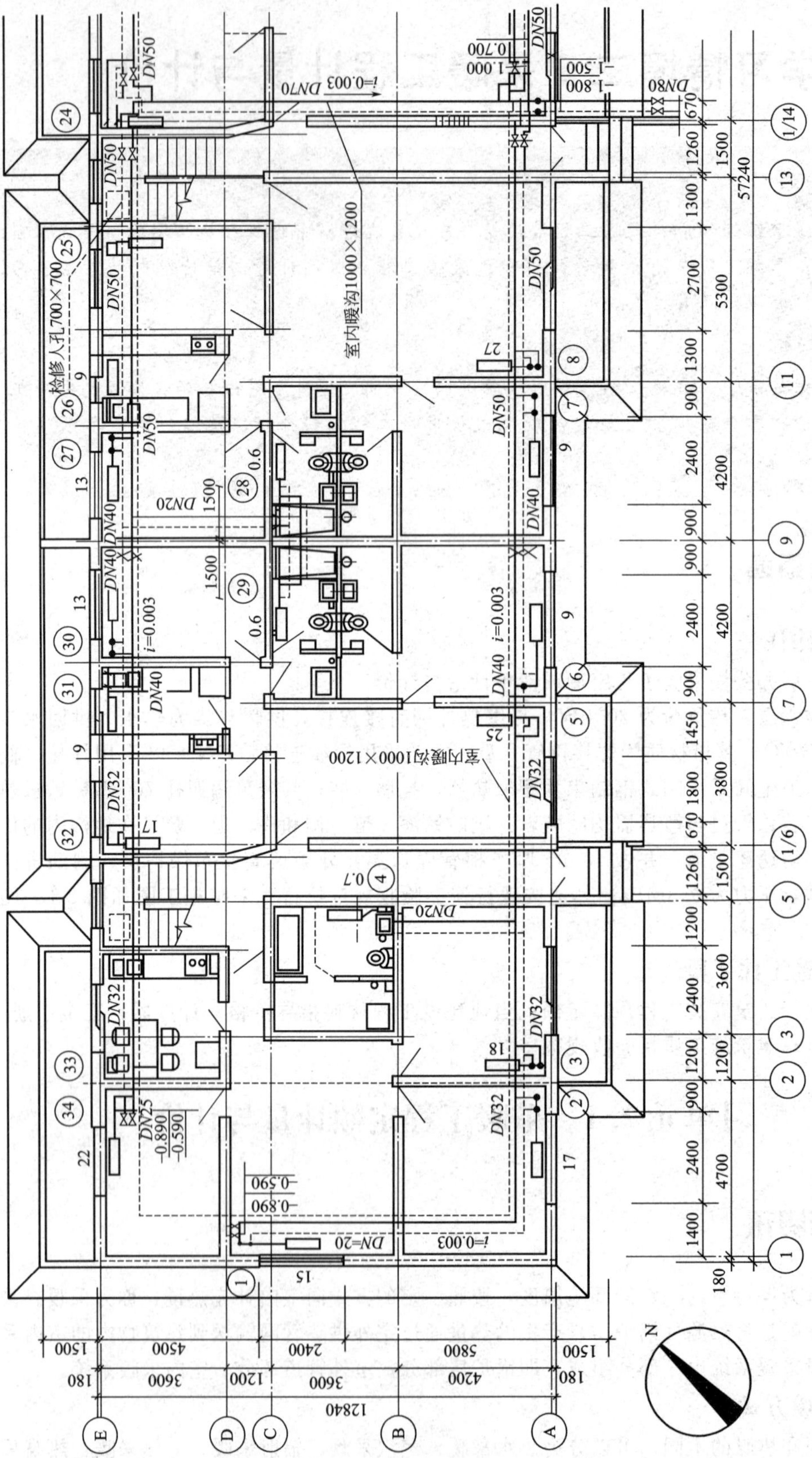
室内暖沟1000×1200
室内暖沟1000×1200
检修人孔700×700
i=0.003
DN70
DN80
DN50
DN40
DN32
DN25
DN20
12840
57240

图 2-1　一层采暖平面图

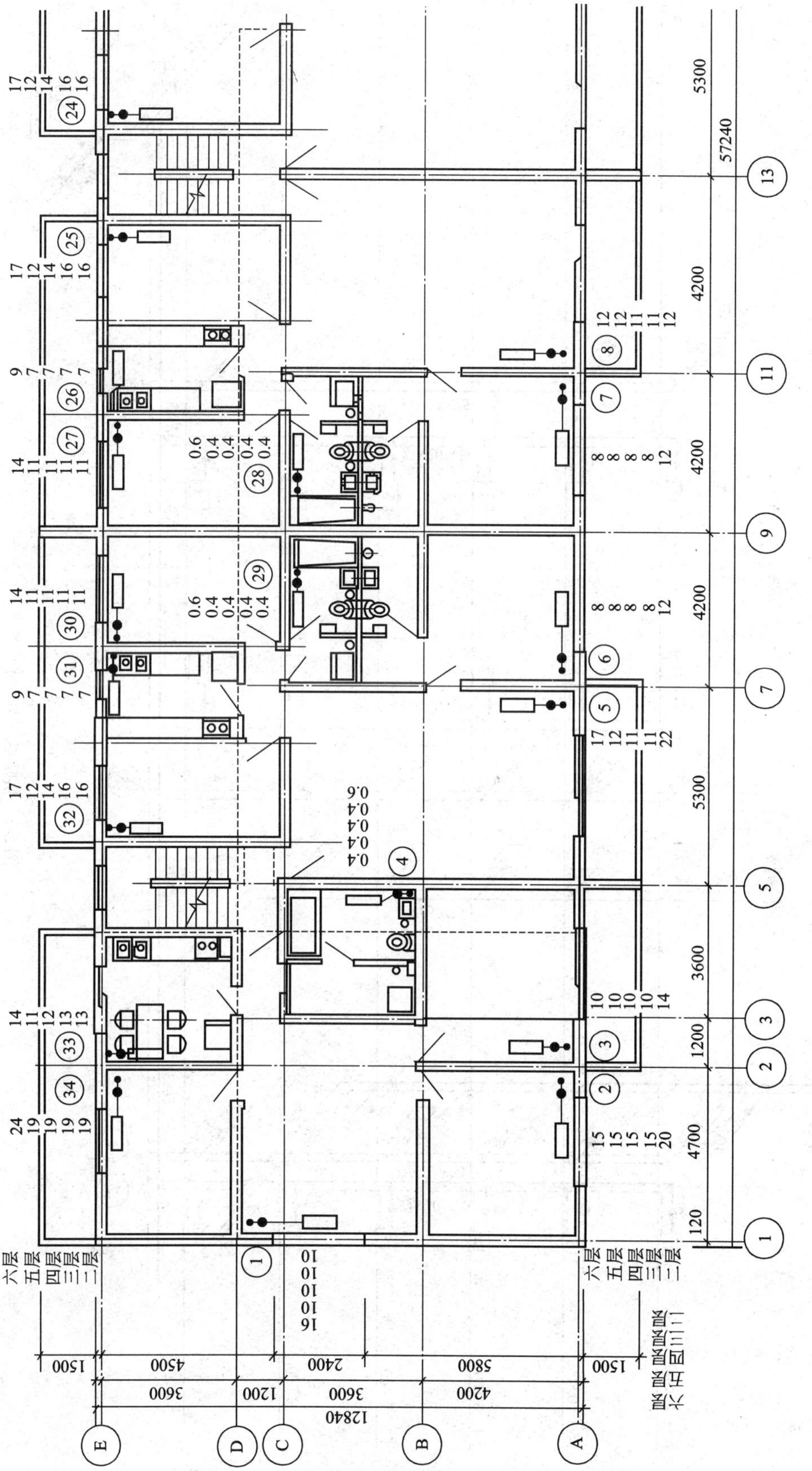

图 2-2　二～六层采暖平面图

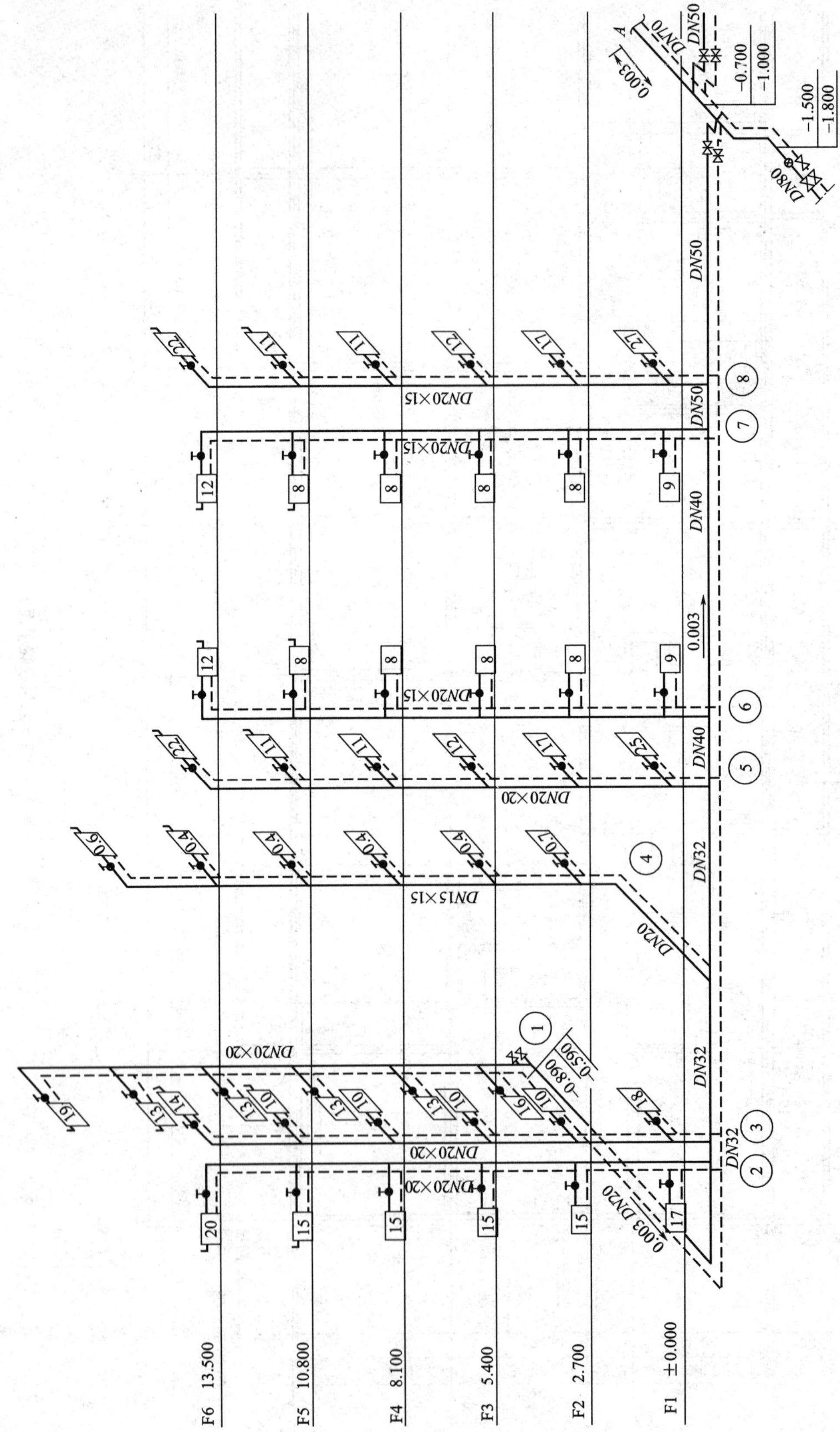
F6 13.500
F5 10.800
F4 8.100
F3 5.400
F2 2.700
F1 ±0.000
DN20×20
DN15×15
DN20×15
DN32
DN40
DN50
DN20
DN70
DN80
0.003
-0.700
-1.000
-1.500
-1.800
-0.590
-0.890

图 2-3 供暖系统图(一)

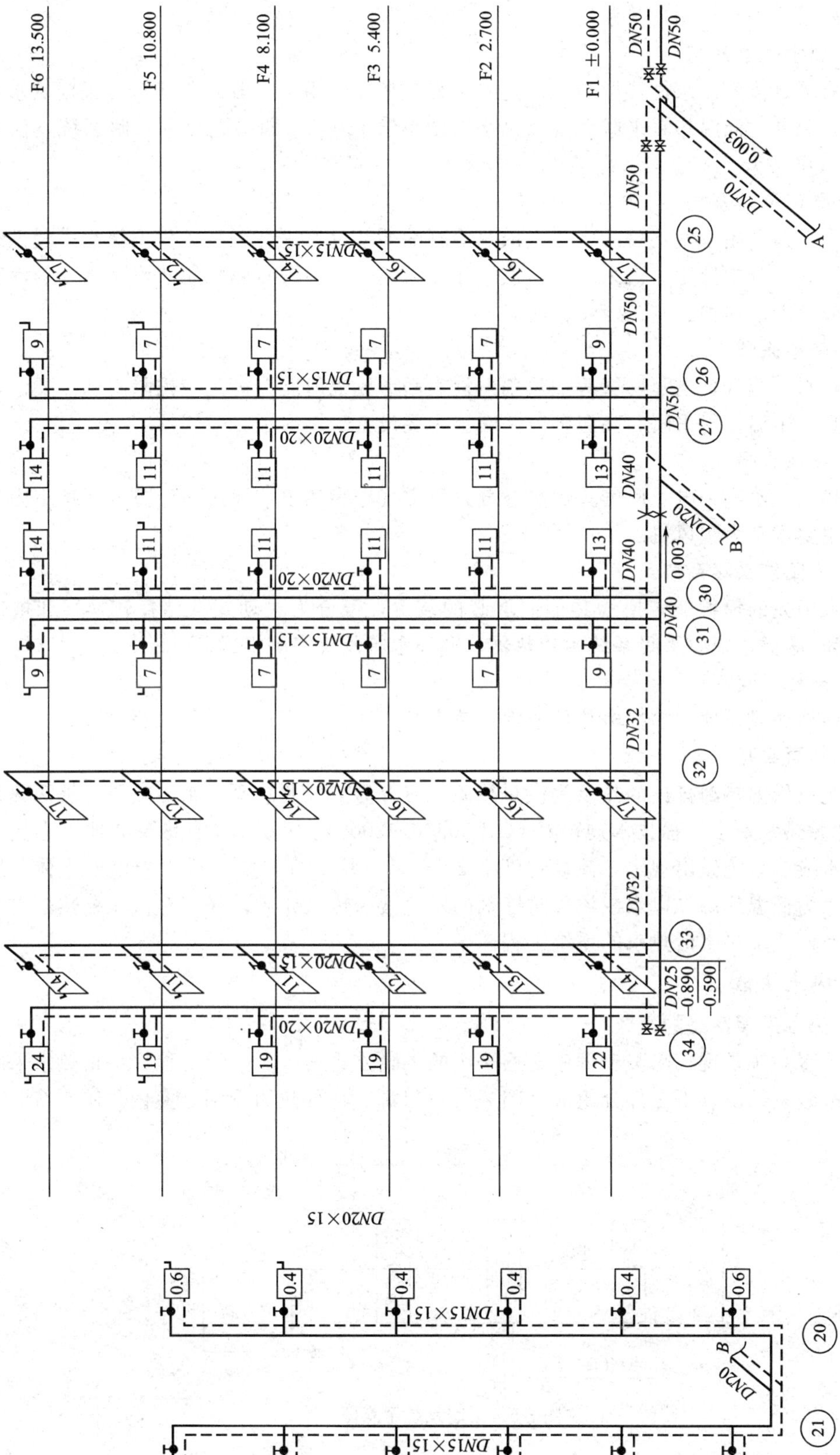
F6 13.500
F5 10.800
F4 8.100
F3 5.400
F2 2.700
F1 ±0.000
DN50
DN70
0.003
DN40
DN32
DN25
DN20
DN15×15
DN20×20
DN20×15
−0.890
−0.590
A
B
25
26
27
30
31
32
33
34
20
21

图 2-4　供暖系统图(二)

暖、热风采暖（中央空调）等系统。

（一）热水采暖系统

热水采暖是依靠热水循环散热方法达到取暖效果，适用于一般民用建筑。根据供水温度的不同分为两种：低温热水采暖系统（供水温度小于100℃）和高温热水采暖系统（供水温度为100～500℃）。

（二）蒸汽采暖系统

蒸汽采暖是利用水气化后的水蒸气散热冷凝的循环过程进行取暖。根据蒸汽采暖系统的使用压力不同，分为低压蒸汽采暖（蒸汽工作压力≤0.07MPa）和高压蒸汽采暖（蒸汽工作压力＞0.07MPa）两种。

（三）辐射采暖

利用热水、蒸汽、电、燃气等加热辐射板表面形成辐射能，满足室内采暖的需要。分低温辐射采暖、中温辐射采暖、高温辐射采暖。主要设备为辐射板。

（四）热风采暖

利用热水、蒸汽、电、燃气等加热空气，以空气作为热媒，通过对流方式保持室内温度的需要。主要设备为暖风机。

（五）太阳能采暖系统

利用太阳光的辐射能转换为热能而取暖的装置，可分为主动式（储存转换）和被动式（直接转换）两类，辐射采暖系统由集热器、循环水箱及管路等组成。

（六）电热采暖

在室内地面或吊顶中贴挂电热毯或敷设热电缆，通电产生热能达到取暖效果。

（七）热泵采暖

热泵是以低温热源排出的热量为供热热源，可分为空气源热泵、水源热泵、地源热泵等几种。《地源热泵系统工程技术规范》（GB 50366—2005）中，对水源热泵的地下水换热系统及地表水换热系统做出规定，该规定已于2006年1月1日实施，适用于以岩土体、地下水、地表水为低温热源，以水或添加防冻剂的水溶液为传热介质，采用蒸汽压缩热泵技术进行供热、空调或加热生活热水的系统工程。

二、热水采暖

（一）热水采暖系统的组成

热水采暖系统是现在采暖工程中普遍采用的供暖方式，一般采暖工程，系指热水采暖工程。热水采暖系统由以下三部分组成（图2-5）：热源、室外热力管网、室内采暖系统。

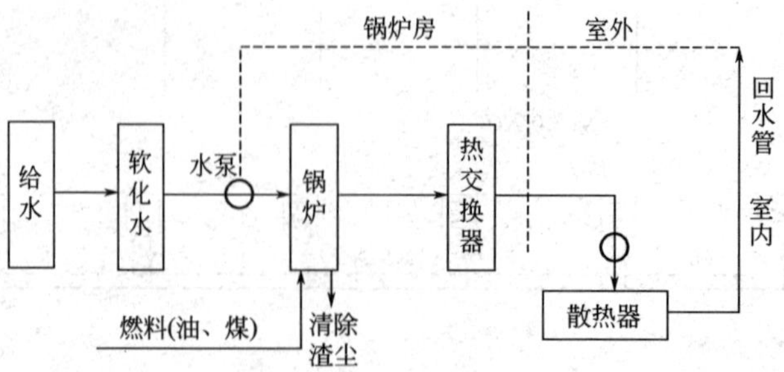

图2-5　采暖系统示意图

1. 热源

热源是能够提供热量的设备，常见的热源有热水锅炉、蒸汽锅炉、热交换器等。

（1）锅炉：锅炉由锅炉本体及附属设备组成。

① 锅炉本体是将热媒通过燃料的燃烧加热，使其温度升高的设备。常见的设备有立式锅炉、快装锅炉、火管锅炉等。

② 热水循环泵及定压装置。

③ 软化水设备是将普通水经处理变为软水的设备，如钠离子交换器等。

④ 烟气净化设备是将燃烧过程中产生的烟尘经处理后达到排放标准的设备。

⑤ 除灰（渣）、上煤设备、风机、热交换器和装料等设备。

（2）热交换器：目前的集中供热系统用户都是通过热力站的热交换器进行热源的获取。从集中供热锅炉到热力站的热力管网，常称之“一次网”；从热力站到用户的热力管网，常称之“二次网”。

2. 室外热力管网

室外热力管网是指“二次网”。由热源至各采暖点之间（入口装置以外）的管道。

3. 室内采暖系统

它一般是指由入口装置以内的管道、散热器、排气装置等设施所组成的供热系统。室内管道一般由供水干管、供水立管、供水支管、回水支管、回水立管、回水干管组成。供、回水干管指主要输送热媒的管道；供、回水立管是输送热媒的竖直管道；供、回水支管将热媒传入散热器并循环回立管、干管。

（二）室内采暖系统的供热方式

室内采暖系统输送热水的干管和立管的设计布置形式称为供热方式。在采暖工程中，管道的布置形式较多，常用的有以下几种。

1. 双管上行下给式

这种布置方式又称上分式供热系统，如图 2-6 所示。这种供热系统的供热干管是由室外直接引入建筑物顶层的顶棚下或吊顶中，然后由顶层设置立管分别送给以下各层的散热器。回水干管敷设在建筑物的底层，常用于蒸汽采暖。

2. 单管上行下给式

单管上行下给式系统中连接散热器的立管只有一根，供热干管和回水干管同双管的敷设方式一样。这种方式能够保证进入各层散热器的热媒流量相同，不会出现垂直失调现象。常用于热水采暖。

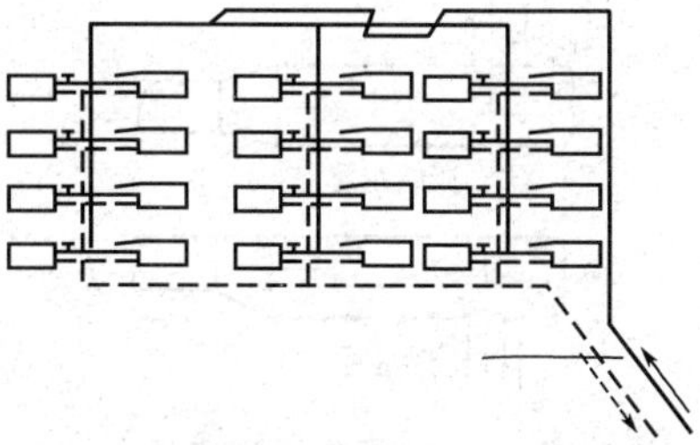

图 2-6 上行下给式（上分式）供热系统

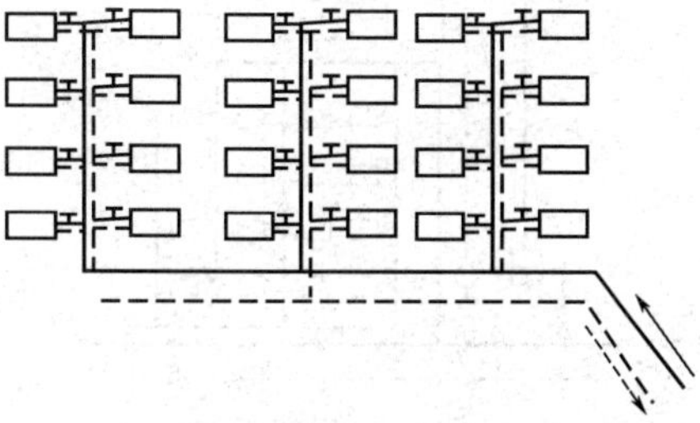

图 2-7 下行上给式（下分式）供热系统

3. 下行上给式

这种布置方式又称下分式供热系统，如图 2-7 所示。供热干管是由室外直接引入建筑物室内底层，再通过立管送到以上各层的散热器。它一般适用于建筑物顶层不宜布置管道的情况。

4. 水平串联式

水平串联式系统如图 2-8 所示，其构造简单、节省管材、减少穿越楼板。但每一串联环路连接的散热器组数不宜太多，一般在 8～12 组之间。

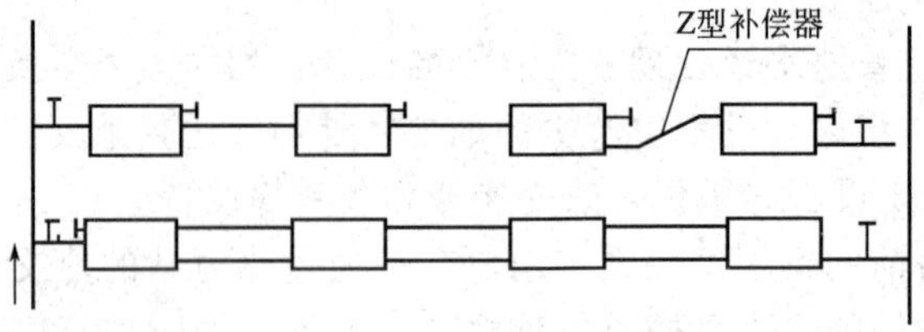

图 2-8　水平串联式系统

5. 高层建筑分层式

高层建筑供暖系统因产生的静压大，当前我国高层建筑热水供暖系统常采用分层式系统，如图 2-9 所示。该系统在垂直方向分成两个或两个以上的系统。其下层系统可与外网直接连接，而上层系统通过热交换器与外网间接连接。

（三）采暖管道及设施

1. 管道敷设与连接

室内采暖管道除有特殊的要求外，一般均采用明装敷设。在有地下室和管道井的建筑内，干管可敷设在地下室顶棚，立管敷设在管道井内。常用的管材为焊接钢管，大管径管道（一般直径≥32m）连接方式采用焊接；小管径管道（一般直径＜32m）连接方式采用丝扣连接。

1）干管连接：不同的系统干管敷设位置不同，一般采用焊接。干管变径时热水供暖系统采用上平偏心变径，蒸汽供暖系统采用下平偏心变径，凝结水管采用同心变径、立管位置距变径处为 200～300mm，如图 2-10 所示。干管作分支时、水平分支管应作成羊角弯形，具体形状尺寸如图 2-11 所示。

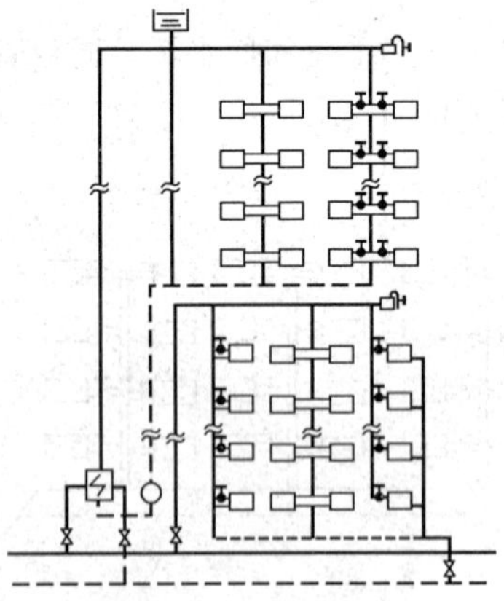

图 2-9　分层式系统

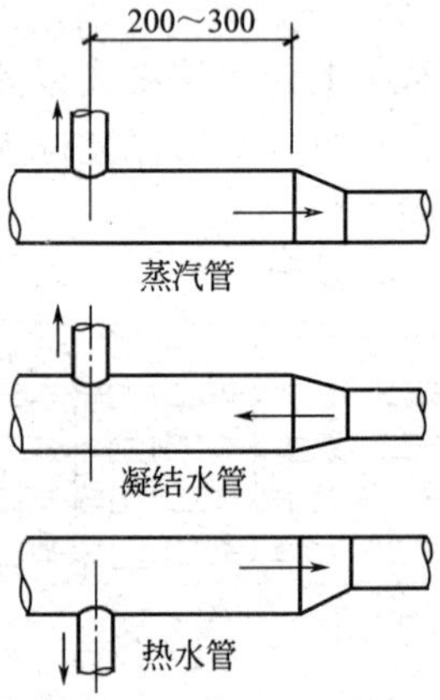

图 2-10　焊接干管变径

2）立管连接：竖井敷设或明设，穿楼板时预留洞或现打孔洞。楼板处加套管。有镀锌铁皮套管和钢套管两种。套管下端与下层天棚平齐，上端高出地面 50mm 左右。大管径立管用支架、小管径用管卡固定。

立管与干管连接时，如采用丝扣连接，先在干管上焊短的螺纹管头，以便于立管螺纹连接。当是热水系统时，立管总长≤15m 时，应采用 2 个弯头连接，立管总长超过 15m 时，应采用 3 个弯头连接。如图 2-12 所示。当是蒸汽采暖时，立管总长≤12m 时应采用 2 个弯头，当立管总长超过 12m 时应采用 3 个弯头。从地沟内引出的立管，也应采用 2 个弯头接至地面立管的位置上。如图 2-13 所示。

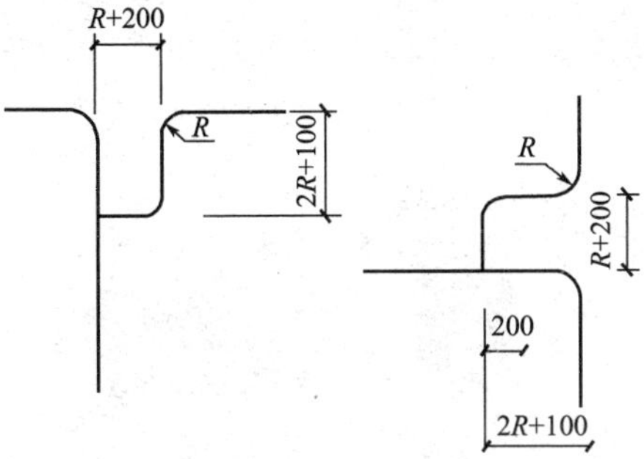

图 2-11　干管与水平分支连接示意

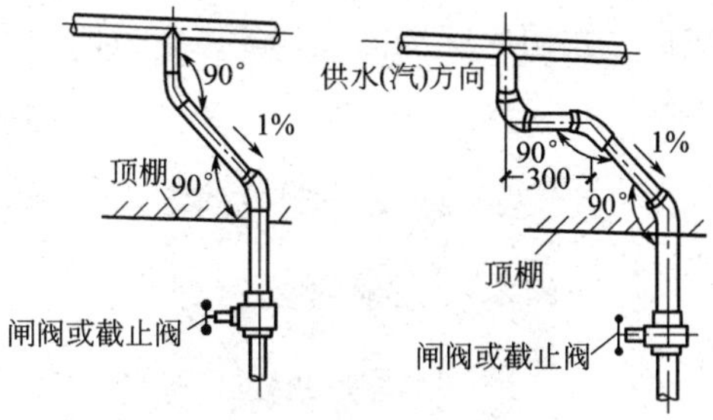

(a) 2个弯头　　(b) 3个弯头

图 2-12　立管与干管连接

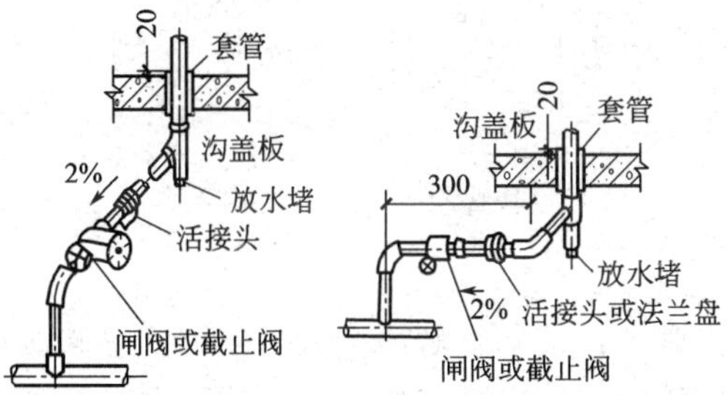

(a) 地沟内干立管连接　　(b) 明设干立管连接

图 2-13　立管下端与干管的连接

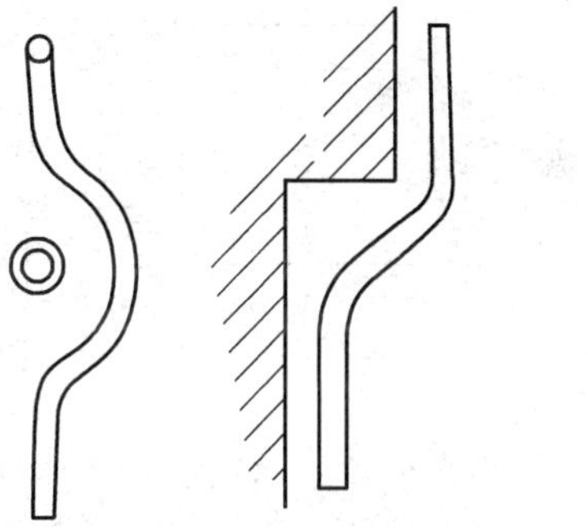

(a) 元宝弯　　(b) 灯叉弯

图 2-14　煨弯形式示意

3）支管连接：支管与散热器连接处均应有活接头，以利于安装。散热器明装时，立管与支管在同一平面交叉，立管应煨制成“元宝弯”的形式绕开，如图 2-14(a) 所示，连接立管和散热器的支管应采用灯叉弯管连接，如图 2-14(b) 所示；暗装时应采用灯叉弯管或用弯头组成的弯管连接；支管长度大于 0.5m 时坡度值为 0.02，支管长度小于 0.5m 时坡度值为 0.01。当支管总长超过 1.5m 时，管段中间应设置托钩。

2. 散热器

散热器俗称暖气片。散热器的功能是将热介质所携带的热能散发到建筑物的室内空间。工程中散热器的型号、每组的片数都是由设计确定的，散热器的安装包括散热器的现场组对、托钩、活接头连接，与其配置的有阀门、放风门等的连接。散热器一般设置于建筑物室内窗台下，可采用托钩或拉条固定。

3. 集气罐、自动排气阀

热水采暖系统中排气装置的作用是为了排除采暖系统中的空气，以防止产生气堵，影响热水循环。常用的排气方法分为自动和手动两种。一般在供热管路的室内干管末端设置集气罐、排气阀，用以收集和排除系统中的空气。集气罐一般采用 $DN100$～$DN250$ 的钢管焊接而成，有立式和卧式两种。自动排气阀常用的规格有 $DN15$、$DN20$、$DN25$ 等，与末端管道的直径相同。靠本体内自动机构使系统中的空气自动排出。

4. 伸缩器

采暖管道每隔一定距离应设置膨胀补偿装置，以保证管道在热状态下稳定、安全工作，减少并释放管道受热膨胀时所产生的应力变形。在管路中设置有法兰套筒伸缩器，如图2-15所示；波形伸缩器，如图 2-16 所示；方形伸缩器，如图 2-17 所示。方形伸缩器是钢管煨弯制成的，按国家标准图 N106 共分为四种类型：Ⅰ型 $c=2h$；Ⅱ型 $c=h$；Ⅲ型 $c=0.5h$；Ⅳ型 $c=0$。

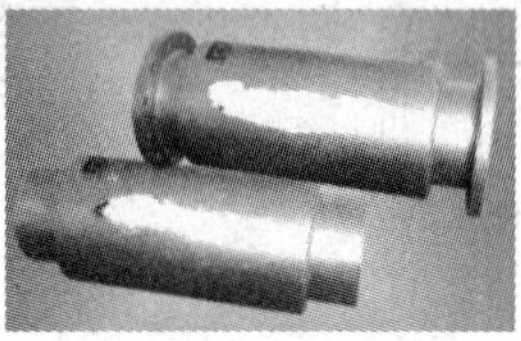

图 2-15 法兰套筒伸缩器

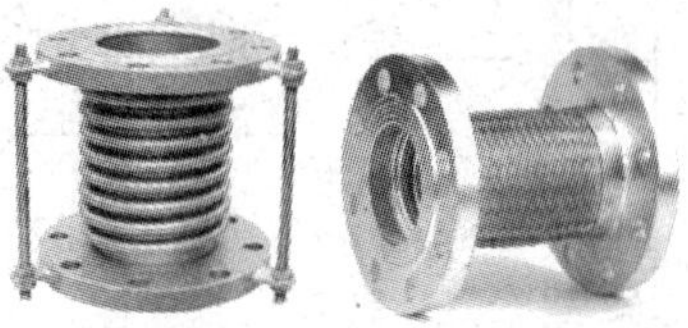

图 2-16 波形伸缩器

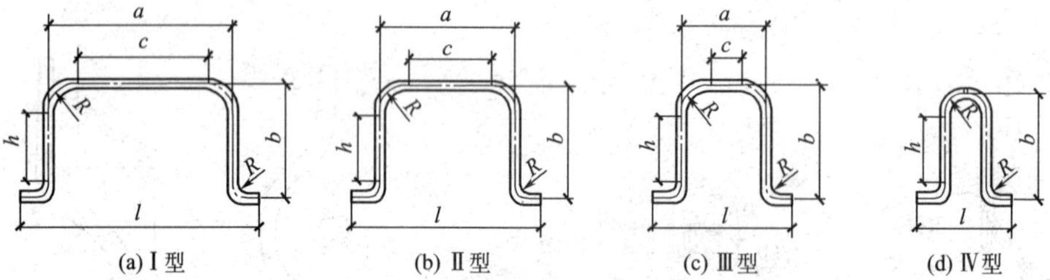

图 2-17 方形伸缩器的四种形式

近年在采暖管网中经常采用橡胶软接头代替膨胀补偿装置，解决金属管道因受热膨胀或遇冷缩短的问题，以减少管子的温度应力。橡胶软接头中间由软橡胶压制而成，两面为连接法兰，用螺栓与管路法兰连接，如图 2-18 所示。

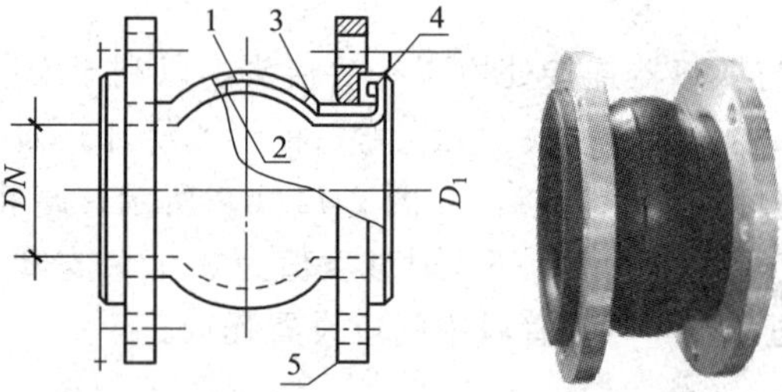

图 2-18 橡胶软接头

1—外胶层；2—内胶层；3—骨架层；4—钢丝圈；5—法兰

5. 分户热水计量装置

集中供热的住宅建筑，室内采暖系统分户热水计量，分户分室可采取温度调节的形式。一般采用双立管系统，每户设置一套热水计量表，安装在楼梯间专设的管道井内，如图2-19所示。

(四) 引入装置

室外采暖管道进入室内采暖系统需设置引入装置（采暖系统入口装置），用来控制（接通或切断）热媒，以及减压、观察热媒的参数。引入装置通常由温度计、压力表、过滤器、平衡阀、泄水阀等组成，如图 2-20 所示。

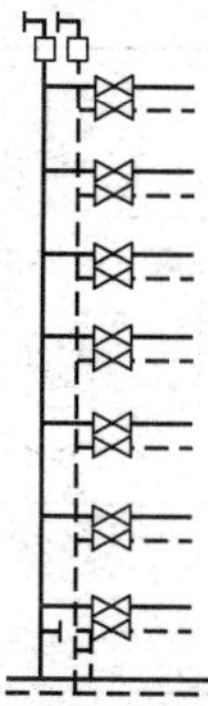

图 2-19 分户计量双立管采暖系统

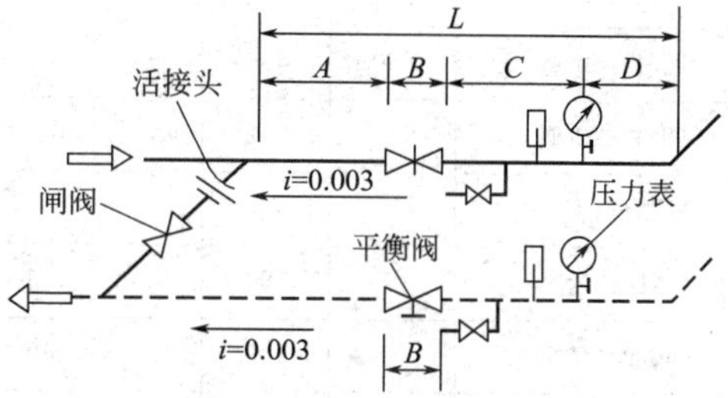

图 2-20 热水采暖引入装置安装

(五) 采暖系统常用的材料

1. 管材

采暖工程中的管材基本与给水工程所用的管材相似。

2. 散热器

由于采暖对象的不同，设计中所采用的散热器也不尽相同。按照散热器所用材料的不同，可分为铸铁散热器和钢制散热器。

(1) 铸铁散热器 如图 2-21 所示，铸铁散热器有柱型、翼型和柱翼型等。柱型散热器有 M132 型、M813 型、76 型和四柱型、五柱型等。翼型散热器有长翼型、圆翼型等。柱翼型散热器是目前推广的散热器，柱翼型定向对流灰铸铁散热器可以较好地解决建筑物室内高级装修中散热器被封闭在内影响采暖效果这一问题。

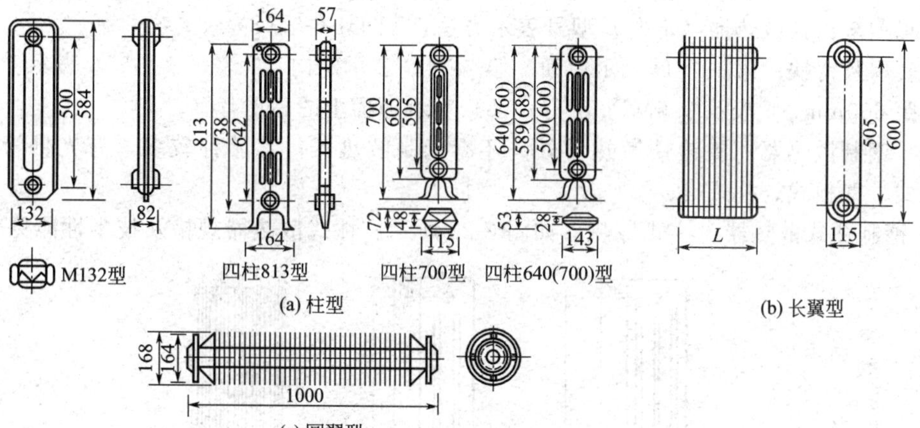

图 2-21 铸铁散热器

① 各类铸铁散热器的技术参数 铸铁散热器技术参数见表 2-1。

② 柱翼型单面定向对流铸铁散热器 柱翼型单面定向对流铸铁散热器朝前散热，采用 *DN*40 铸铁散热器通用的对丝、丝堵、补芯连接，前后位置不能互换，选择补芯时，立管左侧散热器片用正补芯，立管右侧散热器片用反补芯。柱翼型定向对流铸铁散热器的上、下水口不在同一垂直面上，施工时应先用标准乙字弯管与散热器连接好，再将定向片上、下口中心调整在同一垂直面上，然后按施工规范要求与进、出水管相连接。

定向散热器安装固定，以散热器上、下口中心同面距墙 50mm 为基准，允许散热器背面顶翼距墙 0～20mm。技术参数见表 2-2。

表 2-1　铸铁散热器技术参数

名　称	高度/mm		上、下孔中心距/mm	厚度/mm	宽度/mm	散热面积/(m²/片)	重量/(kg/片)
	带腿	中片					
四柱 760 型	760	696	614	53	143	0.235	6.6
四柱 813 型	813	732	642	57	164	0.28	8
圆翼型(ϕ75)		1000		168	215	1.8	38.2
M132 型		584	500	82	132	0.24	6.5
长翼型(大 60)		600	505	280	115	1.175	28
长翼型(小 60)		600	505	200	115	0.860	20

表 2-2　柱翼型灰铸铁散热器（定向）单片技术参数

名　称	型　号	单片主要尺寸/mm					散热面积/(m²/片)	重量/(kg/片)	水容量/(L/片)	工作压力/MPa	
		高度		宽度	长度	同侧进、出水口中心距				普通	高压
JZ600 定向散热器	TDD1-6-5(8)	中片 足片	670 750	150	60	600	0.43	6.2	0.87	0.5	0.8
JZ500 定向散热器	TDD1-5-5(8)	中片 足片	570 650	150	60	500	0.4	5.2	0.8	0.5	0.8
JZ400 定向散热器	TDD1-4-5(8)	中片 足片	470 550	150	60	400	0.37	4.2	0.73	0.5	0.8

柱翼型灰铸铁散热器（定向）型号表示方法：TDD1-6-5（8）

T 表示灰铸铁；第一个 D 表示单面；第二个 D 表示定向；1 表示 1 柱；6 表示上、下水口中心距 600mm；5 表示 0.5MPa 压力；（8）表示加稀土的高压片。

（2）钢制散热器　除铸铁散热器外，还有钢制散热器，其品种较多，有光排管式、闭式、板式、壁板式、柱式等。

① 钢制柱式散热器　柱式散热器如图 2-22 所示。柱式散热器规格及技术性能见表 2-3。

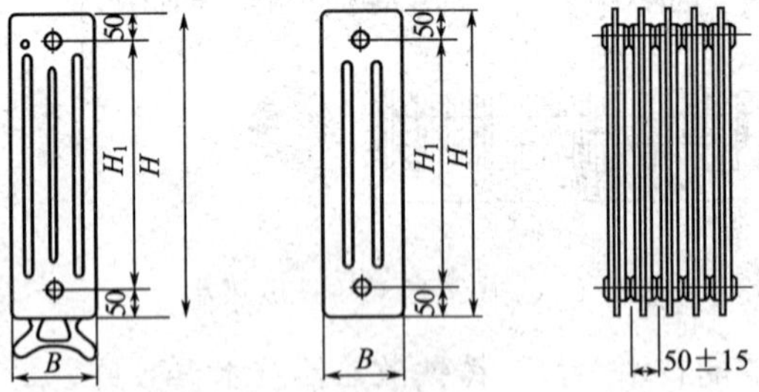

(a) GZ4-B/H-P侧视图　(b) GZ3-B/H-P侧视图　(c) 正视图

图 2-22　柱式散热器

表示方法：GZX-B/H-P，一般厚度 50mm。

G 表示钢制；Z 表示柱型；X 表示柱的数量；B 表示每片散热器宽度（单位 100mm）；H 表示同侧进、出水口中心距（单位 100mm）；P 表示工作压力（单位 0.1MPa）。

如 GZ4-1.2/6-6（钢制四柱式散热器，每片宽 120mm，同侧进、出水口中心距 600mm，工作压力 0.6MPa）。

表 2-3　柱式散热器规格及技术性能

名　称	高度 H/mm	上、下孔中心距 H_1/mm	厚度 B/mm	重量/(kg/片)
GZ4-B/H-P	600	500	120	1.26
			140	1.48
			160	1.7
	400	300	120	2
			140	2.33
			160	2.66
GZ3-B/H-P	700	600	120	2.33
			140	2.74
			160	3.08
	1000	900	120	3.4
			140	4.5
			160	5.6

② 钢制闭式散热器　闭式对流散热器如图 2-23 所示。闭式对流散热器规格及技术性能见表 2-4。

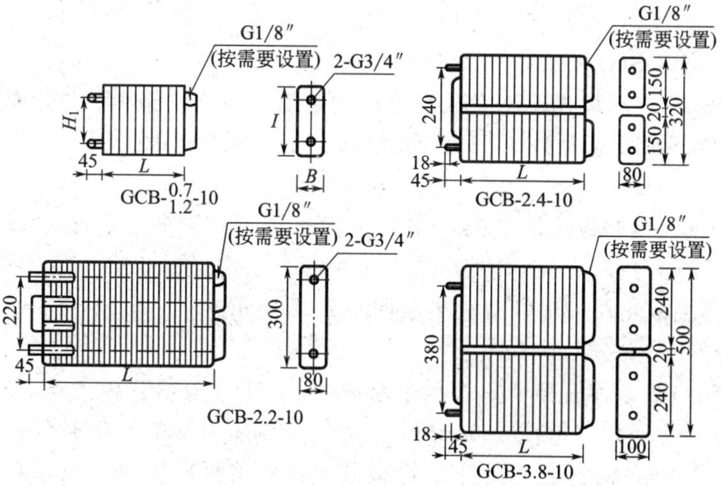

图 2-23　闭式对流散热器

表 2-4　闭式对流散热器规格及技术性能

名　称	高度 H /mm	宽度 B /mm	同侧进、出水口中心距 H_1 /mm	长度 L /mm	接管公称直径 DN	连接管径 /mm	重量 /(kg/片)
GCB-0.7-10	150	80	70	400～1400（间隔 100）	20	≤20	10.5
GCB-1.2-10	240	100	120		20(25)	≤25	17.5
GCB-2.2-10	300	80	220		20	≤20	21
GCB-2.4-10	320	80	240		20	≤20	21
GCB-3.8-10	500	100	380		25	≤25	35

表示方法：GCB-X-P

G 表示钢制；CB 表示串片闭式；X 表示同侧进、出水口中心距（单位 100mm）；P 表示工作压力（单位 0.1MPa）。

如 GCB-2.2-10（钢制串片闭式散热器，同侧进、出水口中心距 220mm，工作压力 1MPa）。

③ 钢制板式散热器　板式散热器如图 2-24 所示。

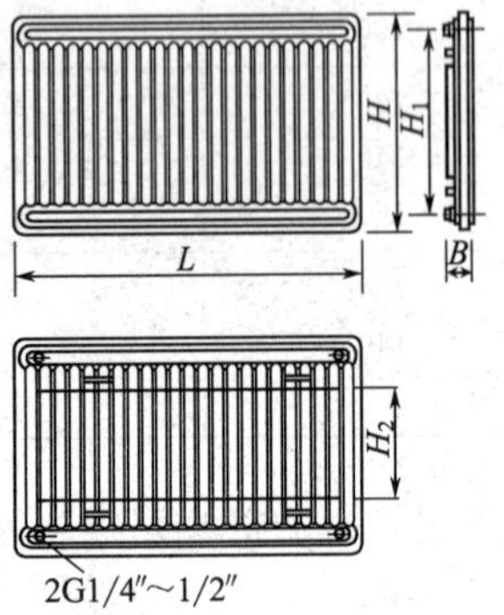

图 2-24　板式散热器

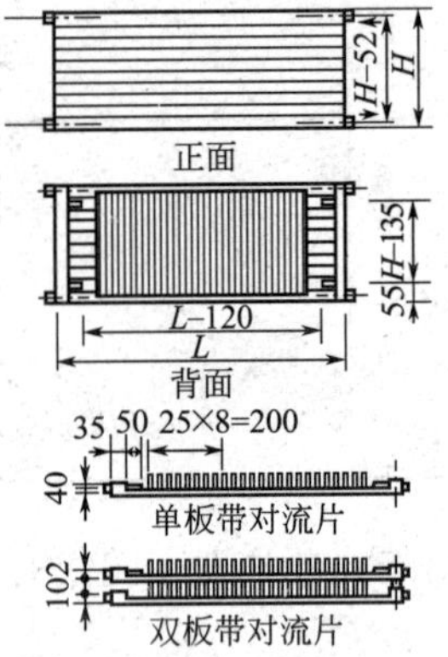

图 2-25　扁管型散热器

表示方法：GBX-S(D)/H-P

G 表示钢制；B 表示板式；X 表示水道槽的数量（单面水道槽为 1，双面水道槽为 2）；S(D) 表示双板为 S（单板为 D）；H 表示同侧进、出水口中心距（单位 100mm）；P 表示工作压力（单位 0.1MPa）。

如 GB1-D/6-6（钢制板式散热器，单板单面水道槽，同侧进、出水口中心距 600mm，工作压力 0.6MPa）。

④ 钢制扁管型散热器　扁管型散热器如图 2-25 所示。

表示方法：GBG/L-S(D)-H-P

G 表示钢制；BG 表示扁管；L 表示带对流片；S(D) 表示双板为 S（单板为 D）；H 表示同侧进、出水口中心距（单位 100mm）；P 表示工作压力（单位 0.1MPa）。

如 GBG/L-D-6-6（钢制带对流片扁管型散热器，单板同侧进、出水口中心距 600mm，工作压力 0.6MPa）。

（3）铝合金散热器　铝合金材质，表面做漆面处理，形式类似钢制散热器。

（4）钢铝、铜铝散热器　由钢制或铜质作盘管，表面铝合金材质做漆面处理，形式有柱式、板式等。

3. 管道支架

在采暖工程中，采暖管道的安装固定方式一般分为滑动支架、固定支架、其他支架三种形式。

（1）滑动支架　用于因温度变化而膨胀移动的管道上，如图 2-26 所示。

（2）固定支架　为均匀分布伸缩器之间管道的热伸长，使伸缩器能正常工作，防止采暖管道受热应力过大变形，多采用角钢架，如图 2-27 所示。

（3）其他支架　是指室内采暖立管、支管、水平管道的固定件，如图 2-28 所示。

4. 散热器支架、托架

散热器支架、托架如图 2-29 所示。支架、托架数量应符合表 2-5 的规定。

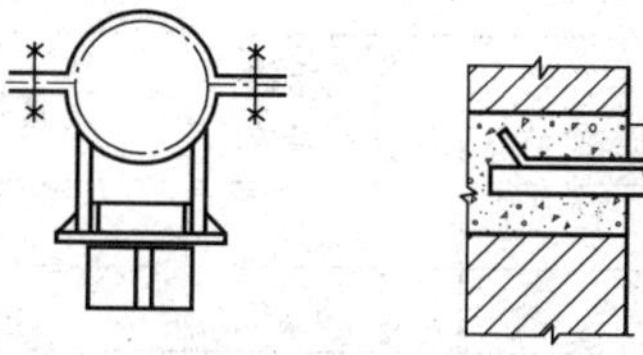

图 2-26　滑动支架

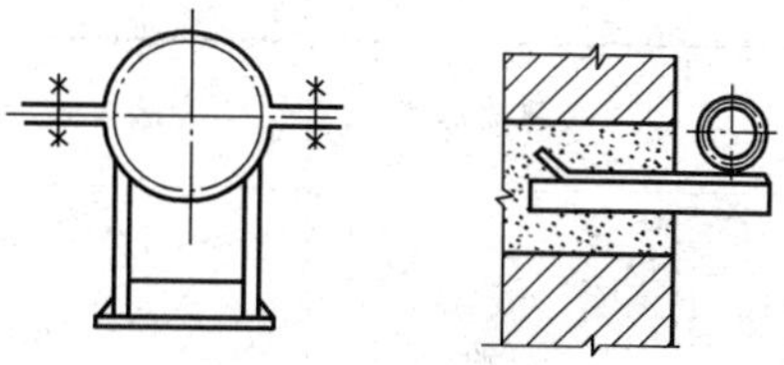

图 2-27　固定支架

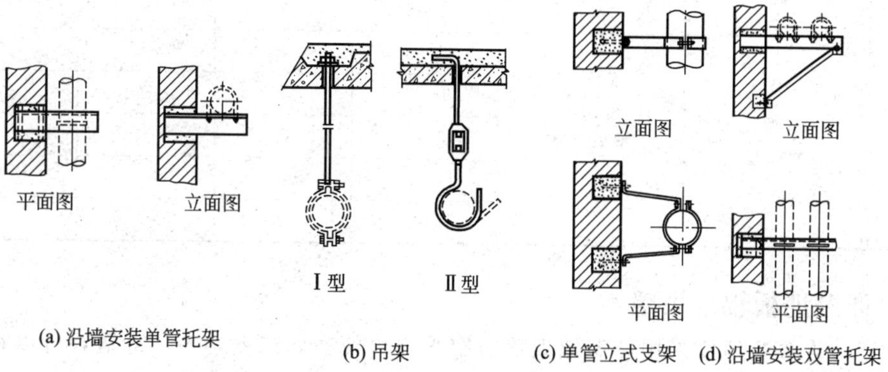

图 2-28　其他支架

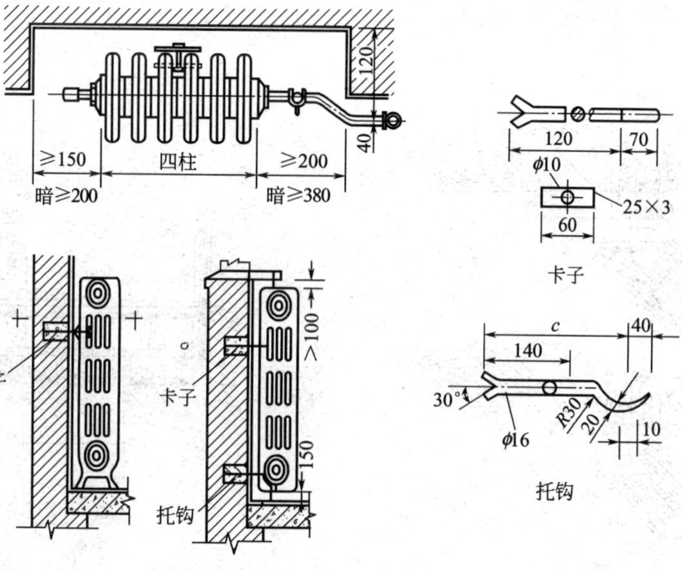

图 2-29　散热器支架、托架

表 2-5　散热器支架、托架数量

序号	散热器形式	安装方式	每组片数	上部托钩或卡架数	下部托钩或卡架数	合计
1	长翼型	挂墙	2～4	1	2	3
			5	2	2	4
			6	2	3	5
			7	2	4	6

续表

序号	散热器形式	安装方式	每组片数	上部托钩或卡架数	下部托钩或卡架数	合计
2	柱型、柱翼型	挂墙	3～8	1	2	3
			9～12	1	3	4
			13～16	2	4	6
			17～20	2	5	7
			21～25	2	6	8
3	柱型、柱翼型	带足落地	3～8	1	—	1
			9～12	1	—	1
			13～16	2	—	2
			17～20	2	—	2
			21～25	2	—	2

三、低温地板辐射采暖

近几年，许多建筑物采用低温地板辐射取暖，可使室内温度均匀、舒适，可以在各处建筑物内采用。采暖系统供回水温度不超过 60℃，系统工作压力小于等于 0.8MPa。

(一) 地暖系统组成

地暖系统组成如图 2-30 所示。

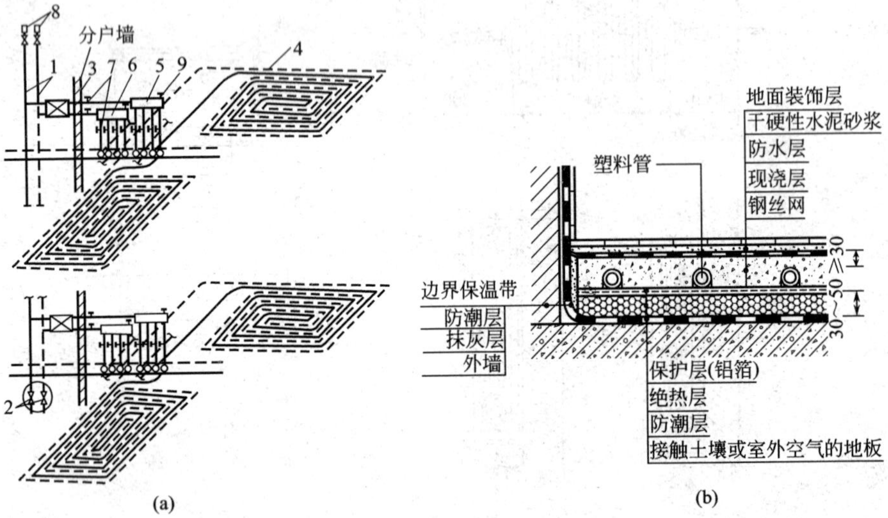

图 2-30　地暖系统组成

1—供暖立管；2—立管调节装置；3—入户装置；4—加热盘管；5—分水器；6—集水器；7—球阀；8—自动排气装置；9—放气阀

(1) 热水管网　室内输送热媒的供、回水干管、立管。

(2) 分水器　热水系统中，用于连接各路加热管供水管的配水装置（图 2-31）。

(3) 加热管　通过热水循环，加热地板的管道。

(4) 集水器　热水系统中，用于连接各路加热管回水管的汇水装置（图 2-31）。

(5) 绝热层　用以阻挡热量传递，减少无效热耗的构造层。

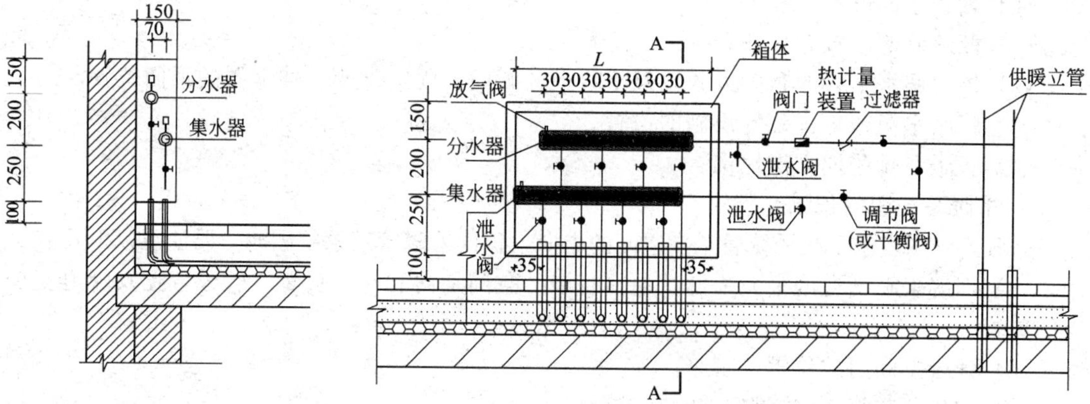

(a) A—A剖面图　　(b) 正视示意图

图 2-31　分水器、集水器安装示意图

(6) 填充层　在绝热层或楼板基面上设置加热管用的找平层，用以保护加热设备并使地面温度均匀。

(7) 隔离层　防止建筑地面上各种液体或地下水、潮气透过地面的构造层。一般仅在潮湿房间使用。

(8) 找平层　在垫层或楼板面上进行抹平找坡的找平层。

(9) 面层　建筑地面直接承受物理和化学作用的表面层，一般是室内地板的装饰面。

(二) 管材

低温地板辐射采暖采用塑料加热管，一般采用的塑料加热管如下。

(1) 交联铝塑复合 (XPAP) 管。

(2) 聚丁烯 (PB) 管。

(3) 交联聚乙烯 (PE) 管。

(4) 聚丙烯 (PP-R) 管。

(5) 耐热聚乙烯 (PT-RT) 管。

任务分析

一、室内采暖工程施工图识读

(一) 室内采暖系统施工图的组成

室内采暖系统施工图由施工说明、施工平面图、采暖系统图和采暖施工大样图组成。

(二) 室内采暖系统施工图的识读

1. 先看施工说明

从施工说明中可以了解以下方面的内容。

(1) 散热器的型号。

(2) 管道的材料及管道的连接方式。

(3) 管道、支架、设备的刷油和保温做法。

(4) 施工图中使用的标准图和通用图。

2. 再看室内采暖施工平面图 (与系统图对照看)

施工平面图是室内采暖系统工程中最基本和最重要的图，它主要表明采暖管道和散热器的平面布置和平面位置。

(1) 散热器的位置和片数。

(2) 供、回水干管的布置方式以及干管上的阀门、固定支架、伸缩器的平面位置。

(3) 膨胀水箱、集气罐等设施的位置。

(4) 管子在哪些地方走地沟。

3. 采暖系统图的识读

采暖系统图表示采暖系统管道在空间的走向，识读采暖管道系统图时，要注意以下几点。

(1) 理解采暖管道的来龙去脉，包括管道的空间走向和空间位置，管道直径及管道变径点的位置。

(2) 管道上阀门的位置、规格。

(3) 散热器与管道的连接方式。

(4) 与平面图对照，看哪些管道是明装，哪些是暗装。

4. 最后看采暖施工大样图

一般主要详图有以下几个。

(1) 地沟内支架的安装大样图。

(2) 地沟入口处详图，即热力入口详图。

(3) 膨胀水箱安装详图。

二、定额与计量

(一) 采暖工程

1. 定额说明

(1) 采暖热源管道界限划分

① 室内外以入口阀门或建筑物外墙皮 1.5m 为界；

② 与工业管道界限以锅炉房或泵站外墙皮 1.5m 为界；

③ 工厂车间内采暖管道以采暖系统与工业管道碰头点为界；

④ 设在高层建筑内的加压泵间管道与本章项目的界限，以泵间外墙皮为界。

(2) 各类型散热器不分明装或暗装，均按类型分别计算。

(3) 柱型铸铁散热器安装用拉条时，拉条另行计算。

(4) 定额中列出的接口密封型材料，除圆翼汽包垫采用橡胶石棉板外，其余均采用成品汽包垫，如采用其他材料，不做换算。

(5) 光排管散热器制作、安装项目，计量单位每“10m”系指光排管长度，联管作为材料已列入定额中。

(6) 板式、壁板式、闭式散热器已计算了托钩的安装人工和材料。

(7) 装饰性管式散热器安装不分形式按挂装编制，托钩按散热器带有考虑。

(8) 高频焊翅片管散热器安装，定额中综合了防护罩的安装费，但不包括其本身价值。

(9) 远传式热量表安装不包括电气接线。

(10) 用户热量表安装项目中的配套阀门，设计与定额取定类型不同，按设计类型调整，其余不变。

(11) 低温地板辐射采暖，定额中已包括地面浇注配合用工，采用铝塑复合管、聚丁烯管、聚丙烯管、聚乙烯管等作为地板采暖管道时，均执行本定额。

(12) 室内采暖塑料管、铝塑复合管、不锈钢管、铜管安装项目中，管道接头零件作为未计价材料，根据设计施工图确定数量并加1%的损耗，另行计算材料费。

2. 计算规则

(1) 管道安装，阀门、水位标尺安装，低压器具、水表组成与安装，小型容器制作安装工程量计算规则同学习情境一给排水工程

(2) 连接散热器立管的工程量计算　管道的安装长度为上下干管的标高差，加上上部干管、立管与墙面的距离差（立管乙字弯也可按0.06～0.10m取值），减去散热器进、出口之间的间距，再加上立管与下部干管连接时规范规定的增加长度（当立管高度大于15m时，可按0.3m计取；当立管高度小于15m时，可按0.06～0.1m计取）。

(3) 连接散热器支管的工程量计算　连接散热器支管的安装长度等于立管中心到散热器中心的距离，再减去散热器长度的1/2，再加上支管与散热器连接时的乙字弯的增加长度（一般可按0.035～0.06m计取）。

(4) 各种伸缩器制作安装，均以“个”为计量单位。方形伸缩器的两臂，按臂长的两倍合并在管道长度内计算。

(5) 低温地板辐射采暖按固定方式不同分规格以“m”为计量单位。

(6) 减压器、疏水器组成安装以“组”为计量单位，如设计组成与定额不同，阀门、法兰和压力表数量可按设计用量进行调整，其余不变。

(7) 减压器安装按高压侧的直径计算。

① 减压器、疏水器组成与安装是按《采暖通风国家标准图集》N108编制的，如实际组成与此不同时，阀门、法兰和压力表数量可按实际调整，其余不变。

② 单体疏水器、减压阀、水表、Y形过滤器安装，按连接形式执行阀门安装相应子目。

(8) 供暖器具安装

① 热空气幕安装以“台”为计量单位，其支架制作安装可按相应定额另行计算。

② 长翼、柱型铸铁散热器组成安装以“片”为计量单位，汽包垫不得换算；圆翼型铸铁散热器组成安装以“节”为计量单位。

③ 光排管散热器制作安装以“m”为计量单位，已包括联管长度，不再另行计算。

④ 分集水器安装分连接形式按不同公称直径以“台”为计量单位。

⑤ 用户热量表安装按类型不同，分规格以“组”为计量单位。

(9) 采暖系统的调试

计算范围以室内采暖管道、管件、阀门、法兰、供暖器具等组成的采暖系统安装的人工费为计算基数，按采暖工程人工费的10%计算，其中人工工资占25%，以“系统”为计量单位。

(二) 水泵房、锅炉房管道的安装

水泵房、锅炉房管道的安装执行第六册《工业管道工程》定额。

1. 管道安装

是根据其压力等级、管道材料、管道的直径以及连接方式的不同来分项，以“m”为计量单位。

2. 管道压力的划分

低压，$0<P\leqslant1.6$MPa；中压，$1.6\text{MPa}<P\leqslant10$MPa；高压，$10\text{MPa}<P\leqslant42$MPa。

3. 管道的安装长度

管道安装工程量按设计管道中心线长度计算，以“m”为计量单位，不扣除阀门及各种管件所占长度。

管道安装不包括管件连接内容，应单独列项计算。

未计价材料的用量，凡定额中注明“设计用量”者，应按施工图工程量计；凡定额中注明“施工用量”者，应按设计用量加规定的损耗量计。

（三）刷油、防腐蚀、绝热工程

除锈、刷油、防腐蚀、绝热工程执行第十一册《刷油、防腐蚀、绝热工程》定额。

1. 定额说明

（1）各种管件、阀件及设备上人孔、管口凸凹部分的除锈、刷油已综合考虑在定额内。

（2）因施工需要发生的二次除锈、刷油，应另行计算。

（3）刷油定额主材与稀干料可以换算，但人工与材料消耗量不变。

（4）标志色环等零星刷油，执行本章相应项目，其人工乘以系数2.0。

（5）管道绝热工程，除法兰、阀门外，其他管件均已考虑在内；设备绝热工程，除法兰、人孔外，其封头已考虑在内。

（6）铝板保护层按厚度0.8mm以下综合考虑，若厚度大于0.8mm时，其人工乘以系数1.2。

（7）玻璃丝布保护层也适用于沥青玻璃丝布，其中人工乘以系数1.05。

（8）聚氨酯泡沫塑料发泡工程，是按现场直喷无模具考虑的，有模具浇注法施工，按加工厂完成考虑。

（9）矩形管道绝热需要加防雨坡度时，人工、材料、机械应另行计算。

（10）卷材安装应执行相同材质的板材安装项目，人工、铁线消耗量不变，但卷材用量损耗率按3.1%考虑。

（11）复合成品材料安装应执行相同材质瓦块（或管壳）安装项目，复合材料分别安装时应按分层计算。

2. 计算规则

（1）除锈、刷油工程

① 喷射除锈按Sa2.5级标准确定。若变更级别标准，如Sa3级按人工、材料、机械乘以系数1.1，Sa2级或Sa1级乘以系数0.9计算。

② 抛丸除锈：管道外壁除锈以“$10m^2$”为计量单位，金属结构除锈以“100kg”为计量单位。

③ 刷油工程中设备、管道以“m^2”为计量单位。一般金属结构和管廊钢结构以“kg”为计量单位；H形钢制结构（包括规格大于200mm以上的型钢）以“$10m^2$”为计量单位。

④ 定额按安装地点就地刷（喷）油漆考虑，如安装前管道集中刷油，人工乘以系数0.7（暖气片除外）。

（2）绝热工程

① 绝热工程中绝热层以“m^3”为计量单位，防潮层、保护层以“m^2”为计量单位。

② 设备和管道绝热按现场安装后绝热施工考虑，若先绝热后安装时，其人工乘以系数0.9。

③ 采用不锈钢薄板保护层安装时，其人工乘以系数1.25，钻头用量乘以系数2.0，机械台班乘以系数1.15。

（3）焊接钢管、无缝钢管除锈、刷油、防腐蚀表面展开面积、绝热保温层体积及保护层表面展开面积可按表2-6和表2-7计算；铸铁管可按表2-6焊接钢管表面积乘以1.2计算。

表 2-6　焊接钢管保温材料工程量计算表　　单位：10m

公称直径 DN		保温层厚度									
		0	20mm	30mm	40mm	50mm	60mm	70mm	80mm	90mm	100mm
15	体积/m^3	0.67m^2	0.027	0.051	0.081	0.118	0.162	0.213	0.270	0.334	0.404
	面积/m^2		2.246	2.906	4.226	4.226	4.885	5.545	6.0205	6.864	7.524
20	体积/m^3	0.84m^2	0.031	0.056	0.088	0.127	0.173	0.225	0.284	0.350	0.422
	面积/m^2		2.419	3.079	3.739	4.398	5.058	5.718	6.378	7.037	7.697
25	体积/m^3	1.05m^2	0.035	0.063	0.097	0.138	0.186	0.240	0.302	0.369	0.444
	面积/m^2		2.630	3.290	3.949	4.609	5.268	5.928	6.588	7.248	7.907
32	体积/m^3	1.33m^2	0.041	0.071	0.109	0.153	0.203	0.260	0.324	0.395	0.473
	面积/m^2		2.906	3.566	4.226	4.885	5.545	6.205	6.864	7.524	8.184
40	体积/m^3	1.51m^2	0.045	0.077	0.116	0.162	0.214	0.273	0.339	0.412	0.491
	面积/m^2		3.085	3.745	4.405	5.064	5.724	6.384	7.044	7.703	8.363
50	体积/m^3	1.89m^2	0.052	0.089	0.132	0.181	0.238	0.301	0.370	0.447	0.530
	面积/m^2		3.462	4.122	4.782	5.441	6.101	6.761	7.421	8.080	8.740
70	体积/m^3	2.37m^2	0.062	0.104	0.152	0.206	0.268	0.336	0.411	0.492	0.580
	面积/m^2		3.949	4.609	5.269	5.928	6.588	7.248	7.907	8.567	9.227
80	体积/m^3	2.78m^2	0.069	0.113	0.165	0.223	0.287	0.359	0.437	0.521	0.613
	面积/m^2		4.263	4.239	5.583	6.242	6.902	7.562	8.222	8.881	9.541
100	体积/m^3	3.58m^2	0.087	0.141	0.202	0.269	0.343	0.423	0.511	0.605	0.705
	面积/m^2		5.159	5.818	6.478	7.138	7.798	8.457	9.117	9.777	10.436
125	体积/m^3	4.40m^2	0.104	0.167	0.235	0.311	0.393	0.482	0.578	0.680	0.790
	面积/m^2		5.975	6.635	7.295	7.955	8.614	9.274	9.934	10.594	11.253
150	体积/m^3	5.18m^2	0.121	0.191	0.268	0.352	0.442	0.539	0.643	0.754	0.871
	面积/m^2		6.761	7.421	8.080	8.740	9.400	10.059	10.719	11.379	12.039
200	体积/m^3	6.88m^2	0.156	0.243	0.338	0.419	0.547	0.662	0.783	0.911	1.046
	面积/m^2		8.457	9.117	9.777	10.436	11.096	11.756	12.416	13.075	13.735
250	体积/m^3	8.58m^2	0.191	0.296	0.408	0.527	0.652	0.784	0.903	1.069	1.221
	面积/m^2		10.154	10.813	11.473	12.133	12.973	13.452	14.112	14.722	15.432
300	体积/m^3	10.21m^2	0.224	0.347	0.476	0.611	0.754	0.903	1.058	1.221	1.390
	面积/m^2		11.787	12.447	13.107	13.767	14.426	15.086	15.746	16.405	17.065

表 2-7　无缝钢管保温材料工程量计算表　　单位：10m

管道外径 *De*		保温层厚度									
		0	20mm	30mm	40mm	50mm	60mm	70mm	80mm	90mm	100mm
28	体积/m^3	0.879m^2	0.032	0.058	0.090	0.129	0.176	0.228			
	面积/m^2		2.457	3.116	3.776	4.436	5.096	5.755			
32	体积/m^3	1.010m^2	0.034	0.061	0.096	0.135	0.183	0.238			
	面积/m^2		2.582	3.242	3.902	4.562	5.221	5.881			

续表

管道外径 De		保温层厚度									
		0	20mm	30mm	40mm	50mm	60mm	70mm	80mm	90mm	100mm
38	体积/m^3	1.193m^2	0.038	0.067	0.103	0.146	0.194	0.251			
	面积/m^2		2.771	3.431	4.090	4.750	5.410	6.070			
45	体积/m^3	1.413m^2	0.041	0.074	0.112	0.157	0.209	0.265			
	面积/m^2		2.991	3.651	4.310	4.970	5.630	6.289			
57	体积/m^3	1.790m^2	0.051	0.086	0.127	0.177	0.231	0.293	0.363	0.438	
	面积/m^2		3.366	4.025	4.686	5.344	6.004	6.663	7.322	7.982	
89	体积/m^3	2.795m^2	0.071	0.169	0.228	0.293	0.368	0.445	0.531		
	面积/m^2		5.030	5.690	6.349	7.008	7.668	8.327	8.997		
108	体积/m^3	3.391m^2	0.084	0.135	0.194	0.257	0.331	0.409	0.495	0.587	
	面积/m^2		4.967	5.627	6.286	6.946	7.605	8.264	8.924	9.583	
133	体积/m^3	4.810m^2	0.100	0.159	0.226	0.300	0.379	0.466	0.560	0.660	0.766
	面积/m^2		5.752	6.412	7.071	7.731	8.390	9.049	9.709	10.368	11.037
159	体积/m^3	5.000m^2	0.117	0.185	0.260	0.342	0.430	0.525	0.627	0.735	0.851
	面积/m^2		6.569	7.228	7.888	8.547	9.206	9.866	10.525	11.185	11.854
219	体积/m^3	6.880m^2	0.156	0.243	0.338	0.439	0.546	0.661	0.783	0.911	1.045
	面积/m^2		8.453	9.112	9.772	10.431	11.090	11.750	12.409	13.069	13.738
273	体积/m^3	8.580m^2	0.190	0.295	0.408	0.527	0.652	0.784	0.922	1.068	1.221
	面积/m^2		10.148	10.808	11.467	12.127	12.786	13.445	14.105	14.764	15.433
325	体积/m^3	10.201m^2	0.224	0.346	0.475	0.611	0.753	0.902	1.058	1.220	1.389
	面积/m^2		11.781	12.441	13.100	13.759	14.419	15.078	15.738	16.397	17.066
377	体积/m^3	11.840m^2	0.258	0.398	0.543	0.695	0.854	1.021	1.193	1.373	1.559
	面积/m^2		13.421	14.081	14.740	15.400	16.060	16.720	17.379	18.039	18.708
426	体积/m^3	13.380m^2	0.290	0.445	0.606	0.775	0.957	1.132	1.320	1.515	1.718
	面积/m^2		14.960	15.620	16.280	16.939	17.599	18.259	18.919	19.578	20.248
478	体积/m^3	15.020m^2	0.323	0.496	0.675	0.859	1.052	1.250	1.455	1.667	1.886
	面积/m^2		16.594	17.254	17.913	18.573	19.233	19.389	20.552	21.212	21.881
529	体积/m^3	16.620m^2	0.356	0.545	0.741	0.942	1.151	1.366	1.588	1.817	2.052
	面积/m^2		18.196	18.856	19.516	20.175	20.835	21.495	22.155	22.814	23.483

注：此表按下式计算：

$$体积V\ (m^3)=L\pi(D+\delta+\delta\times 3.3\%)\times(\delta+\delta\times 3.3\%)$$

$$面积S\ (m^2)=L\pi(D+2\delta+2\delta\times 5\%+2d_1+2d_2)$$

式中，L为管道长度；D为管道外径；δ为保温层厚度；d_1为用于捆扎保温层的金属线直径或钢带厚度；d_2为防潮层厚度；3.3%、5%为保温材料允许超厚系数。

(4) 散热器除锈刷油工程量，按散热器片的表面积计算，见表2-8。

表2-8　每片散热器（铸铁）刷油面积

名　称	规格、型号/mm	刷油面积
长翼型	大60型	1.17m²/片
长翼型	小60型	0.8m²/片
圆翼型	*D*50	1.30m²/根
圆翼型	*D*75	1.80m²/根
M132		0.24m²/片
柱翼型(定向)	进、出口中心距600	0.43m²/片
柱翼型(定向)	进、出口中心距500	0.4m²/片
柱翼型(定向)	进、出口中心距400	0.37m²/片
柱型	四柱760	0.235m²/片
柱型	四柱813	0.28m²/片
钢制小闭式	150×60	0.42m²/m
钢制中闭式	150×80	0.46m²/m
钢制大闭式	240×100	0.68m²/m
钢(铝)串片	150×80	3.21m²/m
钢(铝)串片	150×100	3.44m²/m
单板扁管对流	416×1000	3.62m²/m
钢制管板式	600×600	1.44m²/m
钢制管板式	800×600	1.58m²/m
钢制管板式	900×600	1.72m²/m
钢制管板式	1000×600	1.86m²/m
钢制管板式	1200×600	2.14m²/m
钢制管板式	1300×600	2.28m²/m
钢制管板式	1400×600	2.42m²/m
钢制管板式	1500×600	2.70m²/m
钢制管板式	1700×600	2.84m²/m
钢制管板式	1800×600	2.98m²/m

（四）定额总说明

1. 采暖工程同学习情境一给排水工程

2. 刷油、防腐蚀、绝热工程

（1）脚手架搭拆费，可参照下列系数计算，其中人工工资占 25%：

① 刷油工程：按人工费的 6%；

② 防腐蚀工程：按人工费的 8%；

③ 绝热工程：按人工费的 15%。

（2）超高降效增加费：以设计标高正负零为准，当安装高度超过±6.00m 时，人工和机械分别乘以 1.20 系数。

（3）高层建筑增加费：6 层或 20m 以上建筑，人工和机械按表 2-9 系数计算高层建筑增加费。

表 2-9 高层建筑增加费

30m 以内	40m 以内	50m 以内	60m 以内	70m 以内	80m 以内	80m 以上
0.30	0.40	0.50	0.60	0.65	0.70	0.80

（4）厂区外 1～10km 施工增加的费用，按超过部分的人工和机械乘以 1.05 系数。

（5）安装与生产同时进行增加的费用，可参照人工费的 5%计算。

（6）在有害身体健康的环境中施工增加的费用，可参照人工费的 5%计算。

任务实施

一、某商业楼采暖工程施工图

采暖设计说明

（1）该工程采用 95/70℃热水采暖，热负荷 84kW。

（2）系统为单管上供下回同程式布置。采暖管道采用焊接钢管，$DN \leqslant 32$，螺纹连接；$DN > 32$，焊接。

（3）管道穿楼板、墙壁时，应埋设钢制套管。

（4）单面定向对流铸铁散热器应紧靠墙壁安装。

（5）系统安装完毕后应进行 0.6MPa 的水压试验，在 5min 内不渗、不漏为合格。

（6）采暖管道经试压合格投入使用前须进行反复冲洗，至出水水色不浑浊时为合格。

（7）室内管道及散热器明装，外刷防锈漆和银粉漆各二道；地沟内管道刷防锈漆二道，外做 50mm 厚岩棉保温。

（8）未叙之处参见有关规范。

（9）其他需说明的问题如下。

① 本图除标高外，其他均以“mm”计。

② 材料表见表 2-10；施工图如图 2-33～图 2-35 所示。

二、室内采暖工程定额计量与计价实例

（一）编制依据及有关说明

（1）2011 年××省建设工程计价依据《安装工程预算定额》。

（2）2011 年××省建设工程计价依据《建设工程费用定额》。

（3）某商业集团二层商业楼室内采暖工程施工图。

（4）材料按 2011 年××市建设工程材料预算价格。

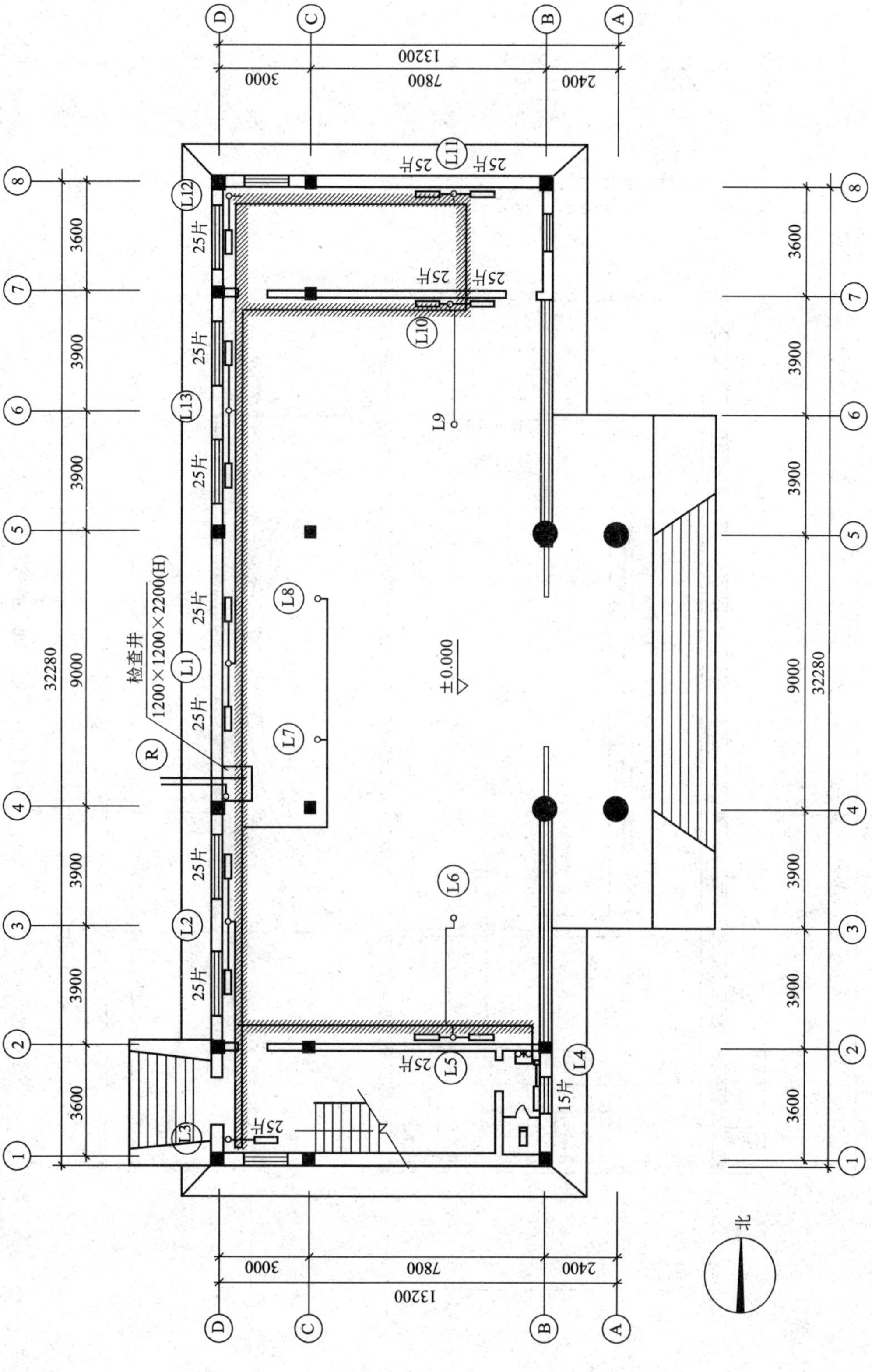

图 2-33　底层采暖平面图

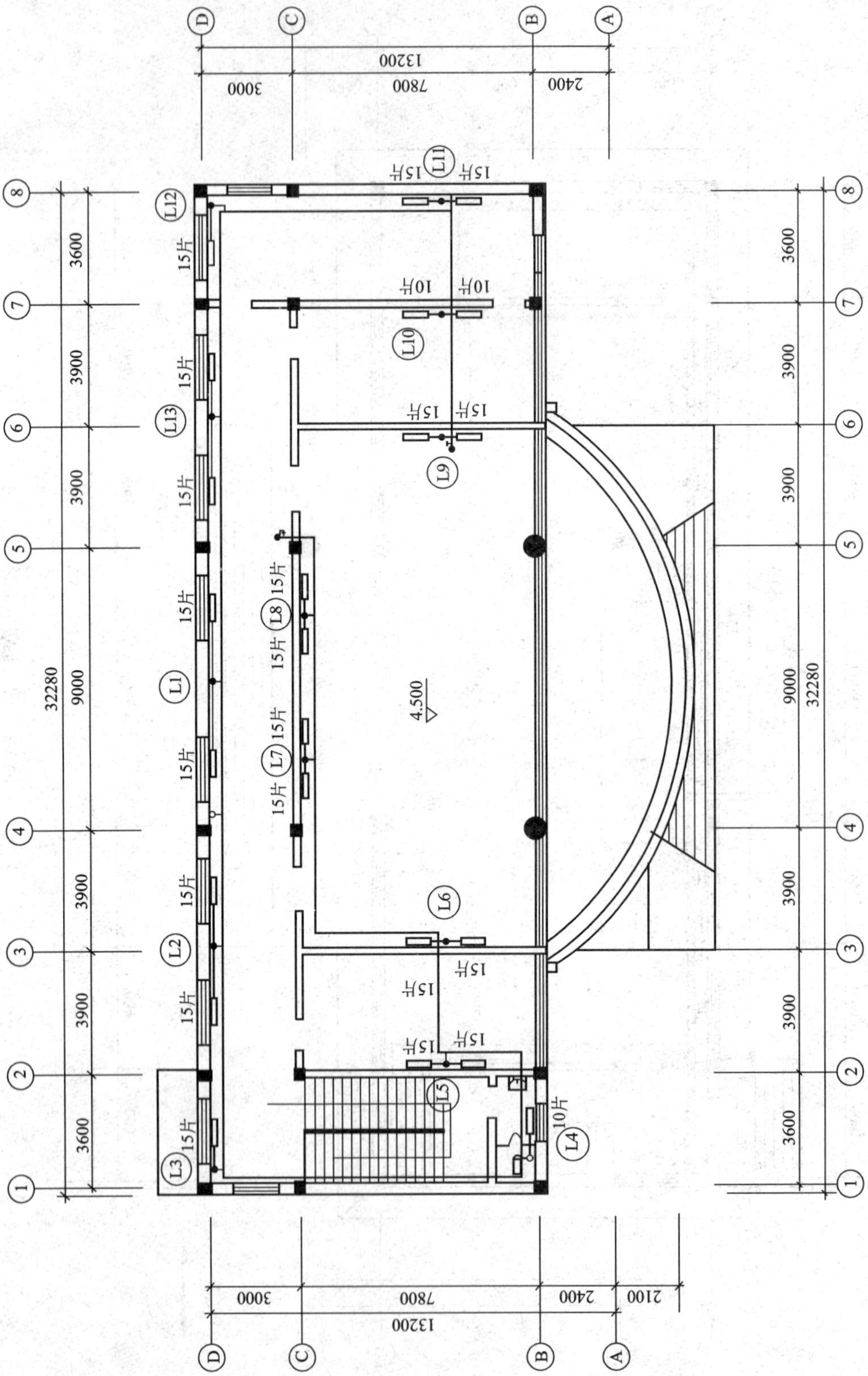

图 2-34 顶层采暖平面图

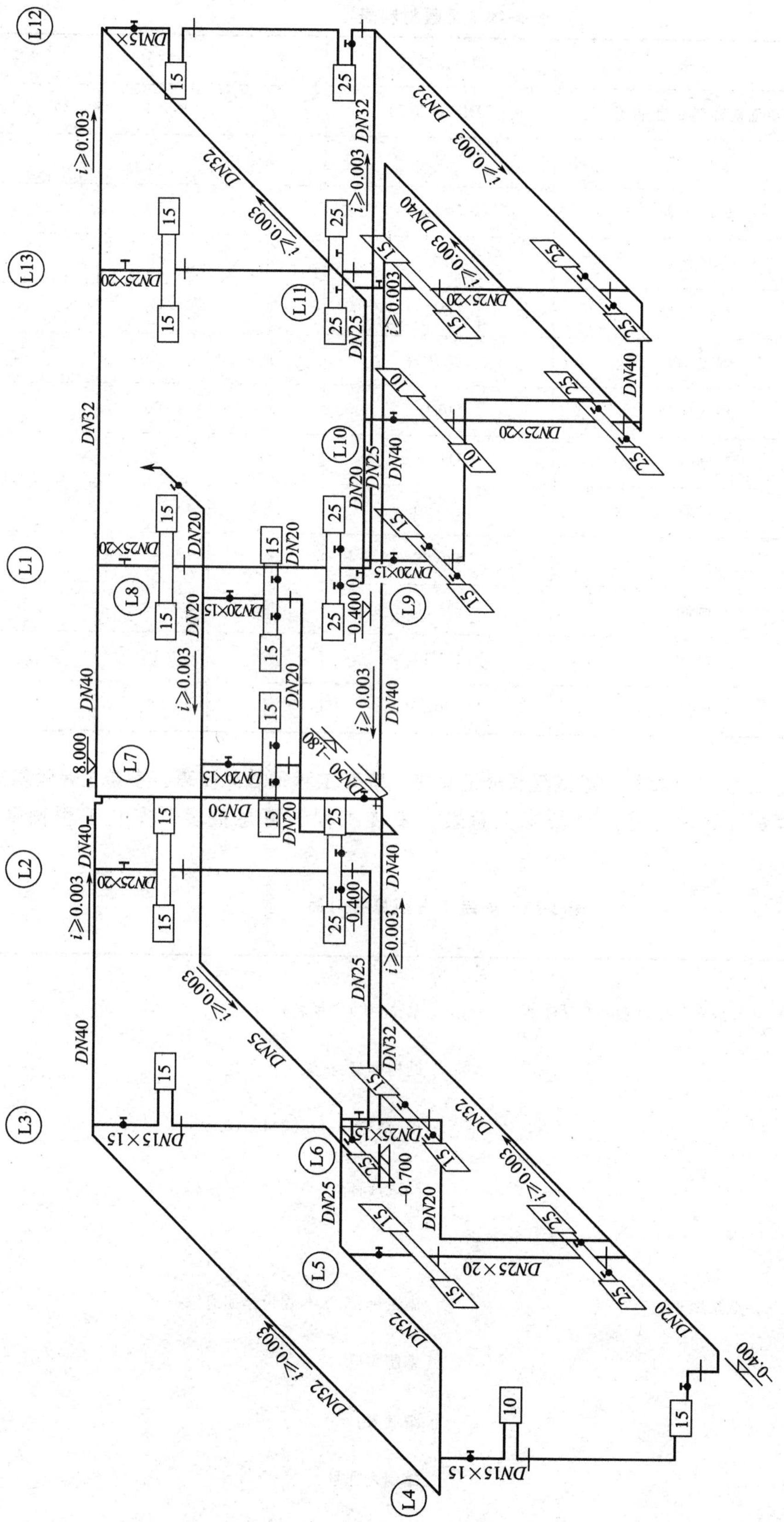
L1
L2
L3
L4
L5
L6
L7
L8
L9
L10
L11
L12
L13
8.000
DN50
DN40
DN32
DN25
DN20
DN25×20
DN20×15
DN15×15
DN25×15
i≥0.003
-0.400
-0.700

图 2-35　采暖系统图

表 2-10　采暖材料表

序号	名称	型号及规格	单位	数量	备注
1	单面对流铸铁散热器	TDD1-5-5(8)	片	695	
2	焊接钢管	*DN*50	m	12	
3	焊接钢管	*DN*40	m	50	
4	焊接钢管	*DN*32	m	80	
5	焊接钢管	*DN*25	m	60	
6	焊接钢管	*DN*20	m	120	
7	焊接钢管	*DN*15	m	60	
8	闸阀	*DN*50	个	2	
9	闸阀	*DN*40	个	4	
10	闸阀	*DN*25	个	6	
11	闸阀	*DN*20	个	16	
12	闸阀	*DN*15	个	10	
13	自动排气阀	*DN*20 ZP-1	个	2	

（二）封面、工程量计算表、管道延长米汇总表、安装工程预算总值表、安装工程预算表

封面、工程量计算表、管道延长米汇总表、安装工程预算总值表、安装工程预算表见表 2-11～表 2-15。

表 2-11　安装工程预算书封面

建设工程名称：××商业集团商业楼采暖工程	单位(项)工程名称：
工程类别：	结构类型：框架
项目编号：	预(结)算造价：57418.50 元
建筑面积：	经济指标：
建设单位：××商业集团	施工单位：××建设集团有限公司
审核主管：×××	编制主管：×××
审核人：×××	编制人：×××
审核人证号：	编制人证号：

表 2-12　工程量计算表

序号	设计图号和部位	项目名称	单位	计算式	数量
一		散热器片数			
1	连接 *DN*20 支管	单面对流铸铁散热器 TDD1-5-5(8)	片	430	430
2	连接 *DN*15 支管	单面对流铸铁散热器 TDD1-5-5(8)	片	265	265
二		管道安装			
1	0.000 标高以下	暗装管道			
(1)		干管安装			
	进户水平管	供水主干管 *DN*50	m	1.5+0.3+0.15	1.95
	地沟内	立干管安装 *DN*50	m	1.8+0.06	1.86
	出户水平管	回水主干管 *DN*50	m	1.5+0.3+0.15	1.95
	地沟内	回水立干管 *DN*40	m	1.8−0.4	1.4
	地沟内	回水干管 *DN*40	m	(3.9＋3.9＋0.6＋0.185－0.15－0.1＋0.2+0.2)＋(9＋3.9＋3.9－0.185－0.6－0.1－0.15)＋(3＋7.8－0.15－0.15－1.2－1.8)＋3.6+0.2	35.8
	地沟内	回水干管 *DN*32	m	(3.6－0.2+0.2)＋(7.8＋3－1.2－1.8－0.15－0.15－0.2＋0.2)＋(7.8＋3－1.2－1.8－0.15－0.15－0.2)＋(3.9+3.6+0.2－0.15－0.15)	25.8
	地沟内	回水干管 *DN*25	m	(3.6＋3.9－0.15－0.15－0.2)＋(4.5＋3.9－0.2)	15.2
	地沟内	回水干管 *DN*20	m	0.15＋0.2＋0.15＋(1.2＋1.8－0.15－0.15－0.2)	3.0
(2)		立管安装			
	L1、L2、L5、L10、L11、L13 共六根	回水立管 *DN*25	m	(0.4+0.06)×6	2.76
	L6、L7、L8、L9 共四根	回水立管 *DN*20	m	(0.4+0.06)×4	1.84
	L3、L4、L12 共三根	回水立管 *DN*15	m	(0.4+0.06)×3	1.38
				0.15—300 厚外墙砌块墙半墙厚度	
				0.15—干管中心至墙面的距离	
				0.1—200 厚内墙砌块墙半墙厚度	
				1.2—*B* 轴与 *C* 轴之间楼梯间墙到 *B* 轴的轴线距离	
				1.8—*B* 轴与 *C* 轴之间楼梯间墙到 L6 的距离	
				0.06—立管上每个乙字弯增加的长度	
				0.185—柱子边长的一半	
				0.2—变径点加长距离	
				0.2—内墙厚度	

续表

序号	设计图号和部位	项目名称	单位	计算式	数量
2	0.000标高以上	明装管道			
(1)		干管安装			
	标高8.000处	*DN*50	m	8.0	8.0
		*DN*40	m	(3.9＋3.9＋3.6＋0.185＋0.15－0.15－0.15＋0.2)＋(4.5－0.185－0.15＋0.2)	16.0
		*DN*32	m	(7.8＋3－0.15×2－0.15×2－0.2)＋3.6＋(1.2＋1.8－0.15－0.15＋0.2)＋(3.6＋3.9＋3.9＋4.5－0.15－0.15－0.2)＋(7.8＋3－1.2－1.8－0.15－0.15＋0.2)	39.6
		*DN*25	m	(3.9－0.2)＋(4.8－0.1－0.15)＋(3.9＋4.5/2－0.1－0.15＋0.2)＋(3.6－0.2＋0.2)	17.95
		*DN*20	m	(4.5－0.2)＋(4.5/2＋0.185＋0.15＋0.2＋0.15×2)＋3.9－0.2	11.09
	标高4.200处	排水干管*DN*20	m	3.9＋(4.5＋4.5/2＋0.185＋0.15＋3)＋3.9	17.89
(2)		立管安装	m	[(立管上端标高－底层地面标高)＋立管上乙字弯增加长度－散热器上下接口中心线间的距离]×立管根数	
	L1、L2、L5、L10、L11、L13共六根	*DN*25	m	[(8－0)＋0.06－0.5×2]×6	42.36
	L6、L7、L8、L9共四根	*DN*20	m	[(8－0)＋0.06×2－0.5]×2＋[(8－4.2)＋0.06×2－0.5]×2＋4.2	26.28
	L3、L4、L12共三根	*DN*15	m	[(8－0)＋0.06－0.5×2]×3 0.5－散热器上下接口中心间距	21.18
(3)		支管安装	m	(各立管到散热器中心距离之和×层数－1/2总散热器长度)×2＋总乙字弯增加长度	
		*DN*20	m	[(L1 4.5＋L2 3.9＋L5 1.8＋L10 1.8＋L11 1.8＋L12 3.9)×2－1/2×430×0.06]×2＋0.035×6×2×2	45.84
		*DN*15	m	{[L6 1.8＋L7 4.5/2＋L8 4.5/2＋L9 1.8]＋[L3(1.8－0.15－0.04)＋L4(1.8－0.15－0.04)＋L12(1.8－0.15－0.04)]×2－1/2×265×0.06}×2＋0.035×3×2×2＋0.035×4×2 0.035－支管上每个乙字弯增加的长度 0.04－立管中心距墙面距离	20.32
3		管道延长米汇总		见表2-13	
三		钢套管制作安装			
		*DN*80	个	*DN*50(供水干管穿楼板2个＋供水干管穿墙1个)	3
		*DN*70	个	*DN*40(回水干管穿墙2个)	2
		*DN*50	个	*DN*32(供水干管穿墙3个＋回水干管穿墙2个)	5
		*DN*40	个	*DN*25(供水干管穿墙2个＋回水干管穿墙1个＋立管穿楼板12个)	15
		*DN*32	个	*DN*20(供水干管穿墙2个＋回水干管穿墙1个＋立管穿楼板7个)	10
		*DN*25	个	*DN*15(立管穿楼板6个)	6

续表

序号	设计图号和部位	项目名称	单位	计算式	数量
四		管道支架制作安装			
1		明支架			
(1)		DN≤32 明支架		支架个数×支架重量(参照“沿墙安装单管托架重量表”中不保温栏)	
			kg	DN15:41.5/1.5×0.88≈24.64	24.64
			kg	DN20:101.1/3×0.9≈30.6	30.6
			kg	DN25:60.31/3×0.94≈19.74	19.74
			kg	DN32:39.6/3×0.97≈13.58	13.58
(2)		DN>32 明支架	kg	DN40:16/3×1.01≈6.06	6.06
				DN50:8/3×1.04≈3.12	3.12
2		暗支架		支架个数×支架重量(查“砖墙上保温单管滑动支架重量表”保温支架)	
(1)		DN≤32 暗支架		DN20:4.84/3≈2	
			kg	2×1.98	3.96
				DN25:17.96/3≈6	
			kg	6×1.98	11.88
				DN32:25.8/3≈9	
			kg	9×1.98	17.82
(2)		DN>32 暗支架		DN40:37.2/3≈13	
			kg	13×2.07	26.91
				DN50:5.76/3≈2	
		支架制作安装重量汇总	kg	2×2.65	5.3
		暗装支架	kg	3.96+11.88+17.82+26.91+5.3	65.87
		明装支架	kg	24.64+30.6+19.74+13.58+6.06+3.12	97.74
五		阀门安装			
		闸阀 DN50	个	2	2
		闸阀 DN40	个	4	4
		闸阀 DN25	个	6(立管上)	6
		闸阀 DN20	个	4(立管上)+12(支管上)	16
		闸阀 DN15	个	3(立管上)+8(支管上)	11
		自动排气阀 DN20	个	2	2
六		除锈、刷油		除锈、刷防锈漆二道、银粉漆二道	
1		散热器除锈、刷油总面积			
		单面对流铸铁散热器每遍刷油面积		S=每片散热器刷油面积×散热器片数	
			m^2	0.4×695	278
		明装管道刷油		除锈、刷防锈漆二道、银粉漆二道	
2				S=某规格管道每米的外表面积×该规格管道长度	
			m^2	(DN15)0.067×41.5	2.78
				(DN20)0.084×101.1	8.49
				(DN25)0.105×60.31	6.33
				(DN32)0.133×39.6	5.27
				(DN40)0.151×16	2.42
				(DN50)0.189×8	1.51
				0.067—查手册,管道外表面积,类推	
				合计	
				除锈、刷防锈漆二道(公式同上)	26.8
3		暗装管道刷油	m^2	(DN15)0.067×1.38	0.09
				(DN20)0.084×4.84	0.41
				(DN25)0.105×17.96	1.89
				(DN32)0.133×25.8	3.43
				(DN40)0.151×37.2	5.62
				(DN50)0.189×5.76	1.09
				合计	12.53
4		支架刷油			
		明支架刷油	kg	除锈、刷防锈漆二道、银粉漆二道	97.74
		暗支架刷油	kg	除锈、刷防锈漆二道	65.87

续表

序号	设计图号和部位	项目名称	单位	计算式	数量
七	地沟内	管道保温 保温层体积	m^3	50mm 厚岩棉保温 Σ(某规格管道保温长度/10×每 10m 管道保温层厚度 δ 为 50mm 对应的体积)	
				(*DN*15)0.118×1.38/10	0.016
				(*DN*20)0.127×4.84/10	0.061
				(*DN*25)0.138×17.96/10	0.25
				(*DN*32)0.153×25.8/10	0.39
				(*DN*40)0.162×37.2/10	0.6
				(*DN*50)0.181×5.76/10	0.104
				合计	1.421

表 2-13　管道延长米汇总表

管道公称直径 *DN*		15	20	25	32	40	50
明装	支管/m	20.32	45.84				
	立管/m	21.18	26.28	42.36			
	干管/m		28.98	17.95	39.6	16	8
	小计/m	41.5	101.1	60.31	39.6	16	8
暗装	立管/m	1.38	1.84	2.76		1.4	1.86
	干管/m		3	15.2	25.8	35.8	3.9
	小计/m	1.38	4.84	17.96	25.8	37.2	5.76
合计/m		42.88	105.94	78.27	65.4	53.2	13.76

表 2-14　建筑（安装）工程预算总值表（计算同学习情境一）

序号	费用名称	取费说明	费率/%	费用金额/元
(1)	直接工程费			15113.48
(2)	其中:人工费			10021.87
(3)	施工技术措施费			422.23
(4)	其中:人工费			105.56
(5)	施工组织措施费	直接工程费中的人工费	11.82	1184.58
(6)	其中:人工费	按规定比例	20	236.91
(7)	直接费小计	(1)+(3)+(5)		16720.29
(8)	企业管理费	(2)+(4)+(6)	25	2591.09
(9)	规费	(2)+(4)+(6)	50.64	5248.51
(10)	间接费小计	(8)+(9)		7839.6
(11)	利润	(2)+(4)+(6)	24	2487.44
(12)	动态调整	人材机价差		
(13)	主材费	主材费+设备费		28441.81
(14)	税金	(7)+(10)+(11)+(12)+(13)	3.477	1929.36
(15)	工程造价	(7)+(10)+(11)+(12)+(13)+(14)		57418.5

表 2-15　建筑（安装）工程工程预算表（计算方法同学习情境一）

序号	编号	名　称	工程量		价值/元		其中/元			
			单位	数量	单价	合价	人工费	材料费	机械费	主材设备费
1	C8-651	铸铁散热器组成安装　型号　柱型　落地安装	10 片	69.5	43.96	3055.22	1624.22	1431.01		
		铸铁散热器(柱型中边片)	片	480.245	28.5	13686.98				13686.98
		铸铁散热器(柱型足片)	片	221.705	28.5	6318.59				6318.59
2	C11-2	手工除锈　设备	$10m^2$	27.8	22.15	615.77	570.46	45.31		
3	C11-148	铸铁管、暖气片刷油　防锈漆　一遍	$10m^2$	27.8	21.8	606.04	522.92	83.12		
		酚醛防锈漆	kg	29.19	7.11	207.54				207.54
4	C11-148	铸铁管、暖气片刷油　防锈漆　一遍	$10m^2$	27.8	21.8	606.04	522.92	83.12		
		酚醛防锈漆	kg	29.19	7.11	207.54				207.54
5	C11-149	铸铁管、暖气片刷油　银粉漆　第一遍	$10m^2$	27.8	25.95	721.41	538.76	182.65		
		银粉漆	kg	15.012	9.59	143.97				143.97
6	C11-150	铸铁管、暖气片刷油　银粉漆　第二遍	$10m^2$	27.8	24.58	683.32	522.92	160.41		
		银粉漆	kg	13.622	9.59	130.63				130.63
7	C8-97	室内管道　焊接钢管(螺纹连接)　公称直径　15mm 以内	10m	4.29	105.72	453.33	403.29	50.04		
		焊接钢管	m	43.7376	7.38	322.78				322.78
8	C8-98	室内管道　焊接钢管(螺纹连接)　公称直径　20mm 以内	10m	10.59	110.39	1169.47	996.37	173.11		
		焊接钢管	m	108.0588	9.62	1039.53				1039.53
9	C8-99	室内管道　焊接钢管(螺纹连接)　公称直径　25mm 以内	10m	7.83	140.22	1097.5	887.82	202.33	7.36	
		焊接钢管	m	79.8354	14.28	1140.05				1140.05
10	C8-100	室内管道　焊接钢管(螺纹连接)　公称直径　32mm 以内	10m	6.54	145.98	954.71	741.83	206.73	6.15	
		焊接钢管	m	66.708	18.47	1232.1				1232.1
11	C8-109	室内管道　钢管(焊接)　公称直径　40mm 以内	10m	5.32	112.47	598.34	506.41	32.03	59.9	
		焊接钢管	m	54.264	22.66	1229.62				1229.62
12	C8-110	室内管道　钢管(焊接)　公称直径　50mm 以内	10m	1.38	129.48	178.16	144.31	16.09	17.76	
		焊接钢管	m	14.0352	28.79	404.07				404.07

续表

序号	编号	名　称	工程量		价值/元		其中/元			
			单位	数量	单价	合价	人工费	材料费	机械费	主材设备费
13	C8-226	室内管道　穿墙、穿楼板钢套管制作、安装　公称直径　32mm 以内	10 个	0.6	31.48	18.89	15.39	1.48	2.02	
		碳钢管 *DN*25	m	1.836	14.28	26.22				26.22
14	C8-226	室内管道　穿墙、穿楼板钢套管制作、安装　公称直径　32mm 以内	10 个	1	31.48	31.48	25.65	2.47	3.36	
		碳钢管	m	3.06	18.47	56.52				56.52
15	C8-227	室内管道　穿墙、穿楼板钢套管制作、安装　公称直径　50mm 以内	10 个	1.5	42.68	64.02	53.01	5.36	5.66	
		碳钢管	m	4.59	22.66	104.01				104.01
16	C8-227	室内管道　穿墙、穿楼板钢套管制作、安装　公称直径　50mm 以内	10 个	0.5	42.68	21.34	17.67	1.79	1.89	
		碳钢管	m	1.53	28.79	44.05				44.05
17	C8-228	室内管道　穿墙、穿楼板钢套管制作、安装　公称直径　80mm 以内	10 个	0.2	64.34	12.87	10.26	1.01	1.59	
		碳钢管	m	0.612	39.18	23.98				23.98
18	C8-228	室内管道　穿墙、穿楼板钢套管制作、安装　公称直径　80mm 以内	10 个	0.3	64.34	19.3	15.39	1.52	2.39	
		碳钢管 *DN*80	m	0.918	49.21	45.17				45.17
19	C8-234	室内管道　管道支架制作安装　一般管架	100kg	1.64	979.21	1601.99	433.62	222.33	946.03	
		型钢	t	0.1734	2450	424.83				424.83
20	C11-3	手工除锈　一般钢结构	100kg	1.64	29.57	48.38	31.71	1.98	14.69	
21	C11-88	金属结构刷油　一般钢结构　防锈漆　第一遍	100kg	1.64	24.12	39.46	21.45	3.32	14.69	
		酚醛防锈漆	kg	1.5051	7.11	10.7				10.7
22	C11-89	金属结构刷油　一般钢结构　防锈漆　第二遍	100kg	1.64	23.34	38.18	20.52	2.98	14.69	
		酚醛防锈漆	kg	1.2761	7.11	9.07				9.07
23	C11-90	金属结构刷油　一般钢结构　银粉漆　第一遍	100kg	0.98	25.31	24.74	12.26	3.7	8.78	
		银粉漆	kg	0.3225	9.59	3.09				3.09
24	C11-91	金属结构刷油　一般钢结构　银粉漆　第二遍	100kg	0.98	24.94	24.38	12.26	3.34	8.78	
		银粉漆	kg	0.4744	9.59	4.55				4.55

续表

序号	编号	名　　称	工程量		价值/元		其中/元			
			单位	数量	单价	合价	人工费	材料费	机械费	主材设备费
25	C8-372	螺纹阀　公称直径　15mm 以内	个	11	7.46	82.06	62.7	19.36		
		螺纹阀门	个	11.11	8.76	97.32				97.32
26	C8-373	螺纹阀　公称直径 20mm 以内	个	16	7.98	127.68	91.2	36.48		
		螺纹阀门	个	16.16	10.85	175.34				175.34
27	C8-374	螺纹阀　公称直径 25mm 以内	个	6	9.72	58.32	41.04	17.28		
		螺纹阀门	个	6.06	14.8	89.69				89.69
28	C8-393	焊接法兰阀　公称直径 40mm 以内	个	4	75.29	301.16	54.72	160.52	85.92	
		法兰阀门	个	4	78.38	313.52				313.52
29	C8-394	焊接法兰阀　公称直径 50mm 以内	个	2	89.93	179.86	37.62	99.28	42.96	
		法兰阀门	个	2	121.9	243.8				243.8
30	C8-429	自动排气阀、手动放风阀 自动排气阀　20mm 以内	个	2	19.41	38.82	25.08	13.74		
		自动排气阀	个	2	42	84				84
31	C11-1	手工除锈　管道	$10m^2$	3.93	21.01	82.63	76.22	6.41		
32	C11-40	管道刷油　防锈漆　第一遍	$10m^2$	3.93	18.22	71.66	60.53	11.13		
		酚醛防锈漆	kg	5.1522	7.11	36.63				36.63
33	C11-41	管道刷油　防锈漆　第二遍	$10m^2$	3.93	17.95	70.6	60.53	10.07		
		酚醛防锈漆	kg	4.405	7.11	31.32				31.32
34	C11-62	管道刷油　银粉漆　第一遍	$10m^2$	2.68	18.77	50.3	39.72	10.59		
		银粉漆	kg	1.7956	9.59	17.22				17.22
35	C11-63	管道刷油　银粉漆　第二遍	$10m^2$	2.68	16.87	45.21	38.19	7.02		
		银粉漆	kg	1.6884	9.59	16.19				16.19
36	C11-798	纤维类制品(管壳)安装 管道 ϕ57mm 以下厚度 50mm	m^3	2.36	297.49	702.08	628.21	45.15	28.72	
		矿岩棉保温管壳	m^3	2.4308	215	522.62				522.62
37	BM73	系统调试费(给排水、采暖、燃气工程)	元	1	618.76	618.76	154.69	464.07		
		合　计				43555.29	10021.87	3818.33	1273.34	28441.81
		技术措施项目								
	BM105	脚手架搭拆费(给排水、采暖、燃气工程)	元	1	185.63	185.63	46.41	139.22		
	BM108	脚手架搭拆费(刷油)	元	1	142.37	142.37	35.59	106.78		
	BM110	脚手架搭拆费(绝热)	元	1	94.23	94.23	23.56	70.67		
		合　计	项	1	422.23	422.23	105.56	316.67		

学习单元 2.2　采暖工程清单计量与计价

任务资讯

GB 50500—2013《工程量清单计价规范》通用安装工程计量规范附录 J 采暖工程常用项目：J.1 给排水、采暖管道（编码：031001）；J.2 管道支架制作安装（编码：031002）；J.3 管道附件（编码：031003）；J.5 供暖器具（编码：031005）；J.6 采暖给水设置（编码：031006）；J.9 采暖工程系统调试（编码：031009）清单项目详见附录一。

任务实施

本节以某二层商业楼采暖工程为例，介绍室内采暖工程清单计量与计价。某二层商业楼采暖施工图如图 2-33～图 2-35 所示。

一、采暖工程清单编制实例

分部分项工程量清单见表 2-16。封面、总说明、措施项目清单、规费、税金项目清单同学习情境一给排水工程（略）。

表 2-16　分部分项工程量清单与计价表

序号	项目编码	项目名称	项目特征描述	计量单位	工程数量	金额/元		
						综合单价	总价	其中：暂估价
1	031005001001	铸铁散热器	铸铁散热器　单面对流铸铁散热器　TDD1-5-5(8)	片	695			
2	031201004001	暖气片刷油	铸铁散热器除锈，防锈漆两道，银粉两道	m^2	278			
3	031001002001	焊接钢管	焊接钢管　焊接　公称直径 50mm	m	13.76			
4	031001002002	焊接钢管	钢管焊接钢管　焊接　公称直径 40mm	m	53.2			
5	031001002003	焊接钢管	钢管焊接钢管　丝接　公称直径 32mm	m	65.4			
6	031001002004	焊接钢管	钢管焊接钢管　丝接　公称直径 25mm	m	78.27			
7	031001002005	焊接钢管	钢管焊接钢管　丝接　公称直径 20mm	m	105.94			
8	031001002006	焊接钢管	钢管焊接钢管　丝接　公称直径 15mm	m	42.88			
9	031002003001	钢套管	穿墙、穿楼板钢套管制安，公称直径 25mm	个	6			
10	031002003002	钢套管	穿墙、穿楼板钢套管制安，公称直径 32mm	个	10			
11	031002003002	钢套管	穿墙、穿楼板钢套管制安，公称直径 40mm	个	15			
12	031002003002	钢套管	穿墙、穿楼板钢套管制安，公称直径 50mm	个	5			

续表

序号	项目编码	项目名称	项目特征描述	计量单位	工程数量	金额/元		
						综合单价	总价	其中：暂估价
13	031002003003	钢套管	穿墙、穿楼板钢套管制安，公称直径 70mm	个	2			
14	031002003003	钢套管	穿墙、穿楼板钢套管制安，公称直径 80mm	个	3			
15	031201001001	管道刷油	明装管道，除锈，防锈漆 2 道，银粉漆 2 道	m^2	26.8			
16	031208002001	管道绝热	地沟内管道，除锈，防锈漆 2 道，50mm 岩棉保温	m^3	2.36			
17	031003003001	焊接法兰阀门	焊接法兰阀门　闸阀　Z45T-10　50mm	个	2			
18	031003003002	焊接法兰阀门	焊接法兰阀门　闸阀　Z45T-10　40mm	个	4			
19	031003001001	螺纹阀门	螺纹阀门　截止阀　Z15T-10　25mm	个	6			
20	031003001002	螺纹阀门	螺纹阀门　截止阀　Z15T-10　20mm	个	16			
21	031003001003	螺纹阀门	螺纹阀门　三通调节阀　15mm	个	11			
22	031003005001	自动排气阀	自动排气阀　20mm	个	2			
23	031002001001	管道支架制作安装	管道支架制作安装	kg	163.61			
24	031201003001	管道支架刷油	管道支架，除锈，刷防锈漆二道、银粉漆二道	kg	163.61			
25	031009001001	采暖工程系统调整	采暖工程系统调整	系统	1			

二、采暖工程清单计价实例

单位工程招标控制价汇总表、分部分项工程量清单与计价表、分部分项工程量清单综合单价分析表、措施项目清单与计价表、措施项目费分析表、规费、税金项目清单与计价表见表 2-17～表 2-22。封面、总说明同学习情境一给排水工程（略）。

表 2-17　单位工程招标控制价汇总表

序号	汇总内容	金额/元	其中：暂估价/元
1	分部分项工程	48540.28	0
2	措施项目	1700.35	0
2.1	安全文明施工费、生活性临时设施费	681.38	—
3	其他项目	0	—
3.1	暂列金额	0	—
3.2	专业工程暂估价	0	—
3.3	计日工	0	—
3.4	总承包服务费	0	—
4	规费	5248.51	—
5	税金	1929.36	
招标控制价/投标报价合计＝1＋2＋3＋4＋5		57418.5	0

表 2-18 分部分项工程量清单与计价表

序号	项目编码	项目名称	项目特征描述	计量单位	工程数量	金额/元		
						综合单价	总价	其中：暂估价
1	031005001001	铸铁散热器	铸铁散热器 单面对流铸铁散热器 TDD1-5-5(8)	片	695	34.33	23856.57	
2	031201004001	暖气片刷油	铸铁散热器除锈，防锈漆两道，银粉两道	m^2	278	11.71	3254.59	
3	031001002001	焊接钢管	焊接钢管 焊接 公称直径 50mm	m	13.76	47.45	652.95	
4	031001002002	焊接钢管	钢管焊接钢管 焊接 公称直径 40mm	m	53.2	39.03	2076.13	
5	031001002003	焊接钢管	钢管焊接钢管 丝接 公称直径 32mm	m	65.4	38.99	2550.27	
6	031001002004	焊接钢管	钢管焊接钢管 丝接 公称直径 25mm	m	78.27	34.15	2672.61	
7	031001002005	焊接钢管	钢管焊接钢管 丝接 公称直径 20mm	m	105.94	25.46	2697.13	
8	031001002006	焊接钢管	钢管焊接钢管 丝接 公称直径 15mm	m	42.88	22.71	973.72	
9	031002003001	钢套管	穿墙、穿楼板钢套管制安，公称直径 25mm	个	6	8.78	52.65	
10	031002003002	钢套管	穿墙、穿楼板钢套管制安，公称直径 32mm	个	10	10.06	100.57	
11	031002003002	钢套管	穿墙、穿楼板钢套管制安，公称直径 40mm	个	15	12.93	194.01	
12	031002003002	钢套管	穿墙、穿楼板钢套管制安，公称直径 50mm	个	5	14.81	74.05	
13	031002003003	钢套管	穿墙、穿楼板钢套管制安，公称直径 70mm	个	2	20.94	41.87	
14	031002003003	钢套管	穿墙、穿楼板钢套管制安，公称直径 80mm	个	3	24.01	72.02	
15	031201001001	管道刷油	明装管道，除锈，防锈漆 2 道，银粉漆 2 道	m^2	26.8	18.36	491.98	
16	031208002001	管道绝热	地沟内管道，除锈，防锈漆 2 道，50mm 岩棉保温	m^3	2.36	701.96	1656.62	
17	031003003001	焊接法兰阀门	焊接法兰阀门 闸阀 Z45T-10 50mm	个	2	221.04	442.08	
18	031003003002	焊接法兰阀门	焊接法兰阀门 闸阀 Z45T-10 40mm	个	4	160.37	641.48	
19	031003001001	螺纹阀门	螺纹阀门 截止阀 Z15T-10 25mm	个	6	28.02	168.12	
20	031003001002	螺纹阀门	螺纹阀门 截止阀 Z15T-10 20mm	个	16	21.74	347.84	
21	031003001003	螺纹阀门	螺纹阀门 三通调节阀 15mm	个	11	19.11	210.21	
22	031003005001	自动排气阀	自动排气阀 20mm	个	2	67.56	135.12	
23	031002001001	管道支架制作安装	管道支架制作安装	kg	163.61	13.69	2239.46	
24	031201003001	管道支架刷油	管道支架，除锈，刷防锈漆二道、银粉漆二道	kg	163.61	1.8	293.98	
25	031009001001	采暖工程系统调整	采暖工程系统调整	系统	1	1949.62	1949.62	
	合计						48540.28	

表 2-19　分部分项工程综合单价分析表

项目编码		031005001001		项目名称		铸铁散热器				计量单位	片
清单综合单价组成明细											
定额编号	定额名称	定额单位	数量	单价/元				合价/元			
				人工费	材料费	机械费	管理费和利润	人工费	材料费	机械费	管理费和利润
C8-651	铸铁散热器组成安装　型号　柱型　落地安装	10 片	0.1	23.37	308.44		11.45	2.34	30.84		1.15
人工单价		小计						2.34	2.06		1.15
综合工日 57 元/工日		未计价材料费						28.79			
清单项目综合单价								34.33			
材料费明细	主要材料名称、规格、型号					单位	数量	单价/元	合价/元	暂估单价/元	暂估合价/元
	散热器对丝 40mm					个	1.892	0.67	1.27		
	散热器补芯 40mm(左、右)					个	0.175	0.88	0.15		
	六角机螺栓(带一个螺母两个垫圈)M12×300					套	0.087	2.49	0.22		
	铸铁散热器(柱型中边片)					片	0.691	28.5	19.69		
	铸铁散热器(柱型足片)					片	0.319	28.5	9.09		
	其他材料费							—	0.42	—	
	材料费小计							—	30.84	—	

项目编码		031201004001		项目名称		铸铁散热器刷油				计量单位	m^2
清单综合单价组成明细											
定额编号	定额名称	定额单位	数量	单价/元				合价/元			
				人工费	材料费	机械费	管理费和利润	人工费	材料费	机械费	管理费和利润
C11-2	手工除锈　设备	$10m^2$	0.1	20.52	1.63		10.05	2.05	0.16		1.01
C11-148	铸铁管、暖气片刷油　防锈漆　一遍	$10m^2$	0.1	18.81	10.46		9.21	1.88	1.05		0.92
C11-148	铸铁管、暖气片刷油　防锈漆　一遍	$10m^2$	0.1	18.81	10.46		9.21	1.88	1.05		0.92
C11-149	铸铁管、暖气片刷油　银粉漆　第一遍	$10m^2$	0.01	19.38	11.75		9.5	0.19	0.12		0.1
C11-150	铸铁管、暖气片刷油　银粉漆　第二遍	$10m^2$	0.01	18.81	10.47		9.21	0.19	0.1		0.09
人工单价		小计						6.2	0.88		3.03
综合工日 57 元/工日		未计价材料费						1.59			
清单项目综合单价								11.71			
材料费明细	主要材料名称、规格、型号					单位	数量	单价/元	合价/元	暂估单价/元	暂估合价/元
	汽油					升	0.1351	5.34	0.72		
	酚醛防锈漆铁红					kg	0.21	7.11	1.49		
	银粉漆					kg	0.0103	9.59	0.1		
	其他材料费							—	0.16	—	
	材料费小计							—	2.48	—	

续表

项目编码		031001002001		项目名称		钢管			计量单位		m
清单综合单价组成明细											
定额编号	定额名称	定额单位	数量	单价/元				合价/元			
				人工费	材料费	机械费	管理费和利润	人工费	材料费	机械费	管理费和利润
C8-110	室内管道 钢管(焊接) 公称直径 50mm以内	10m	0.1	104.88	305.35	12.91	51.39	10.49	30.54	1.29	5.14
人工单价		小计						10.49	1.17	1.29	5.14
综合工日 57 元/工日		未计价材料费						29.37			
清单项目综合单价								47.45			
材料费明细	主要材料名称、规格、型号					单位	数量	单价/元	合价/元	暂估单价/元	暂估合价/元
	焊接钢管					m	1.02	28.79	29.37		
	其他材料费							—	1.17	—	
	材料费小计							—	30.53	—	

项目编码		031001002003		项目名称		钢管			计量单位		m
清单综合单价组成明细											
定额编号	定额名称	定额单位	数量	单价/元				合价/元			
				人工费	材料费	机械费	管理费和利润	人工费	材料费	机械费	管理费和利润
C8-100	室内管道 焊接钢管(螺纹连接) 公称直径 32mm以内	10m	0.1	113.43	220	0.94	55.58	11.34	22	0.09	5.56
人工单价		小计						11.34	3.16	0.09	5.56
综合工日 57 元/工日		未计价材料费						18.84			
清单项目综合单价								38.99			
材料费明细	主要材料名称、规格、型号					单位	数量	单价/元	合价/元	暂估单价/元	暂估合价/元
	焊接钢管					m	1.02	18.47	18.84		
	其他材料费							—	3.16	—	
	材料费小计							—	22	—	

项目编码		031002003002		项目名称		钢套管			计量单位		个
清单综合单价组成明细											
定额编号	定额名称	定额单位	数量	单价/元				合价/元			
				人工费	材料费	机械费	管理费和利润	人工费	材料费	机械费	管理费和利润
C8-226	室内管道 穿墙、穿楼板钢套管制作、安装 公称直径 32mm以内	10个	0.1	25.65	58.99	3.36	12.57	2.57	5.9	0.34	1.26
人工单价		小计						2.57	0.25	0.34	1.26
综合工日 57 元/工日		未计价材料费						5.65			
清单项目综合单价								10.06			

续表

项目编码		031002003002		项目名称		钢套管				计量单位	个
材料费明细	主要材料名称、规格、型号					单位	数量	单价/元	合价/元	暂估单价/元	暂估合价/元
	碳钢管 *DN*32					m	0.306	18.47	5.65		
	其他材料费							—	0.25	—	
	材料费小计							—	5.9	—	
项目编码		031201001001		项目名称		管道刷油				计量单位	m^2
清单综合单价组成明细											
定额编号	定额名称	定额单位	数量	单价/元				合价/元			
				人工费	材料费	机械费	管理费和利润	人工费	材料费	机械费	管理费和利润
C11-1	手工除锈　管道	$10m^2$	0.1	19.38	1.63		9.5	1.94	0.16		0.95
C11-40	管道刷油　防锈漆第一遍	$10m^2$	0.1	15.39	12.14		7.54	1.54	1.21		0.75
C11-41	管道刷油　防锈漆第二遍	$10m^2$	0.1	15.39	10.52		7.54	1.54	1.05		0.75
C11-62	管道刷油　银粉漆第一遍	$10m^2$	0.1	14.82	21.81		7.27	1.48	2.18		0.73
C11-63	管道刷油　银粉漆第二遍	$10m^2$	0.1	14.25	19.41		6.98	1.43	1.94		0.7
人工单价		小计						7.92	1.36		3.88
综合工日 57 元/工日		未计价材料费						5.19			
清单项目综合单价								18.36			
材料费明细	主要材料名称、规格、型号					单位	数量	单价/元	合价/元	暂估单价/元	暂估合价/元
	汽油					升	0.224	5.34	1.2		
	酚醛防锈漆铁红					kg	0.243	7.11	1.73		
	铝银浆					kg	0.13	26.65	3.46		
	其他材料费							—	0.16	—	
	材料费小计							—	6.55	—	
项目编码		031208002001		项目名称		管道绝热				计量单位	m^3
清单综合单价组成明细											
定额编号	定额名称	定额单位	数量	单价/元				合价/元			
				人工费	材料费	机械费	管理费和利润	人工费	材料费	机械费	管理费和利润
C11-1	手工除锈　管道	$10m^2$	0.5309	19.38	1.63		9.5	10.29	0.87		5.04
C11-40	管道刷油　防锈漆第一遍	$10m^2$	0.5309	15.39	12.14		7.54	8.17	6.45		4
C11-41	管道刷油　防锈漆第二遍	$10m^2$	0.5309	15.39	10.52		7.54	8.17	5.59		4
C11-798	纤维类制品(管壳)安装　管道 ϕ57mm 以下厚度 50mm	m^3	1	266.19	240.58	12.17	130.44	266.19	240.58	12.17	130.44
人工单价		小计						292.82	22.86	12.17	143.49
综合工日 57 元/工日		未计价材料费						230.62			
清单项目综合单价								701.96			

续表

项目编码	031208002001	项目名称	管道绝热	计量单位	m^3

材料费明细	主要材料名称、规格、型号	单位	数量	单价/元	合价/元	暂估单价/元	暂估合价/元
	汽油	升	0.5362	5.34	2.86		
	酚醛防锈漆铁红	kg	1.2902	7.11	9.17		
	矿岩棉保温管壳≤70kg/m^3	m^3	1.03	215	221.45		
	其他材料费			—	19.99	—	
	材料费小计			—	253.48	—	

项目编码	031003001001	项目名称	螺纹阀门	计量单位	个

清单综合单价组成明细

定额编号	定额名称	定额单位	数量	单价/元 人工费	单价/元 材料费	单价/元 机械费	单价/元 管理费和利润	合价/元 人工费	合价/元 材料费	合价/元 机械费	合价/元 管理费和利润
C8-374	螺纹阀　公称直径25mm以内	个	1	6.84	17.83		3.35	6.84	17.83		3.35
人工单价		小计						6.84	2.88		3.35
综合工日57元/工日		未计价材料费						14.95			
清单项目综合单价								28.02			

材料费明细	主要材料名称、规格、型号	单位	数量	单价/元	合价/元	暂估单价/元	暂估合价/元
	螺纹阀门 *DN*25	个	1.01	14.8	14.95		
	其他材料费			—	2.87	—	
	材料费小计			—	17.82	—	

表2-20　措施项目清单与计价表

序号	项目编码	项目名称	计算基础	费率/%	金额/元
1	031301001001	安全施工费	直接工程费中的人工费：9772.32元	1.54×[1+20%×(25%+24%)]=1.691	165.25
2	031301001002	文明施工费	直接工程费中的人工费：9772.32元	2.00×1.098=2.196	214.61
3	031301001003	生活性临时设施费	直接工程费中的人工费：9772.32元	2.81×1.098=3.085	301.52
4	031301001004	生产性临时设施费	直接工程费中的人工费：9772.32元	1.92×1.098=2.108	206.03
5	031301002001	夜间施工费	直接工程费中的人工费：9772.32元	0.54×1.098=0.593	57.94
6	031301004001	二次搬运费	直接工程费中的人工费：9772.32元	0.60×1.098=0.659	64.39
7	031301005001	冬雨季施工	直接工程费中的人工费：9772.32元	0.80×1.098=0.878	85.85
8	03B001	停水停电增加费	直接工程费中的人工费：9772.32元	0.09×1.098=0.099	9.66
9	03B002	工程定位复测、工程点交、场地清理费	直接工程费中的人工费：9772.32元	0.16×1.098=0.176	17.17
10	03B003	室内环境污染物检测费	直接工程费中的人工费：9772.32元	—	
11	03B004	检测试验费	直接工程费中的人工费：9772.32元	0.42×1.098=0.461	45.08
12	03B005	生产工具用具使用费	直接工程费中的人工费：9772.32元	0.94×1.098=1.032	100.86
13	03B006	环境保护费		—	
		专业工程措施项目			
14	031302001	脚手架搭拆(给排水、刷油)			431.99
合计					1700.35

表 2-21　措施项目清单费分析表

序号	措施项目名称	单位	数量	金额/元						
				人工费	材料费	机械费	动态调整及风险费用	企业管理费	利润	综合单价
1	安全施工费	项	1	30.1	105.35	15.05		7.53	7.22	165.25
2	文明施工费	项	1	39.09	136.82	19.55		9.77	9.38	214.61
3	生活性临时设施费	项	1	54.92	192.23	27.46		13.73	13.18	301.52
4	生产性临时设施费	项	1	37.53	131.35	18.76		9.38	9.01	206.03
5	夜间施工增加费	项	1	10.55	36.94	5.28		2.64	2.53	57.94
6	冬雨季施工增加费	项	1	11.73	41.05	5.86		2.93	2.82	64.39
7	材料二次搬运费	项	1	15.64	54.73	7.82		3.91	3.75	85.85
8	停水停电增加费	项	1	1.76	6.16	0.88		0.44	0.42	9.66
9	工程定位复测、工程点交、场地清理费	项	1	3.13	10.95	1.56		0.78	0.75	17.17
10	室内环境污染物检测费	项	1							
11	检测试验费	项	1	8.21	28.74	4.11		2.05	1.97	45.08
12	生产工具用具使用费	项	1	18.37	64.3	9.19		4.59	4.41	100.86
15	脚手架	项	1	96.21	288.64			24.05	23.09	431.99
15.1	BM105　脚手架搭拆费（给排水、采暖、燃气工程）	元	1	46.41	139.22			11.6	11.14	208.37
15.2	BM108　脚手架搭拆费(刷油)	元	1	35.59	106.78			8.9	8.54	159.81
15.3	BM110　脚手架搭拆费(绝热)	元	1	14.21	42.64			3.55	3.41	63.81

表 2-22　规费、税金项目清单与计价表

序号	项目名称	计算基础/元	费率/%	金额/元
1	规费		50.64	5248.51
1.1	工程排污费			
1.2	社会保障费			4201.58
1.2.1	养老保险费	10364.36	32	3316.60
1.2.2	失业保险费	10364.36	2	207.29
1.2.3	医疗保险费	10364.36	6	621.86
1.2.4	工伤保险费	10364.36	1	103.64
1.2.5	生育保险费	10364.36	0.6	62.19
1.3	住房公积金	10364.36	8.5	880.97
1.4	危险作业意外伤害保险	10364.36	0.54	55.98
小计				5248.51
2	税金	分部分项工程费＋措施项目费＋其他项目费＋规费	3.477	1929.36
合计				7177.87

小　结

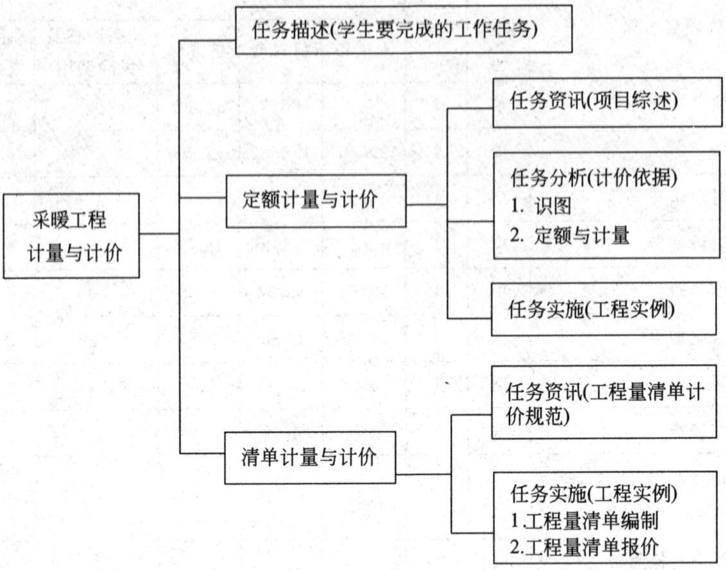

思考与练习

1. 热水采暖系统由哪些部分组成？
2. 室内采暖系统有哪些采暖形式？各有什么特点？
3. 低温地板辐射采暖有哪些特点？
4. 什么是引入装置？它的安装包括哪些内容？
5. 管道除锈、散热器除锈、支架除锈在列项计算工程量时有何不同？
6. 简述管道保温工程量的计算方法，写出计算公式，并说明各部分的含义。
7. 室内外采暖管道的分界线如何划分？
8. 采暖工程中列项的刷油、防腐蚀、绝热工程的脚手架搭拆费计算时有何不同？

学习情境三　电气照明工程计量与计价

知识目标

了解建筑电气照明工程系统的组成；理解常用建筑电气照明的主要材料与设备的种类及电气工程施工方法；理解电气配管配线敷设方式和灯具小电器的安装；掌握定额与清单两种计价模式建筑照明电气工程施工图计量与计价编制的步骤、方法、内容、计算规则及其格式。

能力目标

能熟练识读建筑电气照明工程施工图；能比较熟练依据合同、设计资料及目标进行工程计量，并能进行两种模式的计价；学会根据计量与计价成果进行工料分析、总结、整理各项造价指标。

任务描述

一、工作任务

完成×××学校学生公寓电气照明工程定额或清单计量与计价。

×××学校学生公寓电气照明工程施工图如图 3-1～图 3-7 所示。工程设计与施工说明如下。

（一）建筑概况

此工程为地下一层，层高 3.3m；地上六层，一层、二层为商店，层高 4.2m；三层、四层、五层、六层为学生公寓，层高 3.6m；结构形式为框架结构。

（二）380V/220V 配电系统

（1）此工程电源分界点为地下室电源柜内的进线开关。此工程从就近变电所引来一路 380V/220V 电源，进线电缆从建筑物北面引入，直接进入地下室沿墙沿顶棚明敷设至一层的总电源柜。

（2）根据建设单位要求，宿舍采用一户一表的形式，采用预付费电表。商店一层、二层共用一块电表计费。

（3）照明配电：照明、插座均由不同的支路供电，所有插座回路均设漏电断路器保护。

（三）设备安装

（1）电源总进线柜为落地安装，进出线方式为上进上出。

（2）电表箱均嵌墙暗装，底边距地 1.5m。

（3）除注明外，开关、插座分别距地 1.4m，其中，一层、二层除南墙插座距地 0.15m 外，其余插座距地 0.3m。

（四）导线选择与敷设

（1）照明干线选用 BV-500V 铜芯电线，所有干线均穿 SC 钢管沿墙暗敷设。

（2）支线穿管原则为 BV-2.5mm^2 的 2 根、3 根穿管 PC15，4 根、5 根穿管 PC20。

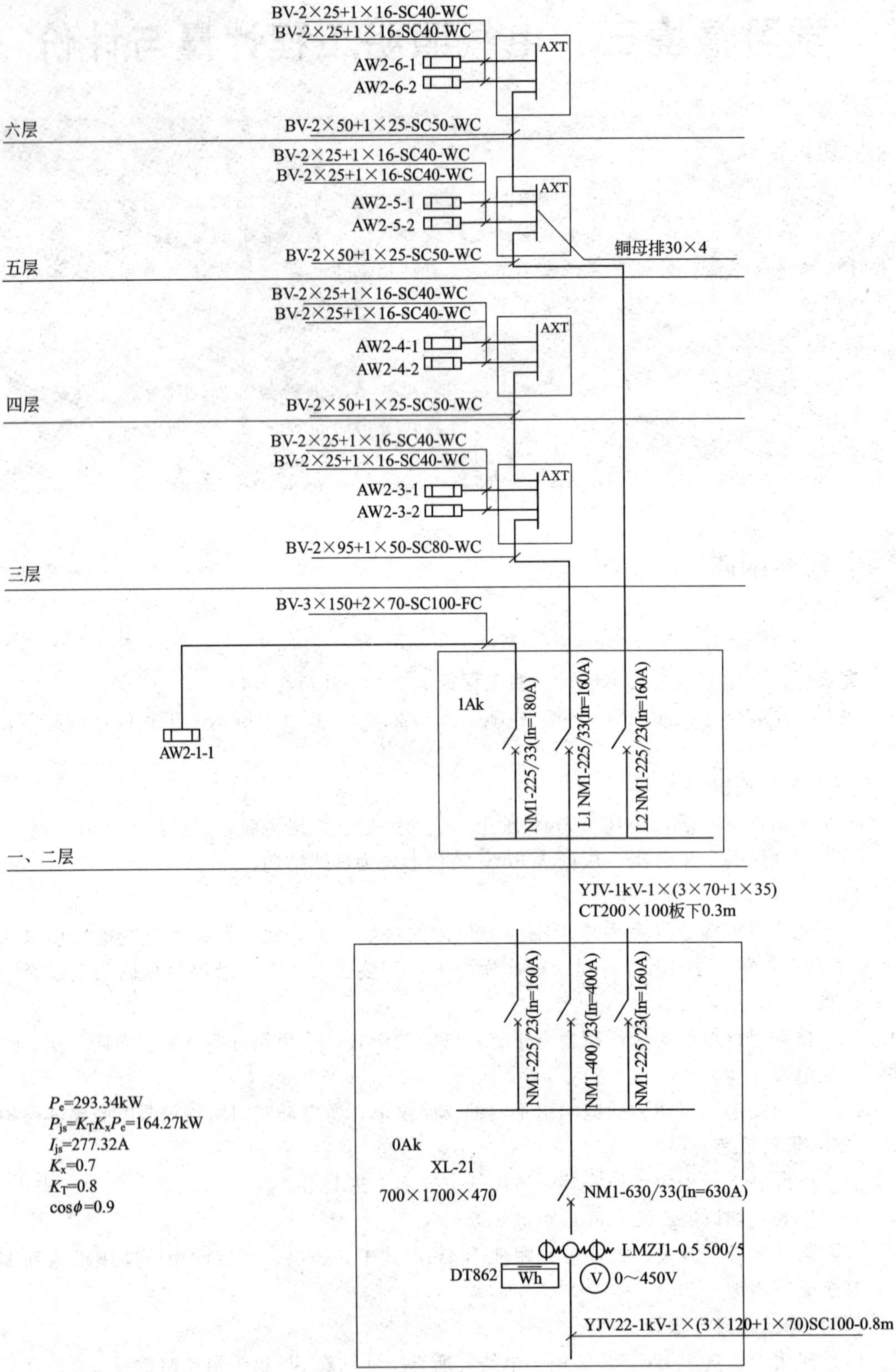
BV-2×25+1×16-SC40-WC
BV-2×25+1×16-SC40-WC
AXT
AW2-6-1
AW2-6-2
六层
BV-2×50+1×25-SC50-WC
BV-2×25+1×16-SC40-WC
BV-2×25+1×16-SC40-WC
AXT
AW2-5-1
AW2-5-2
铜母排30×4
BV-2×50+1×25-SC50-WC
五层
BV-2×25+1×16-SC40-WC
BV-2×25+1×16-SC40-WC
AXT
AW2-4-1
AW2-4-2
四层
BV-2×50+1×25-SC50-WC
BV-2×25+1×16-SC40-WC
BV-2×25+1×16-SC40-WC
AXT
AW2-3-1
AW2-3-2
BV-2×95+1×50-SC80-WC
三层
BV-3×150+2×70-SC100-FC
1Ak
NM1-225/33(In=180A)
L1 NM1-225/33(In=160A)
L2 NM1-225/23(In=160A)
AW2-1-1
一、二层
YJV-1kV-1×(3×70+1×35)
CT200×100板下0.3m
NM1-225/23(In=160A)
NM1-400/23(In=400A)
NM1-225/23(In=160A)
Pe=293.34kW
Pjs=KTKxPe=164.27kW
Ijs=277.32A
Kx=0.7
KT=0.8
cosϕ=0.9
0Ak
XL-21
700×1700×470
NM1-630/33(In=630A)
LMZJ1-0.5 500/5
DT862
Wh
V
0～450V
YJV22-1kV-1×(3×120+1×70)SC100-0.8m

图 3-1　照明配电系统图

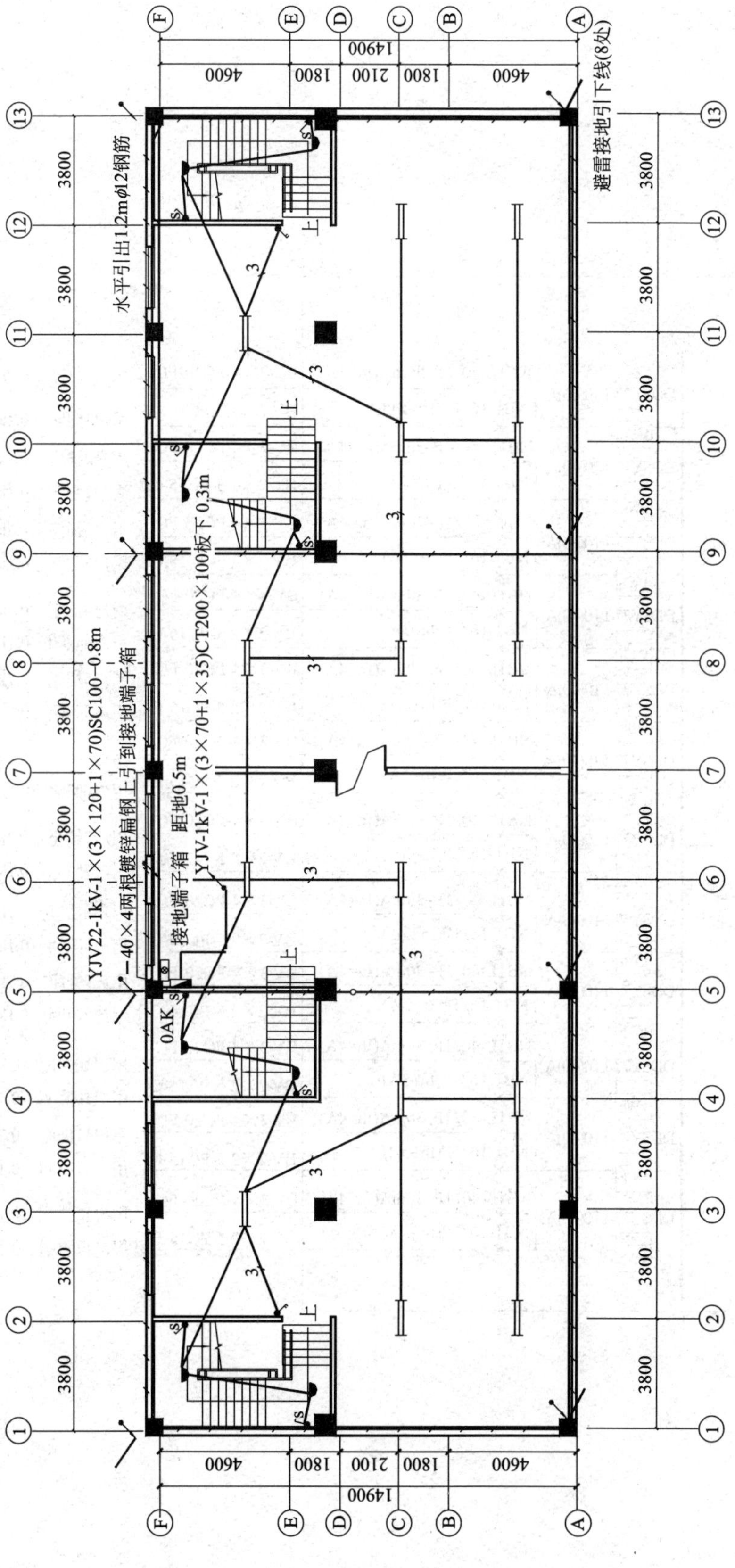

图 3-2　地下室照明及接地极平面图

十二表箱
AW2-3-1
AW2-4-1
AW2-5-1
AW2-6-1
留洞
宽×高×厚
800×900×180
DDSY77-I 10(40)A
kWh
NB1L-40/1P-30mA(In=4A)
NB1-16/1P(In=3A)
BV-3×4-PC20-FC
BV-2×2.5-PC15-CC
用户1插座 0.7kW
用户1照明 0.1kW
用户2插座 0.7kW
用户2照明 0.1kW
用户3插座 0.7kW
用户3照明 0.1kW
用户4插座 0.7kW
用户4照明 0.1kW
用户5插座 0.7kW
用户5照明 0.1kW
用户6插座 0.7kW
用户6照明 0.1kW
用户7插座 0.7kW
用户7照明 0.1kW
用户8插座 0.7kW
用户8照明 0.1kW
用户9插座 0.7kW
用户9照明 0.1kW
用户10插座 0.7kW
用户10照明 0.1kW
用户11插座 0.7kW
用户11照明 0.1kW
用户12插座 0.7kW
用户12照明 0.1kW

(a)

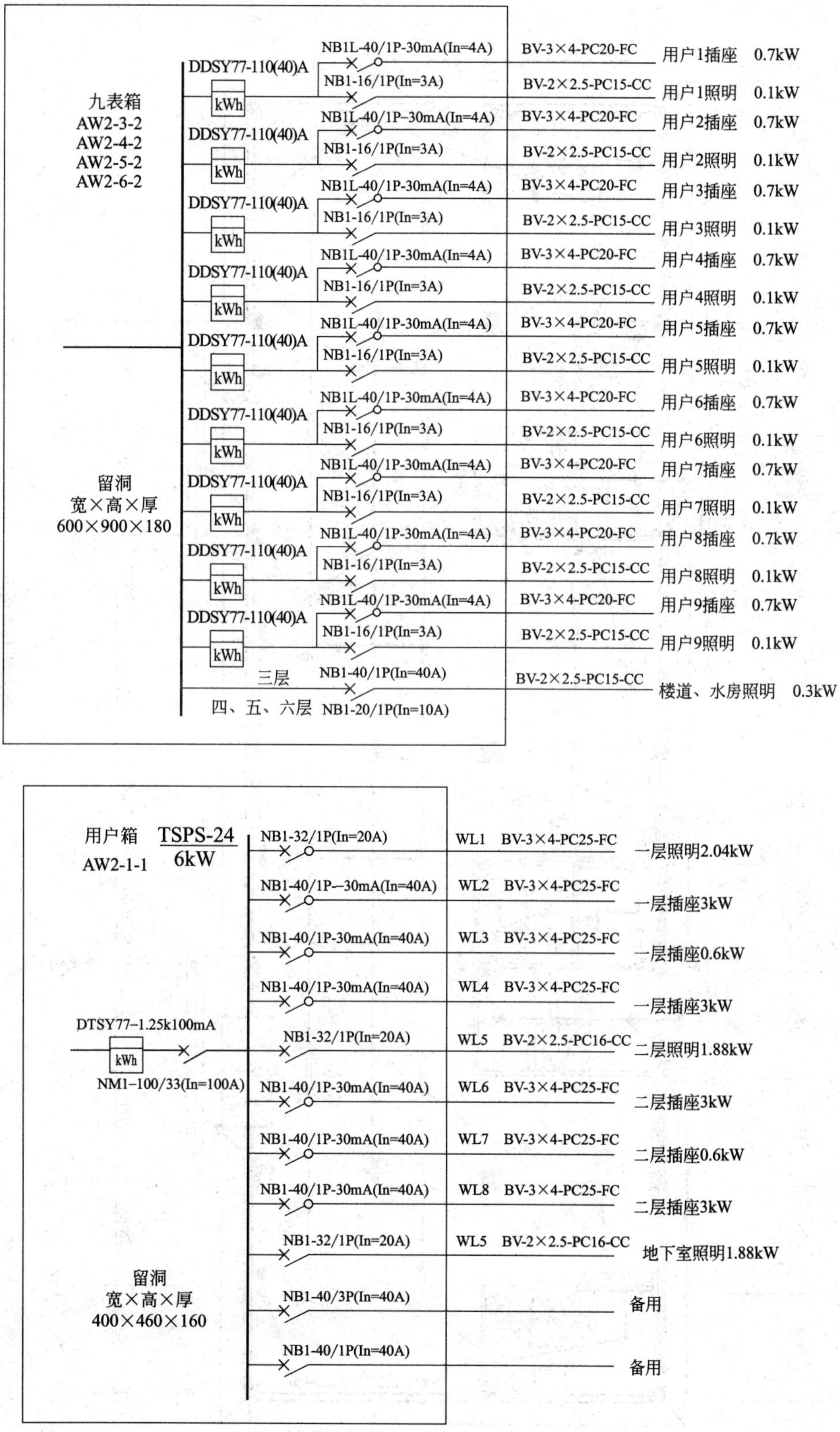
九表箱
AW2-3-2
AW2-4-2
AW2-5-2
AW2-6-2
留洞
宽×高×厚
600×900×180
DDSY77-110(40)A
kWh
NB1L-40/1P-30mA(In=4A)
NB1-16/1P(In=3A)
BV-3×4-PC20-FC
BV-2×2.5-PC15-CC
用户1插座 0.7kW
用户1照明 0.1kW
用户2插座 0.7kW
用户2照明 0.1kW
用户3插座 0.7kW
用户3照明 0.1kW
用户4插座 0.7kW
用户4照明 0.1kW
用户5插座 0.7kW
用户5照明 0.1kW
用户6插座 0.7kW
用户6照明 0.1kW
用户7插座 0.7kW
用户7照明 0.1kW
用户8插座 0.7kW
用户8照明 0.1kW
用户9插座 0.7kW
用户9照明 0.1kW
三层
NB1-40/1P(In=40A)
四、五、六层 NB1-20/1P(In=10A)
BV-2×2.5-PC15-CC
楼道、水房照明 0.3kW
用户箱 TSPS-24
6kW
AW2-1-1
DTSY77-1.25k100mA
kWh
NM1-100/33(In=100A)
留洞
宽×高×厚
400×460×160
NB1-32/1P(In=20A) WL1 BV-3×4-PC25-FC 一层照明2.04kW
NB1-40/1P--30mA(In=40A) WL2 BV-3×4-PC25-FC 一层插座3kW
NB1-40/1P-30mA(In=40A) WL3 BV-3×4-PC25-FC 一层插座0.6kW
NB1-40/1P-30mA(In=40A) WL4 BV-3×4-PC25-FC 一层插座3kW
NB1-32/1P(In=20A) WL5 BV-2×2.5-PC16-CC 二层照明1.88kW
NB1-40/1P-30mA(In=40A) WL6 BV-3×4-PC25-FC 二层插座3kW
NB1-40/1P-30mA(In=40A) WL7 BV-3×4-PC25-FC 二层插座0.6kW
NB1-40/1P-30mA(In=40A) WL8 BV-3×4-PC25-FC 二层插座3kW
NB1-32/1P(In=20A) WL5 BV-2×2.5-PC16-CC 地下室照明1.88kW
NB1-40/3P(In=40A) 备用
NB1-40/1P(In=40A) 备用

(b)

图 3-3 表箱系统图

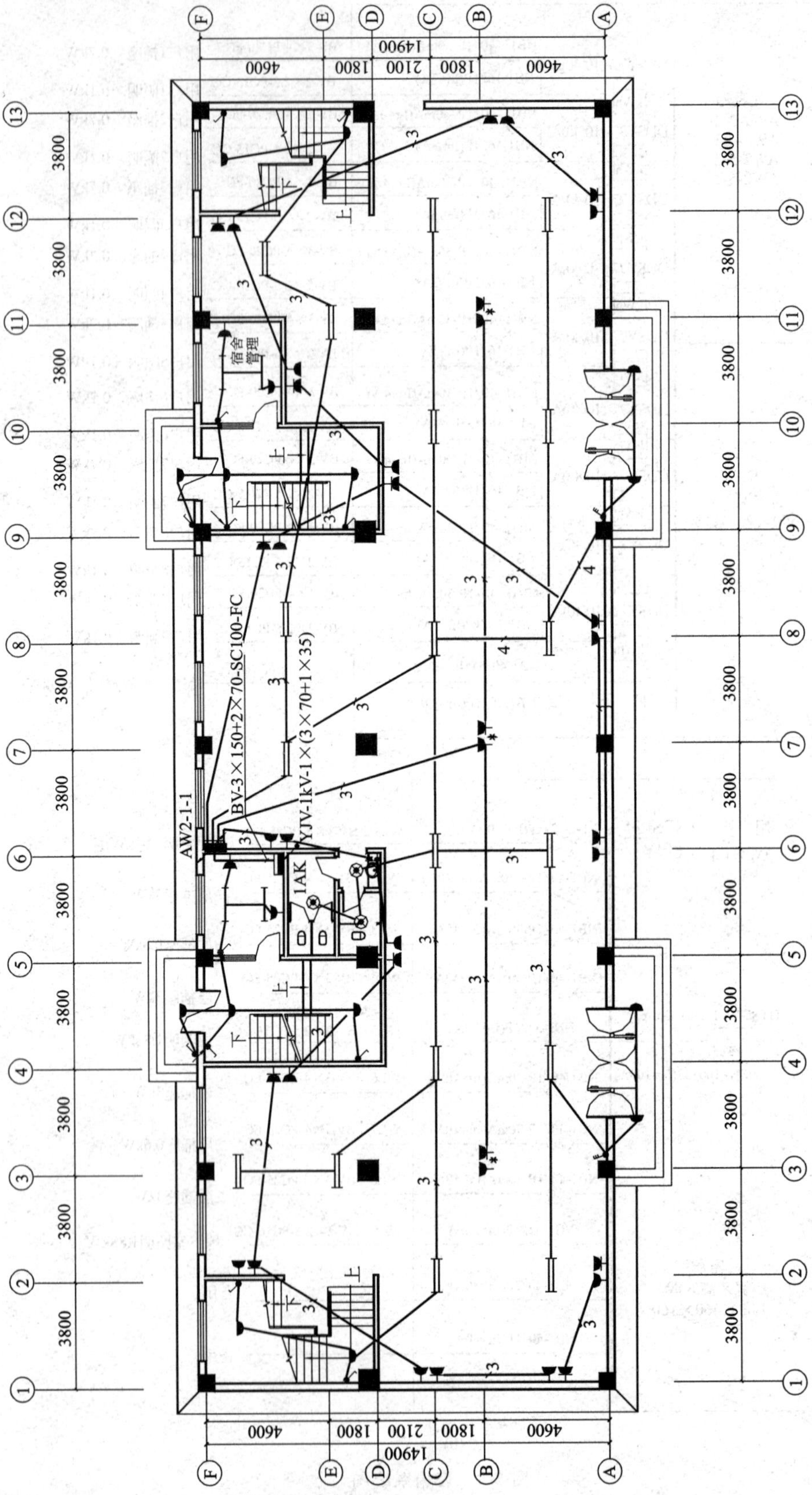
AW2-1-1
BV-3×150+2×70-SC100-FC
YJV-1kV-1×(3×70+1×35)
1AK
宿舍管理
14900
4600
1800
2100
3800

图 3-4　首层照明平面图

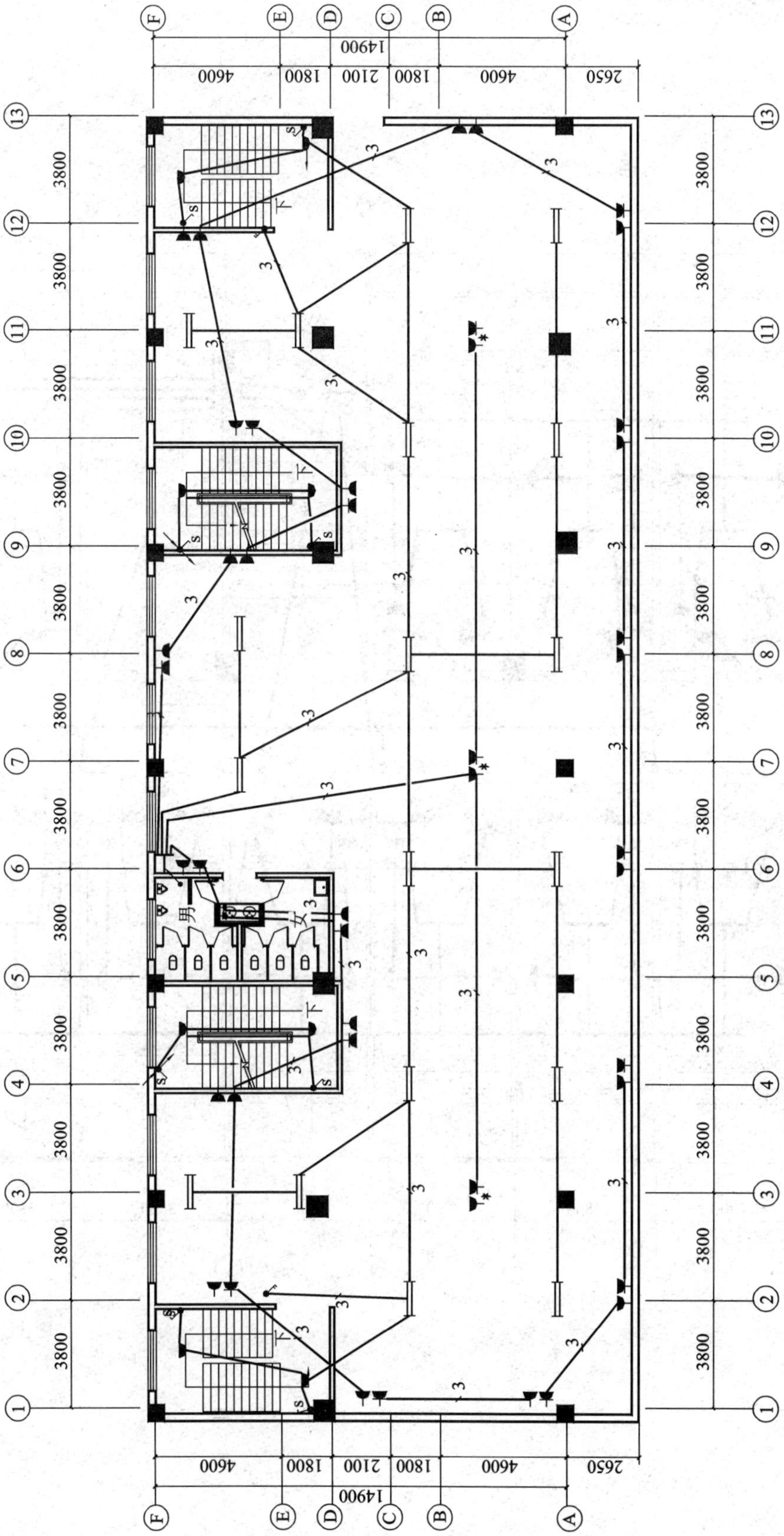
F
E
D
C
B
A
14900
4600
1800
2100
1800
4600
2650
1
2
3
4
5
6
7
8
9
10
11
12
13
3800
男
女
下

图 3-5　二层照明平面图

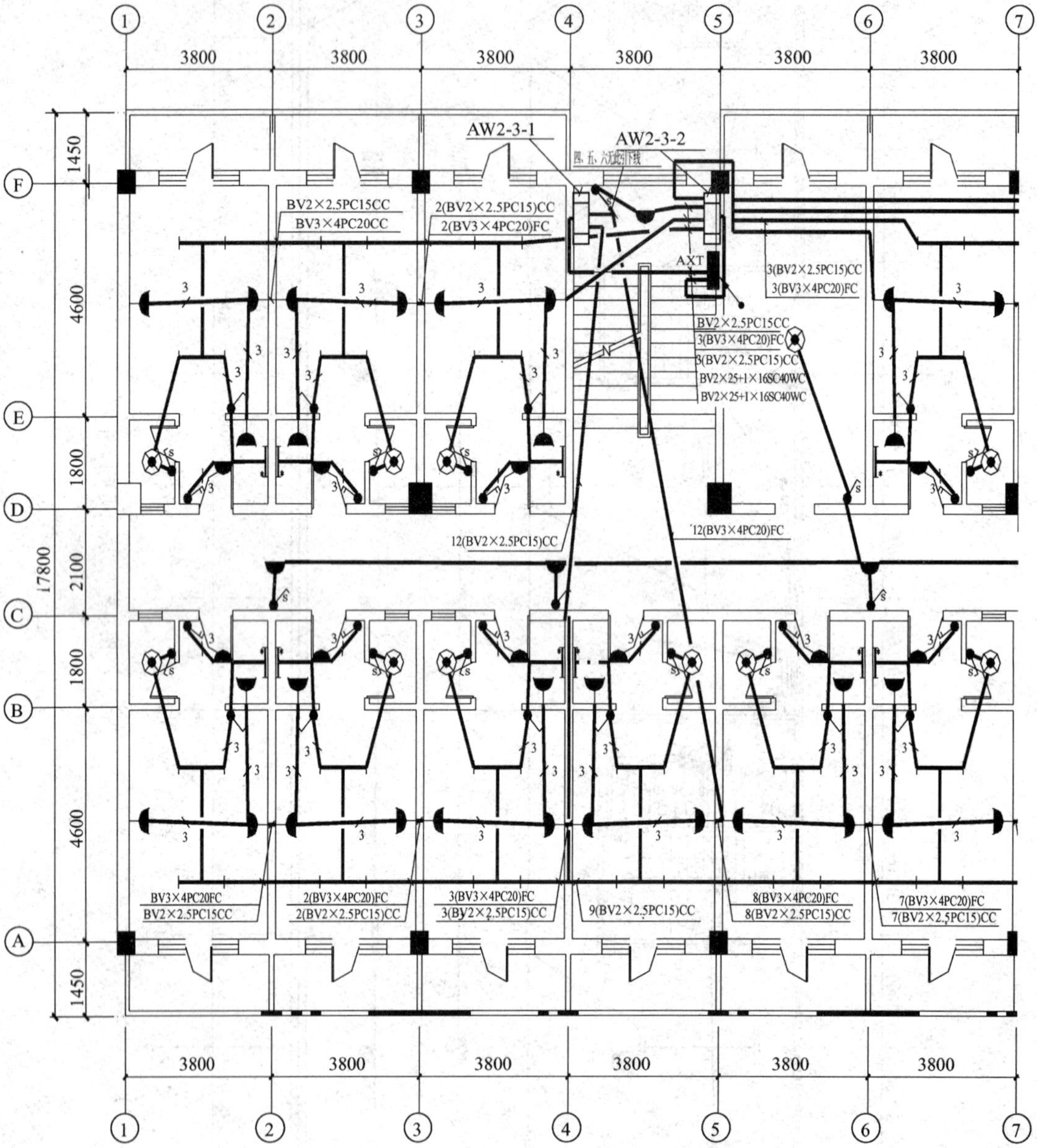

AW2-3-1
AW2-3-2
AXT
BV2×2.5PC15CC
BV3×4PC20CC
2(BV2×2.5PC15)CC
2(BV3×4PC20)FC
3(BV2×2.5PC15)CC
3(BV3×4PC20)FC
BV2×2.5PC15CC
3(BV3×4PC20)FC
3(BV2×2.5PC15)CC
BV2×25+1×16SC40WC
BV2×25+1×16SC40WC
12(BV2×2.5PC15)CC
12(BV3×4PC20)FC
BV3×4PC20FC
BV2×2.5PC15CC
2(BV3×4PC20)FC
2(BV2×2.5PC15)CC
3(BV3×4PC20)FC
3(BV2×2.5PC15)CC
9(BV2×2.5PC15)CC
8(BV3×4PC20)FC
8(BV2×2.5PC15)CC
7(BV3×4PC20)FC
7(BV2×2.5PC15)CC
3800
1450
4600
1800
2100
17800

图 3-6　标准层

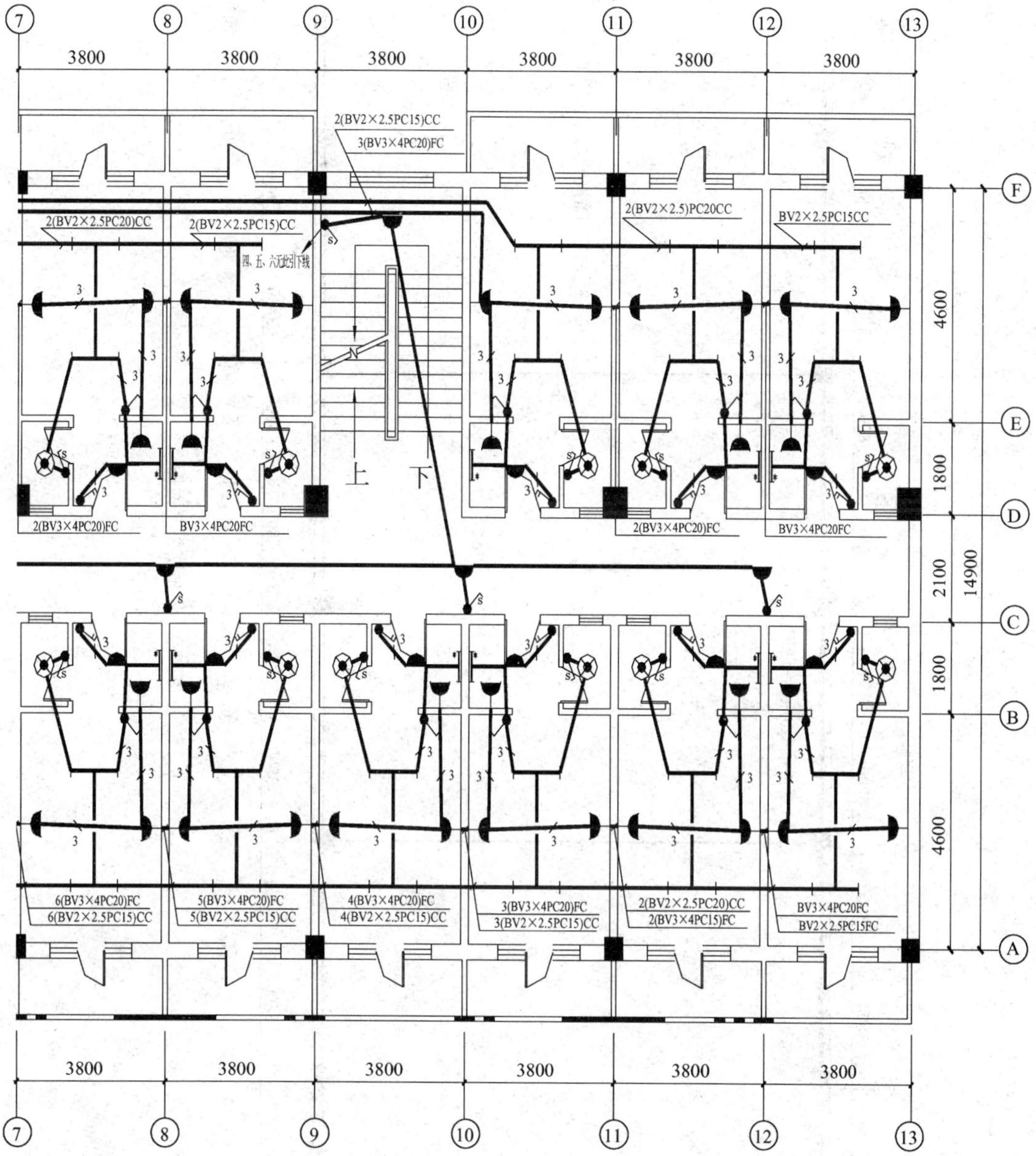

3800
2(BV2×2.5PC15)CC
3(BV3×4PC20)FC
2(BV2×2.5PC20)CC
2(BV2×2.5PC15)CC
四、五、六层此引下线
2(BV2×2.5)PC20CC
BV2×2.5PC15CC
上
下
2(BV3×4PC20)FC
BV3×4PC20FC
6(BV3×4PC20)FC
6(BV2×2.5PC15)CC
5(BV3×4PC20)FC
5(BV2×2.5PC15)CC
4(BV3×4PC20)FC
4(BV2×2.5PC15)CC
3(BV3×4PC20)FC
3(BV2×2.5PC15)CC
2(BV2×2.5PC20)CC
2(BV3×4PC15)FC
BV3×4PC20FC
BV2×2.5PC15FC
4600
1800
2100
14900

照明平面图

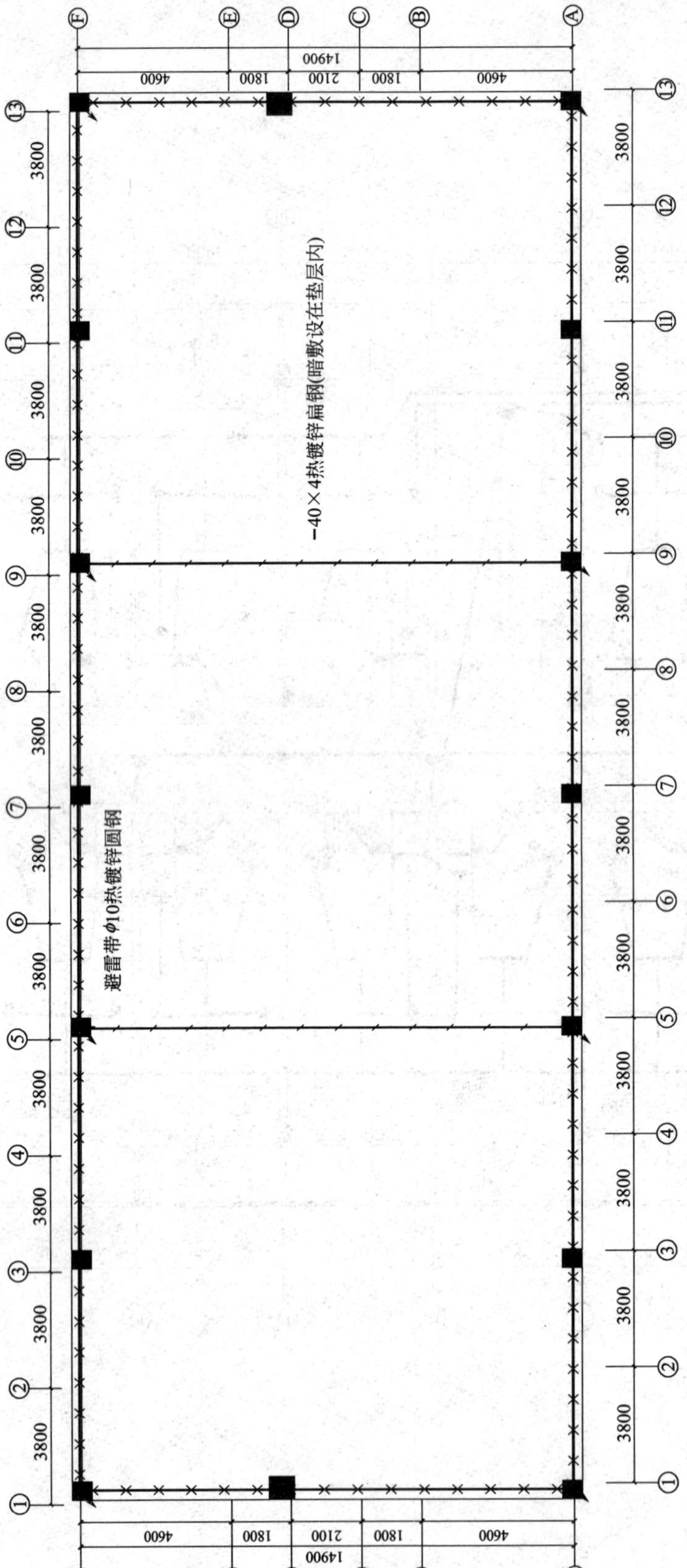

-40×4热镀锌扁钢(暗敷设在垫层内)
避雷带φ10热镀锌圆钢
14900
4600
1800
2100
1800
4600
3800

图 3-7 屋顶防雷平面图

(五) 建筑物防雷、接地系统

1. 建筑物防雷

(1) 此工程防雷等级为三类。设置总等电位联结。

(2) 接闪器：在屋顶采用 ϕ10mm 的热镀锌圆钢作为避雷带，同时采用 40×4 镀锌扁钢将建筑物南北短接，组成不大于 20m×20m 的网格。

(3) 引下线：利用建筑物柱子内两根 ϕ16mm 以上的主筋通长焊接作为引下线。所有外墙引下线在室外地面下 1m 处引出一根 ϕ12mm 的镀锌圆钢，伸出室外，距外墙皮距离为 1.2m。

(4) 接地极：接地极为建筑物基础梁上的上下两层钢筋中的两根主筋通长焊接形成的基础接地网。

(5) 引下线上端与避雷带焊接，下端与接地极焊接。建筑物四角外墙引下线在室外地面上 0.5m 处设测试卡子。

(6) 凡突出屋面的所有金属构件、金属通风管等金属物件均与避雷带可靠焊接。

(7) 室外接地凡焊接处均应刷沥青漆防腐。

2. 接地

(1) 工程防雷接地、电气设备的保护接地共用统一的接地体，要求接地电阻不大于 4Ω，实测不满足要求时，增设人工接地极。

(2) 此工程采用总等电位联结，总等电位板由紫铜板制成，将所有进出建筑物的强、弱电电缆保护管、采暖供水、回水管，自来水的给水管、排水管进行联结，总等电位联结线采用 BV-1×25mm^2 PC32，总等电位联结均采用等电位卡子，禁止在金属管道上焊接，具体做法参见国际标准图集 02D501-2。

(3) 此工程接地形式采用 TN-C-S 系统，电源在进户处做重复接地，并与防雷接地共用接地体。

二、可选工作手段

包括：现行建筑安装工程预算定额；建筑安装工程费用定额；当地建设工程材料指导价格；建筑电气照明工程验收施工规范等。

图例及主要设备材料表见表 3-1。

表 3-1　图例及主要设备材料表

序号	图例	设备名称	代号规格	单位	数量	安装方式	安装高度
1		总进线电源箱	0AK 非标	个	1	落地安装	
2		公寓用电子式预付费九表箱	AW(2-3)(4)、(5)、(6)-2	个	12	嵌墙暗装	底边距地 1.5m
3		公寓用电子式预付费十二表箱	AW2-3(4)、(5)、(6)-1	个	12	嵌墙暗装	底边距地 1.5m
4		商店用电子式预付费表箱	AW2-1-1	个	3	嵌墙暗装	底边距地 1.5m
5		总等电位联结端子板	紫铜板 500mm×40mm×4mm	个	1	嵌墙暗装	底边距地 0.5m
6		吸顶式荧光灯	2×40W	个	156	吸顶	
7		吸顶式荧光灯	1×40W	个	352	吸顶	
8		天棚灯	1×40W	个	426	吸顶	
9		壁装荧光灯	1×20W	个	252		H=1.8m
10		暗装单相插座	二、三极两用五孔 250V,16A	个	93	嵌墙暗装	H=0.3m

续表

序号	图例	设备名称	代号规格	单位	数量	安装方式	安装高度
11		暗装单相插座	二极插座 250V,16A	个	516	嵌墙暗装	H=1.4m
12		地面暗装单相插座	二、三极两用五孔 250V,16A	个	18	嵌墙暗装	
13		单极声光控开关	250V,10A	个	792	嵌墙暗装	H=1.8m
14		暗装单极开关	250V,10A	个	258	嵌墙暗装	H=1.4m
15		暗装双极开关	250V,10A	个	12	嵌墙暗装	H=1.4m
16		各单体建筑电源箱	1AK 非标	个	3	嵌墙暗装	H=1.6m
17		防潮吸顶灯	1×40W(水房)、1×25W(宿舍)	个	12,90		H=1.8m

学习单元 3.1　建筑电气照明工程定额计量与计价

任务资讯

一、电气照明系统分类与组成

建筑电气是建筑工程的重要组成部分。一般以电压高低为依据，建筑电气可分为强电和弱电。强电包括供电、照明、防雷等；弱电包括电话、电视、消防、楼宇自控等；按功能分类，建筑电气可分为供电系统、照明系统、减灾系统、信息系统等。建筑电气照明工程是指在缺乏天然光或天然光不足的情况下，为在建筑物内创造一个明亮的环境，以满足生产、工作和生活的需要，利用电气设备将电能转换成光能以达到建筑人工照明的目的。

建筑室内电气照明系统一般是由变配电设施通过线路连接各用电器具组成一个完整的照明供电系统，由电源（市供交流电源、自备发电机或蓄电池组）、导线、控制和保护设备（开关和熔断器等）以及用电设备（各种照明灯具）所组成。主要内容有：进户装置、配电柜（箱）、电缆及管线、灯具、小电器（开关、插座、电扇等）、防雷接地等。

（一）进户装置

室内供电系统的电源是从室外低压配电线路上接线入户的，接入电源按进线方式有三相四线制、三相五线制和单相二线制等形式。其中从变压器至建筑物多以三相四线制的形式。“三相四线”指三根相线（俗称火线）一根中性线（俗称零线）。

（二）配电柜（箱）

配电柜（箱）在电气照明系统中起的作用是分配和控制各支路的电能，并保障电气系统安全运行。在低压配电系统中，通常配电柜或开关柜指落地安装的体型较大的动力或照明配电设备；配电箱是指墙上安装的小型动力或照明配电设备。配电柜（箱）内装有控制设备、保护设备、测量仪表和漏电保护装置等。

1. 配电箱的类型

按其结构分可分为柜式、台式、箱式和板式等；按其功能分为动力配电箱、照明配电箱、电表箱、插座箱、电话组线箱、电视天线前端设备箱、广播分线箱等；按配电箱的材质分为铁制、木制和塑料制品，现在用铁制配电箱较多；按产品生产方式分为定型产品、非定型产品和现场组装配电箱；按安装方式分为明装、暗装和落地式安装三种方式。落地配电柜（箱）安装在型钢上，柜下进线方式常用电缆沟敷设。

2. 照明配电箱和电表箱

照明配电箱内安装的控制设备一般为断路器（空气开关）或带漏电保护的断路器。电表箱内装有断路器和电表，箱体内根据装设电表的数量不同，称谓也不同，如："三表箱"指箱体内装设 3 块电表。一般情况下，明装配电箱安装高度箱低面距地 1.2m，暗装配电箱距地 1.4m。

3. 动力配电箱

动力配电箱将一、二次电路的开关设备、操动机构、保护设备、电度表、监测仪表及仪用变压器和母线等按照一定的线路方案组装在一个配电箱中，供一条线路的控制、保护使用。动力配电箱的类型可分为双电源箱、配电用动力箱、控制电机用动力箱、插座箱、π 接箱、补偿柜、高层住宅专用配电柜等。在箱内多设铜质或铝制母排，通过铜质或铝制接线端子和断路器连接。

4. 配电柜（箱）的型号

配电箱的型号用 AL 和 WL 表示。如图 3-8 所示，AL-4-2 表示 4 层 2 号照明配电箱。

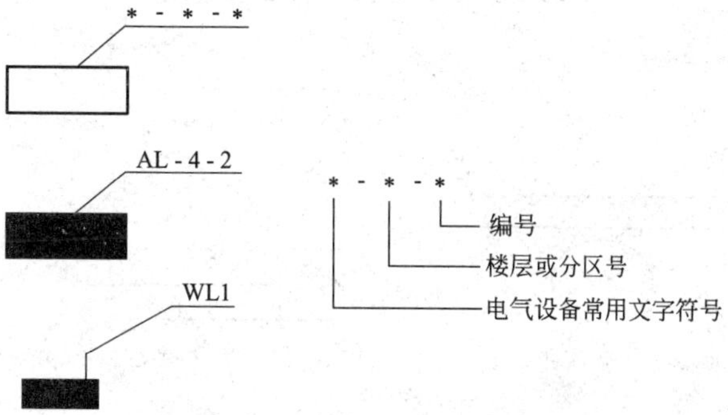

图 3-8　配电柜（箱）平面图表示方式

(三) 电缆及管线敷设

照明供电电气线路安装需要构成回路，为此每个用电器具的配线都是由相线和零线构成一个闭合回路。配电线路的敷设有明设和暗设。明敷设指导线直接或者在管子、线槽等保护体内，敷设于墙壁、顶棚的表面及架支架等处。暗敷设指导线在管子、线槽等保护体内，敷设于墙壁、顶棚、地坪及楼板等内，或者在混凝土板孔内敷线等。应用最多的是管内穿线。配电线路的敷设要考虑到场所环境的特征，人与布线之间可接近的程度，避免各类环境（如热源、潮湿、灰尘、光辐射和外部机械性损伤）的影响。金属管、塑料管及金属线槽、塑料线槽等布线，应采用绝缘电线和电缆。

1. 电缆敷设

电缆敷设是指在建筑电气照明工程中，电力进户线路与配电设备之间相互连接的一种方式。电力进户线路中电缆的敷设通常采用直埋敷设、穿管敷设、电缆沟敷设、桥架敷设等方式，配电设备之间相互连接中电缆的敷设通常采用穿管敷设、竖井敷设、桥架敷设等方式。

2. 管线敷设

管线敷设是指由配电箱接到各用电器具的供电和控制线路的安装，一般有明配管和暗配管两种方式。明配管是用固定卡子将管子固定在墙、柱、梁、顶板等结构上。暗配管是将管子预敷设在墙、顶板、梁、柱内。管材主要有焊接钢管、电线管和 PVC 塑料管三种。

电线是电气工程中的主要材料。绝缘电线按照绝缘材料不同分为橡胶绝缘电线、聚氯乙烯绝缘电线、丁腈聚氯乙烯复合绝缘电线等。绝缘电线可用于各种形式的配线和管内穿线。

(四) 灯具

照明按照用途可分为：一般照明，如住宅楼户内照明；装饰照明，如酒店、宾馆大厅照明；局部照明，如卫生间镜前灯照明和楼梯间照明以及事故照明。照明采用的电源电压为 220V，事故照明一般采用的电压为 36V。

照明按电光源可分为两种类型：一种是热辐射光源，包括白炽灯、碘钨灯等；另一种是气体光源，包括日光灯、钠灯、氮气灯等。

按照灯具的结构形式分为封闭式灯具、敞开式灯具、艺术灯具、弯脖灯、水下灯、路灯、高空标志灯等。

按安装方式不同有吸顶式、嵌入式、吊装式、壁式等。

(1) 吸顶式灯具的底盘固定在天棚表面，如图 3-9 所示。

(2) 嵌入式一般布置在有吊顶的天棚内，灯具表面与天棚表面平齐。如筒灯、格栅灯等，如图 3-10 所示。

(3) 吊装式灯具布置在天棚下，吊装式有线吊式、链吊式、管吊式几种形式。如图 3-11 所示。

(4) 墙壁式灯具在墙面或柱面上安装，如图 3-12 所示。

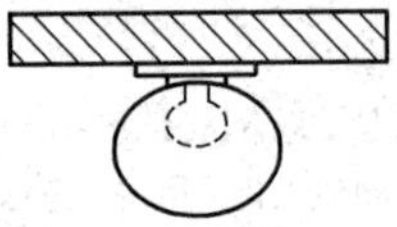

图 3-9 吸顶式灯具

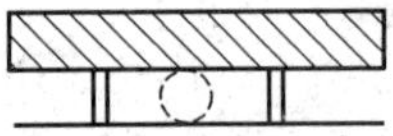

图 3-10 嵌入式灯具

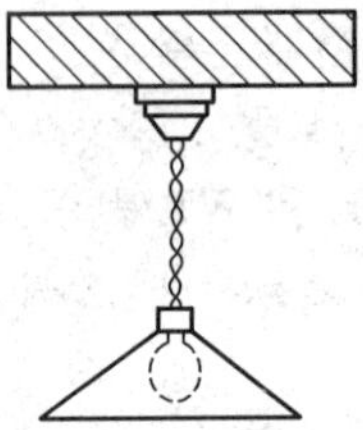

图 3-11 吊装式灯具

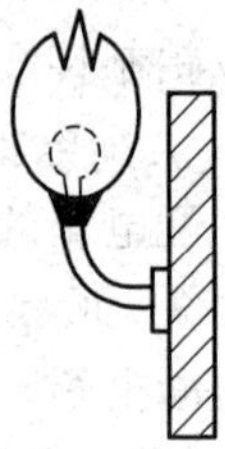

图3-12 墙壁式灯具

(五) 开关、插座

开关、插座均由底盒与面板构成，安装方式有明装和暗装两种。底盒嵌入墙面仅有面板的，称之暗装；底盒与面板都安装在墙面的，称之明装。

1. 开关

开关按动作方式分拉线开关、扳把开关、按钮开关等；按开闭灯具的要求有单联、双联、三联、四联、单控、双控等形式。开关安装一般距门框 15～20cm，距地面 1.4m。

2. 插座

插座是供随时接通用电器具的装置，其安装方式也有明装和暗装之分。形式有双孔、三孔、五孔等；插座又有单相和三相插座。插座的位置根据需要在离地 0.4m、1.4m、1.8m 或天棚上。

(六) 防雷接地

雷电是一种常见的自然现象，雷电的电压高、电流大、能量释放时间短，因此破坏力相当大。雷电的冲击电压使电气线路及电气设备产生破坏，造成短路、停电、火灾、爆炸、触电，以及设备损坏、人畜电击伤亡等事故。根据雷电的破坏性和特点，可将雷电分成四大类，即直击雷、感应雷、球形雷和雷电侵入波。

直击雷是指雷云直接对建筑物放电，其强大的雷电流通过建筑物流入大地，从而产生破坏性很大的热效应和机械效应，往往会引起火灾，建筑物崩塌和危及人身、设备的安全。防直接雷击的系统通常由接闪器、引下线和接地装置组成，如图 3-13 所示。

(1) 接闪器：接闪器的作用是接受雷电流，一般有避雷针、避雷带、避雷网三种形式。接闪器应镀锌，采用焊接时焊口处要做防腐处理。避雷针可以用圆钢或管钢制成，圆钢直径在 12～20mm，管钢直径 20～25mm。避雷带和避雷网采用圆钢或扁钢制成，避雷带沿雷击率较大的屋角、屋槽、女儿墙和屋脊敷设，避雷带和避雷网用 6mm 镀锌圆钢将屋面分成 6m×6m 或 6m×10m 或 10m×10m 的方格，并与避雷线相焊接，再用专用支座将屋面的镀锌圆钢线网格支起，支座的间距一般为 1000～1200mm。最后同样用直径 12～16mm 镀锌圆

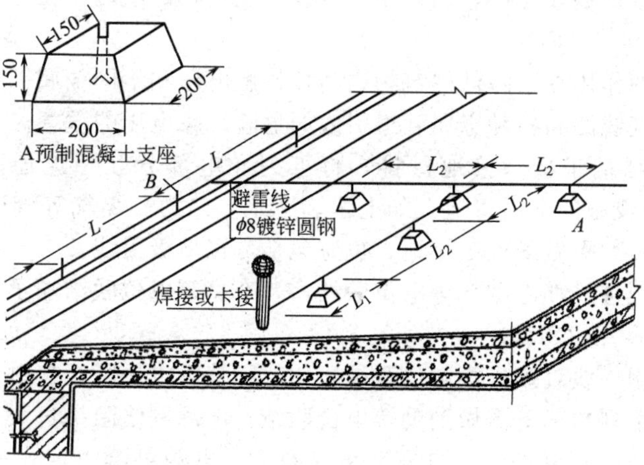

图 3-13　避雷网格

钢在屋面四角或两侧将做好的避雷网引至地下的接地装置，引下线与避雷网焊接后沿墙引下，并用专用支持卡子支好，卡子间距 1000～2500mm，引下线也可用钢筋混凝土柱子内的主筋代用，但连接必须可靠。避雷网格的设置及引下线如图 3-14 所示。

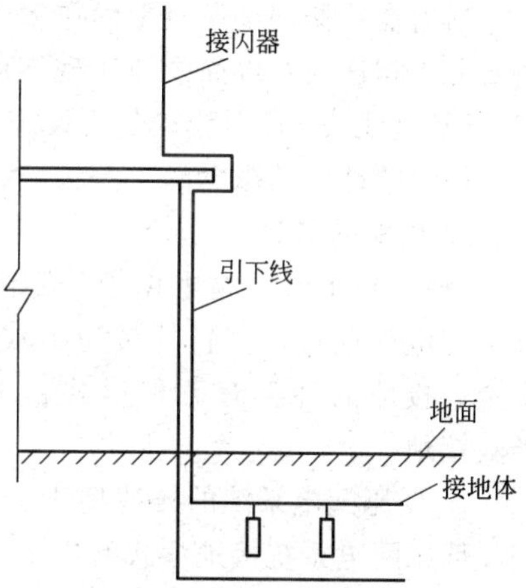

图 3-14　防雷装置

(2) 引下线：连接接闪器与接地装置的金属导体。一般采用圆钢或扁钢制成，引下线应镀锌，焊接处要做防腐处理。引下线沿建筑物外墙敷设，并以最短路径与接地装置连接。引下线也可暗敷，但截面要大一级。当建筑物钢筋混凝土的钢筋具有贯通性连接焊接并符合规范要求时，竖向钢筋可作为引下线。实际上在多数大型钢筋混凝土建筑物中，都是利用其纵向的结构钢筋作为引下线，当钢筋直径为 16mm 及以上时，利用两根钢筋（绑扎或焊接）作为一组引下线；当钢筋直径为 10mm 及以上时，利用四根钢筋（绑扎或焊接）作为一组引下线。横向的结构钢筋与引下线做可靠连接（绑扎或焊接）后，将其作为均压环。每根引下线处的冲击电阻不大于 5Ω。

(3) 接地装置：接地体和接地线的总称，接地线从引下线断接卡或换线处至接地体的连接导体。接地装置宜采用角钢、圆钢、钢管制成。水平埋设的接地体，采用扁钢、圆钢。接地体应镀锌，焊接处要做防腐处理，其埋设深度不小于 0.6m。建筑物基础内的钢筋网亦可作为接地装置，与引下线一样，在大型的钢筋混凝土建筑物中都是利用基础钢筋作为接地装置。

（七）等电位联结

间接（感应）雷通常以电子粒的形式出现，会穿越建筑附着在室内金属物表面。预防间接（感应）雷的措施是将室内外金属物体连成一体并接地的办法来消除。这样就形成等电位联结。将建筑物内垂直的金属管道及类似的金属物在底部与防雷装置连接；对于平行敷设的金属管道，当它们彼此的净空距离小于 100mm 时，必须进行导电性的跨接。对雷电波侵入的防护措施是将进入建筑物的各种线路及金属管道全部埋地引入，并在进户端将电缆的金属外皮，金属管道与接地装置连接。当采用架空线向建筑物供电时，在进户处装设避雷器。

1. 总等电位联结（MEB）

总等电位联结的作用在于降低建筑物内间接接触电压和不同金属部件间的电位差，并消除自建筑物外经电气线路和各种金属管道引入的危险故障电压的危害，它应通过进线配电箱近旁的总等电位联结端子板（接地母排）将下列导电部分互相连通：进线配电箱的PE（PEN）母排；公用设施的金属管道，如上水、下水、热力、煤气等管道；如果可能，应包括建筑物金属结构；如果做了人工接地，也应包括其接地极引线。

建筑物每一电源进线都应做总等电位联结，各个总等电位联结端子板应互相连通。

2. 辅助等电位联结（SEB）

将两导电部分用导线直接作等电位联结，使故障接触电压降至接触电压限值以下，称作辅助等电位联结。下列情况下需做辅助等电位联结：电源网络阻抗过大，使自动切断电源时间过长，不能满足防电击要求时；自TN系统同一配电箱供给固定式和移动式两种电气设备，而固定式设备保护电器切断电源时间不能满足移动式设备防电击要求时；为满足浴室、游泳池、医院手术室等场所对防电击的特殊要求时。

3. 局部等电位联结（LEB）

当需在一局部场所范围内作多个辅助等电位联结时，可通过局部等电位联结端子板将下列部分互相连通，以简便地实现该局部范围内的多个辅助等电位联结，被称作局部等电位联结：PE母线或PE干线；公用设施的金属管道；如果可能，包括建筑物金属结构。

（八）“地”的概念

1. 接地的概念

“地”在电气上指电位等于零的地点。所谓“接地”指电气设备外露可导电部分对地直接的电气连接，其目的是为了减小能同时触及的外露可导电部分间的电位差，以利于安全。接地的种类有五种形式：工作接地、保护接地、过电源保护接地、防静电接地、屏蔽接地。

2. 低压配电系统的接地型式

低压配电系统接地型式有以下三种：TN系统、TT系统、IT系统。

（1）TN系统中电力系统有一点直接接地，受电设备的外露可导电部分搬保护线与接地点连接。按照中性线与保护线组合情况，又可分为三种型式：TN-S系统，整个系统的中性线（N）与保护线（PE）是分开的，见图3-15；TN-C系统，整个系统的中性线（N）与保护线（PE）是合一的，见图3-16；TN-C-S系统，系统中前一部分线路的中性线与保护线是合一的，见图3-17。

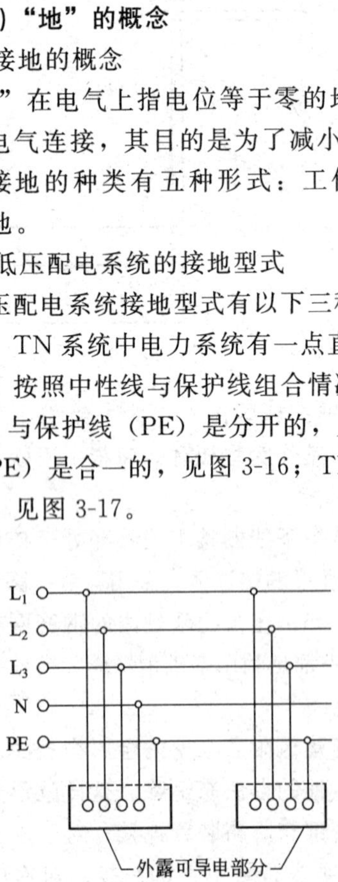

图3-15　TN-S系统

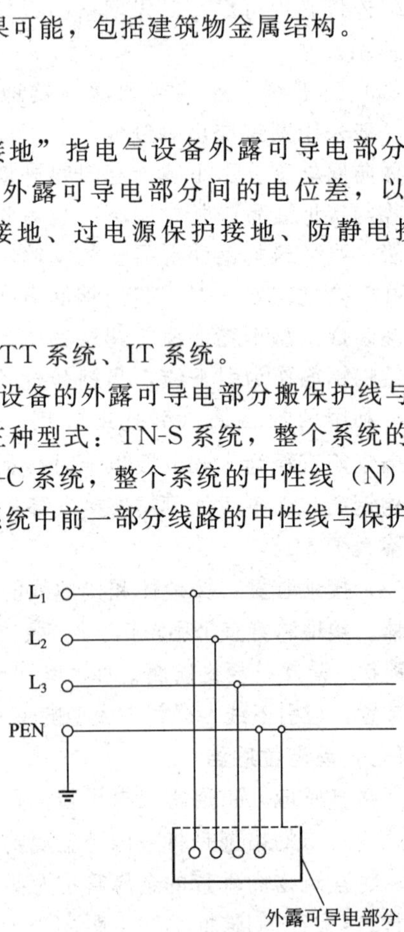

图3-16　TN-C系统

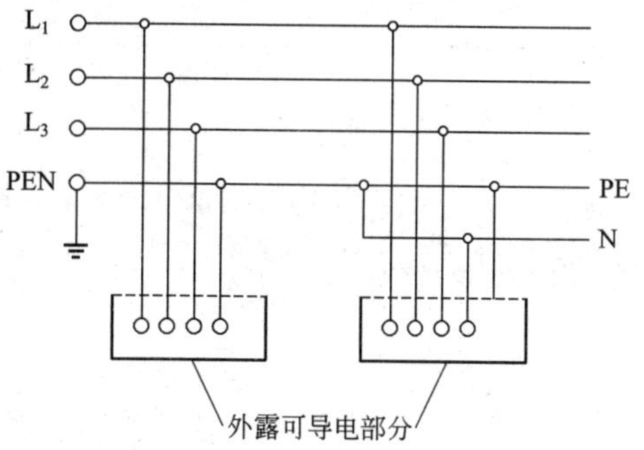

图 3-17　TN-C-S 系统

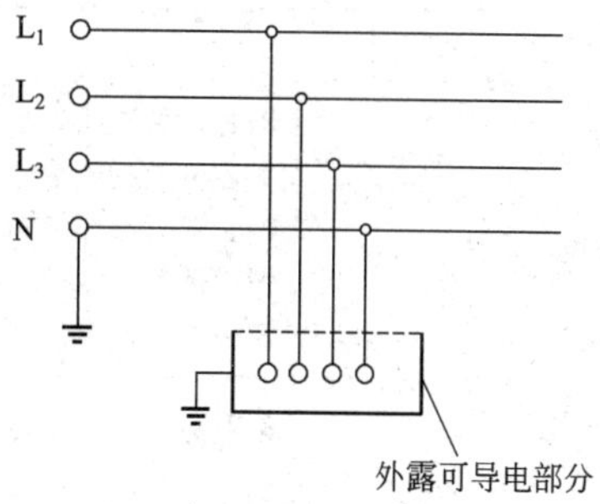

图 3-18　TT 系统

(2) TT 系统中电力系统有一点直接接地，受电设备的外露可导电部分通过保护线接至与电力系统接地点无直接关联的接地极，见图 3-18。

(3) IT 系统中电力系统的带电部分与大地间无直接连接（或有一点经足够大的阻抗接地），受电设备的外露可导电部分通过保护线接地，见图 3-19。

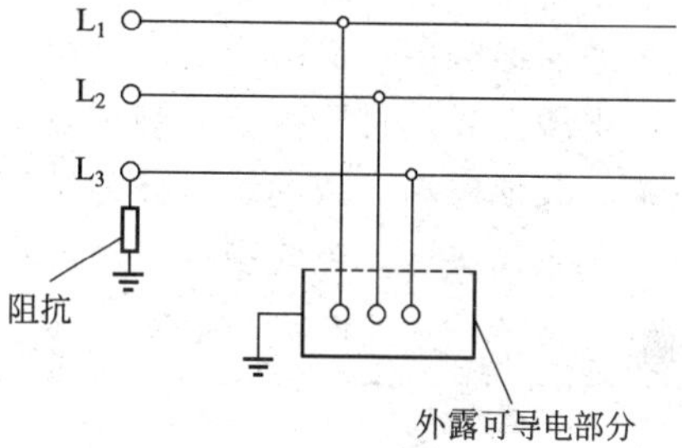

图 3-19　IT 系统

二、建筑电气常用材料

建筑电气工程常用的材料有导线、变配电控制设备、灯具、小型电器等。

(一) 导线材料

1. 裸导线

无绝缘层的导线称为裸导线，裸导线主要由铝、铜、钢等制成。它可以分为圆线、绞线、软接线、型线等系列产品。

(1) 圆单线　圆线可按不同的导体材料和加工方式制成，它可单独使用，也可做成绞线。它是构成各种电线电缆线芯的单体材料。

(2) 裸绞线　裸绞线由多根圆单线或型线绞合而成，广泛用于电缆线芯和架空输配电电路中。绞线的品种较多，主要有铝绞线、钢芯铝绞线、铝合金绞线、钢芯铝合金绞线、硬铜绞线等。

(3) 型线　型线有矩形、梯形及其他几何形状的导体，可以独立使用，如电车线、各种母线等，同时也用于制造电缆及电气设备的元件，如变压器、电抗器、电机的线圈等。

2. 绝缘导线

具有绝缘包层的电线称为绝缘导线。绝缘导线按线芯材料分为铜芯和铝芯；按线芯股数分为单股和多股；按结构分为单芯、双芯、多芯等；按绝缘材料分为橡皮绝缘导线和塑料绝缘导线。常用绝缘导线的型号、名称和用途见表 3-2。

表 3-2　常用绝缘导线的型号、名称和用途

型　　号	名　　称	用　　途
BX(BLX) BXF(BLXF) BXR	铜(铝)芯橡皮绝缘导线 铜(铝)芯氯丁橡皮绝缘导线 铜芯橡皮绝缘软线	适用于交流 500V 及以下，直流 1000V 及以下的电气设备及照明装置
BV(BLV) BVV(BLVV) BVVB(BLWB) BVR ZR-BV NH-BV	铜(铝)芯聚氯乙烯绝缘导线 铜(铝)芯聚氯乙烯绝缘聚氯乙烯护套圆型电导线 铜(铝)芯聚氯乙烯绝缘聚氯乙烯护套平型电导线 铜芯聚氯乙烯绝缘软线 阻燃铜芯塑料线 耐火铜芯塑料线	适用于交流 500V 及以下，直流 1000V 及以下的各种交流、直流电气装置，电工仪表、仪器，电信设备，动力及照明线路固定敷设

续表

型　号	名　称	用　途
RV RVB RVS RXS RX	铜芯聚氯乙烯绝缘软线 铜芯聚氯乙烯绝缘平型软线 铜芯聚氯乙烯绝缘绞型软线 铜芯橡皮绝缘棉纱编织绞型软电线 铜芯橡皮绝缘棉纱编织圆型软电线	适用于250V室内连接小型电器，移动或半移动敷设
BBX BBLX	铜芯橡皮绝缘玻璃丝编织线 铝芯橡皮绝缘玻璃丝编织线	适用于电压分别有500V及250V两种，用于室内外明装固定敷设或穿管敷设

3. 电缆

电缆是一种多芯导线，即在一个绝缘软套内裹有多根相互绝缘的线芯。电缆的基本结构由缆芯、绝缘层、保护层三部分组成。

电缆按导线材质可分为铜芯电缆、铝芯电缆；按用途可分为电力电缆、控制电缆、通信电缆、其他电缆；按绝缘可分为橡皮绝缘、油浸纸绝缘、塑料绝缘；按芯数可分为单芯、双芯、三芯及多芯。电缆型号的组成和含义见表3-3。

表3-3　电缆型号的组成和含义

性能	类别	电缆种类	线芯材料	内护层	其他特征	外护层	
						第一数字	第二数字
ZR-阻燃		Z-纸绝缘	T-铜(略)	Q-铅护套	P-屏蔽	2-双钢带	1-纤维护套
NH-耐火	K-控制电缆	X-橡皮	L-铝	L-铝护套	C-重型	3-细圆钢丝	2-聚氯乙烯护套
	Y-移动式软电缆	V-聚氯乙烯		V-聚氯乙烯护套	F-分相铅包	4-粗圆钢丝	3-聚乙烯护套
	P-信号电缆	Y-聚乙烯		H-橡皮护套			
	H-电话电缆	YJ-交联聚乙烯		Y-聚乙烯护套			

(1) 电力电缆　电力电缆是用来输送和分配大功率电能的导线。无铠装的电缆适用于室内、电缆沟内、电缆桥架内和穿管敷设；钢带铠装电缆适用于直埋敷设。常用电力电缆型号及名称见表3-4。

表3-4　常用电力电缆型号及名称

型号		名　称
铜芯	铝芯	
VV	VLV	聚氯乙烯绝缘　聚氯乙烯护套电力电缆
VV_{22}	VLV_{22}	聚氯乙烯绝缘　钢带铠装　聚氯乙烯护套电力电缆
ZR-VV	ZR-VLV	阻燃聚氯乙烯绝缘　聚氯乙烯护套电力电缆
$ZR\text{-}VV_{22}$	$ZR\text{-}VLV_{22}$	阻燃聚氯乙烯绝缘　钢带铠装　聚氯乙烯护套电力电缆
NH-VV	NH-VLV	耐火聚氯乙烯绝缘　聚氯乙烯护套电力电缆
$NH\text{-}VV_{22}$	$NH\text{-}VLV_{22}$	耐火聚氯乙烯绝缘　钢带铠装　聚氯乙烯护套电力电缆
YJV	YJLV	交联聚氯乙烯绝缘　聚氯乙烯护套电力电缆
YJV_{22}	$YJLV_{22}$	交联聚氯乙烯绝缘　钢带铠装　聚氯乙烯护套电力电缆

(2) 预制分支电缆　预制分支电缆不用在现场加工制作电缆分支接头和电缆绝缘穿刺线夹分支，是由生产厂家按照电缆用户要求的主、分支电缆型号、规格、截面、长度及分支位置等指标，在制造电缆时直接从主干电缆上加工制作出带分支的电缆。在中、高层建筑方面，预制分支电缆可以广泛应用在住宅楼、办公楼、写字楼、商贸楼、教学楼、科研楼等各种中、高层建筑中，作为供、配电的主、干线电缆使用。

例如，预分支电缆型号表示如下：YFD-ZR-VV-4×185+1×95/4×35+1×16，表示主干电缆为4芯$185mm^2$和1芯$95mm^2$的铜芯阻燃聚氯乙烯绝缘　聚氯乙烯护套电力电缆，分支电缆为4芯$35mm^2$和1芯$16mm^2$的铜芯阻燃聚氯乙烯绝缘　聚氯乙烯护套电力电缆。

(3) 预制分支电缆的附件　预制分支电缆附件规格、型号在预制分支电缆的安装施工中，以中、高层建筑在缆井或电缆通道中安装时所需附件最多。

① 吊头　是预制分支电缆作垂直安装时，在主电缆顶端作为安装起吊用的附件。用户在选型确定预制分支电缆主电缆截面后，只需在图纸上注明配备“吊头”，制造商即会按照相应的主电缆截面予以制作。

② 吊挂横梁　是在预制分支电缆垂直安装场合下，预制分支电缆直吊后，通过挂钩和吊头，挂于该横梁上。建筑设计部门和建筑施工部门在确定采用预制分支电缆后，在主体建筑的吊挂横梁部位，应充分考虑其承重强度，尤其是高层建筑和大截面电缆时。

③ 挂钩　垂直安装场合下使用。安装于吊挂横梁上，预制分支电缆起吊后挂在挂钩上。

④ 支架　在预制分支电缆起吊敷设后，对主电缆进行紧固、夹持的附件。

⑤ 缆夹　将主电缆夹持、紧固在支架上。

(二) 常用低压控制和保护电器

低压电器指电压在500V以下的各种控制设备、继电器及保护设备等。工程中常用的低压电器设备有刀开关、熔断器、低压断路器、接触器、磁力启动器及各种继电器等。

1. 刀开关

刀开关是最简单的手动控制设备，其功能是不频繁地接通电路。根据闸刀的构造，可分为胶盖刀开关和铁壳刀开关两种。如果按极数分有单极、双极、三极三种，每种又有单投和双投之分。

(1) 胶盖刀开关　型号有HK1、HK2型。常用的有15A、30A，最大为60A；没有灭弧能力，容易损伤刀片，只用于普通配电工程不频繁操作的场所。

(2) 铁壳刀开关　常用型号有HH3、HH4、HH10、HH11等系列。铁壳刀开关有灭弧能力；有铁壳保护和联锁装置（即带电时不能开门），操作安全；有短路保护能力；只用在不频繁操作的场合。铁壳刀开关容量选择一般为电动机额定电流的3倍。

2. 熔断器

熔断器用来防止电路和设备长期通过过载电流和短路电流，是有断路功能的保护元件。它由金属熔件（熔体、熔丝）、支持熔件的接触结构组成。

(1) 瓷插式熔断器　其构造简单，国产熔体规格有0.5～100A等多种型号。

(2) 螺旋式熔断器　其构造简单，型号为RL1型。当熔丝熔断时，色片被弹落，需要更换熔丝管，常用于配电柜中。

(3) 封闭式熔断器　其构造简单，采用耐高温的密封保护管，内装熔丝或熔片。当熔丝熔化时，管内气压很高，能起到灭弧的作用，还能避免相间短路。这种熔断器常用在容量较大的负载上作短路保护。大容量的能达到1kA。

(4) 填充料式熔断器　在填充料式熔断器中，有两个冲成栅状的铜片，其间用低熔点的锡桥联结，围成筒形卧入瓷管中。当发生短路时，锡桥迅速熔化，铜片的作用是增大和石英砂的接触面积，让熔化时电弧的热量尽快散去。此种熔断器灭弧能力强，断电所需时间短。

(5) 自复熔断器　近代低压电器容量逐渐增大，低压配电线路的短路电流也越来越大，要求用于系统保护开关元件的分断能力也不断提高，为此出现了一些新型限流元件，如自复熔断器等。应用时和外电路的低压断路器配合工作，效果很好。

自复熔断器选择熔丝时，应区别负载情况分别考虑。对于照明等冲击电流很小的负载，熔体的额定电流应等于或稍大于电路的实际工作电流，一般熔体额定电流为电路实际工作电流的1.1～1.5倍。对于启动电流较大的负载，如电动机等，熔体额定电流为电路实际工作电流的1.5～2.5倍。

3. 低压断路器

低压断路器是工程中应用最广泛的一种控制设备，曾称自动开关或空气开关。它除具有全负荷分断能力外，还具有短路保护、过载保护和失欠电压保护等功能，并且具有很好的灭弧能力。常用作配电箱中的总开关或分路开关。

常用的低压断路器有DZ系列、DW系列等，新型号有C系列、S系列、K系列等。

4. 接触器

接触器也称电磁开关，它是利用电磁铁的吸力来控制触头动作的。接触器按其电流可分为直流接触器和交流接触器两类，在工程中常用交流接触器。

接触器主要技术数据有额定电压、额定电流（均指主触头）、电磁线圈额定电压等。应用中一般选其额定电流大于负载工作电流，通常负载额定电流为接触器额定电流的70%～80%。交流接触器用符号CJ表示。其型号示例：CJ12-B40/3，其中12是设计序号，B是有栅片灭弧，容量40A，三极。

5. 磁力启动器

磁力启动器由接触器、按钮和热继电器组成。热继电器是一种具有延时动作的过载保护器件，热敏元件通常为电阻丝或双金属片。另外，为避免由于环境温度升高造成误动作，热继电器还装有温度补偿双金属片。

磁力启动器具有接触器的一切特点，所不同的是磁力启动器中有的有热继电器保护，而且有的能控制正反转运行，即有可逆运行功能。

6. 继电器

(1) 热继电器　热继电器主要用于电动机和电气设备的过负荷保护。它的主要组成部分有热元件、双金属片构成的动触头、静触头及调节元件。

电动机和电气设备在运行中发生过负荷是经常的，对瞬时性过负荷，只要电动机绕组温升不超过允许值，就不能立即切断电路使电动机停运；在工作电路中由于某种原因，发生瞬时性过载，只要不影响安全供电，不影响设备安全，也不能立即切断。但如果过负荷很严重，而且过负荷时间已很长，则不允许电动机和电路中的设备再继续运行，以免加速电动机绕组绝缘和电气设备绝缘老化，甚至烧坏电动机绕组和电气设备。热继电器就是用来实现上述要求的保护电器。

(2) 时间继电器　时间继电器是用在电路中控制动作时间的继电器。

它利用电磁原理或机械动作原理来延时触点的闭合或断开。

时间继电器种类繁多，有电磁式、电动式、空气阻尼式、晶体管式等。

(3) 中间继电器　中间继电器是将一个输入信号变成一个或多个输出信号的继电器，它的输入信号是通电和断电，它的输出信号是接点的接通或断开，用以控制各个电路。

7. 漏电保护器

漏电保护器又称漏电保护开关。是为防止人身误触带电体漏电而造成人身触电事故的一种保护装置，它还可以防止由漏电而引起的电气火灾和电气设备损坏事故。

由名称上可有“触电保护器”、“漏电开关”、“漏电继电器”等之分。凡称“保护器”、“漏电器”、“开关”者均带有自动脱扣器。凡称“继电器”者，则需要与接触器或低压断路器配套使用，间接动作。漏电保护器安装在进户线的配电盘上或照明配电箱内，安装在电度表之后，熔断器（或胶盖刀闸）之前。

(三) 常用灯具

1. 白炽灯

白炽灯是靠钨丝白炽体的高温热辐射发光，它结构简单，使用方便，显色性好。尽管白炽灯的功率因数近于1，但因热辐射中只有2%～3%为可见光，故发光效率低，平均寿命约为1000h，经不起震动。

2. 荧光灯

荧光灯由镇流器、灯管、启动（辉）器和灯座等组成。灯内抽真空后封入汞粒，并充入少量氩、氮、氖等气体。是一种低压的汞蒸气弧光放电灯。

最常见的荧光灯是直形玻璃管状，有T12（直径38mm）、T8（直径26mm）和T5（直径16mm）三种，T5光效高达104lm/W，另外也有各种紧凑型荧光灯。

3. 卤钨灯

卤钨灯也是一种热辐射光源，在被抽成真空的玻璃壳内除充以惰性气体外，还充入少量的卤族元素如氟、氯、溴、碘。在卤钨灯点亮时，通过灯丝蒸发出来的钨在汇壁区与卤元素反应形成挥发性的卤钨化合物。卤化物处于气态，其管壁温度很高，必须使用耐高温的石英玻璃和小尺寸泡壳，这样才能使卤钨灯中钨的蒸发受到更有力的抑制。

4. 高压水银灯

高压水银灯也称高压汞灯，其外泡及内管中均充入惰性气体氮和氩，内管中装有少量水银，外泡内壁里还涂有荧光粉，工作时内管中水银蒸气压力很高，所以称为高压水银灯。经常用在道路、广场和施工现场的照明中。高压水银灯按构造的不同可以分为外镇流高压水银灯和自镇流高压水银灯两种。

5. 高压钠灯

高压钠灯是广泛应用在交通照明及一些大型公共场所的新型光源。

在外泡壳内装有放电管，它是用半透明氧化铝陶瓷或全透明刚玉制成的，它耐高温，与金属钠不起化学反应。放电管内充有钠、汞和氙气。

6. 金属卤化物灯

它是气体放电灯中的一种，其结构和高压汞灯相似，是在高压汞灯的基础上发展起来的，所不同的是在石英内管中除了充有汞、氩之外，还有能发光的金属卤化物（以碘化物为主）。主要用在要求高照度的场所、繁华街道及要求显色性好的大面积照明的地方。

7. 氙灯

氙灯是采用高压氙气放电产生很强白光的光源，和太阳光相似，其显色性很好，发光效率高，功率大，有“小太阳”的美称。氙灯可分为长弧氙灯和短弧氙灯两种。氙灯适用于广场、飞机场、海港等大面积的照明。

（四）开关柜、照明和动力箱

1. 低压开关柜

低压开关柜也称低压配电屏或柜，常直接设置在配电变压器低压侧作为配电主盘，有时也用作较重要负荷的配电分盘，一般要求安装在专用电气房间（配电室）或被相对隔离开的专门场地内。按结构形式的不同，又分为固定开启式和抽屉式两种。

2. 动力配电箱和照明配电箱

动力配电箱就近设置于工厂车间和其他负载场地，直接向500V以下工频交流用电设备供电。由于具体适用条件的差异和新产品的不断出现，使之具有多种系列，XL型是最常见的，各系列按其一次接线方案的要求，在箱内装设熔断器、自动开关、组合开关和磁力启动器等电器。

成套照明配电箱适用于工业与民用建筑在交流50Hz、额定电压500V以下的照明和小动力控制回路中作线路的过载、短路保护以及线路正常转换用。进户线进户后，先经总开关，然后再分支供给分路负荷。总开关、分支开关和熔断器、漏电保护器等均装在配电箱内。

任务分析

一、室内电气照明工程施工图识读

建筑电气照明施工图是建筑物电气照明设计方案的集中表现，也是电气照明工程安装施工、工程造价计算的主要依据。建筑电气照明施工图又是建筑工程施工图的重要组成部分，不仅电气安装施工过程中要使用，而且土建、装饰施工过程中也要用到，识读建筑电气照明施工图有利于对整个施工安装过程有条不紊的控制、工程量全面完整的计算。

识读建筑电气工程图要对电气图的表达形式、通用画法、图例符号、文字符号和建筑电气工程图的特点等都熟悉，再按照图纸的顺序阅读，就可以比较迅速、全面地读懂图纸。

1. 熟悉图例符号和文字符号，搞清图例符号和文字符号所代表的内容

常用电气设备工程图例见表3-5。常用文字符号见表3-6。

表3-5 常用电气设备工程图例

图例符号	说　明
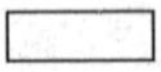	屏、台、箱、柜一般符号
	电力或动力配电箱
	照明配电箱(屏)
	事故照明配电箱

续表

图例符号	说　　明
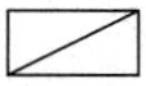	电源自动切换箱(屏)
	隔离开关
	接触器(在非动作位置点断开)
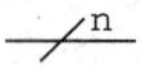	断路器
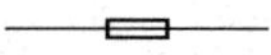	熔断器一般符号
	熔断器式开关
	避雷器
	壁龛电话交接箱
	分线盒一般符号
	室内电话分线盒
	室外分线盒
	灯的一般符号
	球形灯
	顶棚灯
	花灯
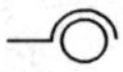	弯灯
	单管荧光灯

续表

图例符号	说　明
	三管荧光灯
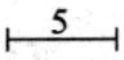	五管荧光灯
	壁灯
	广照型灯(配照型灯)
	防水防尘灯
	开关一般符号
	单极开关
	单极开关(暗装)
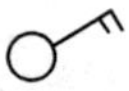	双极开关
	双极开关(暗装)
	三极开关
	三极开关(暗装)
	单相插座(明装)
	暗装插座
	密闭(防水)插座
	防爆插座
	带保护接点插座
	带接地插孔的单相插座(暗装)
	密闭(防水)插座
	防爆插座

续表

图例符号	说　　明
	带接地插孔的三相插座
	带接地插孔的三相插座(暗装)
	插座箱(板)
	指示式电压表
	功率因数表
	单极限时开关
	调光器
	钥匙开关
	电铃
EEI	应急疏散指示标志灯
EL	应急疏散照明灯
	避雷线
	避雷针
	电线、电缆、母线、 传输通路一般符号
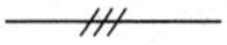	三根导线
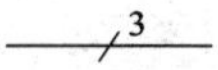	三根导线
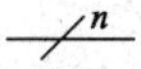	n 根导线
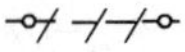	接地装置(有接地极)
	接地装置(无接地极)

表 3-6　常用文字符号

名　　称	符　　号	说　　明
照明灯具标注方法	$a-b\frac{c\times d\times L}{e}f$	a为灯具数量；b为型号；c为每盏灯的灯泡数或灯管数；d为灯泡容量；e为安装高度；f为安装方式；L为光源种类
灯具安装方法的标注	CP Ch P S W R CR CL	线吊灯 链吊灯 管吊灯 吸顶灯 壁装灯 嵌入式灯 顶棚内安装 柱上安装
标注线路的代号	WPM WLM WP WL WCM WEM WE	电力干线 照明干线 电力分支线 照明分支线 控制干线 应急照明干线 应急照明分支线
线路的敷设方式符号	PC EPC KPC TC SC MR CT PR PCL CP	用硬质塑料管敷设 用半硬塑料管敷设 用聚氯乙烯塑料波纹管敷设 用电线管敷设 用水煤气钢管敷设 用金属线槽敷设 用电缆桥架(或托盘)敷设 用塑料线槽敷设 用塑料夹敷设 用金属软管敷设
线路敷设部位的标注	SR BE CLE WE CE ACE BC CLC CC FC ACC WC	沿钢索敷设 沿屋架或屋架下弦明敷设 沿柱明敷设 沿墙明敷设 沿顶棚明敷设 在能进入的吊顶内敷设 暗敷在梁内 暗敷在柱内 暗敷在屋面内板或顶板内 暗敷在地面内或地板内 暗敷在不能进入的吊顶内 暗敷在墙内

文字符号说明举例如下。

(1) 例如有一栋办公楼电气照明施工图，标明管线敷设方式 BV 3×6+1×2.5-SC-FC，表示铜芯塑料绝缘线截面为 $6mm^2$ 的 3 根，加截面为 $2.5mm^2$ 的 1 根，穿焊接钢管暗敷设在地面内。

(2) 灯具 $12\,\frac{2\times40}{2.8}s$，表示 12 套灯具，每套灯具 2 根 40W 日光灯管，安装高度离地面为 2.8m，吸顶安装。

(3) BVV 3×2.5-PR-CE，表示 3 根 $2.5mm^2$ 的铜芯塑料护套线用塑料线槽沿顶明敷设。

(4) BLX 3×1.5-SC-WC，表示 3 根 $1.5mm^2$ 的铝芯橡皮线，穿钢管沿墙暗敷设。

(5) 灯具 YG2-1 $100\,\frac{2\times20}{2.5}Ch$，表示简易日光灯 100 套，每套 2 根 20W 日光灯管，安装高度离地面 2.5m，链吊式。

2. 看设计说明

通过设计说明，应了解工程总体概况、设计依据、要求，使用的材料规格、施工安装要求及工程施工质量验收规范等；供电电源的来源、电压等级、线路敷设方法、设备安装高度及安装方式、补充使用的非国标图形符号、施工时应注意的事项等。

3. 看系统图

通过系统图的阅读了解配电方式和回路及各回路装置间的关系。了解系统的基本组成，接线情况，主要电气设备、元件等连接关系及它们的规格、型号和参数等。一般从进线开始读至室内各配电箱以及各用电回路的接线关系，各配电箱中需要安装的电气设备及器具的规格、型号。这是电气施工图的基础。读懂系统图，对整个电气工程就有了一个总体的认识，可初步了解工程全貌。

4. 看平面布置图

通过识读施工平面图，要求了解电气设备安装的水平位置、线路敷设部位、敷设方法及所用配管、导线的型号、规格、数量等，结合施工说明弄清其空间位置关系，必要时还应查对建筑施工图。

根据平面图标示的内容，识读平面图要沿着电源、引入线、配电箱、引出线、用电器具这样沿“线”来读。一般可按进线→总配电箱→干线→支线→分配电箱→用电设备顺序阅读。

在阅读过程中应弄清每条线路的根数、导线截面、敷设方式、各电气设备的安装位置以及预埋件位置等。看图时，应依据功能关系顺序来看，一般是从上至下或从左至右一个回路、一个回路地阅读。从电气平面图，可以了解电气工程的全貌和局部细节。

5. 看安装大样图

电气设备安装大样图详细表示了设备的安装方法，是安装施工和编制工程材料计划时的重要参考图纸。安装大样图多采用全国通用电气装置标准图集。

6. 看设备材料表

设备材料表上反映了该工程所使用的设备、材料的型号、规格，是安装施工和编制施工图预算的依据之一。

识读建筑电气施工图纸的顺序，没有统一的规定，可根据需要，自行掌握，并应有所侧重。有时一张图纸需反复识读多遍。为了更好地利用图纸指导施工，使之安装质量符合要求，识读图纸时，还应配合识读有关施工质量验收规范、质量评定标准以及全国通用电气装置标准图集，详细了解安装技术及具体安装方法。

二、定额与计量

建筑电气照明工程主要使用安装工程定额第二册《电气设备安装工程》，其适用于工业与民用新建、扩建工程中10kV以下变配电设备及线路安装工程、车间动力电气设备及电气照明器具、市政道桥照明器具、防雷及接地装置、配管配线、电梯电气装置、电气调整试验等的安装工程。对于电机设备的安装可执行第一册《机械设备安装工程》。

（一）定额计价总说明

1. 定额不包括的内容

（1）10kV以上及专业专用项目的电气设备安装。

（2）电气设备（如电动机等）配合机械设备进行单体试运转和联合试运转工作。

2. 关于各项费用

（1）脚手架搭拆费（10kV以下架空线路除外）可按照人工费的3%计算，其中人工工资占25%。

（2）工程超高增加费（已考虑了超高因素的定额项目除外）：操作物高度离楼地面5m以上、20m以下的电气安装工程，可按照超高部分人工费的15%计算。

（3）高层建筑增加费（指高度在6层或20m以上的工业与民用建筑）可按照表3-7计算。

表3-7 电气设备安装高层建筑增加费

层数	9层以下（30m）	12层以下（40m）	15层以下（50m）	18层以下（60m）	21层以下（70m）	24层以下（80m）	27层以下（90m）	30层以下（100m）	33层以下（110m）
按人工费/%	2	4	6	8	10	13	15	17	20
其中人工费占/%	11	21	30	37	41	45	49	52	54
层数	36层以下（120m）	39层以下（130m）	42层以下（140m）	45层以下（150m）	48层以下（160m）	51层以下（170m）	54层以下（180m）	57层以下（190m）	60层以下（200m）
按人工费/%	22	26	31	35	40	46	53	61	70
其中，人工费占/%	56	60	64	69	73	77	81	85	89

（4）安装与生产同时进行时，是指在扩建、改建工程中安装施工时由于生产的进行对工程施工造成影响，使得施工效率下降所增加的费用，不包括采取措施所增加的费用，可按照安装工程总人工费增加5%。

（5）在有害人身健康的环境（包括高温、多尘、噪声超过标准和存在有害气体等有害环境）中施工时，可参照安装工程总人工费增加5%。

（二）低压配电设备安装定额与计量

1. 定额说明

（1）配电设备本体所需的绝缘油、六氟化硫气体、液压油等均按设备带有考虑。

（2）配电设备安装定额不包括下列工作内容，另执行第二册相应定额。

① 端子箱安装。

② 设备支架制作安装。

③ 绝缘油过滤。

④ 基础槽（角）钢制作安装。

(3) 配电设备安装所需的地脚螺栓按土建预埋考虑，不包括二次灌浆。

(4) 互感器安装定额是按单相考虑的，不包括抽芯及绝缘油过滤，特殊情况另作计算。

(5) 电抗器安装定额是按三相叠放、三相平放和二叠一平的安装方式综合考虑的。干式电抗器安装定额适用于混凝土电抗器、铁芯干式电抗器和空心电抗器等干式电抗器的安装。

(6) 高压成套配电柜安装定额不分容量大小，也不包括母线配置及设备干燥。

(7) 组合型成套箱式变电站是指10kV以下的箱式变电站，集装箱式低压箱式配电室，执行第二册第五章相关项目。

2. 计算规则

(1) 断路器、电流互感器、电压互感器、电抗器、电容器及电容器柜的安装以“台(个)”为计量单位。

(2) 隔离开关、负荷开关、熔断器、避雷器、干式电抗器的安装以“组”为计量单位，每组按三相计算。

(3) 交流滤波装置的安装以“台”为计量单位，每套滤波装置包括三台组架安装，不包括设备本身及铜母线的安装，其工程量另行计算。

(4) 高压设备安装定额内均不包括绝缘台的安装，其工程量应按施工图设计执行相应子目。

(5) 高压成套配电柜和箱式变电站的安装系综合考虑的，不分容量大小以“台”为计量单位，均未包括基础槽钢、母线及引下线的配置安装。

(6) 配电设备安装的支架、抱箍及延长轴、轴套、间隔板等，按施工图设计的需要量计算，执行第二册第五章的构件制作安装子目（或按成品价）。

(7) 绝缘油、六氟化硫气体、液压油等均按设备带有考虑；电气设备以外的加压设备和附属管道的安装应另行计算。

(8) 配电设备安装子目中，未包括设备外部接线，应执行第二册第五章端子板外部接线有关子目。

(三) 控制设备及低压电器定额与计量

1. 定额说明

(1) 控制设备及低压电器定额包括电气控制设备、低压电器的安装，盘、柜配线，焊（压）接线端子，穿通板制作、安装，基础槽钢、角钢及各种铁构件、支架制作、安装。

(2) 控制设备安装，除限位开关及水位电气信号装置外，其他均未包括支架制作、安装。发生时可执行第二册第五章相应定额。

(3) 控制设备安装未包括的工作内容如下。

① 二次喷漆及喷字。

② 电器及设备干燥。

③ 焊、压接线端子。

④ 端子板外部接线。

(4) 屏上辅助设备安装，包括标签框、光字牌、信号灯、附加电阻、连接片等，但不包括屏上开孔工作。

(5) 设备的补充油按设备考虑。

(6) 各种铁构件制作，均不包括镀锌、镀锡、镀铬、喷塑等其他金属防护费用。发生时应另行计算。

(7) 铁构件制作、安装定额适用于第二册范围内的各种支架、构件的制作与安装。

2. 计算规则

(1) 控制设备及低压电器安装均以“台”为计量单位。以上设备安装均未包括基础槽钢、角钢的制作安装，其工程量应按相应项目另行计算。

(2) 铁构件制作安装均按施工图设计尺寸，以成品重量“kg”为计量单位。

(3) 盘柜配线分不同规格，以“m”为计量单位。盘、柜配线定额只适用于盘上小设备元件的少量现场配线，不适用于工厂的设备修、配、改工程。

(4) 盘、箱、柜的外部进出线预留长度可参照表 3-8 计算。

表 3-8　盘、箱、柜的外部进出线预留长度　　单位：m/根

序号	项　目	预留长度	说明
1	各种箱、柜、盘、板、盒	高+宽	盘面尺寸
2	铁壳开关、自动开关、刀开关、启动器、箱式电阻器、变阻器	0.5	从安装对象中心算起
3	继电器、控制开关、信号灯、按钮、熔断器等小电器	0.3	从安装对象中心算起
4	分支接头	0.2	分支线预留

(5) 配电板制作安装及包铁皮，按配电板图示外形尺寸，以“m^2”为计量单位。

(6) 焊（压）接线端子定额适用于导线，电缆终端头制作安装定额中已包括压接线端子，不应重复计算。

(7) 端子板外部接线按设备盘、箱、柜、台的外部接线图计算，以“10 个”为计量单位。

(8) 配电箱壳体安装，定额按箱体半周长设置项目，以“台”为计量单位，配电箱内需安装的电气元件另执行第二册相关项目。

(9) 配电箱木盒安装适用预留配电箱洞口，定额中已包括木盒所需要的木材，按木盒半周长划分项目，以“个”为计量单位。木盒中需要填充木屑、泡沫并用胶带固定封闭者定额乘以 1.1 系数。

(10) 现场操作柱安装按照成品件考虑，以“根”为计量单位。如在施工现场制作操作柱，应执行第二册“一般铁构件制作”项目。

(11) 网门、保护网制作安装，按网门或保护网设计图示的框外围尺寸，以“m^2”为计量单位。

(四) 电缆敷设

1. 定额说明

(1) 电缆敷设定额适用于 10kV 以下电力电缆和控制电缆的敷设。定额是按平原地区和厂区内电缆敷设编制的，未考虑在积水区、水底、井下等特殊条件下的电缆敷设，厂外电缆(包括进厂部分) 敷设工程按第二册第十章有关项目另计工地运输。

(2) 电缆在一般山地、丘陵地区敷设时，其定额人工乘以系数 1.3。该地段所需的施工材料如固定桩、夹具等按实另计。

(3) 电缆敷设定额未考虑因波形敷设、弛度、电缆绕梁（柱）、电缆与设备连接、电缆接头等必要的预留长度，该增加长度应计入工程量之内。

(4) 电力电缆头定额均按铜芯电缆考虑。铝芯电力电缆头按同截面电缆头定额乘以系数0.83，双屏蔽电缆头制作、安装人工乘以系数1.05。户内干包电缆头按1kV考虑，10kV户内干包电缆头按1kV相应子目人工乘以系数1.2。

(5) 电力电缆敷设定额均按铜芯考虑，铝芯电力电缆按同截面电缆敷设定额乘以系数0.83。铜包铝芯电力电缆按同截面电缆敷设定额乘以系数0.90。截面$400mm^2$以上至$800mm^2$的单芯电力电缆敷设按$400mm^2$电力电缆定额执行。$240mm^2$以上的电缆头的接线端子为异型端子，需要单独加工，应按实计算。

(6) 电缆沟挖填土方定额亦适用于电气管道沟等的挖填土方工作。

(7) 桥架安装

① 桥架安装包括运输、组合、螺栓或焊接固定，附件安装，切割口防腐，桥架开孔，上管件隔板安装，盖板安装。如实际发生弯头制作可执行一般铁构件制作。

② 桥架支撑架定额适用于立柱、托臂及其他各种支撑架的安装。本定额已综合考虑了采用螺栓、焊接和膨胀螺栓三种固定方式。

③ 玻璃钢梯式桥架和铝合金梯式桥架定额均按不带盖考虑，如这两种桥架带盖，则分别执行玻璃钢槽式桥架定额和铝合金槽式桥架定额。

(8) 电缆敷设系综合定额，已将裸包电缆、铠装电缆、屏蔽电缆等因素考虑在内，凡10kV以下的电力电缆分不同结构形式和型号，按相应的电缆截面执行定额。

(9) 电缆敷设定额及其相配套的定额中均未包括主材，另按设计和工程量计算规则加上定额规定的损耗率计算主材量。

(10) 穿刺线夹定额适用于电缆中间引出线，按电缆的规格设置项目，以“个”为计量单位，定额中包括了剥保护层的工作内容。

(11) 电缆沟挖填土方项目中，“含建筑垃圾土”系指建筑物周围及施工道路区域内的土质中含有建筑碎块或含有砌筑留下的砂浆等，称为建筑垃圾土。开挖路面不包括恢复路面。

(12) 干包电缆终端头定额按照四芯考虑，五芯电缆终端头乘系数1.05，六芯乘1.10系数。

(13) 移动盖板或揭或盖，定额均按一次考虑，如又揭又盖则按两次计算。

(14) 钢管、塑料保护管敷设，不适用穿墙、板保护管敷设。

(15) 定额未包括下列工作内容

① 隔热层、保护层的制作、安装。

② 电缆冬季施工的加温工作和在其他特殊施工条件下的施工措施费和施工降效增加费。

2. 计算规则

(1) 直埋电缆的挖、填土（石）方，除特殊要求外，可参照表3-9计算土方量。

表3-9　直埋电缆挖、填土（石）方量

项　目	电缆根数	
	1～2	每增一根
每米沟长挖方量/m^3	0.45	0.153

注：1. 两根以内的电缆沟，系按上口宽度600mm、下口宽度400mm、深度900mm计算的常规土方量；
2. 每增加一根电缆，其宽度增加170mm；
3. 以上土方量系按埋深从自然地坪起算，如设计埋深超过900mm时，多挖的土方量应另行计算。

(2) 电缆沟盖板揭、盖定额，按每揭或每盖一次以延长米计算，如又揭又盖，则按二次计算。

(3) 电缆保护管长度，除按设计规定长度计算外，可参照以下规定增加保护管长度

① 横穿道路，按路基宽度两端各增加 2m。

② 垂直敷设时，管口距地面增加 2m。

③ 穿过建筑物外墙时，按基础外缘以外增加 1m。

④ 穿过排水沟时，按沟壁外缘以外增加 1m。

(4) 电缆保护管埋地敷设，其土方量凡有施工图注明的，按施工图计算；无施工图的，一般按沟深 0.9m、沟宽按最外边的保护管两侧边缘外各增加 0.3m 工作面计算。

(5) 电缆敷设定额是以铜芯电缆敷设考虑的，按单根以延长米计算，铝芯电缆敷设按同截面铜芯电缆敷设定额乘以系数 0.83。

(6) 电缆敷设长度应根据敷设路径的水平和垂直敷设长度，并增加附加长度，见表 3-10。

表 3-10　电缆敷设附加长度

序号	项　　目	预留长度(附加)	说　明
1	电缆敷设弛度、波形弯度、交叉	2.5%	按电缆全长计算
2	电缆进入建筑物	2.0m	规范规定最小值
3	电缆进入沟内或吊架时引上(下)预留	1.5m	规范规定最小值
4	变电所进线、出线	1.5m	规范规定最小值
5	电力电缆终端头	1.5m	检修余量最小值
6	电缆中间接头盒	两端各留 2.0m	检修余量最小值
7	电缆进控制、保护屏及模拟盘等	高＋宽	按盘面尺寸
8	高压开关柜及低压配电盘、箱	2.0m	盘下进出线
9	电缆至电动机	0.5m	从电机接线盒起算
10	厂用变压器	3.0m	从地坪起算
11	电缆绕过梁柱等增加长度	按实计算	按被绕物的断面情况计算增加长度
12	电梯电缆与电缆架固定点	0.5m	规范最小值

(7) 电缆终端头及中间头均以“个”为计量单位。电力电缆和控制电缆均按一根电缆有两个终端头。中间电缆头设计有图示的，按设计确定；设计没有规定的，按实际情况计算(或按平均 250m 一个中间头考虑)。

(8) 桥架安装，以“10m”为计量单位。

(9) 电缆沿钢索架空敷设，以“100m”为计量单位，定额不包括钢索的安装和拉紧装置的制作安装，应另行计算。

(10) 钢索的计算长度以两端固定点的距离为准，不扣除拉紧装置的长度。

(11) 电缆敷设及桥架安装，应按定额说明的内容范围计算。

(12) 竖直通道电缆敷设适应于铁塔或高层建筑中设有专用全封闭电缆井的电缆敷设工程，按电缆截面划分项目，以“100m”为计量单位。

(13) 预分支电缆适应于高层建筑中封闭电缆井内敷设，主电缆和分支电缆按照截面规

格分别选用定额项目。

（五）防雷及接地装置

1. 定额说明

(1) 定额适用于建筑物、构筑物的防雷接地，变配电系统接地，设备接地以及避雷针的接地装置。

(2) 户外接地母线敷设定额系按自然地坪和一般土质综合考虑的，包括地沟的挖填土和夯实工作，执行本定额时不再计算土方量。如遇有石方、矿渣、积水、障碍物等情况时另行计算。

(3) 定额不适于采用爆破法施工敷设接地线、安装接地极，也不包括高土壤电阻率地区采用换土或化学处理的接地装置及接地电阻的测定工作。

(4) 定额中，避雷针的安装已考虑了高空作业的因素。

(5) 独立避雷针的加工制作执行第二册“一般铁构件”制作定额。

(6) 防雷均压环安装定额是按利用建筑物圈梁内主筋作为防雷接地连接线考虑的。如果采用单独扁钢或圆钢明敷设作均压环时，可执行“户内接地母线敷设”定额。

2. 计算规则

(1) 接地极制作安装以“根”为计量单位，其长度按设计长度计算，设计无规定时，每根长度按 2.5m 计算。若设计有管帽时，管帽另按加工件计算。

(2) 接地母线敷设，按设计长度以“m”为计量单位计算工程量。接地母线、避雷线敷设均按延长米计算，其长度按施工图设计水平和垂直规定长度另加 3.9%的附加长度（包括转弯、上下波动、避绕障碍物、搭接头所占长度）计算。计算主材量时应另增加规定的损耗率。

(3) 接地跨接线以“处”为计量单位，按规程规定凡需做接地跨接线的工程内容，每跨接一次按一处计算，户外配电装置构架均需接地，每副构架按“一处”计算。

(4) 避雷针的加工制作、安装，以“根”为计量单位，独立避雷针安装以“基”为计量单位。长度、高度、数量均按设计规定。独立避雷针的加工制作应执行“一般铁件”制作定额或按成品计算。

(5) 利用建筑物内主筋做接地引下线安装以“10m”为计量单位，每一柱子内按焊接两根主筋考虑，如果焊接主筋数超过两根，可按比例调整。

(6) 断接卡子制作安装以“套”为计量单位，按设计规定装设的断接卡子数量计算，接地检查井内的断接卡子安装按每井一套计算。

(7) 高层建筑物屋顶的防雷接地装置应执行“避雷网安装”定额，电缆支架的接地线安装应执行“户内接地母线敷设”定额。

(8) 均压环敷设以“m”为单位计算，主要考虑利用圈梁内主筋做均压环接地连线，焊接按两根主筋考虑，超过两根时，可按比例调整。长度按设计需要作均压接地的圈梁中心线长度，以延长米计算。

(9) 钢、铝窗接地以“处”为计量单位（高层建筑六层以上的金属窗设计一般要求接地)，按设计规定接地的金属窗数进行计算。

(10) 柱子主筋与圈梁连接以“处”为计量单位，每处按两根主筋与两根圈梁钢筋分别焊接连接考虑。如果焊接主筋和圈梁钢筋超过两根时，可按比例调整，需要连接的柱子主筋和圈梁钢筋“处”数按设计规定计算。

(11) 室内等电位以扁钢或其他导线作为接地体，可执行室内接地母线敷设项目。

（12）基础钢筋套管跨接、混凝土底板钢筋焊接均以“10处”为计量单位。基础钢筋套管跨接定额中钢筋按照8mm考虑，与实际不同时可换算。

（六）配管配线

1. 定额说明

（1）配管工程均未包括接线箱、盒及支架的制作、安装。钢索架设及拉紧装置制作、安装，插接式母线槽支架制作、槽架制作及配管支架应执行铁构件制作定额。

（2）连接设备导线预留长度见表3-11。

表3-11 导线预留长度

序号	项 目	预留长度	说 明
1	各种开关箱、柜、板	高＋宽	盘面尺寸
2	单独安装（无箱、盘）的铁壳开关、闸刀开关、启动器、母线槽进出线盒等	0.3m	以安装对象中心算
3	由地平管子出口引至动力接线箱	1m	以管口计算
4	电源与管内导线连接（管内穿线与软、硬母线接头）	1.5m	以管口计算
5	出户线	1.5m	以管口计算

（3）沟槽内配管定额均不包括开槽，应按本章有关项目另行计算。

（4）带筋接线盒定额钢筋按照300mm长考虑，与实际不同时调整。

（5）阻燃型电线执行同截面塑料护套线定额乘1.10系数。

2. 计算规则

（1）各种配管应区别不同敷设方式、敷设位置、管材材质、规格，以“延长米”为计量单位，不扣除管路中间的接线箱（盒）、灯头盒、开关盒所占长度。

（2）定额中未包括钢索架设及拉紧装置、接线箱（盒）、支架的制作安装，其工程量应另行计算。

（3）管内穿线的工程量，应区别线路性质、导线材质、导线截面，以单线“延长米”为计量单位。线路分支接头线的长度已综合考虑在定额中，不再另行计算（照明线路中的导线截面大于或等于6mm^{2}时，应执行动力线路穿线相应项目）。

（4）铜包铝电线执行本定额同截面项目乘0.90系数。

（5）绝缘子配线工程量，应区别绝缘子形式（针式、鼓式、蝶式）、绝缘子配线位置（沿屋架、梁、柱、墙，跨屋架、梁、柱、顶棚内、砖、混凝土结构，沿钢支架及钢索）、导线截面积，以线路“延长米”为计量单位（绝缘子暗配，引下线按线路支持点至天棚下缘距离的长度计算）。

（6）槽板配线工程量，应区别槽板材质（木质、塑料）、配线位置（砖、混凝土）、导线截面、线式（二线、三线），以线路“延长米”为计量单位。

（7）塑料护套线明敷工程量，应区别导线截面、导线芯数（二芯、三芯）、敷设位置（砖混凝土结构、沿钢索），以单根线路“延长米”为计量单位。

（8）线槽配线工程量，应区别导线截面，以单根线路“延长米”为计量单位。

（9）钢索架设工程量，按图示墙（柱）内缘距离，以“延长米”为计量单位，不扣除拉紧装置所占长度。

（10）母线拉紧装置及钢索拉紧装置制作安装工程量，应区别母线截面、花篮螺栓直径（12、16、18），以“套”为计量单位。

(11) 车间带形母线安装工程量，应区别母线材质（铝、钢）、母线截面、安装位置（沿屋架、梁、柱、墙，跨屋架、梁、柱），以“延长米”为计量单位。

(12) 混凝土地面刨沟、墙面剔堵槽工程量，应区别管子直径，以“延长米”为计量单位。

(13) 接线箱安装工程量，应区别安装形式（明装、暗装）、接线箱半周长，以“个”为计量单位。

(14) 接线盒安装工程量，应区别安装形式（明装、暗装、钢索上）以及接线盒类型，以“个”为计量单位。凡接线盒中需要填充木屑、泡沫并用胶带固定封闭者定额乘以 1.1 系数。

(15) 灯具，明、暗开关，插座，按钮等的预留线，已分别综合在相应定额内，不另行计算。配线进入开关箱、柜、板的预留线，可参照表 3-12 长度，分别计入相应的工程量内。

表 3-12　配线进入开关箱、柜、板的预留线（每一根线）

序号	项　　目	预留长度	说　明
1	各种开关、柜、板	宽＋高	盘面尺寸
2	单独安装(无箱、盘)的铁壳开关、闸刀开关、启动器、线槽进出线盒等	0.3m	从安装对象中心算起
3	由地面管子出口引至动力接线箱	1.0m	从管口计算
4	电源与管内导线连接(管内穿线与软、硬母线接点)	1.5m	从管口计算
5	出户线	1.5m	从管口计

（七）电气调整试验

1. 定额说明

(1) 内容包括电气设备的本体试验和主要设备的分系统调试。成套设备的整套启动调试按专业定额另行计算。主要设备的分系统内所含的电气设备元件的本体试验已包括在该分系统调试定额之内。如：变压器的系统调试中已包括该系统中的变压器、互感器、开关、仪表和继电器等一、二次设备的本体调试和回路试验。绝缘子和电缆等单体试验，适用于单独试验时使用，不得重复计算。

(2) 送配电设备调试中的 1kV 以下定额适用于所有低压供电回路，如从低压配电装置至分配电箱的供电回路；从配电箱至电动机的供电回路已包括在电动机的系统调试定额内。送配电设备系统调试包括系统内的电缆试验、瓷瓶耐压等全套调试工作。供电桥回路中的断路器、母线分段断路器皆作为独立的供电系统计算。定额皆按一个系统一侧配一台断路器考虑。若两侧皆有断路器时，则按两个系统计算。如果分配电箱内只有刀开关、熔断器及空气开关等不含调试元件的供电回路，则不作为调试系统计算。

(3) 定额不包括设备的烘干处理和设备本身缺陷造成的元件更换修理和修改，亦未考虑因设备元件质量低劣对调试工作造成的影响。定额系按新的合格设备考虑的，如遇以上情况时，应另行计算。经修配改或拆迁的旧设备调试，定额乘以系数 1.1。

(4) 定额只限电气设备自身系统的调整试验，未包括电气设备带动机械设备的试运工作，发生时应另行计算。

2. 计算规则

(1) 电气调试系统的划分以电气系统图为依据。电气设备元件的本体试验均包括在相应定额的系统调试之内。绝缘子和电缆等单体试验，只在单独试验时使用。在系统调试定额中各工序的调试费如需单独计算时，可参照表 3-13 比例计算。

表 3-13　电气调试系统各工序的调试费用

项目比率/% 工序	发电机调相机系统	变压器系统	送配电设备系统	电动机系统
一次设备本体试验	30	30	40	30
附属高压二次设备试验	20	30	20	30
一次电流及二次回路检查	20	20	20	20
继电器及仪表试验	30	20	20	20

(2) 电气调试所需的电力消耗已包括在定额内，一般不另计算。但 10kW 以上电机及发电机的启动调试用的蒸汽、电力和其他动力能源消耗及变压器空载试运转的电力消耗，另行计算。

(3) 供电桥回路断路器、母线分段断路器，均按独立的送配电设备系统计算调试费。

(4) 送配电设备系统调试，系按一侧有一台断路器考虑，若两侧均有断路器时，则应按两个系统计算。

(5) 送配电设备系统调试，适用于各种供电回路（包括有特殊要求的照明供电回路）的系统调试。凡供电回路中带有仪表、继电器、电磁开关等需要施工现场进行调试的元件，均按调试系统计算。移动式电器和以插座连接的家电设备不计算调试费。

(6) 接地网的调试

① 接地网接地电阻的测定。连为一体的母网，按一个系统计算；自成母网不与厂区母网相连的独立接地网，另按一个系统计算。大型建筑群各接地网（接地电阻值设计有要求），虽然在最后也将各接地网联在一起，但应按各自的接地网计算，不能作为一个网。

② 避雷针接地电阻的测定。每一避雷针均有单独接地网（包括独立的避雷针、烟囱避雷针等）时，均按一组计算。

③ 独立的接地装置按组计算。

(7) 避雷器、电容器的调试，按每三相为一组计算；单个装设的亦按一组计算，上述设备如设置在发电机、变压器、输、配电线路的系统或回路内，仍应按相应定额另外计算调试费。

(8) 一般的住宅、学校、办公楼、旅馆、商店等民用电气工程的供电调试

① 配电室内带有调试元件的盘、箱、柜和带有调试元件的照明主配电箱，应按供电方式执行相应的"配电设备系统调试"定额。

② 每个用户房间的配电箱（板）上虽装有电磁开关等调试元件，但生产厂家已按固定的常规参数调整好，不需要安装单位进行调试就可直接投入使用的，不应计取调试费用。

③ 民用电度表的高速校验属于供电部门的专业管理，一般皆由用户向供电局订购调试完毕的电度表，不应另外计算调试费用。

(八) 照明器具

1. 照明器具安装定额说明

(1) 各种灯具的引导线，均已综合考虑在定额内。

(2) 厂区、小区路灯、投光灯、碘钨灯、氙气灯、烟囱或水塔指示灯，均已考虑了一般工程的高空作业因素，其他灯具安装高度如超过 5m，按册说明中规定的超高系数另行计算。

(3) 定额中装饰灯具项目均已考虑了一般工程的超高作业因素。

(4) 定额内已包括利用摇表测量绝缘及一般灯具的试亮工作（但不包括特殊灯具的调试工作）。

灯具安装定额是按以下方法区分的。

① 普通灯具安装定额适用范围见表 3-14。

表 3-14　普通灯具安装定额适用范围

定额名称	灯　具　种　类
圆球吸顶灯	材质为玻璃的螺口、卡口圆球独立吸顶灯
半圆球吸顶灯	材质为玻璃的独立的半圆球吸顶灯、扁圆罩吸顶灯、平圆形吸顶灯
方形吸顶灯	材质为玻璃的独立的矩形罩吸顶灯、大口方罩吸顶灯
软线吊灯	利用软线为垂吊材料，独立的材质为玻璃、塑料、搪瓷，形状如碗、伞、平盘灯罩组成的各式软线吊灯
吊链灯	利用吊链为辅助悬吊材料，材质为玻璃、塑料罩的各式吊链灯
防水吊灯	一般防水吊灯
一般弯脖灯	圆球弯脖灯、马路弯灯、风雪壁灯
一般壁灯	各种材质的，一般壁灯、镜前灯、摇壁灯
软线吊灯头	一般吊灯头
防水灯头	一般塑胶、瓷质灯头
声光控座灯头	一般声控、光控座灯头
座灯头	一般塑胶、瓷质座灯头

② 装饰灯具安装定额适用范围见表 3-15。

表 3-15　装饰灯具安装定额适用范围

定额名称	灯　具　种　类(形式)
吊式艺术装饰灯具	不同材质、不同灯体垂吊长度、不同灯体直径(半周长)的蜡烛灯、挂片灯、串珠(穗)灯、串棒灯、吊杆式组合灯、玻璃罩(带装饰)灯
吸顶式艺术装饰灯具	不同材质、不同灯体垂吊长度、不同灯体直径(半周长)的挂片灯、串珠(穗)灯、串棒灯、挂碗灯、挂碟灯、玻璃罩(带装饰)灯
荧光艺术装饰灯具	不同安装形式、不同灯管数量的组合荧光灯光带，不同几何形式的内藏组合式荧光灯，不同几何尺寸、不同灯具形式的发光棚，不同形式的立体广告灯箱、荧光灯光沿
几何形状组合艺术灯具	不同固定形式、不同灯具形式的繁星灯、钻石星灯、礼花灯、玻璃罩钢架组合灯、凸片灯、反射柱灯、筒形钢架灯、U 形组合灯、弧形管组合灯
标志、诱导装饰灯具	不同安装形式的标志、诱导灯
水下艺术装饰灯具	简易型彩灯、密封型彩灯、喷水池灯、幻光型灯
点光源艺术装饰灯具	不同安装形式、不同灯体直径的筒灯、牛眼灯、射灯、轨道射灯
草坪灯具	各种立柱式、墙壁式的草坪灯
歌舞厅灯具	各种安装形式的变色转盘灯、激光灯、幻影旋转彩灯、维纳斯旋转彩灯、卫星旋转效果灯、飞碟旋转效果灯、多头旋转灯、滚筒灯、频闪灯、太阳灯、雨灯、歌星灯、边界灯、射灯、烟雾发生器、迷你满天星彩灯、多头宇宙灯、镜面球灯、蛇光管

③ 荧光灯具安装定额适用范围见表 3-16。

表 3-16 荧光灯具安装定额适用范围

定额名称	灯具种类
组装型荧光灯	单管、双管、三管吊链式、吸顶式、现场组装荧光灯
成套型荧光灯	单管、双管、三管吊链式、吸顶式、嵌入式成套荧光灯

④ 工厂灯及防水防尘灯安装定额适用范围见表 3-17。

表 3-17 工厂灯及防水防尘灯安装定额适用范围

定额名称	灯具种类
直杆工厂吊灯	配照(GC_1-A)、广照(GC_3-A)、深照(GC_5-A)、斜照(GC_7-A)、圆球(GC_{17}-A)、双罩(GC_{19}-A)
吊链式工厂灯	配照(GC_1-B)、广照(GC_3-B)、深照(GC_5-B)、斜照(GC_7-B)、双罩(GC_{19}-B)、圆球(GC_{17}-B)
吸顶式工厂灯	配照(GC_1-C)、广照(GC_3-C)、深照(GC_5-C)、斜照(GC_7-C)、双罩(GC_{19}-C)
弯杆式工厂灯	配照(GC_1-D,E)、广照(GC_3-D,E)、深照(GC_5-D,E)、斜照(GC_7-D,E)、双罩(GC_{19}-C)、局部深罩(GC_{26}-F,H)
悬挂式工厂灯	配照(GC_{21}-1,2)、深照(GC_{23}-1,2,3)
防水防尘灯	广照(GC_9-A,B,C)、广照有保护(GC_{11}-A,B,C)、散照(GC_{15}-A,B,C,D,E,F,G)

⑤ 工厂其他灯具安装定额适用范围见表 3-18。

表 3-18 工厂其他灯具安装定额适用范围

定额名称	灯具种类
防潮灯	扁形防潮灯(GC-31)、防潮灯(CC-33)
腰形舱顶灯	腰形舱顶灯 CCD-1
管形氙气灯	自然冷却式 220V/380V,20kW 以内
碘钨灯	DW 型,220V/300V,1000W 以内
投光灯	TC:TG2、TG3、TG7、TGi 型室外投光灯
高压水银灯镇流器	外附式镇流器 125～450W
安全灯	(AOB-1,2,3)、(AOC-1,2)型安全灯
防爆灯	CB3C-200 型防爆灯
高压水银防爆灯	CB3C-125/250 型高压水银防爆灯
防爆荧光灯	CB3C-1,2 单、双管防爆荧光灯

⑥ 医院灯具安装定额适用范围见表 3-19。

表 3-19 医院灯具安装定额适用范围

定额名称	灯具种类
病房指示灯	病房指示灯、影剧院太平灯
病房暗脚灯	病房暗脚灯、建筑物暗脚灯
无影灯	3～12 孔管式无影灯

⑦ 路灯安装定额适用范围见表 3-20。

表 3-20　路灯安装定额适用范围

定额名称	灯　具　种　类
大马路弯灯	臂长 1200mm 以下、臂长 1200mm 以上
庭院路灯	三火以下、七火以下

⑧ 市政路桥照明器具包括单、双臂挑灯、广场及高杆灯架、其他灯具、杆座等安装。市政路桥照明器具安装定额适用范围，主要是城市内道路和桥梁以及厂区和住宅小区照明器具安装。

2. 计算规则

(1) 普通灯具安装工程量，应区别灯具的种类、型号、规格，以“套”为计量单位计算工程量。

(2) 吊式艺术装饰灯具的工程量，应根据装饰灯具示意图集所示，区别不同装饰物以及灯体直径和灯体垂吊长度，以“套”为计量单位计算。灯体直径为装饰物的最大外缘直径，灯体垂吊长度为灯座底部到灯梢之间的总长度。

(3) 吸顶式艺术装饰灯具安装工程量，应根据装饰灯具示意图集所示，区别不同装饰物、吸盘的几何形状、灯体直径、灯体周长和灯体垂吊长度，分别计算工程量。灯体直径为吸盘最大外缘直径；灯体半周长为矩形吸盘的半周长；吸顶式艺术装饰灯具的灯体垂吊长度为吸盘到灯梢之间的总长度。

(4) 荧光艺术装饰灯具安装工程量，应根据装饰灯具示意图集所示，区别不同安装形式和计量单位计算。

① 组合荧光灯带安装工程量，应根据装饰灯具示意图集所示，区别安装形式、灯管数量，以“延长米”为计量单位计算。灯具的设计数量与定额不符时，可以按设计数量加损耗量调整主材。

② 内藏组合式灯安装工程量，应根据装饰灯具示意图集所示，区别灯具组合形式，以“延长米”为计量单位计算。灯具的设计数量与定额不符时，可根据设计数量加损耗量调整主材。

③ 发光棚安装工程量，应根据装饰灯具示意图集所示，以“m^2”为计量单位，发光棚灯具按设计数量加损耗量计算。

④ 立体广告灯箱、荧光灯安装工程量，应根据装饰灯具示意图集所示，以“延长米”为计量单位。灯具的设计用量与定额不符时，可根据设计数量加损耗量调整主材。

(5) 几何形状组合艺术灯具安装工程量，应根据装饰灯具示意图集所示，区别不同安装形式及灯具的不同形式计算。

(6) 标志、诱导装饰灯具安装工程量，应根据装饰灯具示意图集所示，区别不同安装形式，以“套”为计量单位计算。

(7) 水下艺术装饰灯具安装工程量，应根据装饰灯具示意图集所示，区别不同安装形式、不同灯具直径，以“套”为计量单位计算。

(8) 点光源艺术装饰灯具安装工程量，应根据装饰灯具示意图集所示，区别不同安装形式、不同灯具直径分别进行计算。

(9) 草坪灯具安装工程量，应根据装饰灯具示意图集所示，区别不同安装形式分别计算。

(10) 歌舞厅灯具安装工程量，应根据装饰灯具示意图集所示，区别不同灯具形式，分别以“套”、“延长米”、“台”为计量单位计算。

(11) 荧光灯具安装工程量，应区别灯具安装形式、灯具种类、灯管数量，以“套”为计量单位计算。

(12) 工厂其他灯具安装工程量，应区别不同灯具类型、安装形式、安装高度，以“套”、“个”、“延长米”为计量单位计算。

(13) 医院灯具安装工程量，应区别灯具种类，以“套”为计量单位计算。

(14) 路灯安装工程量

① 各种悬壁灯按形式和灯数、广场灯按高度和灯数、高杆灯灯架按形式和灯数分别以“套”为计量单位计算。

② 照明器具安装，镇流器、触发器、电容器等以“套”为计量单位计算。

③ 杆座安装按照材质以“只”为计量单位计算。

④ 钢管煨制灯架按钢管长度以“t”为计量单位计算。

⑤ 配电箱、电缆、配管配线、接地装置、电缆接头、焊压接线端子等制作安装应执行相应定额。

(15) 开关、按钮安装工程量，应区别开关、按钮安装形式，开关、按钮种类，开关极数以及单控与双控，以“套”为计量单位计算。

(16) 插座安装工程量，应区别电源相数、额定电流、插座安装形式、插座插孔个数，以“套”为计量单位计算。

(17) 安全变压器安装工程量，应区别安全变压器容量，以“台”为计量单位计算。

(18) 电铃、电铃号牌箱安装工程量，应区别电铃直径、电铃号牌箱规格（号），以“套”为计量单位计算。

(19) 门铃安装工程量，应区别门铃安装形式，以“个”为计量单位计算。

(20) 风扇安装工程量，应区别风扇种类，以“台”为计量单位计算。

(21) 风机盘管三速开关、“请勿打扰”灯、需刨插座安装工程量，以“套”为计量单位计算。

(22) 卫生间吹风、自动干手装置不分型号，以“台”为计量单位计算。

(23) 红外线浴霸以“光源数”为计量单位计算。

任务实施

本节以某二层商业楼为例，介绍电气照明工程定额计量与计价。

一、某商业楼电气照明工程施工图

电气照明设计说明

1. 电源及配电

此建筑电源由城市电网引入 380V/220V 电源到一层配电箱，电缆直埋。电源系统采用三相四线+PE 线制式。

2. 导线选型及线路敷设

所有线路采用铜芯绝缘电线（BV-500V）穿阻燃型可挠硬塑管敷设于屋顶、地面及墙体内。

凡平面图内未注线路如下。

（1）照明回路　BV-2×2.5mm^2，两根导线穿管 PC16，三根导线穿管 PC20，四根以上导线穿管 PC25。

（2）普通插座支路　BV-3×4mm^2，穿管 PC20，其中一根为专用的保护接地线，即 PE 线。

施工时应注意其外皮颜色与相线及零线外皮颜色有明显区别，并且整个工程中应保持一致。

3. 电器安装及高度

各层照明配电箱暗装，距地 1.4m。扳式开关距地 1.4m。声光控延时开关距地 2.0m。插座均距地 0.3m。

4. 系统接地保护

低压配电系统 TN-S 制式，具体做法如下：配电箱中相线做重复接地保护，要求接地电阻 $R \leqslant 10\Omega$。

楼内所有穿线的钢管、配电箱、金属用电设备外壳，均应跨焊为一体，用 PE 线连接为良好导电通路。

单相三根插座接地极与 PE 管可靠连接，照明支路采用自动空气开关保护，插座支路采用漏电断路器保护，其漏电脱扣电流鉴定值 $\Delta I \leqslant 30$mA，其动作时间 $T_n \leqslant 0.1$s。

5. 图例及材料表、施工图

图例及材料设备表见表 3-21。施工图详见图 3-20～图 3-22。

表 3-21　图例及材料设备表

序号	符号	设备名称	型号规格	数量	单位	备注
1		照明配电箱	Volta	2	个	
2		天棚灯	Y-YGD310	11	个	
3		暗装三极开关	AP86K31-10	3	个	
4		暗装单极开关	AP86K11-10	7	个	
5		声光控延时开关	AP86K	2	个	
6		单相二、三极安全插座	AP86Z223A-10	38	个	
7		双管荧光灯	L8	54	个	

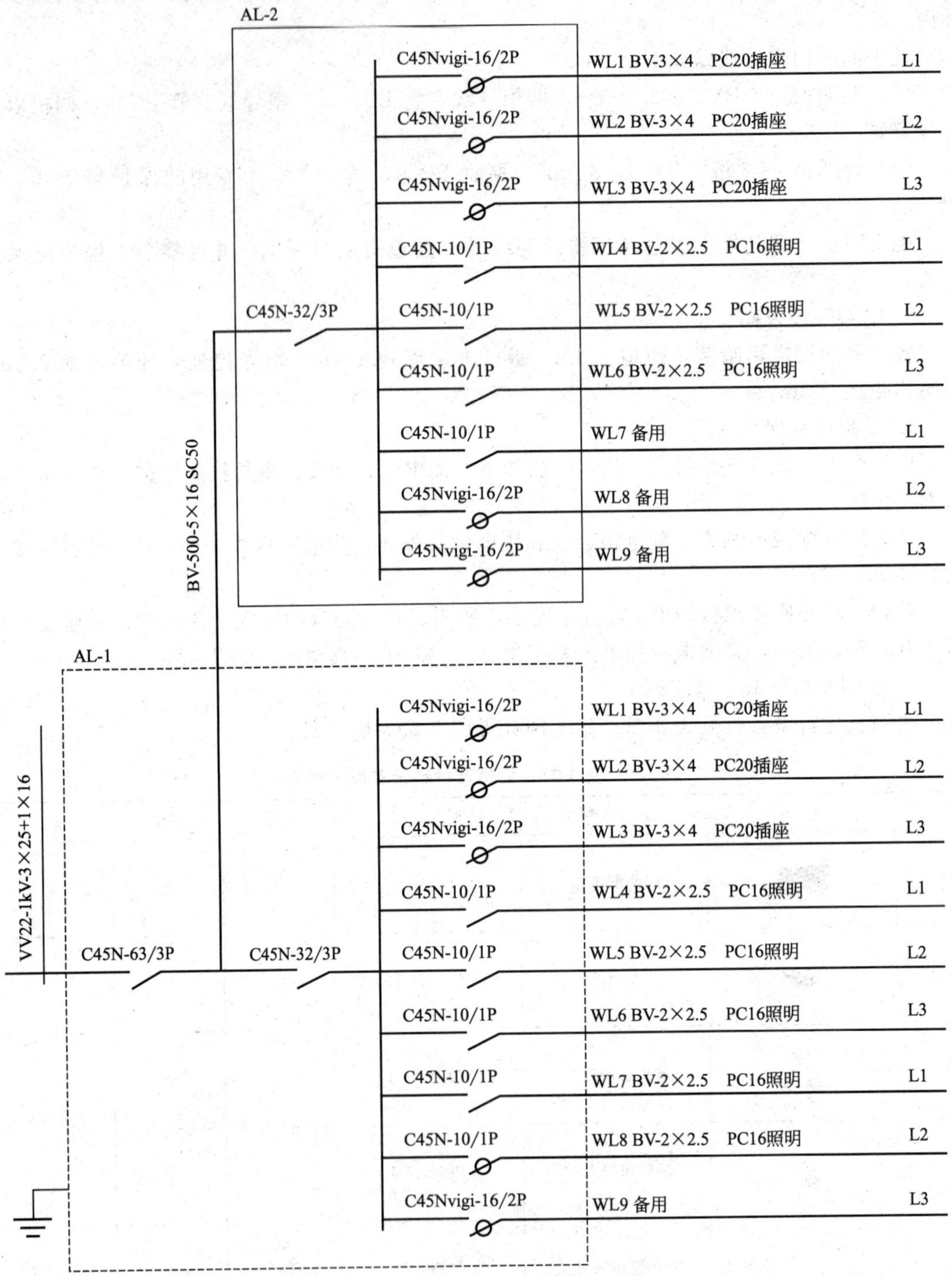

图 3-20 照明系统图

二、室内电气照明工程定额计量与计价实例

（一）编制依据及有关说明

（1）2011 年××省建设工程计价依据《安装工程预算定额》。

（2）2011 年××省建设工程计价依据《建设工程费用定额》。

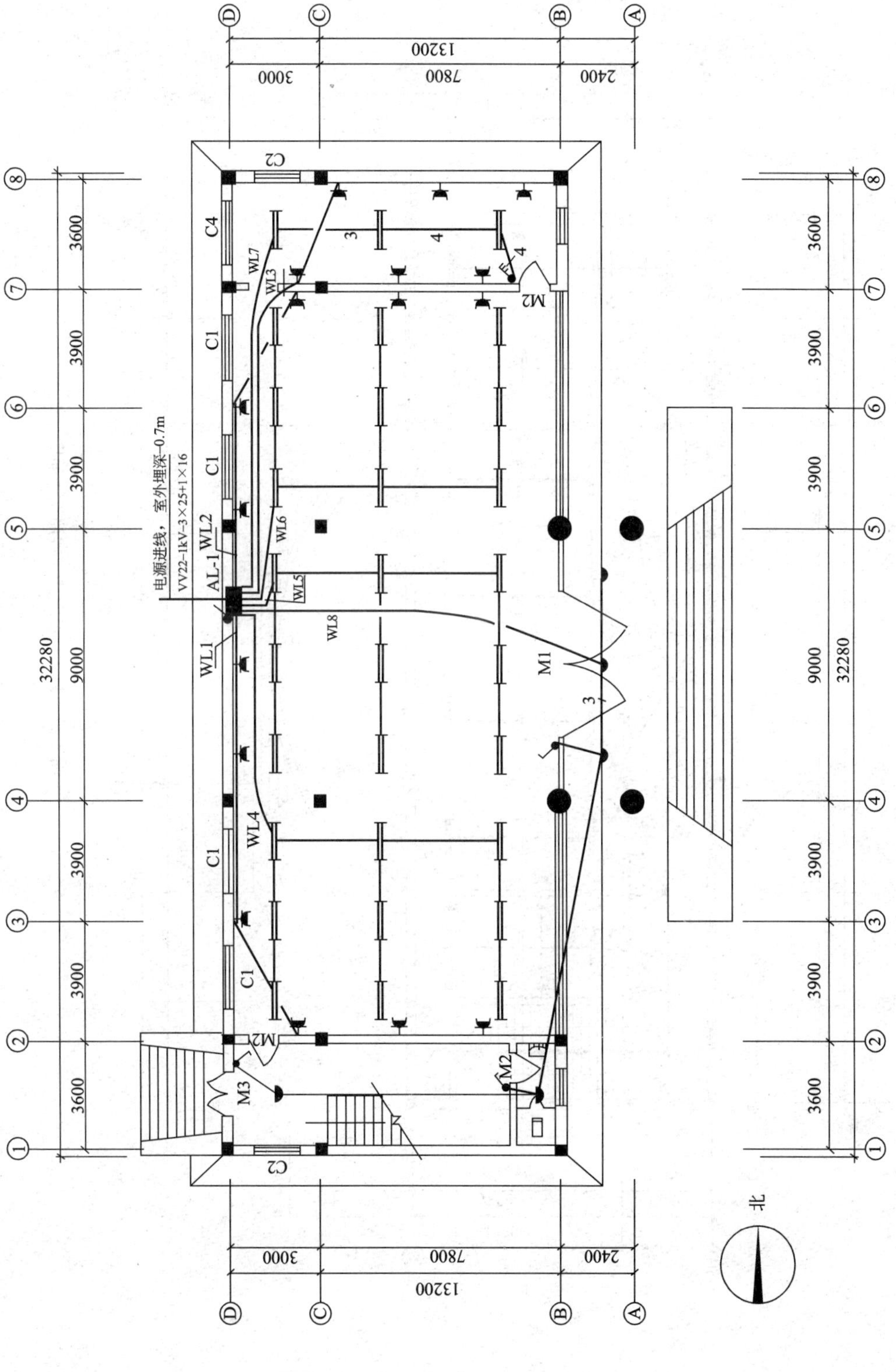

图 3-21　某二层商业楼首层照明平面图

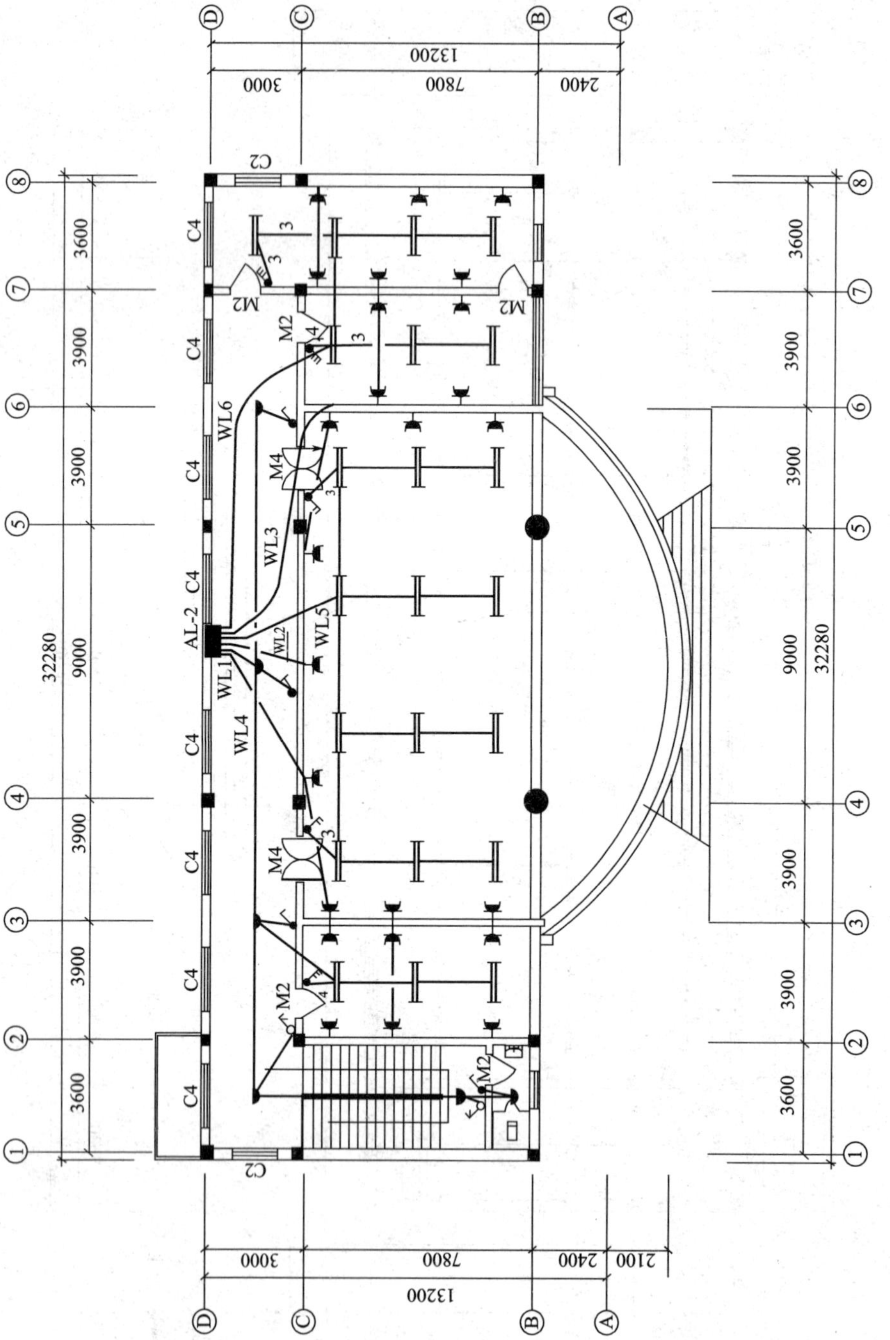

图 3-22　某二层商业楼二层照明平面图

(3) ××商业集团二层商业楼室内电气工程施工图。

(4) 2011年××市建设工程材料预算价格。

(二) 工程量计算表、封面、安装工程费用总值表、安装工程预算表

工程量计算表、封面、安装工程费用总值表、安装工程预算表见表3-22～表3-25。

表3-22　某商业集团二层商业楼照明电气工程量计算表

序号	项目名称及规格	计算式	数量	单位
一、进户管线(室外至一层配电箱)				
1	VV22-3×25+1×16	室外预留2+垂直(0.7+1.2+1.4)+箱预2	7.3	m
2	电缆终端头 $35mm^2$ 以下	2	2	个
二、表箱间管线(AL1-AL2)				
3	暗配SC50	垂直4.8	4.8	m
4	BV-16	4.8×5根+预1m/个×5个/处×2处	34	m
5	压铜端子-16	5×2	10	个
三、户内管线				
	1层			
6	WL1:暗配PVC20	立1.4+水平10.4+4.8+6.1+插座0.3×11=26(m)		
7	WL2:暗配PVC20	立1.4+水平6.5+4.7+6.1+插座0.3×9=21.4(m)		
8	WL3:暗配PVC20	立1.4+水平1+8.6+1.8+6.1+3.9+6.1+插座0.3×11=32.2(m)		
9	BV-4	(26+21.4+32.2)×3+预1×3×3=247.8(m)		
10	外部接线-4	3×3=9(个)		
11	WL4:暗配PVC16	立(4.8−1.4)+水平(8.6+7.4+5.1×3)=34.7(m)		
12	WL5:暗配PVC16	立(4.8−1.4)+水平(1.8+7.4+6×3)=30.6(m)		
13	WL6:暗配PVC16	立(4.8−1.4)+水平(4.4+7.4+5.1×3)=30.5(m)		
14	WL7:暗配PVC16	立(4.8−1.4)+水平12.5=15.9(m)		
	3根　PVC20	3.5m		
	4根　PVC25	水平3.9+2.1+开(4.8−1.4)=9.4(m)		
15	WL8:暗配PVC16	立(4.8−1.4)+水平(12.6+3.1+1.5)+开(4.8−1.4)+11.4+1+开(4.8−1.4)+8.7+2.1+开(4.8−1.4)=54(m)		
	3根　PVC20	3.1m		
16	BV-2.5	(34.7+30.6+30.5+15.9+54)×2+(3.5+3.1)×3+9.4×4+预留长1×2×5=398.8(m)		
17	外部接线-2.5	2×5=10(个)		
	2层			
18	WL1:暗配PVC20	立1.4+水平5.4+4.8+5.4+3.9+4+插座0.3×11=28.2(m)		

续表

序号	项目名称及规格	计算式	数量	单位
三、户内管线				
19	WL2:暗配 PVC20	立 1.4＋水平 3.3＋3.6＋4.2＋5.4＋插座 0.3×9＝20.6(m)		
20	WL3:暗配 PVC20	立 1.4＋水平 10.4＋4.3＋3.9＋4.8＋3.6＋6.1＋插座0.3×17＝39.6(m)		
21	BV-4	(28.2＋20.6＋39.6)×3＋预 1×3×3＝274.2(m)		
22	外部接线-4	3×3＝9(个)		
23	WL4:暗配 PVC16	立(3.9－1.4)＋1.8＋1.7＋开(3.9－1.4)＋22.6＋1.7＋开(3.9－1.4)＋1.5＋开(3.9－1.4)＋8.7＋1＋开(3.9－1.4)＋2.6＋声开(3.9－2)＋1＋声开(3.9－2)＋3.5＋5.1＝67.5(m)		
	4 根　PVC25	1.2＋开(3.9－1.4)＝3.7(m)		
24	WL5:暗配 PVC16	立(3.9－1.4)＋水平(1.2＋3.5＋12.9＋5.1×4)＝40.5(m)		
	3 根　PVC20	1.8×2＋开(3.9－1.4)×2＝8.6(m)		
25	WL6:暗配 PVC16	立(3.9－1.4)＋水平(11.1＋2.6＋3.6＋5.2)＝25(m)		
	3 根　PVC20	2.6＋2.6＋1.9＋开(3.9－1.4)＝9.6(m)		
	4 根　PVC25	1.1＋开(3.9－1.4)＝3.6(m)		
26	BV-2.5	(67.5＋40.5＋25)×2＋(8.6＋9.6)×3＋(3.7＋3.6)×4＋预留长 1×2×3＝355.8(m)		
27	外部接线-2.5	2×3＝6(个)		
	户内管线合计:			
	PVC16	34.7＋30.6＋30.5＋15.9＋54＋67.5＋40.5＋25	298.7	m
	PVC20	26＋21.4＋32.2＋3.5＋3.1＋28.2＋20.6＋39.6＋8.6＋9.6	192.8	m
	PVC25	9.4＋3.7＋3.6	16.7	m
	BV-2.5	398.8＋355.8	754.6	m
	外部接线-2.5	10＋6	16	个
	BV-4	247.8＋274.2	522	m
	外部接线-4	9＋9	18	个
四、电气设备及灯具				
28	配电箱 540×460	AL1、AL2	2	台
29	双管荧光灯	30＋22	52	套
30	天棚灯	5＋6	11	套
31	单联开关	3＋4	7	个
32	双联开关	2＋1	3	个
33	三联开关	2＋1	3	个
34	声控开关	2	2	个
35	普通插座	17＋24	41	个
36	开关盒	7＋3＋3＋2＋41	56	个
37	接线盒	11＋52	63	个

表 3-23　安装工程预算书封面

建筑安装工程预算书	
建设工程名称:某二层商业楼	单位(项)工程名称:电气照明工程
工程类别:	结构类型:框架
项目编号:	预(结)算造价:22990.55元
建设单位:××商业集团	施工单位:××建筑安装工程公司
审核主管:×××	编制主管:×××
审核人:×××	编制人:×××
审核人证号:	编制人证号:
审核日期:	编制日期:

表 3-24　建筑（安装）工程预算总值表

序号	费用名称	取费说明	费率/%	费用金额/元
(1)	直接工程费	直接工程费合计		5946.92
(2)	其中:人工费			4956.4
(3)	施工技术措施费	技术措施项目合计		148.69
(4)	其中:人工费			37.17
(5)	施工组织措施费	(2)	11.82	585.84
(6)	其中:人工费	(5)	20	117.17
(7)	直接费小计	(1)+(3)+(5)		6681.45
(8)	企业管理费	(2)+(4)+(6)	25	1277.69
(9)	规费	(2)+(4)+(6)	50.64	2588.07
(10)	间接费小计	(8)+(9)		3865.76
(11)	利润	(2)+(4)+(6)	24	1226.58
(12)	主材费	主材费+设备费		10444.24
(13)	税金	(7)+(10)+(11)+(12)	3.477	772.52
(14)	工程造价	(7)+(10)+(11)+(12)+(13)		22990.55

表 3-25　建筑(安装)工程预算表

序号	编号	名称	工程量		价值/元		其中/元			
			单位	数量	单价	合价	人工费	材料费	机械费	主材设备费
1	C2-680	三芯或三芯连地直埋电缆敷设　截面 $120mm^2$ 以下	100m	0.07	753.32	54.99	47.44	3.42	4.13	
		电力电缆 VV22-3×25+1×16	m	7.373	55.82	411.56				411.56
2	C2-778	干包终端头　1kV 以下截面 $35mm^2$ 以下	个	2	112.77	225.54	150.48	300.6		
3	C2-1034	钢管敷设砖、混凝土结构暗配　钢管公称口径 50mm 以内	100m	0.05	1087.97	52.22	41.48	6.07	4.67	
		焊接钢管	m	4.944	28.79	142.34				142.34
4	C2-1168	管内穿铜芯导线　动力线路　导线截面 $16mm^2$ 以内	100m/单线	0.34	81.62	27.75	21.32	6.43		
		铜芯聚氯乙烯绝缘电线 BV-16	m	35.7	14.12	504.08				504.08
5	C2-384	压铜接线端子　导线截面 $16mm^2$ 以内	10 个	1	51.1	51.1	25.08	26.02		
6	C2-1109	塑料电线管敷设　塑料阻燃管敷设　砖、混凝土结构内配管　公称口径 15mm 以内	100m	2.99	448.54	1339.79	1314.4	25.39		
		阻燃管	m	328.57	0.91	299				299
7	C2-1110	塑料电线管敷设　塑料阻燃管敷设　砖、混凝土结构内配管　公称口径 20mm 以内	100m	1.93	488.02	940.9	922.03	18.88		
		阻燃管	m	212.08	1.44	305.4				305.4
8	C2-1111	塑料电线管敷设　塑料阻燃管敷设　砖、混凝土结构内配管　公称口径 25mm 以内	100m	0.17	521.5	87.09	85.2	1.9		
		阻燃管	m	18.37	2.14	39.31				39.31
9	C2-1162	管内穿铜芯导线　照明线路　导线截面 $2.5mm^2$ 以内	100m/单线	7.55	78.54	592.66	430.12	162.54		
		铜芯聚氯乙烯绝缘电线	m	875.336	2.09	1829.45				1829.45
10	C2-1163	管内穿铜芯导线　照明线路　导线截面 $4mm^2$ 以内	100m/单线	5.22	61.51	321.08	208.28	112.8		
		铜芯聚氯乙烯绝缘电线	m	605.52	3.29	1992.16				1992.16
11	C2-374	无端子外部接线 2.5	10 个	1.6	20.51	32.82	20.06	12.75		
12	C2-375	无端子外部接线 6	10 个	1.8	25.07	45.13	30.78	14.35		

续表

序号	编号	名称	工程量		价值/元		其中/元			
			单位	数量	单价	合价	人工费	材料费	机械费	主材设备费
13	C2-304	悬挂嵌入式半周长 1.5m	台	2	191.9	383.8	262.2	121.6		
		配电箱	台	2	800	1600				1600
14	C2-1316	普通灯具安装　普通座灯头	10 套	1.1	68.65	75.52	58.94	16.58		
		成套灯具	套	11.11	2.56	28.44				28.44
15	C2-1508	荧光灯具安装　吸顶式　双管	10 套	5.2	172.04	894.61	809.17	85.44		
		成套灯具	套	52.52	52.57	2760.98				2760.98
16	C2-1553	扳式暗开关(单控)　单双联	10 套	0.7	57.19	40.03	34.71	5.32		
		成套开关	套	7.14	4.2	29.99				29.99
17	C2-1553	扳式暗开关(单控)　单双联	10 套	0.3	57.19	17.16	14.88	2.28		
		成套开关　双联	套	3.06	4.61	14.11				14.11
18	C2-1554	扳式暗开关(单控)　三联	10 套	0.3	63.95	19.19	15.9	3.28		
		成套开关	套	3.06	7.84	23.99				23.99
19	C2-1556	声光节能　延时开关	10 套	0.2	58.33	11.67	10.15	1.52		
		成套开关	套	2.04	29.11	59.38				59.38
20	C2-1566	单相暗插座　15A　5 孔	10 套	4.1	75.86	311.03	257.07	53.96		
		成套插座	套	41.82	6.03	252.17				252.17
21	C2-1299	接线盒安装　暗装　塑料盒	10 个	6.3	16.58	104.45	104.14	0.32		
		接线、开关、灯头盒	个	64.26	1.25	80.33				80.33
22	C2-1299	接线盒安装　暗装　塑料盒	10 个	5.6	16.58	92.85	92.57	0.28		
		开关盒	个	57.12	1.25	71.4				71.4
		合计				16391.05	4956.4	981.73	8.8	10444.24
		技术措施项目								
	BM95	脚手架搭拆费，10kV 以下架空线路除外(电气设备安装工程)	元	1	148.69	148.69	37.17	111.52		
			项	1	148.69	148.69	37.17	111.52		

学习单元 3.2　建筑电气照明工程清单计量与计价

任务资讯

GB 50500—2013《建设工程工程量清单计价规范》通用安装工程计量规范附录 D 电气设备安装工程常用项目：D.4 控制设备与低压电器安装（编码：030404）；D.8 电缆安装（编码：030408）；D.9 防雷接地装置安装（编码：030409）；D.11 电气调整试验（编码：030411）；D.12 配管配线（编码：030412）；D.13 照明器具安装（编码：030413）清单项目详见附录一。

任务实施

一、电气照明工程清单编制实例

某商业楼电气照明工程施工图如图 3-8～图 3-10 所示。工程量计算表见表 3-22。

分部分项工程量清单见表 3-26。封面、总说明、措施项目清单、规费、税金项目清单（略）。

表 3-26　分部分项工程量清单

序号	项目编码	项目名称及项目特征描述	计量单位	工程数量
1	030404017001	配电箱	台	2
2	030408001001	电缆 VV22-1kV-3×25+1×16，沿墙敷设	m	7.3
3	030408006001	电缆终端头 $35mm^2$ 以下	个	2
4	030412001001	钢管敷设，砖、混凝土结构暗配，SC50	m	4.8
5	030412001002	阻燃型可挠硬塑管敷设，砖、混凝土结构暗配，PVC25	m	16.7
6	030412001003	阻燃型可挠硬塑管敷设，砖、混凝土结构暗配，PVC20	m	192.8
7	030412001004	阻燃型可挠硬塑管敷设，砖、混凝土结构暗配，PVC16	m	298.7
8	030412004001	管内穿线，BV-2.5	m	754.6
9	030412004002	管内穿线，BV-4	m	522
10	030412004003	管内穿线，BV-16	m	34
11	030413001001	天棚灯安装	套	11
12	030413005001	双管荧光灯吸顶安装	套	52
13	030404034001	板式单联暗开关	个	7
14	030404034002	板式双联暗开关	个	3
15	030404034003	板式三联暗开关	个	3
16	030404034004	照明声控开关	个	2
17	030404035001	单相二、三极暗插座 10A，5 孔	个	41
18	030412006001	接线盒 86 型塑料	个	56
19	030412006002	开关盒 86 型塑料	个	63

二、电气照明工程清单计价实例

封面、单位工程投标报价汇总表、分部分项工程量清单与计价表、工程量清单综合单价分析表、措施项目清单与计价表、规费、税金项目清单与计价表见表3-27～表3-32。

表3-27　封面

投标总价
招标人：×× 商业集团
工程名称：××商业集团商业楼电气照明工程
投标总价(小写)：22990.55元
(大写)：贰万贰仟玖佰玖拾陆元伍角伍分
投标人：××建设工程有限公司
(单位盖章)
法定代表人
或其授权人：×××(签字盖章)
编制人：×××
(造价人员签字盖专用章)
编制时间：×年×月×日

表3-28　单位工程投标报价汇总表

序号	汇总内容	金额/元	其中：暂估价/元
1	分部分项工程	18819.81	1600
2	措施项目	810.15	0
2.1	安全文明施工费、生活型临时设施费	345.57	—
3	其他项目	0	—
3.1	暂列金额	0	—
3.2	专业工程暂估价	0	—
3.3	计日工	0	—
3.4	总承包服务费	0	—
4	规费	2588.07	—
5	税金	772.52	
招标控制价/投标报价　合计=1+2+3+4+5		22990.55	0

综合单价分析表仅列出有代表性的部分分部分项工程，其余项目读者可自行进行分析计算。综合单价分析表中采用2011年××省建设工程计价依据《安装工程预算定额》。企业管理费为人工费的25%，利润为人工费的24%，风险因素暂不考虑。具体如表3-31所示。

表 3-29　分部分项工程量清单与计价表

序号	项目编码	项目名称	项目特征	计量单位	工程量	综合单价/元	金额/元		
							合价	其中	
								计费基数	其中：暂估价
1	030404017001	配电箱	配电箱	台	2	1056.14	2112.28	262.2	800
2	030408001001	电力电缆	电缆 VV22-1kV-3×25＋1×16，沿墙敷设	m	7.3	67.10	489.80	47.44	
3	030408006001	电缆终端头	35mm² 以内	个	2	262.27	524.54	145.48	
4	030412001001	电气配管　SC50	钢管敷设，砖、混凝土结构暗配，SC50	m	4.8	44.77	214.88	41.48	
5	030412001002	电气配管　PVC25	阻燃型可挠硬塑管敷设，砖、混凝土结构暗配，PVC25	m	16.7	10.07	168.15	85.2	
6	030412001003	电气配管　PVC20	阻燃型可挠硬塑管敷设，砖、混凝土结构暗配，PVC20	m	192.8	8.81	1698.11	922.03	
7	030412001004	电气配管　PVC15	阻燃型可挠硬塑管敷设，砖、混凝土结构暗配，PVC15	m	298.7	7.64	2282.84	1314.4	
8	030412004001	电气配线　BV-2.5	管内穿线，BV-2.5	m	754.6	3.55	2675.53	450.18	
9	030412004002	电气配线　BV-4	管内穿线，BV-4	m	522	4.74	2475.56	239.06	
10	030412004003	电气配线　BV-16	管内穿线，BV-16	m	34	17.81	605.67	46.4	
11	030413001001	普通吸顶灯及其他灯具	座灯头安装	套	11	12.08	132.85	58.94	
12	030413005001	荧光灯	双管荧光灯吸顶安装	套	52	77.93	4052.1	809.17	
13	030404034001	单联开关	板式单联暗开关	套	7	12.43	87.03	34.71	
14	030404034002	双联开关	板式双联暗开关	套	3	12.85	38.55	14.88	
15	030404034003	三联开关	板式三联暗开关	套	3	16.99	50.97	15.9	
16	030404034004	声控开关	照明声控开关	套	2	38.01	76.02	10.15	
17	030404035001	插座	单相二、三极暗插座 10A，5 孔	套	41	16.81	689.21	257.07	
18	030412006001	接线盒	86 型塑料	个	63	3.74	235.81	104.14	
19	030412006002	开关盒	86 型塑料	个	56	3.74	209.91	92.57	
			合　计				18819.81		

表 3-30　工程量清单综合单价分析表

项目编码		030404017001		项目名称		配电箱				计量单位	台
清单综合单价组成明细											
定额编号	定额名称	定额单位	数量	单价/元				合价/元			
				人工费	材料费	机械费	管理费和利润	人工费	材料费	机械费	管理费和利润
C2-304	悬挂嵌入式半周长 1.5m	台	1	131.1	860.8		64.24	131.1	860.8		64.24
人工单价		小计						131.1	60.8		64.24
综合工日 57 元/工日		未计价材料费						800			
清单项目综合单价								1056.14			
材料费明细	主要材料名称、规格、型号					单位	数量	单价/元	合价/元	暂估单价/元	暂估合价/元
	电力复合脂					kg	0.41	82	33.62		
	自粘型橡胶带 DJ-20					卷	0.15	13.6	2.04		
	镀锌带帽螺栓 M10mm×(80～120)mm					套	2.1	0.9	1.89		
	配电箱					台	1			800	800
	其他材料费							—	23.26	—	
	材料费小计							—	60.81	—	800
项目编码		030408001001		项目名称		电力电缆				计量单位	m
清单综合单价组成明细											
定额编号	定额名称	定额单位	数量	单价/元				合价/元			
				人工费	材料费	机械费	管理费和利润	人工费	材料费	机械费	管理费和利润
C2-680	三芯或三芯连地直埋电缆敷设　截面 $120mm^2$ 以下	100m	0.01	649.8	5684.71	56.63	318.4	6.5	56.85	0.57	3.18
人工单价		小计						6.5	0.47	0.57	3.18
综合工日 57 元/工日		未计价材料费						56.38			

续表

项目编码	030408001001	项目名称	电力电缆			计量单位	m
清单项目综合单价					67.1		
材料费明细	主要材料名称、规格、型号	单位	数量	单价/元	合价/元	暂估单价/元	暂估合价/元
	棉砂头	kg	0.006	6.27	0.04		
	汽油	L	0.013	5.34	0.07		
	镀锌铁丝 1.6mm	kg	0.0045	4.5	0.02		
	沥青绝缘漆	kg	0.0015	10.25	0.02		
	封铅	kg	0.0155	18.5	0.29		
	电力电缆 VV22-3×25+1×16	m	1.01	55.82	56.38		

项目编码	030412004001	项目名称	电气配线 BV-2.5							计量单位	m
清单综合单价组成明细											
定额编号	定额名称	定额单位	数量	单价/元				合价/元			
				人工费	材料费	机械费	管理费和利润	人工费	材料费	机械费	管理费和利润
C2-1162	管内穿铜芯导线 照明线路导线 截面 2.5mm² 以内	100m/单线	0.01	57	263.98		27.93	0.57	2.64		0.28
C2-374	无端子外部接线 2.5	10 个	0.0021	12.54	7.97		6.15	0.03	0.02		0.01
人工单价		小计						0.6	0.23		0.29
综合工日 57 元/工日		未计价材料费						2.42			

续表

项目编码		030412004001		项目名称		电气配线　BV-2.5				计量单位	m
清单项目综合单价								3.55			
材料费明细	主要材料名称、规格、型号					单位	数量	单价/元	合价/元	暂估单价/元	暂估合价/元
	焊锡					kg	0.002	90.6	0.18		
	铜芯聚氯乙烯绝缘电线					m	1.16	2.09	2.42		
	其他材料费							—	0.05	—	
	材料费小计							—	2.66	—	
项目编码		030412004003		项目名称		电气配线　BV-16				计量单位	m
清单综合单价组成明细											
定额编号	定额名称	定额单位	数量	单价/元				合价/元			
				人工费	材料费	机械费	管理费和利润	人工费	材料费	机械费	管理费和利润
C2-1168	管内穿铜芯导线　动力线路导线截面 16mm² 以内	100m/单线	0.01	62.7	1501.52		30.73	0.63	15.02		0.31
C2-384	压铜接线端子　导线截面 16mm² 以内	10 个	0.0294	25.08	26.02		12.29	0.74	0.77		0.36
人工单价		小计						1.36	0.95		0.67
综合工日 57 元/工日		未计价材料费						14.83			
清单项目综合单价								17.81			
材料费明细	主要材料名称、规格、型号					单位	数量	单价/元	合价/元	暂估单价/元	暂估合价/元
	电力复合脂					kg	0.0006	82	0.05		
	焊锡					kg	0.0013	90.6	0.12		
	铜芯聚氯乙烯绝缘电线 BV-16					m	1.05	14.12	14.83		
	其他材料费							—	0.79	—	
	材料费小计							—	15.78	—	

续表

项目编码		030413005001		项目名称		荧光灯				计量单位	套
清单综合单价组成明细											
定额编号	定额名称	定额单位	数量	单价/元				合价/元			
				人工费	材料费	机械费	管理费和利润	人工费	材料费	机械费	管理费和利润
C2-1508	荧光灯具安装　吸顶式　双管	10套	0.1	155.61	547.39		76.25	15.56	54.74		7.63
人工单价		小计						15.56	1.64		7.63
综合工日57元/工日		未计价材料费						53.1			
清单项目综合单价								77.93			
材料费明细	主要材料名称、规格、型号					单位	数量	单价/元	合价/元	暂估单价/元	暂估合价/元
	成套灯具					套	1.01	52.57	53.1		
项目编码		030404034002		项目名称		双联开关				计量单位	套
清单综合单价组成明细											
定额编号	定额名称	定额单位	数量	单价/元				合价/元			
				人工费	材料费	机械费	管理费和利润	人工费	材料费	机械费	管理费和利润
C2-1553	扳式暗开关(单控)单双联	10套	0.1	49.59	54.62		24.3	4.96	5.46		2.43
人工单价		小计						4.96	0.76		2.43
综合工日57元/工日		未计价材料费						4.7			
清单项目综合单价								12.85			
材料费明细	主要材料名称、规格、型号					单位	数量	单价/元	合价/元	暂估单价/元	暂估合价/元
	成套开关　双联					套	1.02	4.61	4.7		

表 3-31　措施项目清单与计价表

序号	措施项目名称	单位	数量	金额/元	
				合价	其中:计费基数
1.1	安全施工费	项	1	83.81	15.27
1.2	文明施工费	项	1	108.85	19.83
1.3	生活性临时设施费	项	1	152.91	27.85
1.4	生产性临时设施费	项	1	104.49	19.03
1.5	夜间施工增加费	项	1	29.38	5.35
1.6	冬雨季施工增加费	项	1	32.66	5.95
1.7	材料二次搬运费	项	1	43.54	7.93
1.8	停水停电增加费	项	1	4.89	0.89
1.9	工程定位复测、工程点交、场地清理费	项	1	8.71	1.59
1.10	室内环境污染物检测费	项	1		
1.11	检测试验费	项	1	22.85	4.16
1.12	生产工具用具使用费	项	1	51.16	9.32
1.13	脚手架	项	1	166.9	37.17

表 3-32　规费、税金项目清单与计价表

序号	项目名称	计算基础/元	费率/%	金额/元
1	规费	直接费中的人工费		2588.07
1.1	工程排污费			
1.2	社会保障费			2126.06
1.2.1	养老保险费	5110.74	32	1635.44
1.2.2	失业保险费	5110.74	2	102.21
1.2.3	医疗保险费	5110.74	6	306.64
1.2.4	工伤保险费	5110.74	1	51.11
1.2.5	生育保险费	5110.74	0.6	30.66
1.3	住房公积金	5110.74	8.5	434.41
1.4	危险作业意外伤害保险	5110.74	0.54	27.6
小计				2588.07
2	税金	分部分项工程费＋措施项目费＋其他项目费＋规费	3.477	772.52
合计				3360.59

小　　结

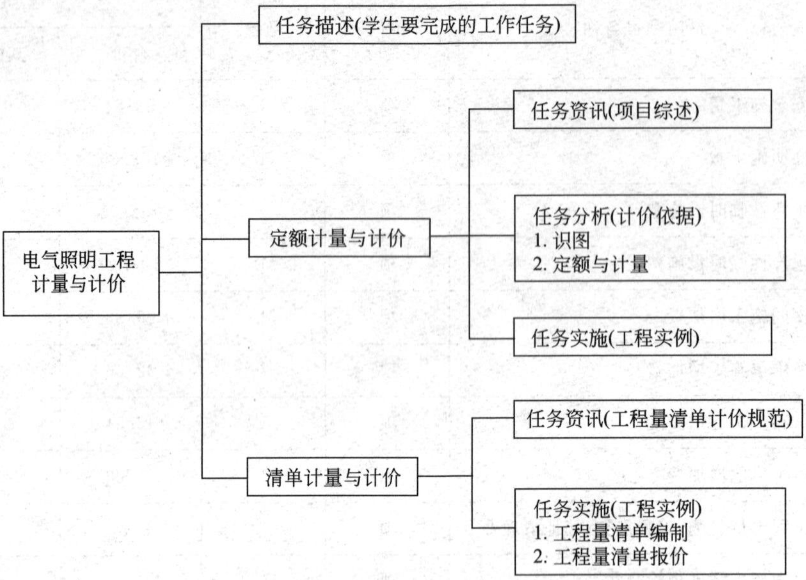

思考与练习

1. 简要说明建筑照明电气系统由哪几部分组成？各部分的作用是什么？
2. 常用的导线材料有哪些？它在工程中如何表示？
3. 常见的低压控制和保护电器设备有哪些？它们一般用于哪些情况？
4. 电缆配管敷设的方式有哪几种？施工时各有何要求？
5. 了解施工图中线路敷设和灯具的标注方式。
6. 建筑照明电气安装配管工程量计算规则是什么？项目名称如何编制？
7. 简要说明电气工程中配管配线工程量计算一般应按什么样的顺序进行计算？
8. 以一间教室为例，计算其照明电气配管配线、灯具、开关工程量。

学习情境四　消防工程计量与计价

知识目标

了解火灾自动报警系统、室内消防水系统和给水方式及安装技术要求；理解消防水系统工程施工图的主要内容及其识读方法；掌握定额与清单两种计价模式消防工程施工图计量与计价编制的步骤、方法、内容、计算规则及其格式。

能力目标

能熟练识读消防水系统和火灾自动报警系统工程施工图；比较熟练依据合同、设计资料及目标进行两种模式的消防工程计量与计价；学会根据计量与计价成果进行消防工程工料分析、总结、整理各项造价指标。

任务描述

一、工作任务

完成某消防给水工程定额或清单计量与计价。

某住宅楼给水排水施工图如图4-1～图4-6所示。工程设计与施工说明如下。

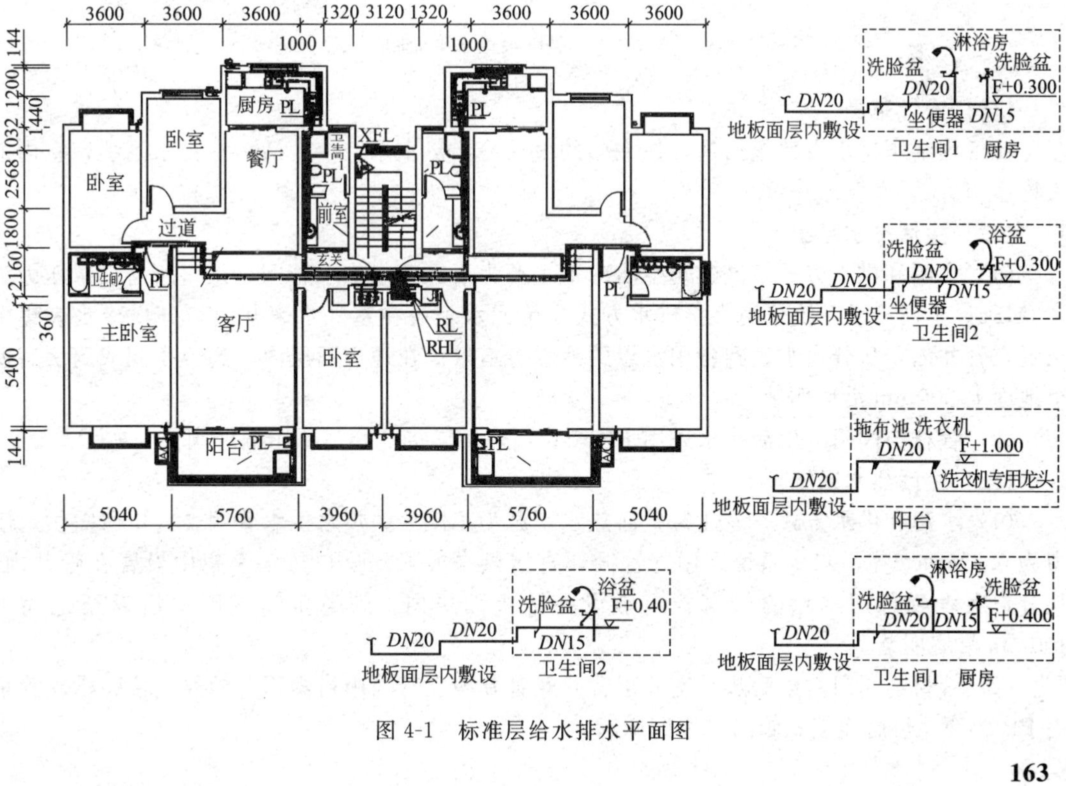

图4-1　标准层给水排水平面图

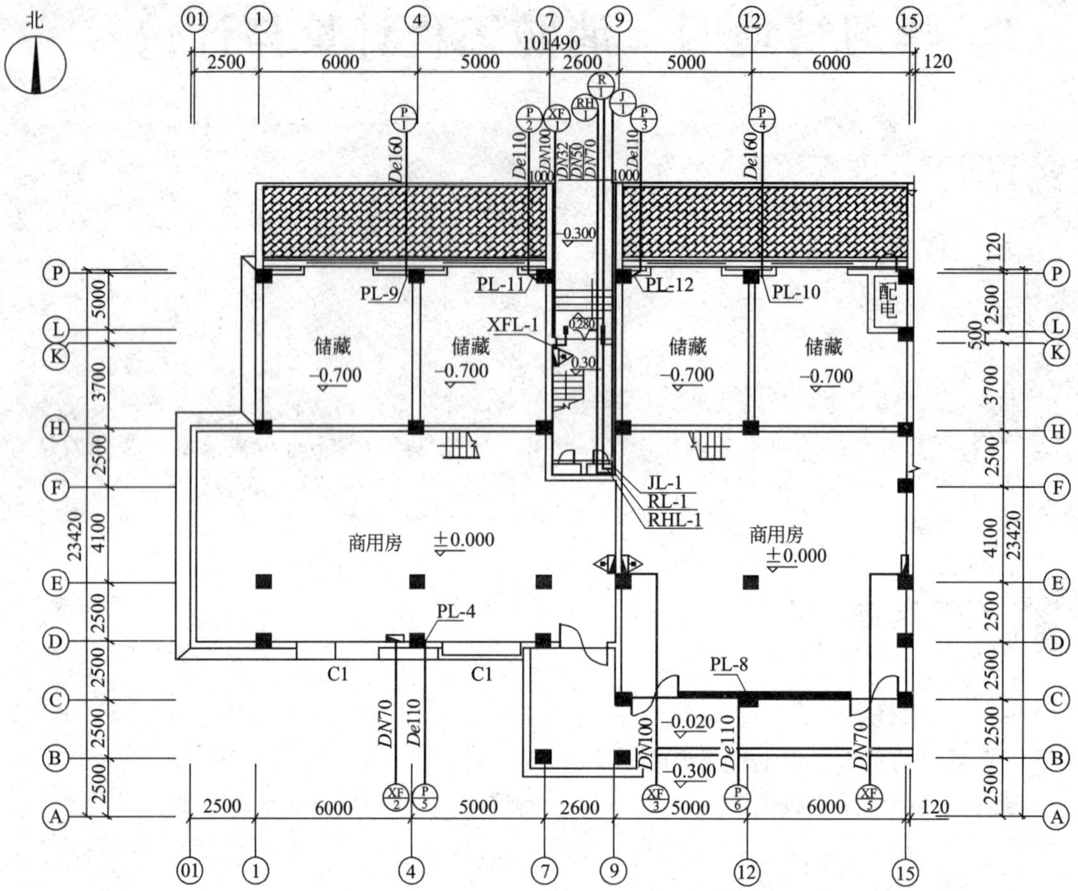

图 4-2　一层给水排水平面图

（一）设计范围

此工程给水排水设计包括××住宅楼的生活冷、热水系统，生活污水排水系统，室内消火栓系统。

（二）生活冷水系统

（1）水源和供水方式　该建筑生活冷水水源为小区冷水供水管网。入口所需供水压力为0.3MPa。生活冷水系统采用直接供水方式。单元水表设在室外水表井内，分户冷水表集中设置在管井内，从分户水表到各用水点的冷水管道敷设在地板面层内，到卫生间或厨房后返至地面上300mm沿墙明装。

（2）管材与阀门　生活冷水采用PP-R管，热熔连接；阀门采用铜球阀。

（三）生活热水系统

（1）水源和供水方式　该建筑生活热水水源为小区集中热水供水管网。入口所需供水压力为0.3MPa。生活热水系统采用立管循环直接供水方式。分户热水表集中设置在管井内，从分户水表到各用水点的热水管道敷设在地板面层内，到卫生间或厨房后返至地面上400mm沿墙明装。

（2）管材与阀门　生活热水室外至管井及管井内立管采用衬塑管，螺纹连接；横支管采用PP-R管，热熔连接；阀门采用铜球阀。

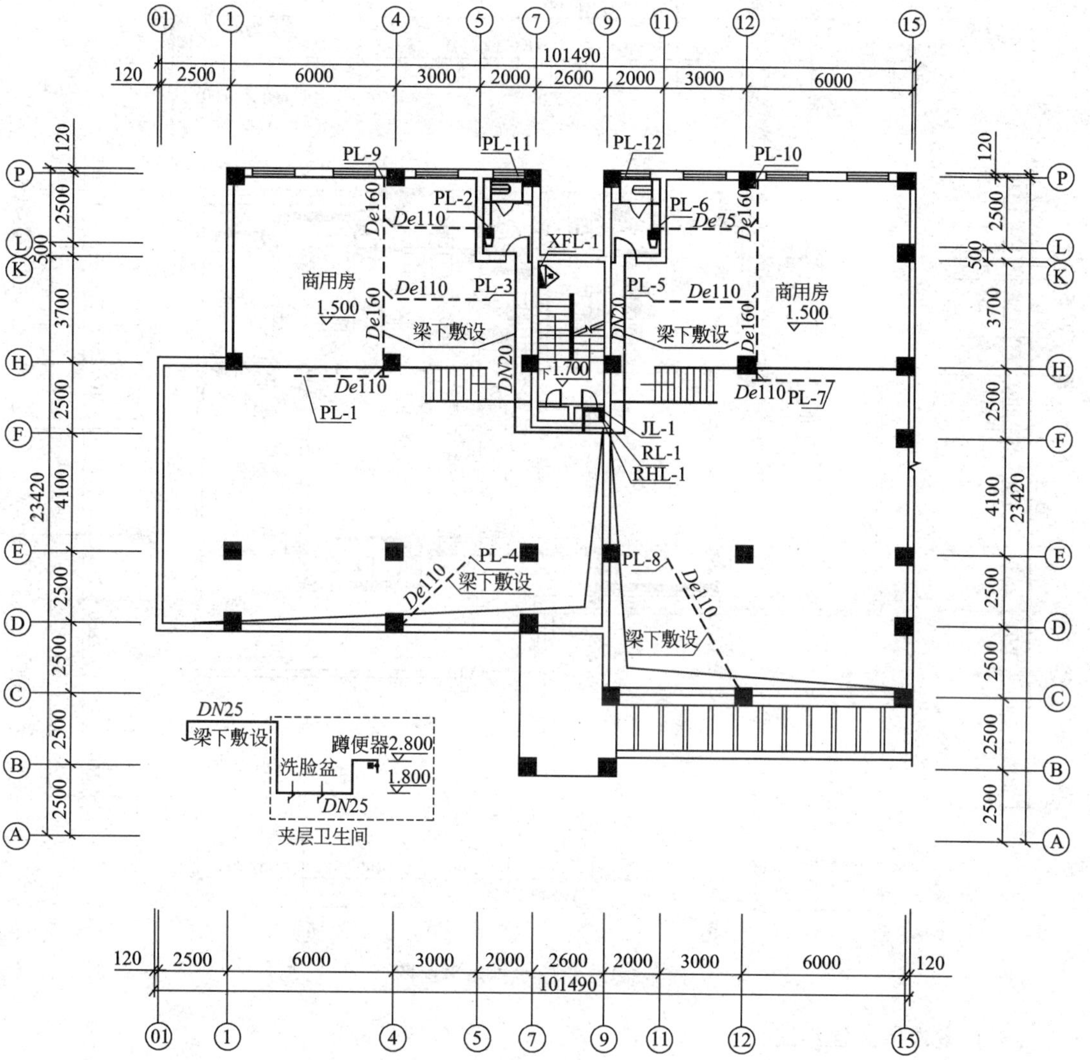

图 4-3　夹层给水排水平面图

(四) 排水系统

(1) 室内污水管道除伸顶通气管采用柔性铸铁管（卡箍连接）外，其余均采用 UPVC 塑料排水管（粘接连接）。

(2) 室内排水立管上的检查口设置距地面 1.0m。

(3) 除洗衣机处地漏采用 *DN*50 洗衣机专用地漏外，其余地漏均为 *DN*50 普通圆形地漏。

(4) 室内排水支管的坡度为 0.03，排水横干管采用表 4-1 中坡度敷设。

表 4-1　UPVC 排水横干管标准坡度

公称外径	*De*75	*De*110	*De*160	*De*200
标准坡度	0.015	0.012	0.007	0.005

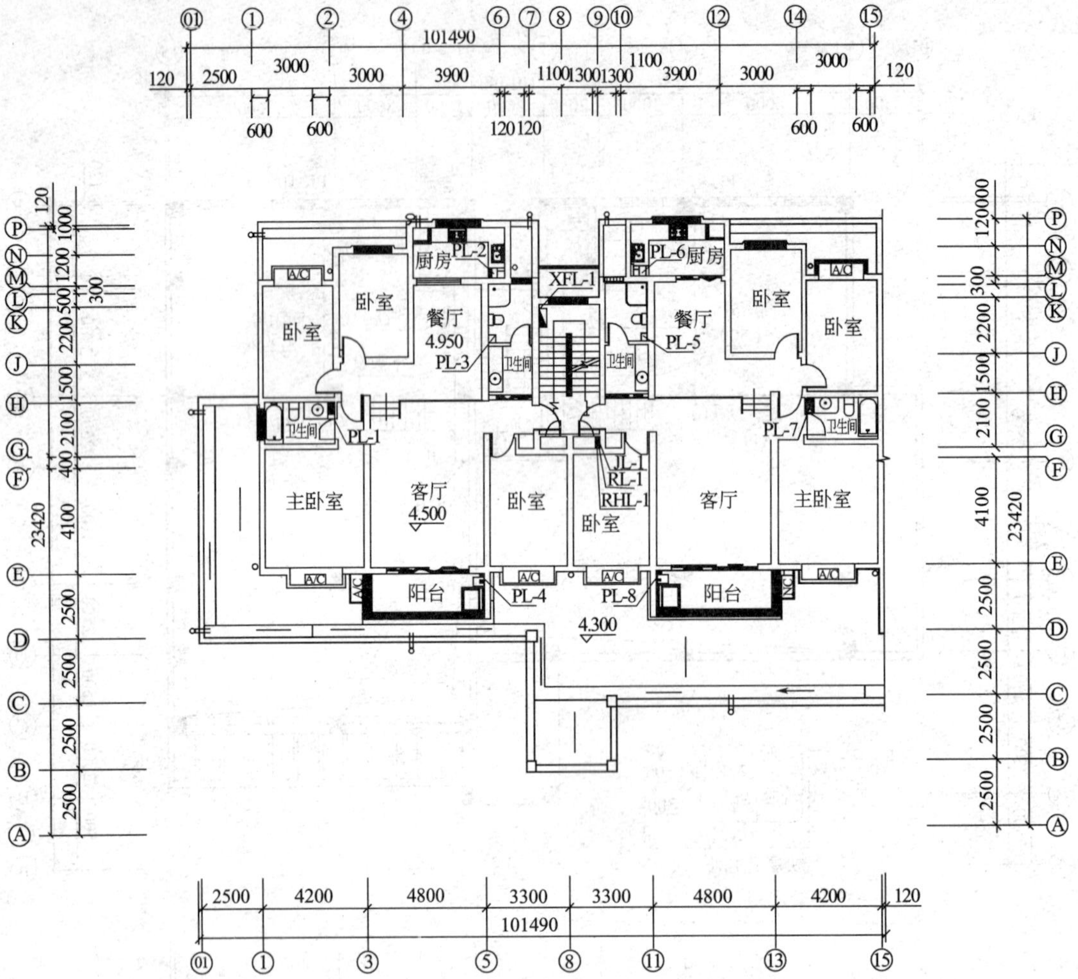

图 4-4　二层给水排水平面图

（五）室内消火栓系统

（1）室内消防用水量为 5L/s，室内消火栓系统工作压力为 0.4MPa。室内消火栓系统管道接自室外消防供水环管。

（2）在一层商场内和住宅楼梯间设置室内消火栓系统，每间商铺设置 2 套消火栓，住宅楼梯间每层设置 1 套消火栓。室内消火栓采用 SN50 型单阀单出口消火栓，暗装。栓口口径为 *DN*50，水枪口径为 ϕ16mm，配 25m 衬胶水龙带。

（3）消火栓系统管道采用镀锌钢管，螺纹连接。

（六）防腐绝热

（1）室外至管井及管井内热水管道均采用 30mm 厚矿棉管壳保温，外包玻璃丝布保护层，刷沥青漆二道。

（2）明装排水铸铁管刷防锈漆二道，银粉漆二道；暗装铸铁管刷沥青漆二道。

（3）明装镀锌钢管刷银粉漆二道；暗装镀锌钢管刷沥青漆二道。

（七）未尽事宜

未尽事宜严格按照国家相关规范和当地有关规定执行。

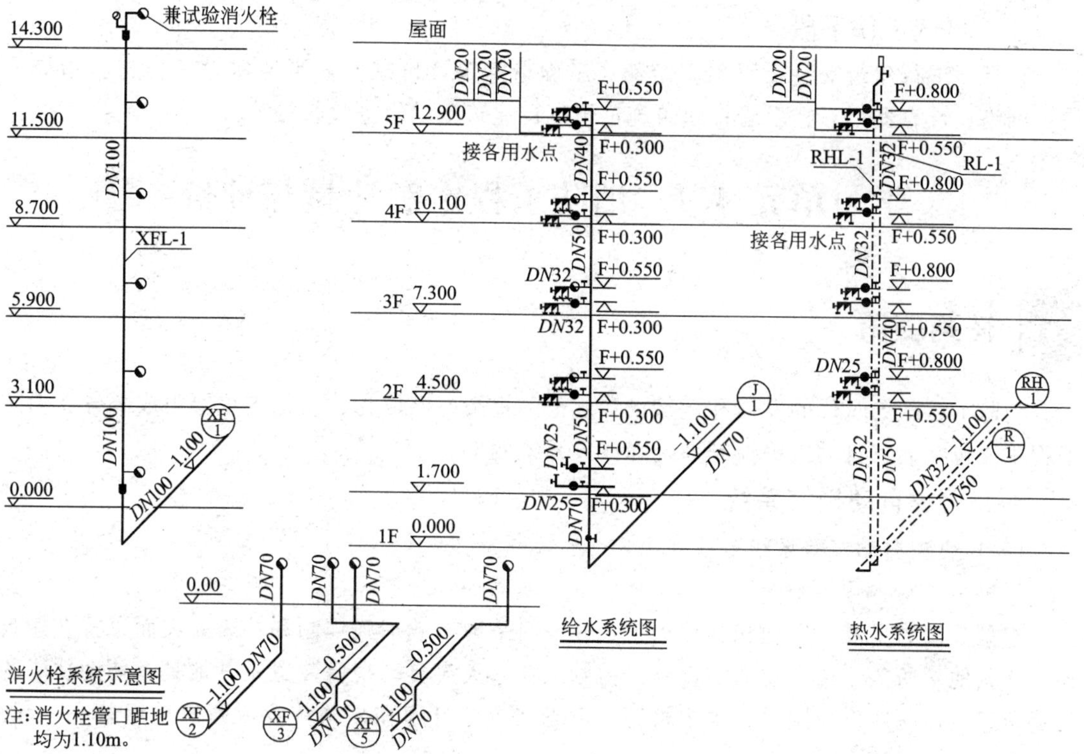

图 4-5　消火栓系统、给水系统及热水系统

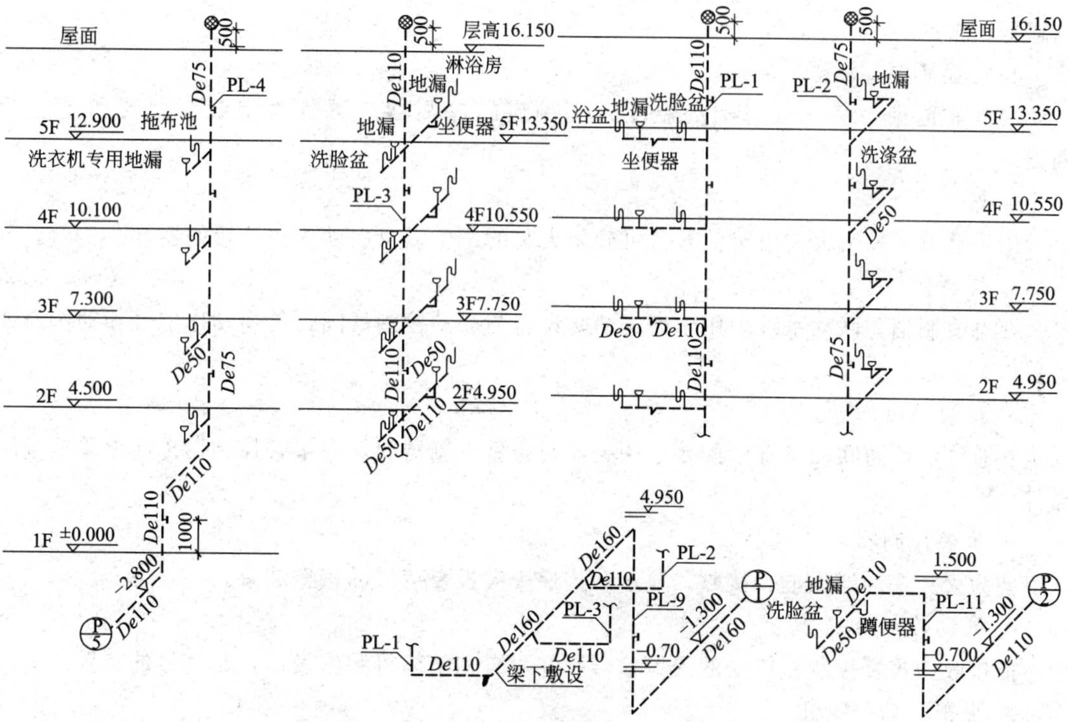

PL-7 同 PL-1，PL-6 同 PL-2，PL-5 同 PL-3，PL-8 同 PL-4，PL-10 同 PL-9，PL-12 同 PL-11

图 4-6　排水系统图

二、可选工作手段

包括：现行建筑安装工程预算定额；工程量清单计价规范；当地建设工程材料指导价格；网络；计算器；五金手册；建筑施工规范；建筑施工质量验收规范。

学习单元 4.1 消防工程定额计量与计价

任务资讯

消防工程随着时代的发展和建筑设计规范的提高，已成为建筑物的重要组成部分。消防工程主要包括火灾自动报警控制系统和灭火系统两部分。

一、火灾自动报警系统

(一) 火灾自动报警系统专业术语

1. 火灾自动报警系统

它是人们为了及早发现和通报火灾，并及时采取有效措施控制和扑灭火灾而设置在建筑物中或其他场所的一种自动消防设施。由触发器、火灾自动报警装置及其他具有辅助功能的装置所组成，一般将控制器、集中报警、声光装置、打印和显示装置成套设计组装在一起，称为火灾自动报警系统。

2. 点型感烟探测器

对警戒范围中某一点周围的烟密度升高响应的火灾探测器。可分为离子感烟探测器和光电感烟探测器。

3. 点型感温探测器

对警戒范围中某一点周围的温度升高响应的探测器。可分为定温探测器和差温探测器。

4. 按钮

用手动方式发出火灾报警信号且可确认火灾的发生以及启动灭火装置的器件。

5. 控制接口

在总线制消防联动系统中用于现场消防设备与联动控制器间，传递动作信号和动作命令的器件。

6. 报警接口

在总线制消防联动系统中配接于探测器与报警控制器间，向报警控制器传递火警信号的器件。

7. 报警控制器

能为火灾探测器供电、接收、显示和传递火灾报警信号的报警装置。

8. 联动控制器

能接收由报警控制器传来的报警信号，并对自动消防等装置发出控制信号的装置。

9. 报警联动一体机

既能为火灾探测器供电、接收、显示和传递火灾报警信号，又能为自动消防等装置发出控制信号的装置。

10. 重复显示器

在多区域多楼层报警控制系统中，用于某区域某楼层接收探测器发出的火灾报警信号，显示报警探测器位置，发出声光报警信号的控制器。

11. 声光报警装置

又称火警声光报警器或火警声光讯响器。是一种以音响方式和闪光方式发出火灾报警信号的装置。

12. 远程控制器

可接收传送控制器发出的信号，对消防执行设备实行远距离控制的装置。

13. 消防广播控制柜

在火灾报警系统中集播放音源、功率放大器、输入混合分配器等于一体，可实现对现场扬声器控制，发出火灾报警语音信号的装置。

14. 消防系统调试

指一个单位工程的消防工程全系统安装完毕，为检验其达到消防验收规范标准所进行的全系统的检测、调试和试验。其主要内容是：检查系统的各线路设备安装是否符合要求，对系统各单元的设备进行单独检验；进行线路接口试验，并对设备进行功能确认；断开消防系统，进行加烟、加温、加光及标准校验气体模拟试验；按照设计要求进行报警与联动试验、整体试验及自动灭火试验。

15. 自动报警控制装置

报警系统中用以接收、显示和传递火灾报警信号，由火灾探测器、手动报警按钮、报警控制器、自动报警线路等组成的报警控制系统的器件、设备。

16. 灭火系统控制装置

能对自动消防设备发出控制信号，由联动控制器、报警阀、喷头、消防灭火水和气体管网等组成的灭火系统的联动器件、设备。

17. 防火卷帘

在一定时间内，连同框架能满足耐火稳定性、完整性和隔热要求的卷帘。

（二）火灾自动报警系统的组成

1. 触发器

触发器是指通过自动或手动产生火灾报警信号的装置，自动触发器包括各种火灾探测器、水流指示器等，手动装置是指手动报警按钮。火灾探测器根据探测对象的不同和设计的要求，分为感温式、感烟式、感光式等。

2. 火灾自动报警装置

火灾自动报警装置是指火灾自动报警器，由触发器传来的报警信号，通过火灾自动报警器，指示火灾发生的位置，按照预先编制的逻辑程序，发出控制信号，联动各种灭火控制设备，在较短时间内将火灾扑灭。

3. 报警装置

在火灾被确认后，报警装置自动或手动向外界通报火灾发生的设备，有火警铃、警笛、广播等。

4. 电源

消防工程中的电源，一般称为不间断电源，是向触发器、火灾自动报警装置、报警装置等提供电能的设备，电源有交流电和直流电两种。

(三) 火灾自动报警的形式

1. 区域报警系统

规定采用区域报警系统时，为限制区域系统的规模便于管理，一般设置火灾报警控制器不超过两台，区域报警系统比较简单，在民用公共建筑中采用较多。集中报警和控制中心报警系统中，区域报警是必不可少的子系统。

2. 集中报警系统

建筑物中设置的区域报警控制器超过两台时，采用集中报警系统，该系统设备安装在消防值班室或消防总控室，由专人负责。

3. 控制中心报警系统

在大型公共建筑中该系统由火灾探测器、区域报警控制器、集中报警控制器、自动报警装置、手动报警按钮、火警电话、应急广播等组成。

二、室内消防给水系统

室内消防给水系统根据设计和使用范围，分为消火栓给水系统和自动喷水灭火系统。

(一) 室内消火栓给水系统

室内消火栓给水系统可分为低层建筑室内消火栓给水系统和高层建筑室内消火栓给水系统。

低层建筑室内消火栓给水系统是指 9 层及 9 层以下的住宅（包括底层设置商业网点的住宅)、建筑高度 24m 以下（从地面算起至檐口或女儿墙的高度）的其他民用建筑，以及高度不超过 24m 的单层厂房、库房和单层公共建筑的室内消火栓给水系统。

高层建筑室内消火栓给水系统是指 10 层及 10 层以上的住宅建筑和建筑高度 24m 以上的其他民用和工业建筑的消火栓给水系统。

消火栓给水系统主要是依靠水对燃烧物冷却降温来扑灭火灾。由室内消火栓、消火栓箱、消防水枪、消防水带、消防水泵、消防水池或水箱、水泵接合器、消防水管道、控制阀等组成。

1. 消火栓系统给水方式

(1) 低层建筑消火栓给水系统给水方式

① 无水箱、水泵室内消火栓给水系统　当室外给水管网提供的压力和水量，在任何时候均能满足室内消火栓给水系统的所需水量和水压，宜优先采用此种方式，如图 4-7 所示。

② 仅设水箱不设水泵的消火栓给水系统　当室外给水管网一日内压力变化较大，但能满足室内消防、生活和生产用水量要求时，可采用这种方式，水箱可以和生产、生活合用，但其生活或生产用水不能动用消防 10min 贮存的备用水量，如图 4-8 所示。

③ 设消防水泵和消防水箱的给水系统　当室外给水管网的水压不能满足室内消火栓给水系统所需的压力时，为保证一旦使用消防灭火时有足够的消防水量，设置水箱贮备 10min 的室内消防用水量。水箱补水采用生活用水泵，严禁消防水泵补水，为防止消防时消防水泵出水进入水箱，在水箱进入消防管网的出水管上设止回阀，如图 4-9 所示。

(2) 高层建筑消火栓给水系统给水方式

① 不分区的室内消火栓给水系统　当建筑物高度大于 24m 但不超过 50m，建筑物内最低层消火栓口压力不超过 0.8MPa，可以采用不分区的消火栓灭火系统，如图 4-10 所示。当发生火灾时消防车可通过水泵接合器向室内消防系统供水。

② 分区供水的室内消火栓给水系统　当建筑物高度超过 50m 或消火栓口静水压力大于 0.8MPa 时消防车已难以协助灭火，此外，管材及水带的工作耐压强度也难以保证，因此，为加强供水的安全可靠性，宜采用分区给水系统，如图 4-11 所示。

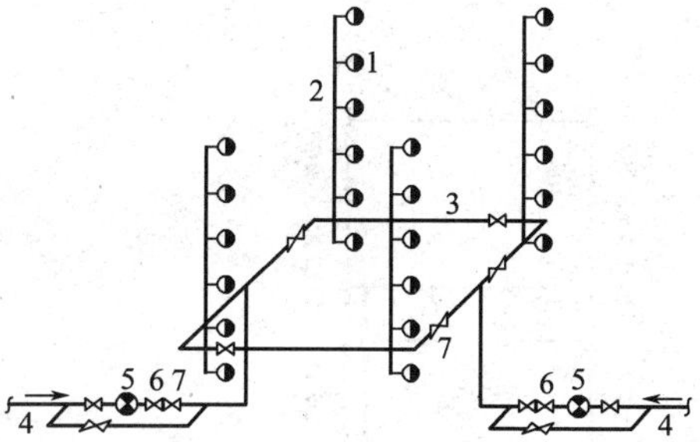

图 4-7　无水泵、水箱的消火栓给水系统

1—室内消火栓；2—消防立管；3—消防干管；4—进户管；5—水表；6—止回阀；7—闸阀

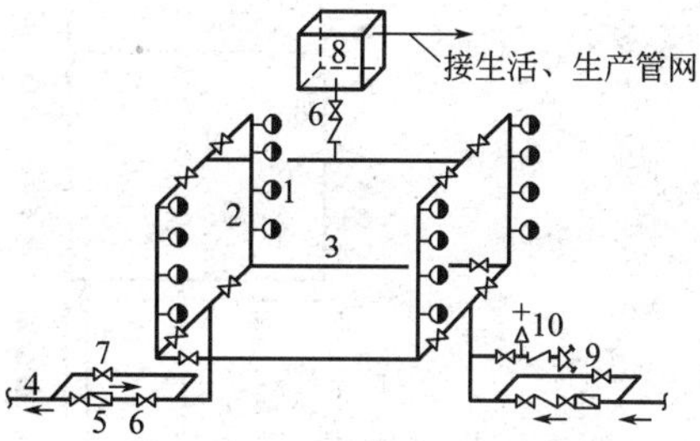

图 4-8　设水箱的消火栓给水系统

1—室内消火栓；2—消防立管；3—消防干管；4—进户管；5—水表；6—止回阀；7—旁通管及阀门；8—水箱；9—水泵接合器；10—安全阀

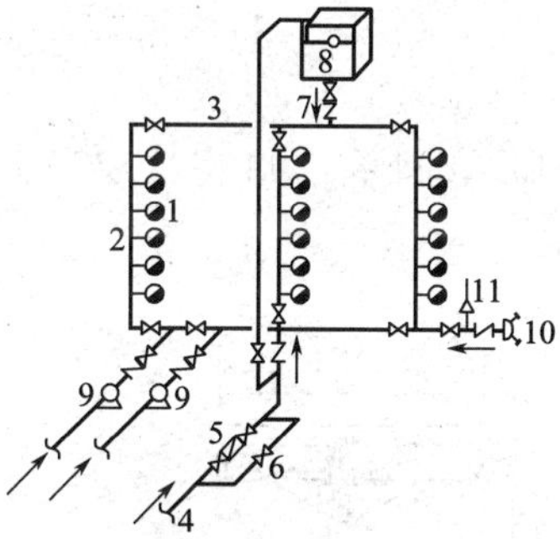

图 4-9　设水泵、水箱的消火栓给水系统

1—室内消火栓；2—消防立管；3—消防干管；4—进户管；5—水表；6—旁通管及阀门；7—止回阀；8—水箱；9—消防水泵；10—水泵接合器；11—安全阀

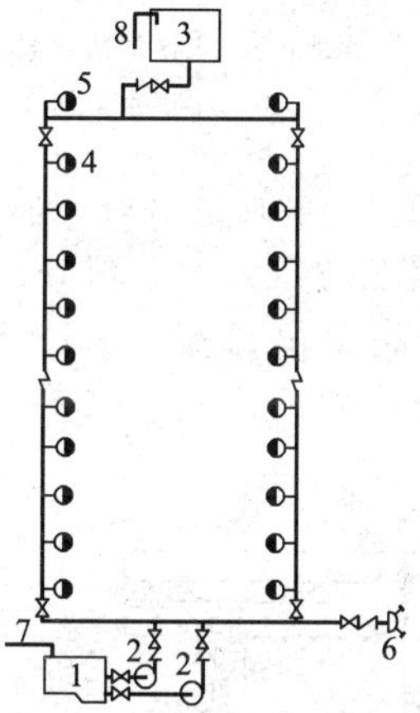

图 4-10　不分区的消火栓给水系统

1—水池；2—消防水泵；3—水箱；4—消火栓；5—试验消火栓；6—水泵接合器；7—水池进水管；8—水箱进水管

a. 并联分区供水给水方式。这种给水方式的特点是水泵集中在同一泵房内，便于集中管理，但高区使用的消防水泵及水泵出水管需耐高压。由于高区水压高，因此高区水泵接合器必须有高压消防车才能起作用，否则将失去作用。

b. 串联分区供水给水方式。这种给水方式的消防水泵分别设于各区，当高区发生火灾时，下面各区消防水泵需要同时工作，从下向上逐区加压供水，其优点是水泵扬程低，管道承受压力小，水泵接合器可以对高区发挥作用；但供水安全性、可靠性较低，一旦低区发生故障，将对后面的供水产生影响。

2. 消火栓系统主要组件

(1) 消防管道　室内消防管道应采用镀锌钢管、焊接钢管。由引入管、干管、立管和支管组成。它的作用是将水供给消火栓，并且必须满足消火栓在消防灭火时所需水量和水压要求。消防管道的直径应不小于 50mm。

(2) 消火栓　室内消火栓是消防用的龙头，是带有内扣式的角阀。进口向下和消防管道相连，出口与水龙带相连。直径规格有 50mm 和 65mm 两种，其常用类型为直角单阀单出

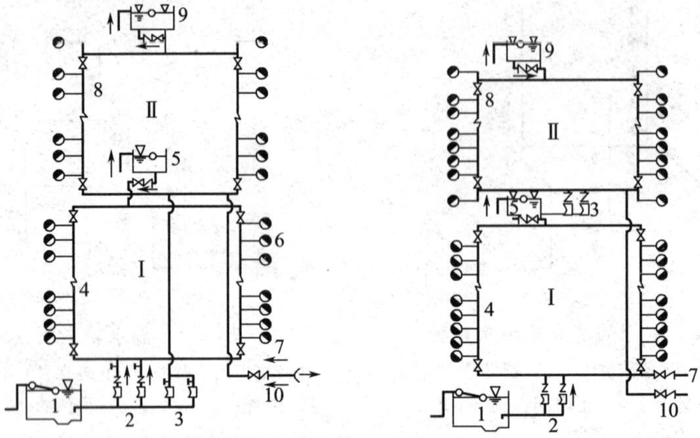

(a) 并联分区供水　　(b) 串联分区供水

图 4-11　分区供水的室内消火栓给水系统

1—水池；2—Ⅰ区消防水泵；3—Ⅱ区消防水泵；4—Ⅰ区管网；5—Ⅰ区水箱；6—消火栓；
7—Ⅰ区水泵接合器；8—Ⅱ区管网；9—Ⅱ区水箱；10—Ⅱ水泵接合器

口型（SN）、45°单阀单出口型（SNA）、单角单阀双出口型（SNS）和单角双阀双出口型（SNSS），其公称压力为 1.6MPa。

直角单阀单出口型（SN）结构如图 4-12 所示，45°单阀单出口型（SNA）结构如图 4-13所示。

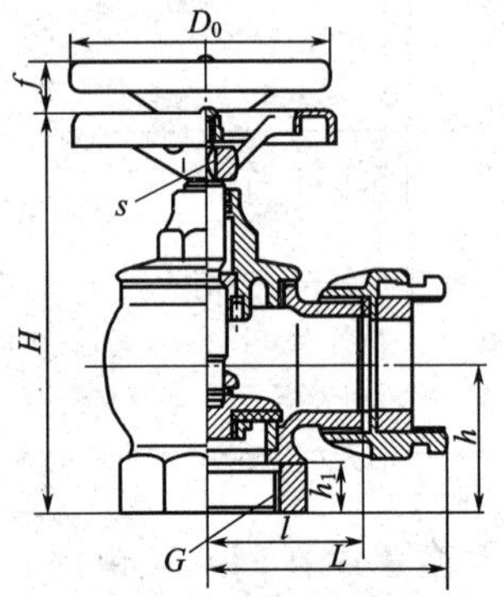

图 4-12　直角单阀单出口型

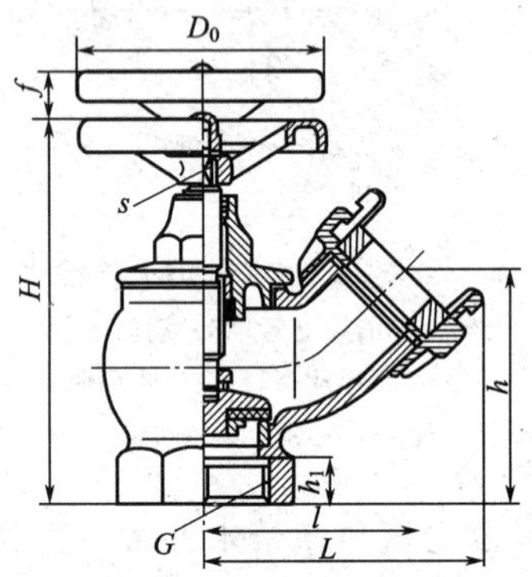

图 4-13　45°单阀单出口型

屋顶消火栓，可检查消火栓给水系统是否正常运行以及保护建筑物免受邻近建筑物火灾的波及。室内设有消火栓给水系统的建筑物屋顶应设一个消火栓，有可能结冻的地区，屋顶消火栓应设于水箱间或采取防冻措施。

(3) 消防水龙带　消防水龙带一般采用有衬里消防水龙带（包括衬胶水龙带、灌胶水龙带）。

消防水龙带的直径规格有 50mm 和 65mm 两种，长度有 10m、15m、20m、25m 四种。

消防水龙带是输送消防水的软管，一端通过快速内扣式接口与消火栓、消防车连接，另一端与水枪相连。

(4) 消防水枪　消防水枪是灭火的主要工具，其功能是将消防水带内水流转化成高速水流，直接喷射到火场，达到灭火、冷却或防护的目的。

目前在室内消火栓给水系统中配置的水枪一般多为直流式水枪，有 QZ 型、QZA 型直流水枪和 QZG 型开关直流水枪，如图 4-14 所示，这种水枪的出水口直径分别为 13mm、16mm、19mm 和 22mm 等。

（5）消火栓箱　消火栓箱是将室内消火栓、消防水龙带、消防水枪及电气设备集装于一体，并明装、暗装或半暗装于建筑物内的具有给水、灭火、控制、报警等功能的箱状固定式消防装置。

消火栓箱按水龙带的安置方式分有挂置式、盘卷式、卷置式和托架式四种，如图 4-15 所示。

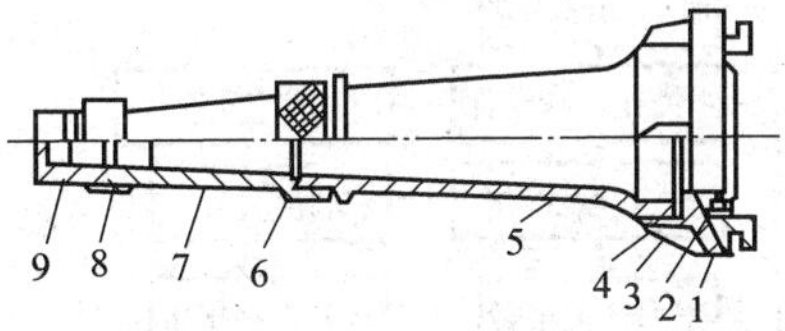

图 4-14　QZ 型直流水枪

1—管牙接口；2,6,8—密封圈；3—密封圈座；4—平面垫圈；5—枪体；7—喷嘴；9—13mm 喷嘴

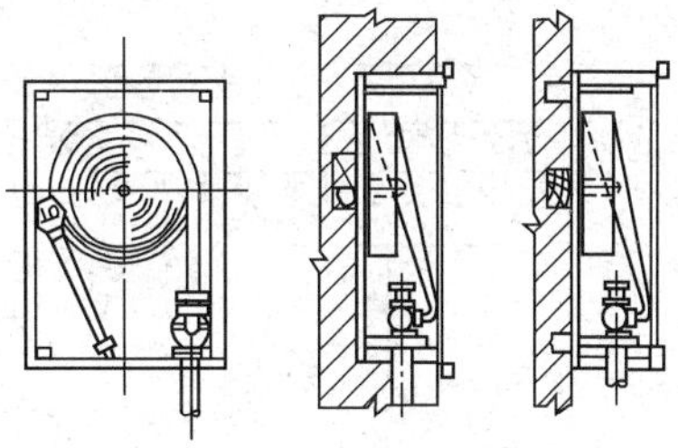

图 4-15　消火栓箱

（6）消防水泵接合器　消防水泵接合器是为建筑物配套的自备消防设施，一端由室内消火栓给水管网最低层引至室外，室外另一端可供消火栓或移动水泵站加压向室内消防灭火管网输水，这种设备适用于消火栓给水系统和自动喷淋灭火系统。消防水泵接合器有地上式（SQ）、地下式（SQX）和墙壁式消防水泵接合器（SQB）三种。地上式和地下式结构如图 4-16、图 4-17 所示。

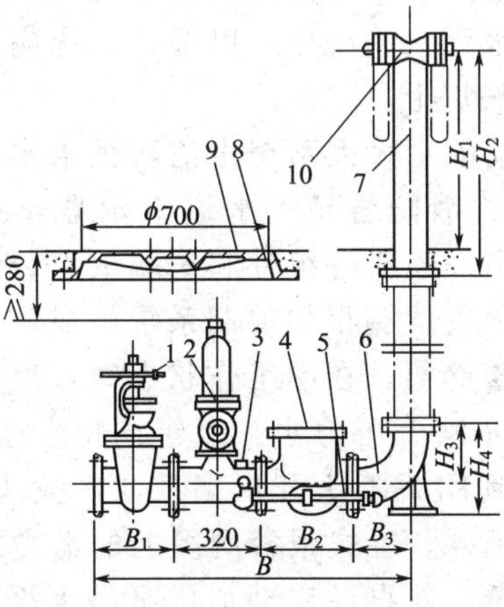

图 4-16　地上消防水泵接合器

1—锲式闸阀；2—安全阀；3—放水阀；4—止回阀；5—放水管；6—弯管；7—本体；8—井盖座；9—井盖；10—WSK 型固定接口

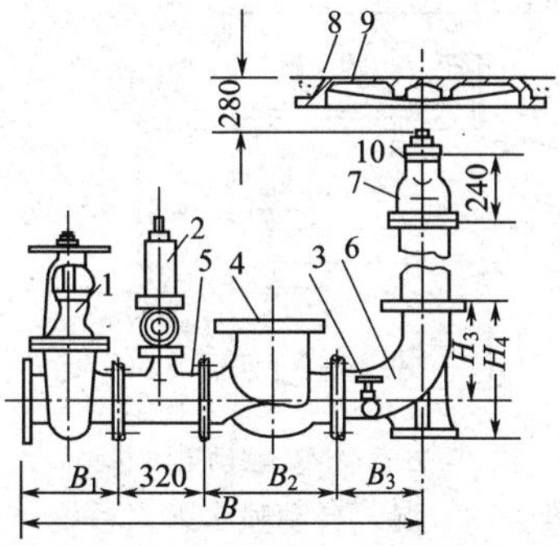

图 4-17　地下消防水泵接合器

1—锲式闸阀；2—安全阀；3—放水阀；4—止回阀；5—丁字管；6—弯头；7—集水器；8—井盖座；9—井盖；10—WSK 型固定接口

(7) 减压节流孔板　室内消火栓给水系统中立管上的消火栓由于高度的不同，当上部消火栓口水压满足灭火要求时，则下部消火栓压力过剩。当开启这类消火栓灭火时，其出水流量过大，将迅速用完消防贮备水；同时栓口压力过大，会导致灭火人员难以把持水枪。设置减压节流孔板安装在与消火栓出水端相连的固定接口内，作用同减压阀。

(二) 自动喷水灭火系统

1. 自动喷水灭火系统的分类及组成

自动喷水灭火系统除有对燃烧物冷却降温的作用外，细小的水雾还能稀释燃烧物周围的氧气浓度，扑灭火灾划隔离着火区域，防止火灾蔓延，并同时自动报警的消防给水系统，如图 4-18 所示。

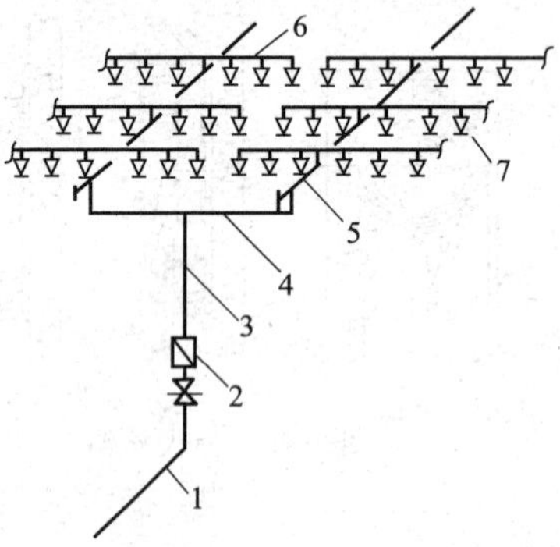

(a) 示意图

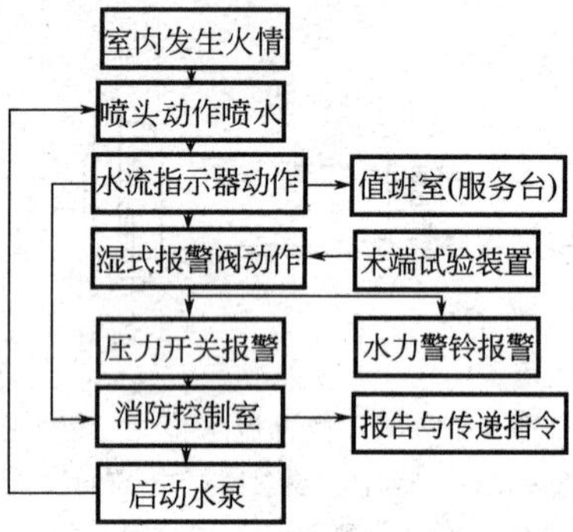

(b) 工作原理流程图

图 4-18　自动喷水灭火系统

1—引入管；2—信号阀；3—配水立管；4—配水干管；
5—配水支管；6—分布支管；7—闭式洒水喷头

工程中通常根据系统中喷头开闭形式的不同，分为闭式和开式自动喷水灭火系统两大类。闭式自动喷水灭火系统包括湿式系统、干式系统、预作用式系统等；开式自动喷水灭火系统包括雨淋系统、水幕系统和水喷雾系统。在所有自动喷水灭火系统中，以湿式系统应用最为广泛，占 70%以上。

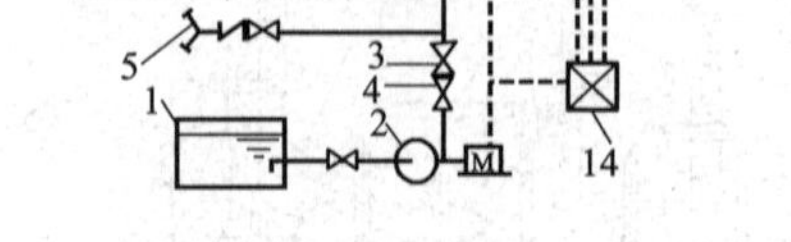

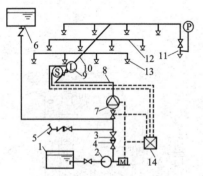

P—压力表；M—驱动电动机

图 4-19　湿式自动喷水灭火系统

1—消防水池；2—消防水泵；3—闸阀；4—止回阀；
5—水泵接合器；6—消防水箱；7—湿式报警阀；
8—配水干管；9—水流指示器；10—配水管；
11—末端试水装置；12—配水支管；
13—闭式喷头；14—报警控制器

湿式自动喷水灭火系统由消防供水水源、消防供水设备、消防管道、水流指示器、报警装置、压力开关、喷头等组件和末端试水装置、火灾控制器及火灾探测报警控制系统组成。采用闭式喷头和报警阀组，在准工作状态时，报警阀的前后管网中充满着压力水。当建筑物发生火灾，火点温度达到闭式喷头开启温度时，喷头出水，驱动水流指示器、湿式报警阀组上的水力警铃和压力开关报警，并自动启动加压泵供水灭火，如图 4-19 所示。

(1) 喷淋管道系统组成　消防管道由引入管、干管、立管、横管、短支管和末端试水装置组成。

引入管一般从消防水源接入，通过喷淋水泵

进入干管。干管与立管一般布置成环状，以保证供水的可靠性。在建筑物内每层从立管接横管上，一般安装水流指示器和电动蝶阀。短支管一端与横管连接，一端与喷淋头接。横管布置在吊顶内，短支管向下安装管口至吊顶外表面；横管明设时，短支管向上安装，喷淋头距建筑顶棚 150mm。

（2）喷淋管道　一般采用镀锌钢管，小管径采用丝扣连接，大管径采用沟槽连接。管道由大管径分支变径为小管径时，采用机三通、机四通连接。

2. 自动喷水灭火系统主要组件

（1）喷头　喷头是自动喷水灭火系统的关键部件，担负着探测火灾、启动系统和喷水灭火的任务。

喷头按其结构分为闭式喷头和开式喷头。

闭式喷头的喷口是由感温元件组成的释放机构封闭型元件，当温度达到喷头的公称动作温度范围时，感温元件动作，释放机构脱落，喷头开启喷水灭火；开式喷头的喷口是敞开的，喷水动作由阀门控制，按用途和洒水形状的特点可分为开式洒水喷头、水幕喷头和喷雾喷头三种，如图 4-20 所示。

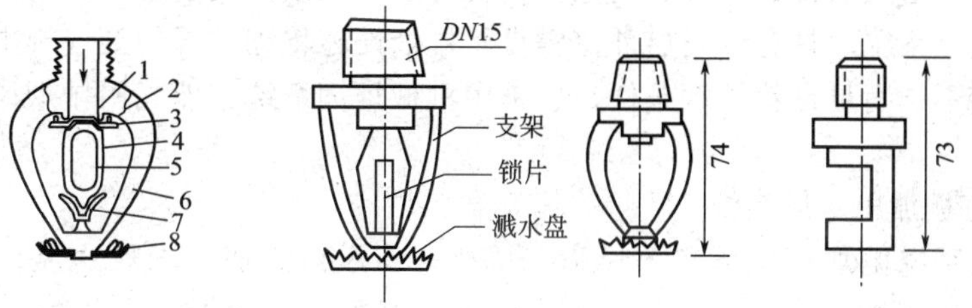

图 4-20　喷水头

1—阀座；2—填圈；3—阀片；4—玻璃球；5—色液；6—支架；7—锥套；8—溅水盘

（2）报警阀　报警阀是自动喷水灭火系统中的控制水源、启动系统、启动水力警铃等报警设备的专用阀门。

按系统类型和用途不同分为湿式报警阀、干式报警阀、干湿两用报警阀、雨淋报警阀和预作用报警阀。

（3）水流报警装置　水流报警装置包括水力警铃、压力开关和水流指示器。水力警铃安装在报警阀的报警管路上，是一种水力驱动的机械装置。报警阀阀瓣打开后，水流通过报警连接管冲击水轮，带动铃锤敲击铃盖发出报警声音。

压力开关是自动喷水灭火系统的自动报警和自动控制部件，安装在水力警铃前报警连接管上，报警阀阀瓣打开后，受到水压的作用接通电触点，给出电接点信号（水流信号转换为电信号），发出火警信号并自动启泵。

水流指示器是用于自动喷水灭火系统中将水流信号转换成电信号的一种报警装置，通常安装于各楼层的配水干管或支管上。当某个喷头开启喷水时，管道中的水产生流动并推动水流指示器的桨片，桨片探测到水流信号并接通延时电路之后，水流指示器将水流信号转换为电信号传至报警控制器或控制中心，告知火灾发生的区域。

（4）延迟器　延迟器是一个罐式容器，属于湿式报警阀的辅件，安装在报警阀和压力开关之间。当湿式报警阀因水源压力波动等短时开启时，少量水进入延迟器，但不进入水力警铃和作用到压力开关，防止误报警。报警阀关闭时，延迟器底部节流孔板可将水自动排空，

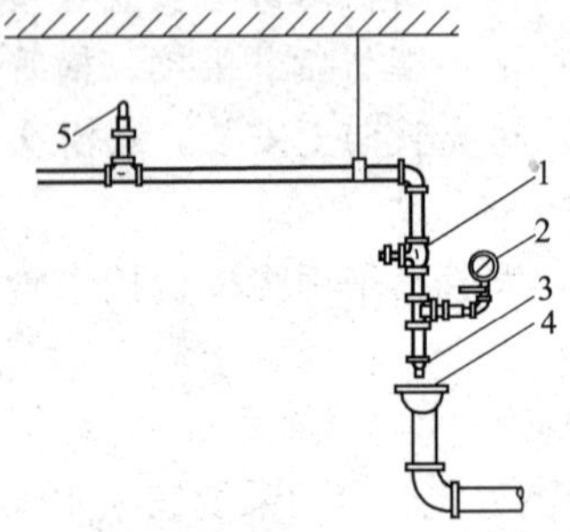

图 4-21 末端试水装置
1—试水阀；2—压力表；3—试水接头；4—排水漏斗；5—最不利点处喷头

延迟器前安装过滤器。

(5) 控制阀 控制阀安装在报警阀入口处，用以检修时切断供水水源。控制阀处于常开状态，为避免误操作，宜采用信号阀，其开启状态应反馈到消防控制室；当不采用信号阀时，应设锁定阀位的锁具。

(6) 末端试水装置 末端试水装置由试水阀、压力表以及试水接头组成，如图 4-21 所示，用于测试系统能否在开放一只喷头的最不利条件下可靠报警并正常启动。在每个报警阀组控制的最不利点喷头处，应设末端试水装置，其他防火分区、楼层的最不利点喷头处，均应设直径为 25mm 的试水阀。打开试水装置喷水，可以作为系统调试时模拟试验用。末端试水装置的出水，应采取孔口流出的方式排入排水管道。

(三) 消防送风与排烟

在高层建筑中，在下列条件下：不具备自然排烟条件的防烟楼梯间、消防电梯间前室或合用前室；可开窗自然排烟的楼梯间但不具备自然排烟条件的前室；封闭式避难层间需要设置机械加压送风系统。具有可开启外窗等自然排烟设施将火灾区的烟气排出的可以采用自然排烟系统；如不能满足自然排烟条件，应采用机械排烟系统。即利用排烟风机将火灾区域的烟气及时排出。

1. 消防机械加压送风系统

加压送风系统由加压送风口、风道、风机、新风口组成。加压送风口如图 4-22 所示，由格栅风口与执行机构构成，一般安装在墙上，有手动开启装置的设在距安装层地板 0.8～1.5m 处，风口底边在距地面 400mm 左右。防烟楼梯间的加压送风口应采用自垂式百叶风口或常开的双层百叶风口，当采用常开的双层百叶风口时，应在其加压风机的吸入管上设置与开启风机连锁的电动阀；前室的加压送风口应为常开的双层百叶风口，且应在其加压风机的吸入管下设置止回阀或与开启风机连锁的电动阀。风机除设置手动启动外，也与消防联动，即：风机由烟感、温感探头或自动喷水系统自动控制启动；风机由消防控制中心及建筑物防烟楼梯出口处的手动关、闭装置控制关闭。

图 4-22 加压送风口

2. 机械排烟系统

机械排烟系统由排烟风口、风道、风机、排风口组成。排烟风口由格栅风口与执行机构组成，排烟口或排烟阀平时为关闭时，设有手动和自动开启装置。排烟口或排烟阀应与排烟风机连锁，当任一排烟口或排烟阀开启时，排烟风机应能自行启动；排烟风口安装在墙面时，上部与天棚平齐或靠近天棚。排风机除设置手动启动外，与消防联动。

任务分析

一、消防工程施工图识读

消防工程施工常用图例见表 4-2。

表 4-2　消防工程施工常用图例

序号	名称	图例	序号	名称	图例
1	消火栓给水管	—— XH ——	16	雨淋灭火给水管	—— YL ——
2	自动喷水灭火给水管	—— ZP ——	17	水幕灭火给水管	—— SM ——
3	室外消火栓		18	消防水泵接合器	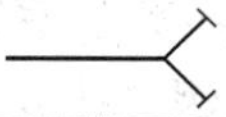
4	室内消火栓（单口）		19	室内消火栓（双口）	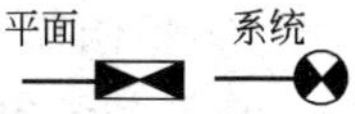
5	自动喷洒头（开式）	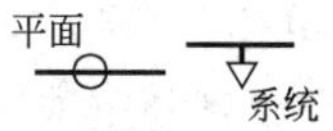	20	干式报警阀	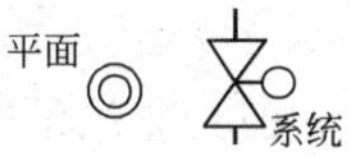
6	自动喷洒头（闭式下喷）	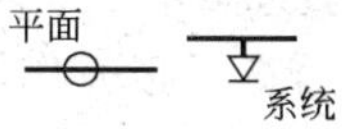	21	湿式报警阀	
7	自动喷洒头（闭式上喷）	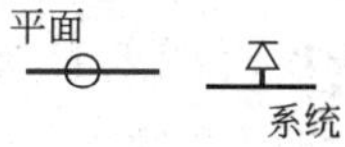	22	预作用报警阀	
8	水流指示器	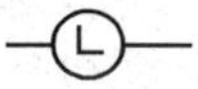	23	雨淋报警阀	
9	水力警铃		24	末端试水阀	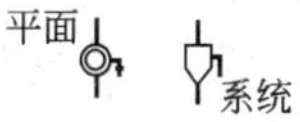
10	管道泵		25	减压孔板	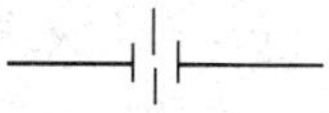
11	管道固定支架		26	管道滑动支架	
12	刚性防水套管	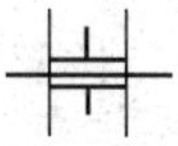	27	柔性防水套管	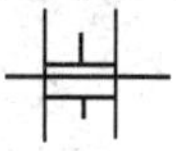
13	闸阀		28	电动阀	
14	三通阀	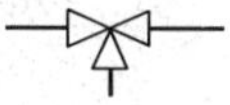	29	信号阀	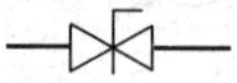
15	止回阀	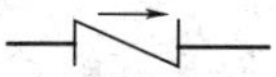	30	压力调节阀	

二、定额与计量

（一）火灾自动报警系统

（1）自动报警系统控制装置按照安装方式不同分为壁挂式和落地式两种，在不同安装方式中按照“点”数不同划分定额项目，以“台”计量。

（2）点型探测器不分线制、规格、型号、安装方式与位置，以“10 只（套）”为计量单位。探测器安装包括了探头和底座的安装及本体调试。

（3）红外线探测器以“10 只（套）”为计量单位。定额中包括了探头支架安装和探测器的调试、对中。空气采样感烟探测器不分采样路数以“台”为计量单位。

(4) 线形探测器的安装方式按环绕、正弦及直线综合考虑，不分线制及保护形式，以“10m”为计量单位。定额包括探测器的编址模块和终端。用于模拟量测温过程的现场测控单元（数据采集、微机头）不同于模块，应另行计算。

(5) 按钮包括消火栓按钮、手动报警按钮、带电话插孔手动报警按钮、气体灭火起/停按钮，以“只”为计量单位，按照在轻质墙体和硬质墙体上安装两种方式综合考虑，执行时不得因安装方式不同而调整。

(6) 控制模块（接口）亦称输出模块或编址中继器，是指以控制作用为主的模块（接口），依据其给出控制信号的数量，分为单输出（输入）和多输出（输入）两种形式。执行时不分安装方式，按照输出数量以“只”为计量单位。

(7) 非编址模块是为配合控制模块（接口）改变电压或电流参数而生产，相当于继电器。工程中多以继电器完成此功能，以“只”为计量单位。

(8) 报警模块（接口）不起控制作用，只起监视、报警作用，执行时不分安装方式，以“只”为计量单位。

(9) 总线隔离器亦称总线隔离模块，是对一段总线或总线上一定数量的报警设备的短路、故障自动隔离，以保护整个系统的安全，执行时不分安装方式，以“只”为计量单位。

(10) CRT 显示装置是利用计算机对消防报警、联动设备进行管理与控制并可实现设备分布的图形化显示，不分桌面、盘（柜）等安装形式，以“套”为计量单位。直接利用标准计算机作为控制主机的在计取了报警控制器等安装后，不得再套用本项目。

(11) 重复显示器（楼层显示器）不分规格、型号、安装方式，以“台”为计量单位。

(12) 警报装置分为声光报警和警铃报警两种形式，均以“只”为计量单位。

(13) 火灾事故广播中的功放机、录音机的安装按柜内及台上两种方式综合考虑，以“台”为计量单位。

(14) 消防广播通信柜是指安装成套消防广播通信设备的成品机柜，不分规格、型号以“台”为计量单位。

(15) 火灾事故广播中的扬声器不分规格、型号，按照吸顶式与壁挂式以“只”为计量单位。

(16) 广播分配器是指单独安装的消防广播用分配器（操作盘），以“台”为计量单位。

(17) 消防通信系统中的电话交换机按“门”数不同以“台”为计量单位；通信分机、插孔是指消防专用电话分机与电话插孔，不分安装方式，分别以“部”、“个”为计量单位。

(18) 报警备用电源综合考虑了规格、型号，以“套”为计量单位。如备用电源随控制器成套配置，则不计算该项目。

(19) 定额中箱、机、控制器是按照成套安装考虑；柜式及琴台式安装均执行落地式安装相应项目。

(20) 定额说明

① 定额包括探测器、按钮、模块（接口）、报警控制器、联动控制器、报警联动一体机、重复显示器、警报装置、火灾事故广播、消防通信、报警备用电源安装等项目。

② 定额包括了施工技术准备、施工机械准备、标准仪器的准备、施工安全防护措施、安装位置的清理；包括了设备和箱、机及元件的搬运，开箱检查，清点，杂物回收，安装就位，接地，密封，箱、机内的校线、接线，挂锡，编码，测试，清洗，记录整理等。

③ 定额中包括了校线、接线和本体调试，但定额不包括：设备支架、底座、基础的制

作与安装；构件加工、制作；电机检查接线及调试；事故照明及疏散指示控制装置安装。

④ 烟温复合探测器安装，按感烟探测器定额乘 1.2 计算。

（二）水灭火系统

（1）管道安装按设计管道中心长度，以“m”为计量单位，不扣除阀门、管件及各种组件所占长度，主材数量按定额用量计算，管件含量见表 4-3。

表 4-3　镀锌钢管（螺纹连接）管件含量表

项目	名称	公称直径(以内)/mm						
		25	32	40	50	70	80	100
管件含量	四通	0.02	1.2	0.53	0.69	0.73	0.95	0.47
	三通	2.29	3.24	4.02	4.13	3.04	2.95	2.12
	弯头	4.92	0.98	1.69	1.78	1.87	1.47	1.16
	管箍		2.65	5.99	2.73	3.27	2.89	1.44
	小计	7.23	8.07	12.23	9.33	8.91	8.26	5.19

（2）镀锌钢管安装定额也适用于镀锌无缝钢管，其对应关系见表 4-4。

表 4-4　对应关系表

公称直径/mm	15	20	25	32	40	50	70	80	100	150	200
无缝钢管外径/mm	20	25	32	38	45	57	76	89	108	159	219

（3）镀锌钢管法兰连接定额，管件是按成品、弯头两端是按接短管焊法兰考虑的，定额包括直管、管件、法兰等全部安装工作内容，但管件、法兰及螺栓的主材数量应按设计规定另行计算。

（4）喷头安装按有吊顶、无吊顶分别以“个”为计量单位。

（5）报警装置安装按成套产品以“组”为计量单位。其他报警装置适用于雨淋、干湿两用及预作用警报装置，安装执行湿式报警装置安装定额，人工乘以 1.2 系数，其余不变。成套产品包括的内容见表 4-5。

表 4-5　成套产品包括的内容

序号	项目名称	型号	包括内容
1	湿式报警装置	ZSS	湿式阀、蝶阀、装配管、供水压力表、装置压力表、试验阀、泄放试验阀、泄放试验管、试验管流量计、过滤器、延时器、水力警铃、报警截止阀、漏斗、压力开关等
2	干式两用报警装置	ZSL	两用阀、蝶阀、装置截止阀、装配管、加速器、加速器压力表、供水压力表、试验阀、泄放试验阀(干式/湿式)、挠性接头、泄放试验管、试验管流量计、排气阀、截止阀、过滤器、延时器、水力警铃、漏斗、压力开关等
3	电动雨淋报警装置	ZSY	雨淋阀、蝶阀(2 个)、装配管、压力表、泄放试验阀、截止阀、注水阀、止回阀、电磁阀、排水阀、手动应急球阀、报警试验阀、过滤器、水力警铃、漏斗、压力开关等
4	预作用报警装置	ZSU	干式报警阀、蝶阀(2 个)、压力表(2 块)、流量表、截止阀、注水阀、止回阀、泄放阀、报警试验阀、液压切断阀、装配管、供水检验管、气压开关(2 个)、试压电磁阀、应急手动调压器、过滤器、水力警铃、漏斗等
5	室内消火栓	SN	消火栓箱、消火栓、水枪、水龙带、水龙带接口、挂架、消防按钮
6	室外消火栓	地上式 SS	地上式消火栓、法兰接管、弯道底座
		地下式 SX	地下式消火栓、法兰接管、弯道底座或消火栓三通

续表

序号	项目名称	型号	包括内容
7	消防水泵结合器	地上式 QQ	消防接口本体、止回阀、安全阀、闸阀、弯管底座、放水阀
		地下式 SQX	消防接口本体、止回阀、安全阀、闸阀、弯管底座、放水阀
		墙壁式 SQB	消防接口本体、止回阀、安全阀、闸阀、弯管底座、放水阀、标牌
8	室内消火栓组合卷盘	SN	消火栓箱、消火栓、水枪、水龙带、水龙带接口、挂架、消防按钮、消防软管卷盘

(6) 温感式水幕装置安装，按不同型号和规格以“组”为计量单位。但给水三通至喷头、阀门间管道的主材数量按设计管道中心长度另加损耗计算。

(7) 水流指示器、减压孔板安装，按不同规格以“个”为计量单位。末端试水装置按照不同规格以“组”为计量单位。

(8) 集热板制作安装均以“个”为计量单位。

(9) 室内消火栓安装，区分单栓和双栓以“套”为计量单位，所带消防按钮的安装另行计算。

(10) 室内消火栓组合卷盘安装，执行室内消火栓安装定额乘以系数 1.2。

(11) 室外消火栓安装区分不同规格、工作压力和覆土深度以“套”为计量单位。

(12) 消防水泵接合器安装区分不同安装方式和规格以“套”为计量单位。

(13) 管道支吊架和综合支架、吊架及防晃支架的制作安装，均以“kg”为计量单位。

(14) 自动喷水灭火系统管网水冲洗，区分不同规均以“m”为计量单位。

(15) 系统调试执行第七册第五章消防系统调试相应项目。

(16) 定额说明

① 电缆敷设、桥架安装、配管配线、接线盒、动力、应急照明控制设备、应急照明器具、电动机检查接线、防雷接地装置等安装，均执行第二册《电气设备安装工程》相应项目。

② 消防工程阀门、法兰安装，各种套管的制作安装，不锈钢管和管件、铜管和管件及泵间管道安装、管道系统强度实验、严密性实验和冲洗等执行第六册《工业管道工程》相应项目。

③ 消火栓管道、室外给水管道安装及水箱制作安装执行第八册《给排水、采暖、燃气工程》相应项目。

④ 各种消防泵、稳压泵等机械设备安装及二次灌浆执行第一册《机械设备安装工程》相应项目。

⑤ 各种仪表的安装及带电讯号的阀门、水流指示器、压力开关、驱动装置及泄露报警开关的接线、校线等执行第十册《自动化控制仪表安装工程》相应项目。

⑥ 设备支架制作、安装等执行第五册《静置设备与工艺金属结构制作安装工程》相应项目。

⑦ 设备及管道除锈、刷油及绝热工程执行第十一册《刷油、防腐蚀、绝热工程》相应项目。

⑧ 适用于工业和民用建筑物设置的自动喷水灭火系统的管道、各种组件、消火栓、水罐的安装及管道支吊架的制作、安装。

⑨ 界线划分

a. 室内外界线：以建筑物外墙皮 1.5m 为界，入口处设阀门者以阀门为界。

b. 高层建筑内的消防泵间管道，以泵间外墙皮为界。

⑩ 管道安装定额包括工序内一次性水压试验。

⑪ 喷头、报警装置及水流指示器安装定额均是按管网系统试压、冲洗合格后安装考虑

的，定额中已包括丝堵、临时短管的安装、拆除及其摊销。

⑫ 温感式水幕装置安装定额中已包括给水三通至喷头、阀门间的管道、管件、阀门、喷头等全部安装内容。但管道的主材数量按设计管道中心长度另加损耗计算。

⑬ 管道安装定额中不包括管道支架、吊架及防晃支架制作安装，应另行计算。

⑭ 管网冲洗定额是按水冲洗考虑的，若采用水压气动冲洗法时，可按施工方案另行计算，定额只适用于自动喷水灭火系统。

⑮ 定额不包括：阀门、法兰安装，各种套管的制作安装，泵房间管道安装及管道系统强度试验、严密性试验；消火栓管道、室外给水管道安装及水箱制作安装；各种消防泵、稳压泵安装及设备二次灌浆等；各种仪表的安装及带电讯号的阀门、水流指示器、压力开关的接线、校线及单体调试；各种设备支架的制作安装；管道、设备、支架、法兰焊口除锈刷油；系统调试。

⑯ 设置于管道间、管廊内的管道，其定额人工乘以 1.3 系数。

（三）消防系统调试

（1）消防系统调试是指消防报警和灭火系统安装完毕且联通，并达到国家有关消防施工验收规范、标准所进行的全系统的检测、调整和试验。包括自动报警系统、联动系统、消防广播系统、消防通信系统、气体灭火系统。

（2）自动报警系统及联动系统调试包括：自动报警系统所含的各种探测器、编址模块、报警按钮、报警联动控制器等组成的报警联动系统，以及与报警联动设备相连的水灭火系统、火灾事故广播、消防通信、消防电梯、电动防火门、防火卷帘、防排烟系统装置、气体灭火系统装置等的配合调试。分别以“路”为计量单位，设备的启、停按照一路计算。

（3）自动报警系统装置调试，定额按照“系统”内“点”数为计量单位，超过 2000 点，每增加 100 点定额增加 5%。

（四）各项费用的计取

（1）脚手架搭拆费按人工费的 3%计算，其中人工工资占 25%。

（2）高层建筑增加费（指高度在 6 层或 20m 以上的工业与民用建筑）按表 4-6 计算。

表 4-6　消防工程高层增加费

层数	9 层以下（30m）	12 层以下（40m）	15 层以下（50m）	18 层以下（60m）	21 层以下（70m）	24 层以下（80m）	27 层以下（90m）	30 层以下（100m）	33 层以下（110m）
按人工费/%	2	4	6	8	10	13	15	17	20
其中，人工费占/%	11	21	30	37	41	45	49	52	54
层数	36 层以下（120m）	39 层以下（130m）	42 层以下（140m）	45 层以下（150m）	48 层以下（160m）	51 层以下（170m）	54 层以下（180m）	57 层以下（190m）	60 层以下（200m）
按人工费/%	22	26	31	35	40	46	53	61	70
其中，人工费占/%	56	60	64	69	73	77	81	85	89

（3）安装与生产同时进行增加的费用，按人工费的 5%计算。

（4）在有害身体健康的环境中施工增加的费用，按人工费的 5%计算。

（5）超高增加费。操作物高度超过 5m 时，按超过部分的定额人工乘以表 4-7 中系数计算。

表 4-7　消防工程超高增加费

标高(以内)/m	8	12	16	20	20 以上
超高系数	8	12	16	20	32

任务实施

一、××辅楼火灾自动报警工程施工图

本节以××辅楼消防工程火灾自动报警系统为例，介绍室内消防工程施工图定额计量与计价。自动报警及联动平面图、系统图如图 4-23～图 4-28 所示。

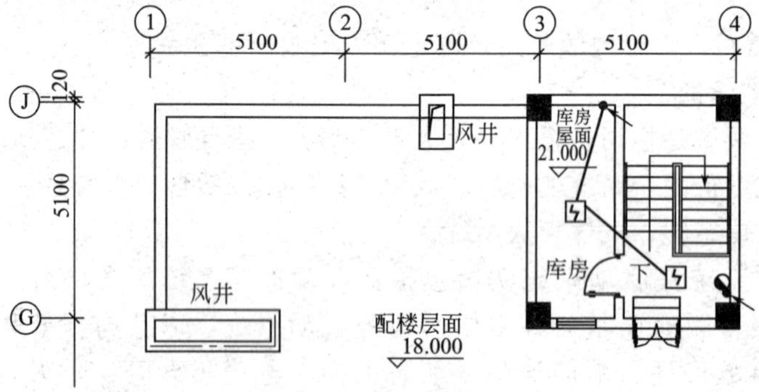

图 4-23　五层自动报警及联动平面图

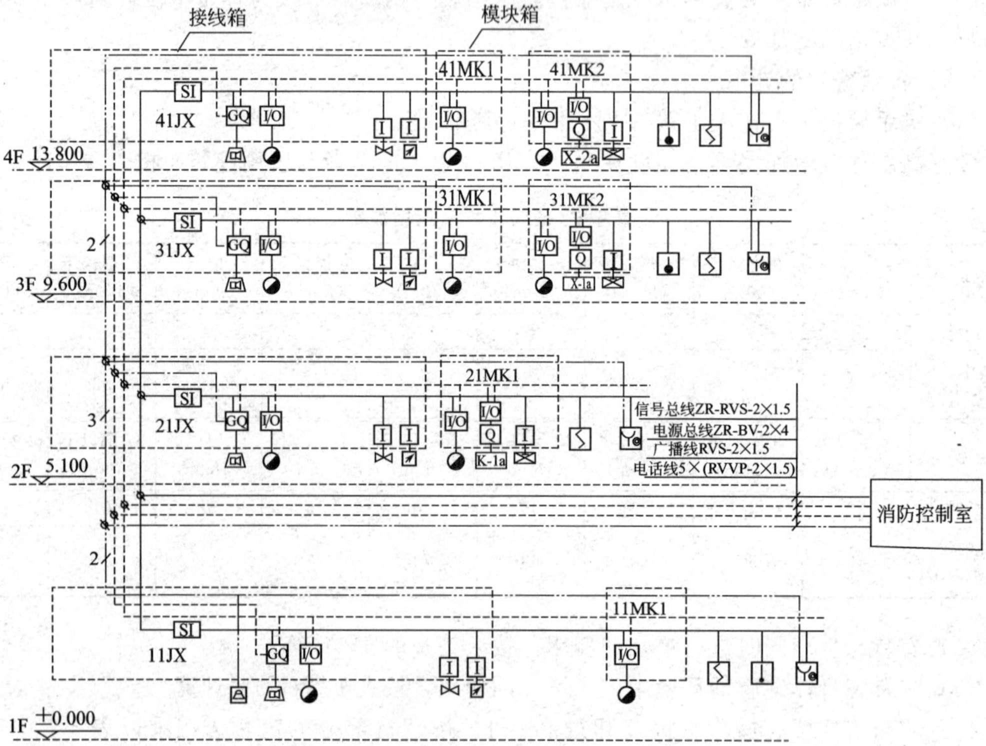

图 4-24　火灾自动报警及联动系统图

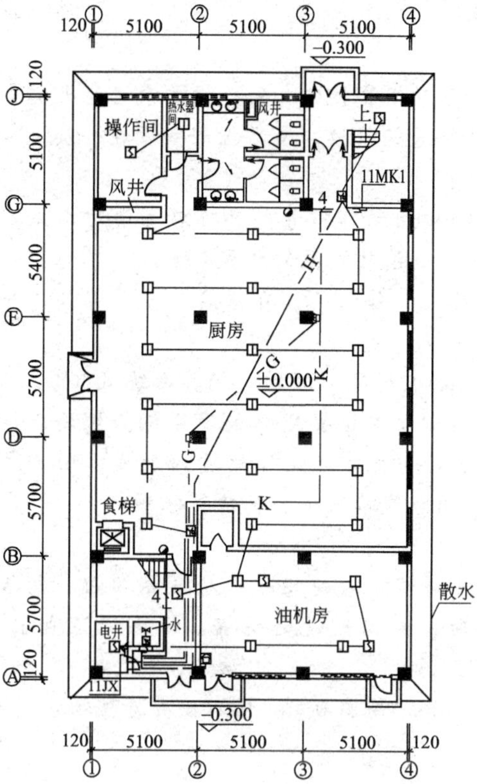

图 4-25　一层自动报警及联动平面图

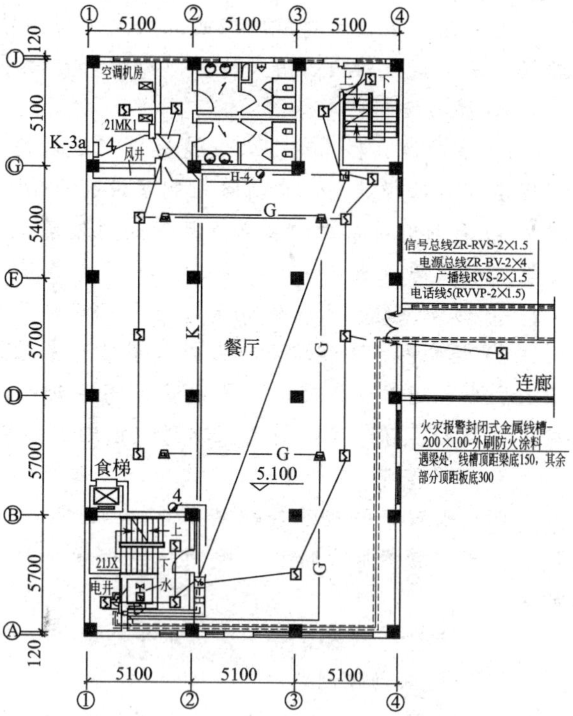

图 4-26　二层自动报警及联动平面图

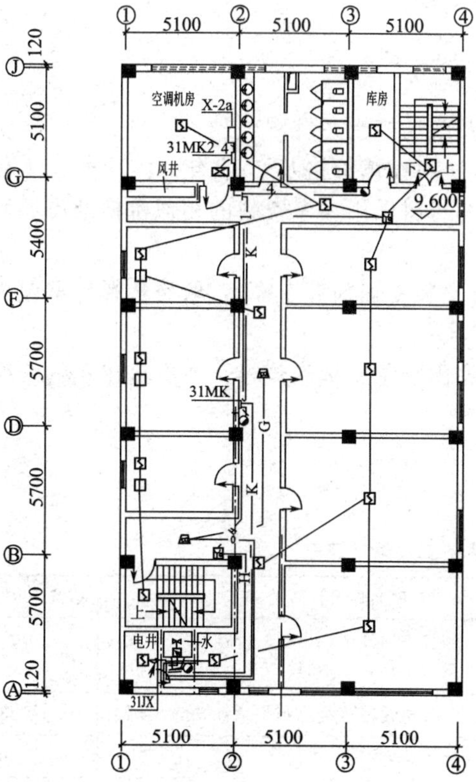

图 4-27　三层自动报警及联动平面图

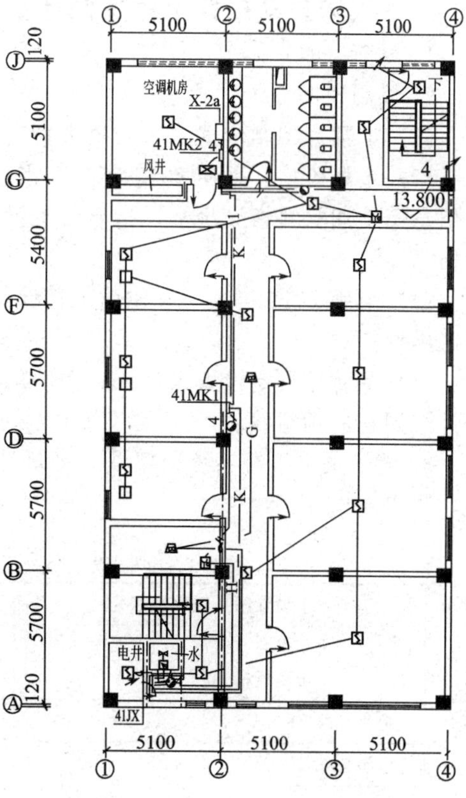

图 4-28　四层自动报警及联动平面图

设计说明

1. 系统采用报警联动控制系统

系统通过装设于建筑物内的点型火灾探测器和手动报警按钮相结合的方式进行火灾自动报警，并对建筑物内的消火栓、防排烟、自喷等系统进行监控，消防控制室设在一层。

2. 联动控制要求

① 室内消火栓系统。火灾情况下，通过消火栓按钮动作信号，直接启动消防水泵，并显示其工作故障状态，在消防控制室设有手动直接控制消防水泵的装置。

② 自动喷淋系统。火灾情况下，通过湿式报警阀动作信号，直接启动喷淋水泵，并显示其工作故障状态。

③ 防烟系统。火灾情况下，关闭正常排风使用的常开阀，联动关闭其系统风机。

④ 竖井内集中线路沿槽式桥架敷设，感温、感烟火灾报警线路采用穿钢管埋墙、板敷设；控制、通信、报警、广播线路采用穿钢管埋地、墙等非燃烧体结构内敷设，由金属线槽、接线箱、穿线管等引至探测器、控制设备等，明敷线路采用金属软管保护。

3. 设备安装

(1) 火灾报警接线箱挂墙距地 1.4m 明装；探测器吸顶安装；手动报警按钮、电话插孔、声光报警器墙上暗装；控制、监视模块配合所控制对象设置明装，模块箱距地 1.4m 暗装。

(2) 点型探测器至墙、梁边水平距离不小于 0.5m，周围 0.5m 内不应有遮挡物。

4. 消防联动控制电源

所有消防联动控制电源，均采用直流 24V。

二、火灾自动报警工程定额计量与计价实例

1. 封面（略）

2. 编制说明

(1) 本预算编制依据××辅楼火灾自动报警及联动控制系统图。

(2) 主材价格：采用 2011 年××市建设工程材料预算价格及 2012 年××市建设工程造价信息第 1 期材料指导价格，指导价上没有价格的材料采用参考资料的相似价格及市场调研价格。

(3) 采用 2011 年××省建设工程计价依据《安装工程预算定额》，取费选择总承包工程市区纳税。

(4) 消防控制室设备未计入；消防箱、模块箱因图中未标注规格，所有进出箱的线缆均未计半周长的预留线。

3. 消防火灾报警系统列项及工程量计算

见表 4-8。

表 4-8 消防火灾报警系统工程量计算表

序号	设计图号和部位	工程名称及计算公式	单位	数量
1	二层进户至电井接线箱 金属线槽 200×100	水平：8(连廊)+14.2+13+2.3=37.5 电井内：(13.8+1.4)−1.4=13.8	m	51.3
2	信号总线 ZR-RVS-2×1.5	51.3+0.5(每层线槽至接线箱长估 0.5m)×4 层	m	53.3
	电源总线 ZR-BV-2×4	(51.3+0.5×4)×2	m	106.6
	广播线 RVS-2×1.5	51.3+0.5×4	m	53.3

续表

序号	设计图号和部位	工程名称及计算公式	单位	数量
2	电话线 RVVP-2×1.5	37.5×5+一层(4.8−1.4)×2+二层(0.3+1.4)+三层(0.3+1.4+4.5)+四层(0.3+1.4+4.5+4.2)+0.5×5	m	215.1
3	无端子外部接线 2.5mm² 以下	ZR-RVS-2×1.5:6 个;RVS-2×1.5:6 个;RVVP-2×1.5:5 个	个	17
	6mm² 以下	ZR-BV-2×4:6 个	个	6
4	一层:11JX-⋈(距地 4.2m)　SC20	1.4+1+4.2	m	6.6
	ZR-RVS-2×1.5	6.6	m	6.6
	11JX-水流指示器　SC20	1.4+1+4.2+0.5	m	7.1
	ZR-RVS-2×1.5	7.1	m	7.1
	11JX-消防电话分机　SC20	1.4+4.8+1.4	m	7.6
	—H—　RVVP-2×1.5	7.6	m	7.6
	11JX-探测器　SC20-CC	垂直(5.1−1.4)+水平(6.6+5.8+4.5+1.3+3.3+4.3+1.3+2.9+2.8+4.9+3.5×3+5.1×10+2.6+2.3+3.1+2+4.6+3+1.8+4.1)	m	126.4
	ZR-RVS-2×1.5	126.4	m	126.4
	11JX-手动报警按钮　SC20	垂直 1.4+水平 4.1+8.6+15.2+垂直 1.5×3	m	33.8
	—H—　RVVP-2×1.5	33.8	m	33.8
	11JX-扬声器　SC20	1.4+4.1+10.6+8.3+2.2×3	m	31
	—G—　RVS-2×1.5	31	m	31
	11JX-11MK1　SC20(4 根)	垂直 1.4+水平 2.3+7.4+6.6+13.9+1.8+垂直 1.4	m	34.8
	11JX-消火栓　SC20(4 根)	垂直 1.4+水平 1.8+5+垂直 1.1	m	9.3
	11MK1-消火栓　SC20(4 根)	1.4+3.3+1.1	m	5.8
	—F—、—K—　ZR-BV-2.5	(34.8+9.3+5.8)×2	m	99.8
	ZR-RVS-2×1.5	34.8+9.3+5.8	m	49.9
	无端子外部接线 2.5mm² 以下	ZR-RVS-2×1.5:7 个;RVS-2×1.5:1 个;RVVP-2×1.5:2 个;ZR-BV-2.5:8 个	个	18
5	四层:41JX-⋈(标高 17.0)　SC20	垂直 1.4+水平 1+垂直 17−13.8	m	5.6
	ZR-RVS-2×1.5	5.6	m	5.6
	41JX-水流指示器 SC20	1.4+1+3.2+0.5	m	6.1
	ZR-RVS-2×1.5	6.1	m	6.1
	41JX-探测器　SC20-CC	垂直 18−13.8−1.4+水平(3.3+7.4+5.8+5.9+1.98+5.8+4.5+2.3+3.96+3+2.8+3+7.6+9.1+1.2+5.8+3.6×2+1.2×2)+3(库房)+2.5+3.3	m	94.64
	ZR-RVS-2×1.5	94.4	m	94.64
	41JX-手动报警按钮　SC20	垂直 1.4+水平 4.1+5.4+1.3+2+13.5+6.6+垂直 1.5×3	m	38.8
	—H—　RVVP-2×1.5	38.8	m	38.8
	41JX-扬声器　SC20	1.4+4.6+6.1+3.3+3.6+6.9+2.2×3	m	32.5

续表

序号	设计图号和部位	工程名称及计算公式	单位	数量
5	—G— RVS-2×1.5	32.5	m	32.5
	41JX-41MK1 SC20(4 根)	垂直 1.4+水平 4.1+12.4+垂直 1.4	m	19.3
	41MK1-41MK2 SC20(4 根)	1.4+9.1+0.8+1.6+1.4	m	14.3
	41JX-消火栓 SC20(4 根)	垂直 1.4+水平 1.3+垂直 1.1	m	3.8
	41MK1-消火栓 SC20(4 根)	1.4−1.1+0.8	m	1.1
	41MK2-消火栓 SC20(4 根)	1.4+1.6+3.8+1.1	m	7.9
	41MK2-五层消火栓 SC20(4 根)	1.4+13.1+18+1.1−13.8	m	19.8
	41MK2-X-2a(*H*=1.4m) SC20(4 根)	0.9	m	0.9
	41MK2—防火阀(*H*=3.2m) SC20(2 根)	垂直 18−13.8−1.4+水平 0.9+垂直 1	m	4.7
	—4—、—K— ZR-BV-2.5	(19.3+14.3+3.8+1.1+7.9+19.7+0.9)×2	m	134.2
	ZR-RVS-2×1.5	19.3+14.3+3.8+1.1+7.9+19.7+0.9+4.7	m	71.7
	无端子外部接线 2.5mm^2 以下	ZR-RVS-2×1.5:13 个;RVS-2×1.5:1 个;RVVP-2×1.5:1 个;ZR-BV-2.5:18 个	个	33
6	二、三层管线计算同一、四层(略)			
7	汇总			
	(1)金属线槽 200×100	51.3m		
	(2)ZR-RVS-2×1.5	716.59m		
	(3)ZR-BV-2×4	106.6m		
	(4)ZR-BV-2.5	417.28m		
	(5)RVS-2×1.5	198.33m		
	(6)RVVP-2×1.5	403.9m		
	(7)SC20	953.22m		
	(8)无端子外部接线 2.5mm^2 以下	116 个		
	(9)无端子外部接线 6mm^2 以下	6 个		
	(10)设备列表	消防电话:1 个;短路保护器:4 个;扬声器:10 个;带电话插孔的手动报警按钮:8 个		
		感烟探测器:6+15+15+17=53 个;感温探测器:23+3+3=29 个;消火栓按钮:10 个		
		消防广播切换模块:10 个;输入输出模块:13 个;单输入模块:11 个;动作切换模块:3 个		
		JX 接线箱:4 个;MK 模块箱:6 个		
	(11)接线盒	消防电话 1+扬声器 10+报警按钮 8+探测器 53+29+消火栓按钮 10+二层分线 4	个	115
	(12)金属软管(估 0.5m/个)	(防火阀 4+水流指示器 4+信号水阀 4+空调机 3)×0.5	m	7.5
	(13)金属线槽外刷防火涂料	(估:1m^2/1kg)0.4×51.3×1	kg	20.52
	(14)金属线槽固定支架或吊架	(估:1 个/3m,2.5kg/个)51.3÷3×2.5	kg	42.75

4. 单位工程(安装工程)预算表(表 4-9)。

表 4-9　安装工程预算书

工程名称：××辅楼火灾自动报警工程

序号	定额号	工程及费用名称	单位	数量	预(决)算价值/元		总价分析							
					单价	总价	主材费/元		人工费/元		材料费/元		机械费/元	
							单价	总价	单价	总价	单价	总价	单价	总价
	1	分部分项工程	项			22765.95		37040.55		19111.83		2059.63		1594.43
1	C2-557	钢制槽式桥架　宽＋高 400mm 以下	10m	5.13	230.99	1184.98	666.42	3418.73	181.26	929.86	40.62	208.38	9.11	46.73
	主材	桥架 200×100	m	51.557			66.31	3418.71						
2	C2-1030	钢管敷设　砖、混凝土结构暗配　公称直径 20mm 以内	100m	9.53	474.19	4519.03	756.02	7204.87	385.32	3672.1	37.02	352.8	51.85	494.13
	主材	焊接钢管 *DN*20	m	981.590			7.34	7204.87						
3	C2-1162	管内穿铜芯导线　照明线路导线截面 2.5mm² 以内	100m/单线	4.17	78.54	327.51	245.92	1025.49	57	237.69	21.54	89.82		
	主材	铜芯聚氯乙烯绝缘电线 ZR-BV2.5	m	483.720			2.12	1025.49						
4	C2-1163	管内穿铜芯导线　照明线路导线截面 4mm² 以内	100m/单线	1.07	61.51	65.82	387.44	414.56	39.9	42.69	21.61	23.12		
	主材	铜芯聚氯乙烯绝缘电线 ZR-BV4	m	124.120			3.34	414.56						
5	C2-1180	管内穿线　二芯以内多芯软导线　导线截面　1.5mm² 以内	100m/单线	7.17	62.04	444.83	306.72	2199.18	47.31	339.21	14.73	105.61		
	主材	铜芯多股绝缘导线 ZR-RVS2×1.5	m	774.360			2.84	2199.18						
6	C2-1180	管内穿线　二芯以内多芯软导线　导线截面　1.5mm² 以内	100m/单线	1.98	62.04	122.84	295.92	585.92	47.31	93.67	14.73	29.17		
	主材	铜芯多股绝缘导线 RVS-2×1.5	m	213.840			2.74	585.92						

续表

序号	定额号	工程及费用名称	单位	数量	预(决)算价值/元		总价分析							
							主材费/元		人工费/元		材料费/元		机械费/元	
					单价	总价	单价	总价	单价	总价	单价	总价	单价	总价
7	C2-1180	管内穿线 二芯以内多芯软导线 导线截面 1.5mm² 以内	100m/单线	4.04	62.04	250.64	595.08	2404.12	47.31	191.13	14.73	59.51		
	主材	铜芯多股绝缘导线 RVVP-2×1.5	m	436.320			5.51	2404.12						
8	C7-36	通信分机安装	部	1	12.9	12.9	135	135	12.54	12.54	0.36	0.36		
	主材	消防电话分机(总线制)	部	1.000			135.00	135.00						
9	C7-14	总线隔离器安装	只	4	13.01	52.04	111.49	445.96	8.55	34.2	1.34	5.36	3.12	12.48
	主材	总线短路保护器 LD6800E-1	只	4.000			111.49	445.96						
10	C7-25	声光报警安装	只	10	17.26	172.6	161.46	1614.6	13.11	131.1	3.41	34.1	0.74	7.4
	主材	声光报警装置	只	10.000			161.46	1614.60						
11	C7-9	按钮安装	只	8	10.71	85.68	88	704	8.55	68.4	0.87	6.96	1.29	10.32
	主材	带电话插孔的手动按钮	只	8.000			88.00	704.00						
12	C7-1	探测器安装 感烟	套	53	112.26	5949.78	92.26	4889.78	96.9	5135.7	7.22	382.66	8.14	431.42
	主材	感烟探测器	只	53.000			92.26	4889.78						
13	C7-2	探测器安装 感温	套	29	107.71	3123.59	92.26	2675.54	96.9	2810.1	6.87	199.23	3.94	114.26
	主材	感温探测器	只	29.000			92.26	2675.54						
14	C7-9	按钮安装	只	10	10.71	107.1	171	1710	8.55	85.5	0.87	8.7	1.29	12.9
	主材	消火栓按钮	只	10.000			171.00	1710.00						
15	C7-12	非编址模块安装 转换模块	只	10	10.03	100.3	198	1980	4.56	45.6	3.45	34.5	2.02	20.2
	主材	消防广播切换模块	只	10.000			198.00	1980.00						

续表

序号	定额号	工程及费用名称	单位	数量	预(决)算价值/元		总价分析							
					单价	总价	主材费/元		人工费/元		材料费/元		机械费/元	
							单价	总价	单价	总价	单价	总价	单价	总价
16	C7-13	报警接口安装,输入模块	只	11	13.97	153.67	92.26	1014.86	10.26	112.86	1.32	14.52	2.39	26.29
	主材	输入模块	只	11.000			92.26	1014.86						
17	C7-10	编址控制模块(接口)安装　单输出	只	13	15.8	205.4	123.02	1599.26	11.4	148.2	2.38	30.94	2.02	26.26
	主材	输入输出模块	只	13.000			123.02	1599.26						
18	C7-12	非编址模块安装　转换模块	只	3	10.03	30.09	144	432	4.56	13.68	3.45	10.35	2.02	6.06
	主材	动作切换模块	只	3.000			144.00	432.00						
19	C2-1296	接线箱安装　暗装　半周长 1500mm 以内	10 个	0.4	937.03	374.81	2537.2	1014.88	923.4	369.36	13.63	5.45		
	主材	接线箱	个	4.000			253.72	1014.88						
20	C2-1295	接线箱安装　暗装　半周长 700mm 以内	10 个	0.6	611.79	367.07	1080	648	604.2	362.52	7.59	4.55		
	主材	模块箱	个	6.000			108.00	648.00						
21	C2-1297	钢制接线盒　暗装	10 个	11.4	37.45	426.93	29.58	337.21	25.65	292.41	11.8	134.52		
	主材	接线盒	个	116.280			2.90	337.21						
22	C2-1144	金属软管敷设　公称管径 20mm 以内每根管长 500mm 以内	10m	0.7	260.52	182.36	20.29	14.2	128.82	90.17	131.7	92.19		
	主材	金属软管(蛇皮管)	m	7.210			1.97	14.20						
23	C2-639	金属线槽外刷防火涂料	10kg	2.05	153.56	314.8	185.4	380.07	148.2	303.81	5.36	10.99		
	主材	防火涂料	kg	21.115			18.00	380.07						

续表

序号	定额号	工程及费用名称	单位	数量	预(决)算价值/元		总价分析							
					单价	总价	主材费/元/		人工费/元		材料费/元		机械费/元	
							单价	总价	单价	总价	单价	总价	单价	总价
24	C2-405	一般铁构件制作	100kg	0.43	800.26	344.11	447.26	192.32	555.75	238.97	109.44	47.06	135.07	58.08
	主材	一般铁构件	kg	44.935			4.28	192.32						
25	C2-406	一般铁构件安装	100kg	0.43	471.97	202.95			352.26	151.47	18.77	8.07	100.94	43.4
26	C2-374	端子板外部接线　无端子外部接线 2.5mm²	10个	11.6	20.51	237.92			12.54	145.46	7.97	92.45		
27	C2-375	端子板外部接线　无端子外部接线 4mm²	10个	0.6	25.07	15.04			17.1	10.26	7.97	4.78		
28	C7-177	自动报警及联动系统调试 128点以下	系统	1	3262.7	3262.7			2922.96	2922.96	62.57	62.57	277.17	277.17
29	C7-183	广播喇叭及音箱、通信分机及插孔调试	10只(个)	1.9	67.61	128.46			63.27	120.21	0.48	0.91	3.86	7.33
	2	措施项目				955.59				185.39		770.2		
30	2-0101	电气设备安装工程脚手架搭拆费	元	7470.78	0.03	224.12			0.01	56.03	0.02	168.09		
31	7-0101	消防及智能化设备工程脚手架搭拆费	元	11641.05	0.03	349.23			0.01	87.31	0.02	261.92		
32	2-0301	电气设备安装工程高层建筑增加费　9层以下(30m)	元	7470.78	0.02	149.42			0.0022	16.44	0.0178	132.98		
33	7-0301	消防及智能化设备工程高层建筑增加费　层数9层以下(30m)	元	11641.05	0.02	232.82			0.0022	25.61	0.0178	207.21		

5. 建筑（安装）工程价差计算表、安装工程预算总值表

见表 4-10、表 4-11。

表 4-10　建筑（安装）工程价差计算表

序号	材料名称	单位	数量	单价/元		价差/元	
				定额价	市场价	价格差	合计
	材料价差(小计)						26.18
1	圆钢 8mm	t	0.01	3530	4300	770	7.32
2	胶合板 3mm	m^2	0.1	6.27	9	2.73	0.27
3	镀锌铁丝 1.6mm(16＃)	kg	6.29	4.5	5.1	0.6	3.77
4	电焊条　结 422　3.2mm	kg	7.952	4.5	5	0.5	3.98
5	醇酸防锈漆　铁红	kg	8.958	9.15	7.78	－1.37	－12.27
6	油漆溶剂油(松香水)	kg	2.734	4.59	5.1	0.51	1.39
7	汽油	升	2.112	5.34	7.29	1.95	4.12
8	柴油	l	4.284	5.63	7.84	2.21	9.47
9	改性硬聚氯乙烯(UPVC)电线套管管箍 25mm	个	253.65	0.3	0.32	0.02	5.07
10	铜芯聚氯乙烯绝缘电线 BV $1mm^2$	m	15.32	0.73	0.93	0.2	3.06

表 4-11　安装工程预算总值表

序号	工程或费用名称	计算公式或基数	费率/%	金额/元
(1)	直接工程费	分部分项直接工程费		22765.95
(2)	其中:人工费	人工费		19111.83
(3)	施工技术措施费	技术措施费		955.59
(4)	其中:人工费	人工费		185.39
(5)	施工组织措施费	(2)×费率	11.82	2259.02
(6)	其中:人工费	(5)×费率	20	451.8
(7)	直接费小计	(1)＋(3)＋(5)		22980.56
(8)	企业管理费	[(2)＋(4)＋(6)]×相应费率	25	4937.26
(9)	规费	[(2)＋(4)＋(6)]×核准费率	50.64	10000.90
(10)	间接费小计	(8)＋(9)		14938.16
(11)	利润	[(2)＋(4)＋(6)]×相应利润率	24	4739.76
(12)	动态调整	材料价差		26.18

续表

序号	工程或费用名称	计算公式或基数	费率/%	金额/元
(13)	主材费	主材费		37040.55
(14)	税金	[(7)+(10)+(11)+(12)+(13)]×相应税率	3.477	2772.05
(15)	工程造价	(7)+(10)+(11)+(12)+(13)+(14)		82497.26

6. 图例（表 4-12）

表 4-12 图例

序号	图例	名称	规格	安装方式
1	—G—	声光讯响线缆	ZR-RVS-2×1.5-SC20	埋墙，埋地暗设
2	—H—	消防电话线	RVVP-2×1.5-SC20	埋墙，埋地暗设
3	—F—	消火栓线缆	ZR-BV-2×2.5+ZR-RVS-2×1.5-SC20	埋墙，埋地暗设
4	—K—	控制模块线缆	ZR-BV-2×2.5+ZR-RVS-2×1.5-SC20	埋墙，埋地暗设
5	I/O	输入/输出模块	GST-LD-8301	模块箱内安装
6	Q	动作切换模块	GST-LD-8302A	模块箱内安装
7	SI	短路保护器	GST-LD-8313	模块箱内安装
8		消防电话分机	TS-200A	距地 1.4m
9	GQ	消防广播切换模块	GST-LD-8305	模块箱内安装
10		水流指示器	见水施	
11	⋈	信号水阀	见水施	
12		防火阀	见暖施	70℃熔断
13		感温探测器	JTW-ZCD-G3N	吸顶安装
14		扬声器		距地 2.2m
15		感烟探测器	JTY-GD-G3	吸顶安装
16		手动报警按钮，带电话插孔	J-SAP-8402	距地 1.5m
17	I	单输入模块	GST-LD-8300	模块箱内安装

学习单元 4.2 消防工程清单计量与计价

任务资讯

GB 50500—2013《建设工程工程量清单计价规范》通用安装工程计量规范附录 I 消防工程常用项目：I.1 水灭火系统（编码：030901）；I.4 火灾自动报警系统（编码：030904）；I.5 消防系统调试（编码：030905）清单项目详见附录一。

任务实施

本节以××辅楼水灭火工程为例，介绍室内消防给水工程施工图清单计量与计价。××辅楼水灭火工程施工图如图 4-29～图 4-35 所示。

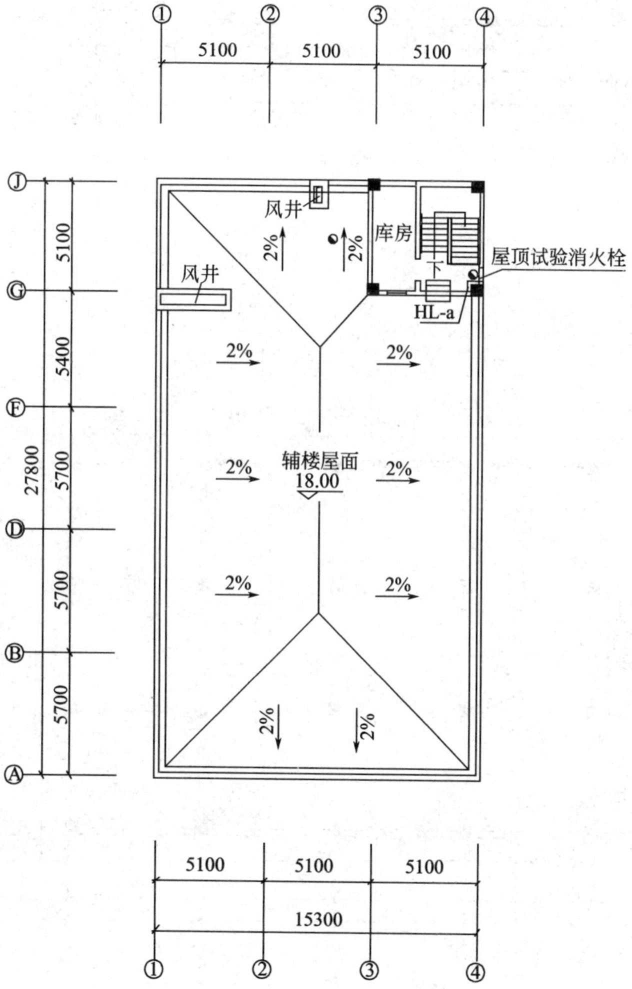

图 4-29 五层消防给水平面图

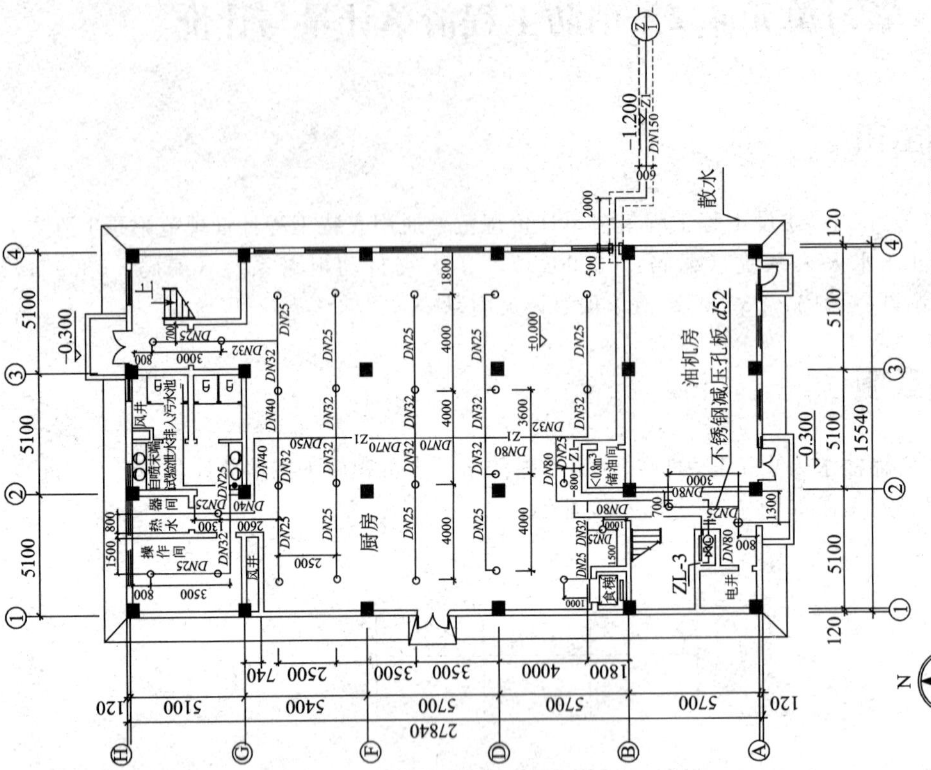

一层自喷给水平面图 1:100

注：办公楼的自喷管道标高为4.200m.

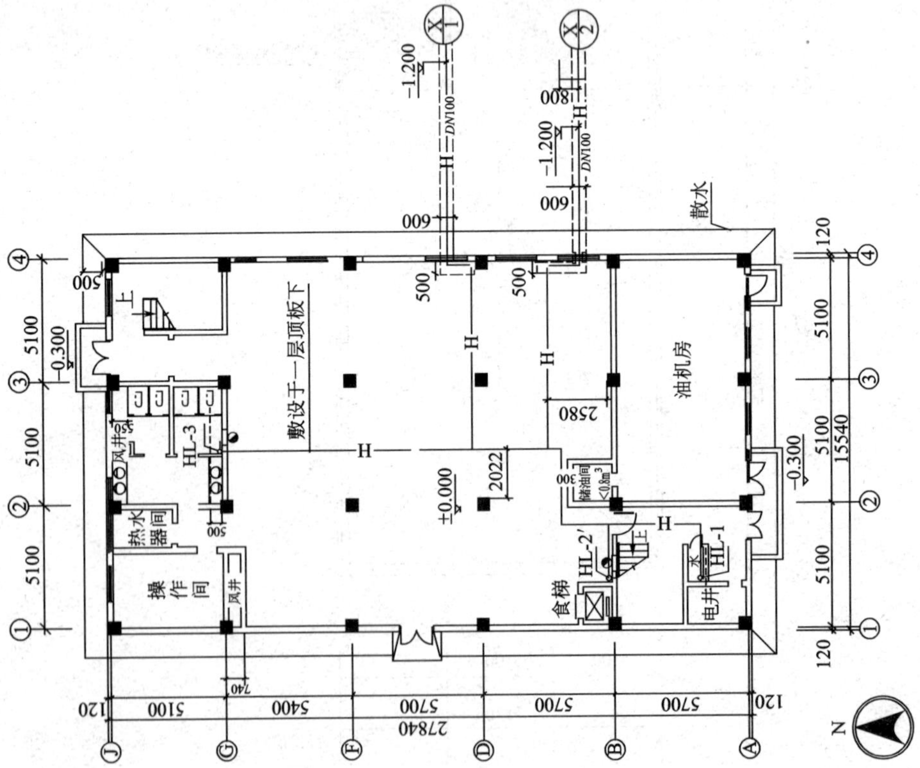

一层消火栓给水平面图 1:100

图 4-30　一层消火栓及自喷给水平面图

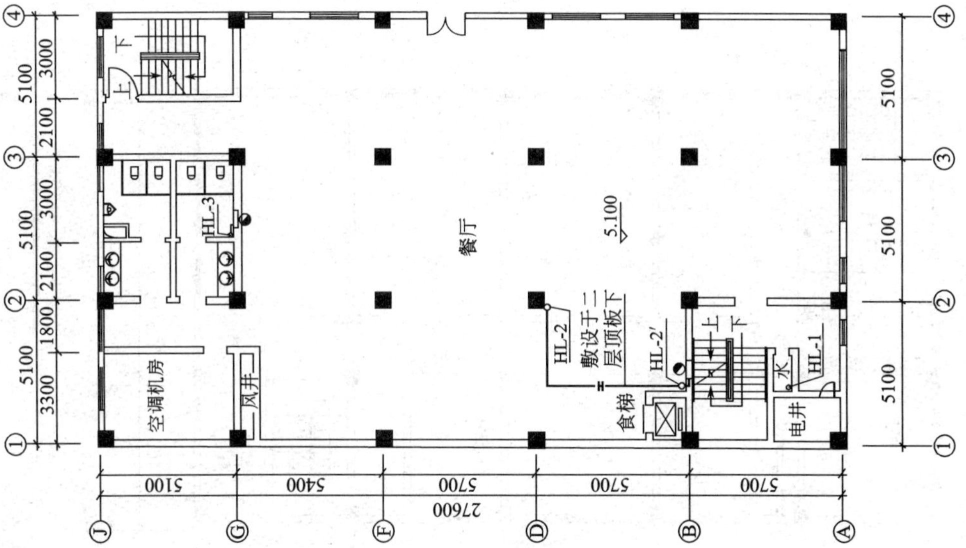

二层消火栓给水平面图1:100

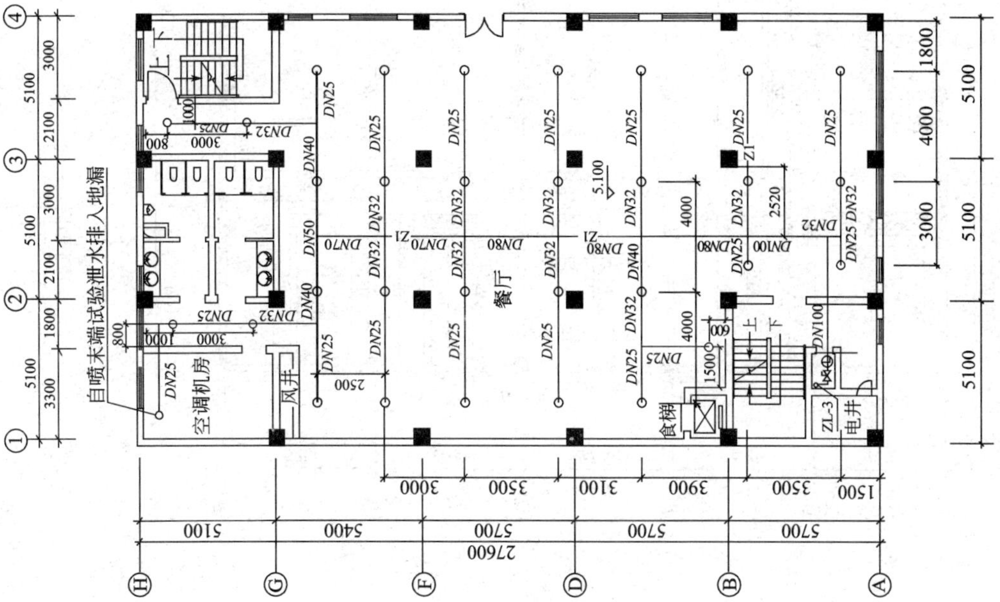

二层自喷给水平面图1:100

图 4-31 二层消火栓及自喷给水平面图

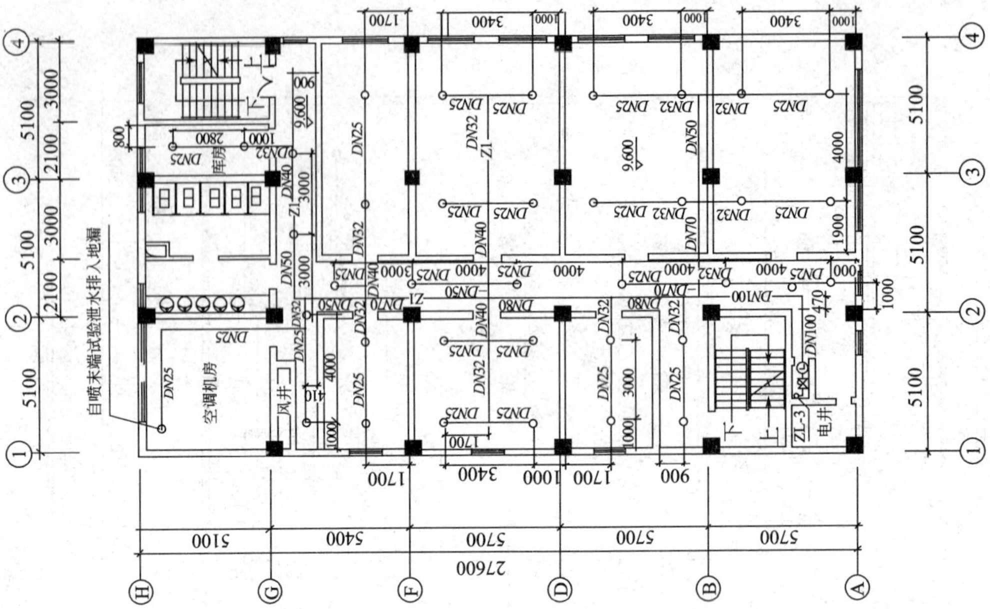

三层自喷平面图 1:100

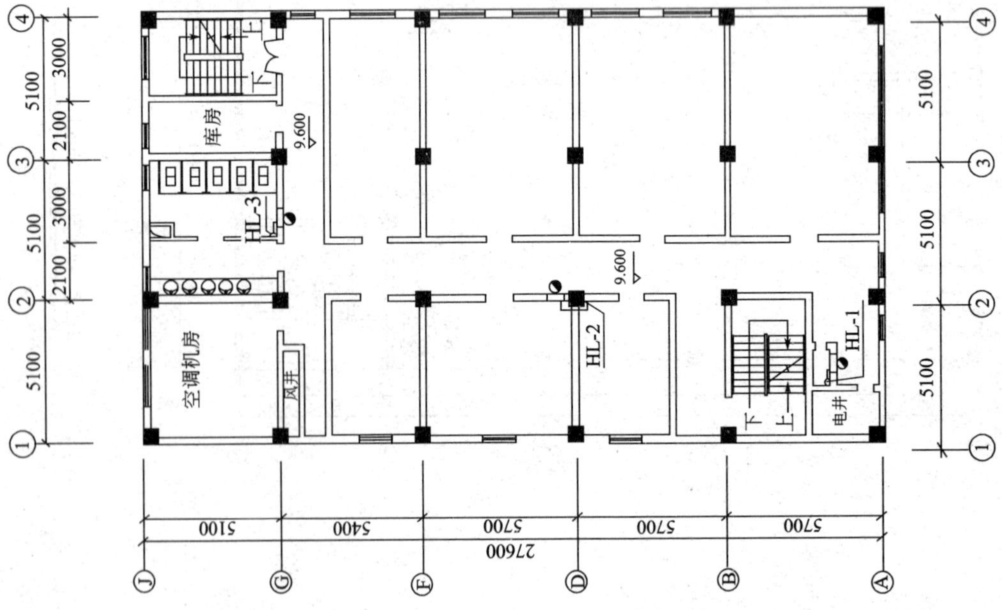

三层平面图 1:100

图 4-32 三层消火栓及自喷给水平面图

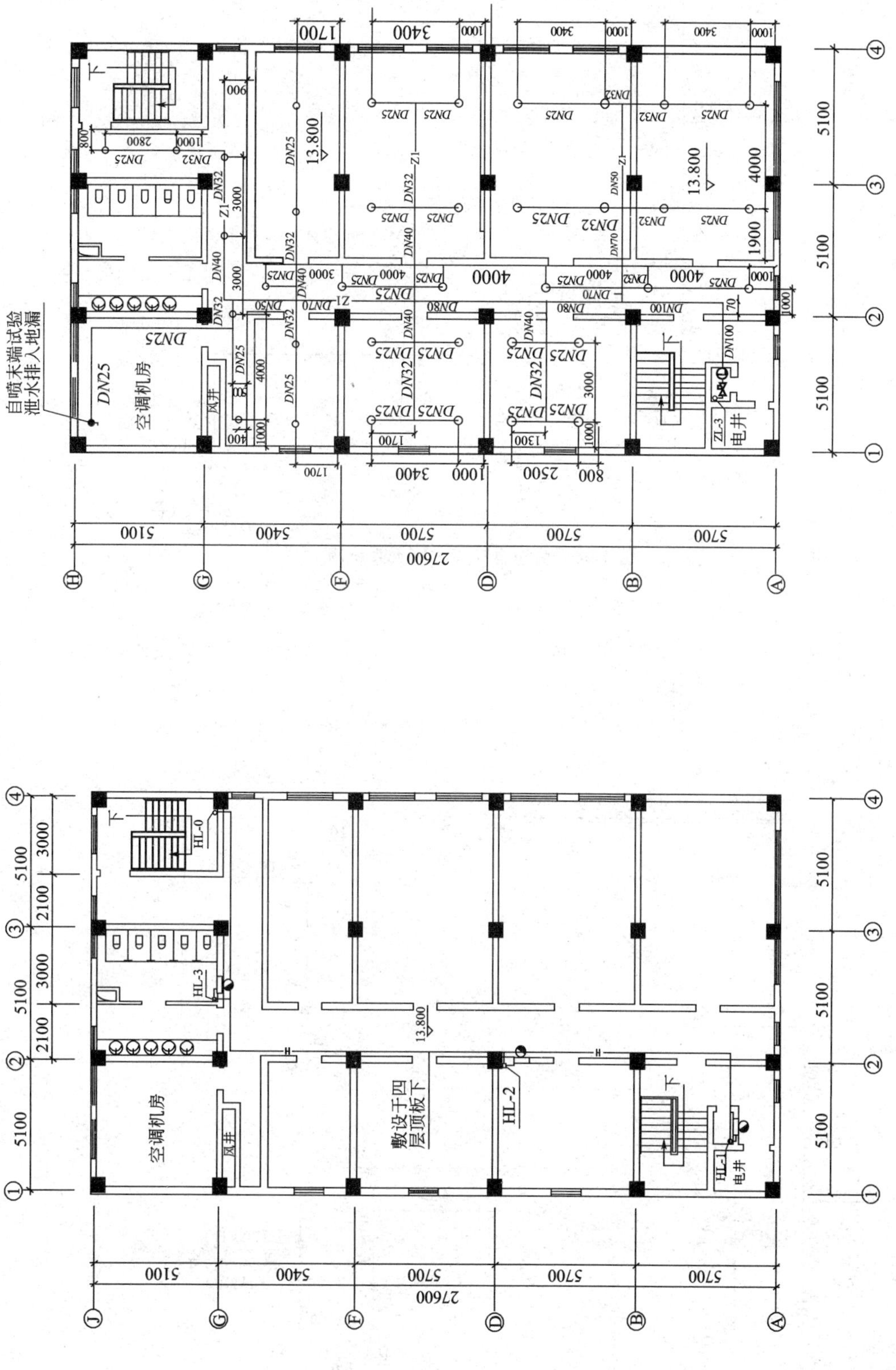

四层自喷平面图1:100

四层平面图1:100

图 4-33　四层消火栓及自喷给水平面图

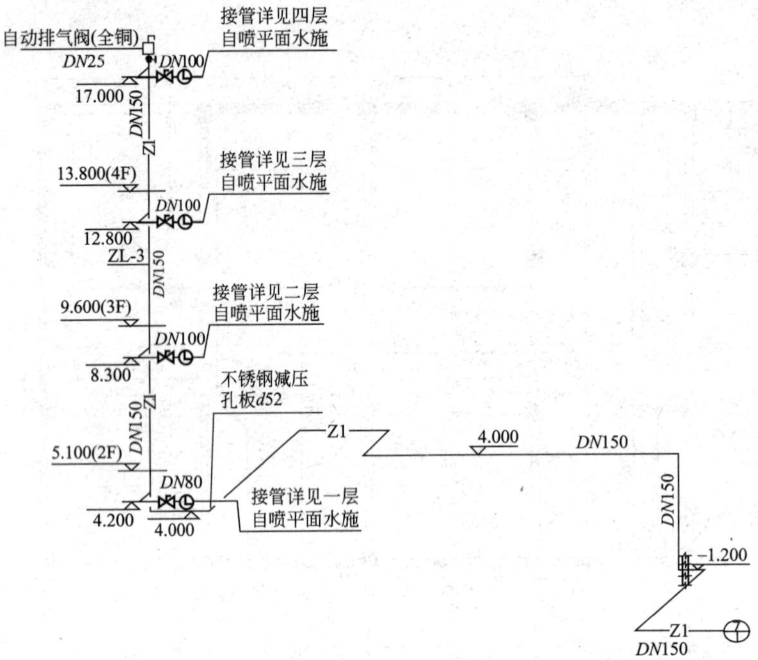

图 4-34　消防自动喷水灭火系统图

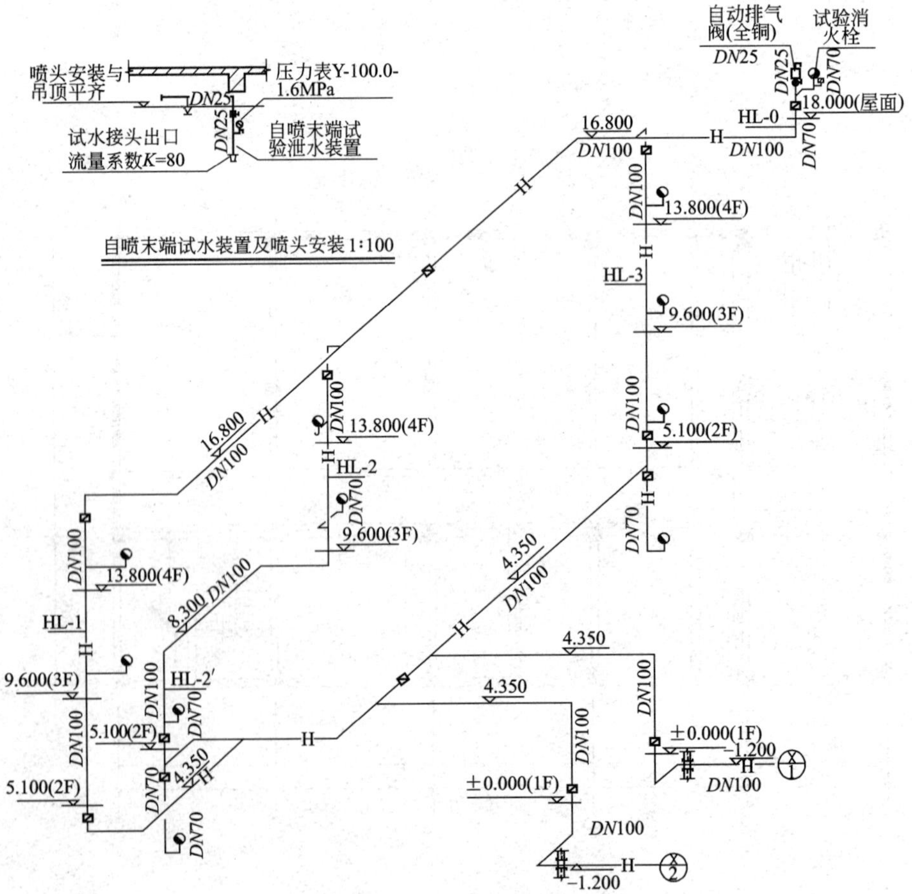

图 4-35　消火栓给水系统图

设计说明

1. 工程概况

(1) 本工程为××辅楼的消防设计，地上四层，一层为厨房；二层为餐厅；三层、四层为宿舍。

(2) 本工程1～4层采用消火栓系统和自动喷水灭火系统。

2. 施工说明

(1) 图中所注管道标高均以管中心为准。

(2) 消防水管全部采用热浸镀锌钢管，*DN*100及以下螺纹连接，*DN*100以上法兰连接。

(3) 管道支吊架的最大跨距按《给排水消防工程施工质量验收规范》(GB 50242—2002)的有关规定确定。

(4) 管道支吊架及托架的具体形式和安装位置，由安装单位根据现场情况确定，做法参见图标95R417-1。

(5) 管道安装完毕后应进行水压试验，试验压力0.8MPa，在10min内压降不大于0.05MPa，不渗、不漏为合格。经试压合格后，应对系统反复冲洗，直至排出水中不含泥砂、铁屑等杂质且水色不浑浊时方为合格。

(6) 消防系统安装试压完毕后，应对所安装的消火栓系统和自动喷水灭火系统进行调试，标定，满足要求后方可进行使用。

(7) 油漆

① 镀锌钢管，在表面先消除污垢、灰尘等杂质后刷色漆二道。

② 支吊架等，在表面除锈后刷防锈底漆、色漆各二道。

(8) 所有穿越剪力墙、砖墙和楼板处的水管，均应事先预埋钢套管，套管直径应按比穿管直径大2号，此部分套管及小于300mm的洞土建图上有些未予以表示，安装单位应根据“设施”图配合土建一起施工预留，以防漏留，套管安装完毕后，应采用混凝土封堵，表面抹光。

(9) 安装单位应在设备和管道安装前与水、电等加以密切配合，安装中管道如有相碰时，可根据现场情况做局部调整。

(10) 本工程安装施工应严格遵守《给排水消防工程施工质量验收规范》(GB 50242—2002)。

图例见表4-13。

表4-13　图例

图例	名称	图例	名称	图例	名称
—H—	室内消火栓管道	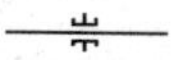	柔性防水套管		消防水泵接合器
—Zn—	自动喷水管道	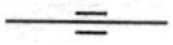	刚性套管		消火栓
	蝶阀	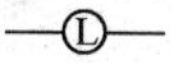	水流指示器	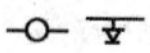	闭式玻璃球喷头
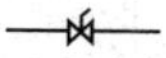	信号控制阀		自动排污过滤器		固定支架
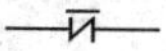	止回阀	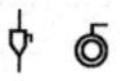	末端测试阀		自动排气阀
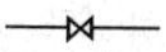	闸阀				

一、室内消防给水工程清单编制实例

工程量计算表见表4-14。

表4-14　工程量计算表

序号	设计图号和部位	工程名称及计算公式	单位	数量
消火栓系统				
	一层平面，引入管 DN100	室外5m+墙厚0.2+1.06+竖向(4.35+1.2)+水平(7.56+12.14+3.17+5.8+2.3×2+7.56)+1.06+竖向(4.35+1.2)+0.2+室外5m	m	64.45
	二层平面，HL-2～HL-2 DN100	5.28+3	m	8.28
	四层平面 HL-1～HL-2～HL-3～HL-0　DN100	9.3+20.22+3.5+0.7×2+0.5	m	34.92
	立管，HL-1　DN100	16.8−4.35	m	12.45
	立管，HL-2 加 HL-2、HL-3 同 HL-1　DN100	12.45×2	m	24.9
	立管到消火栓部分 HL-1，三、四层　DN70	0.5×2	m	1
	HL-2　一层　DN70	垂直(4.35−1.1)+0.5	m	3.75
	二层　DN70	0.5	m	0.5
	HL-2　三层　DN70	1	m	1
	四层　DN70	0.5	m	0.5
	HL-3　一层　DN70	垂直(4.35−1.1)+0.5	m	3.75
	二～四层　DN70	0.5×3	m	1.5
	HL-0　出屋面　DN70	(18−16.8)+1.1(栓口的高度)+0.8(屋顶水平)	m	3.1
消火栓系统汇总				
1	镀锌钢管　DN100	64.45+8.28+34.92+12.45+24.9	m	145
2	镀锌钢管　DN70	1+3.75+0.5+1+0.5+3.75+1.5+3.1	m	15.1
3	SN70 试验消火栓	1	套	1
4	SN70 室内消火栓	10	套	10
5	排气阀　DN25	1	个	1
6	蝶阀　DN100	9	个	9
	DN70	3	个	3
7	柔性防水套管　DN100	2	个	2
8	钢套管　DN150(DN100)	3+5+9	个	17
	DN100(DN70)	1+1	个	2
9	单管支架（刷防锈漆二道，色漆二道）	145÷3×1.98+15.1÷3×1.19	kg	101.69
10	镀锌钢管(刷色漆二道)	0.358×145+0.237×15.1	m^2	55.49
11	管道冲洗	145+13.31	m	158.31

续表

序号	设计图号和部位	工程名称及计算公式	单位	数量
自动喷水系统				
12	引入管(镀锌钢管法兰连接) *DN*150	室外5m＋外墙0.2＋垂直(4＋1.2)＋水平(7.8＋1.8＋3.5＋5.5＋2)	m	31
	立管 ZL-3 *DN*150(管井人工乘以系数1.3)	17－4	m	13
13	自喷支管(镀锌钢管螺纹连接) *DN*100	二层5.5＋(3.5－0.5)＋三层3.9＋4.8＋四层8.7	m	25.9
14	*DN*80	一层(2.7＋6.7＋2.7＋3)＋二层(3.9＋3.1＋3.5)＋三层8.3＋四层8.3	m	42.2
15	*DN*70	一层5.3＋二层3＋2.5＋三层4.8＋0.5＋3＋四层8.3	m	27.4
16	*DN*50	一层2.5＋二层4＋三层2.8＋2.5＋0.5＋4＋四层9.8	m	26.1
17	*DN*40	一层2.6＋3.2＋2＋二层1.1＋2.1＋2＋三层3＋0.5＋1.5＋3＋四层8＋1.5	m	30.5
18	*DN*32	一层2.5＋0.3＋2.6＋2＋2＋4＋4＋3.6＋1.3＋二层2.3＋2.5＋4×3＋2＋2＋2＋0.5＋2＋三层2＋0.5＋1.5＋3＋3＋4＋1.5×2＋1＋(1×2＋0.2)＋四层20.2－1.5×2＋3	m	88
	*DN*25	一层3.2＋0.3＋1.3＋3＋4＋2＋4×2＋4×2＋4×2＋2＋(1.3－0.7)＋3＋2＋1＋(1.8－1)＋0.35×4	m	48.6
		二层(4－1.1)＋(4－2.1)＋3×2＋(0.5＋3.2)＋4×2×3＋2＋4＋4＋(3－2)×2＋4	m	54.5
		三层2.8＋5.6＋3.7＋4＋(3－1.7)＋3＋4＋3.4×4＋4＋3×2＋(4－1)＋4＋3.4×4	m	68.6
		四层68.6－3×2＋2.6×2	m	67.8
	假设吊顶喷头与水平管距离0.5m *DN*25	一层0.5×28＋二层0.5×31＋三层0.5×36＋四层0.5×36	m	65.5
	假设末端试水装置安装距地0.8m *DN*25	一层4.2－0.8＋二层8.3－5.9＋三层12.8－10.4＋四层17－14.6	m	10.6
19	自喷支管(镀锌钢管螺纹连接) *DN*25汇总	48.6＋54.5＋68.6＋67.8＋65.5＋10.6		315.6
20	信号控制阀 *DN*80	1	个	1
	*DN*100	3	个	3
21	水流指示器 *DN*80	1	个	1
	*DN*100	3	个	3
22	喷头	28＋31＋36×2	个	131
23	末端试水装置	4	套	4
24	柔性防水套管 *DN*150	1	个	1
25	自动排气阀 *DN*25	1	个	1

续表

序号	设计图号和部位	工程名称及计算公式	单位	数量
自动喷水系统				
26	钢套管	*DN*200(*DN*150) 个 4；*DN*125(*DN*80) 个 1；*DN*70(*DN*40) 个 5；*DN*150(*DN*100) 个 3；*DN*100(*DN*70) 个 2；*DN*50(*DN*32) 个 5；*DN*40(*DN*25)	个	4
27	不锈钢减压孔板　*d*25	1	个	1
28	法兰　*DN*150	立管每个三通二副法兰 8＋水平管每个弯头处二副法兰 12	副	20
29	镀锌钢管刷色漆二道	5.18×4.4＋3.58×2.59＋2.78×4.22＋2.37×2.74＋1.89×2.61＋1.51×3.05＋1.33×8.8＋1.05×31.56	m^2	104.67
30	支架(刷防锈漆、色漆各二道)	*DN*150(4.78×44÷3)＋*DN*100(2.5×25.9÷3)＋*DN*80(2.09×42.2÷3)＋*DN*70(1.26×27.4÷3)＋*DN*50(1.11×26.1÷3)＋*DN*40(1.08×30.5÷3)＋*DN*32(0.97×88÷3)＋*DN*25(0.94×315.6÷3)	kg	286.67
31	管道冲洗　*DN*50mm 以内	26.1＋30.5＋88＋315.6	m	460.2
	*DN*100mm 以内	27.4＋42.2＋25.9	m	95.5
	*DN*200mm 以内	44	m	44

封面、总说明、其他项目清单等同给排水工程（略）。

分部分项工程量清单表、措施项目清单与计价表见表 4-15、表 4-16。

表 4-15　分部分项工程量清单与计价表

序号	项目编码	项目名称	项目特征描述	计量单位	工程数量	金额/元		
						综合单价	总价	其中：暂估价
一、消火栓系统								
1	030901002001	消火栓钢管　*DN*100	镀锌螺纹连接，穿墙穿楼板设置套管，管道刷磁漆两遍，吹洗打压	m	145			
2	030901002002	消火栓钢管　*DN*70		m	15.1			
3	031003002001	螺纹法兰阀门　*DN*100	低压碳钢法兰蝶阀，螺纹连接	个	9			
4	031003002002	螺纹法兰阀门　*DN*70		个	3			
5	030901010001	室内消火栓	*DN*65 消火栓组件	套	11			
6	031002001001	管道支架制作安装	支架制作安装，手工除锈，防锈漆两遍，色漆两遍	kg	101.69			
7	031003005001	减压器	*DN*25 自动排气阀	个	1			
8	030601002001	压力仪表	末端试水	台	1			
二、喷淋系统								
9	030901001001	水喷淋钢管　*DN*150	镀锌钢管法兰连接，低压碳钢平焊法兰（电弧焊），穿墙穿楼板设置套管，管道刷磁漆两遍，吹洗打压	m	44			

续表

序号	项目编码	项目名称	项目特征描述	计量单位	工程数量	金额/元		
						综合单价	总价	其中：暂估价
二、喷淋系统								
10	030901001002	水喷淋钢管　*DN*100	镀锌钢管螺纹连接，穿墙穿楼板设置套管，管道刷磁漆两遍，吹洗打压	m	25.90			
11	030901001003	水喷淋钢管　*DN*80		m	42.20			
12	030901001004	水喷淋钢管　*DN*70		m	27.40			
13	030901001005	水喷淋钢管　*DN*50		m	26.10			
14	030901001006	水喷淋钢管　*DN*40		m	30.50			
15	030901001007	水喷淋钢管　*DN*32		m	88.00			
16	030901001008	水喷淋钢管　*DN*25		m	315.60			
17	031003002003	螺纹法兰阀门　*DN*100	信号控制阀，低压碳钢法兰，螺纹连接	个	3.00			
18	031003002004	螺纹法兰阀门　*DN*80		个	1.00			
19	030901003001	水喷头	吊顶安装	个	131.00			
20	030901006001	水流指示器　*DN*100	法兰连接	个	3.00			
21	030901006002	水流指示器　*DN*80	法兰连接	个	1.00			
22	030901007001	减压孔板　*d*52		个	1.00			
23	030901008001	末端试水装置	低压螺纹阀门 *DN*25，过程检测器仪表	组	4.00			
24	031003005002	减压器	*DN*25 自动排气阀	个	1.000			
25	031002001002	管道支架制作安装	支架手工除锈，防锈漆两遍，磁漆两遍	kg	286.67			
		合　　计						

表 4-16　措施项目清单计价表

序号	措施项目名称	单位	数量	金额/元	
				合价	其中：计费基数
1.1	安全施工费	项	1		
1.2	文明施工费	项	1		
1.3	生活性临时设施费	项	1		
1.4	生产性临时设施费	项	1		
1.5	夜间施工增加费	项	1		
1.6	冬雨季施工增加费	项	1		
1.7	材料二次搬运费	项	1		
1.8	停水停电增加费	项	1		
1.9	工程定位复测、工程点交、场地清理费	项	1		

续表

序号	措施项目名称	单位	数量	金额/元	
				合价	其中:计费基数
1.10	室内环境污染物检测费	项	1		
1.11	检测试验费	项	1		
1.12	生产工具用具使用费	项	1		
1.13	环境保护费	项	1		
1.14	脚手架	项	1		

二、室内消防给水工程清单计价实例

封面、总说明、单位工程投标报价汇总表、分部分项工程量清单计价表、措施项目清单计价表、规费税金项目清单计价表、工程量清单综合单价分析表、措施项目费分析表见表4-17～表4-24。

表4-17 招标控制价封面

××楼水灭火工程 招标控制价			
招标控制价	(小写):97125.84元 (大写):玖万柒仟壹佰贰拾伍元捌角肆分		
招　标　人:	(单位盖章)	工程造价 咨询人:	(单位资质专用章)
法定代表人 或其授权人:	(签字或盖章)	法定代表人 或其授权人:	(签字或者盖章)
编　制　人:	×××	复　核　人:	×××
编 制 时 间:		复核时间:	

表4-18 总说明

1. 本清单报价编制依据××辅楼喷淋系统、消火栓系统的图纸。
2. 主材价格:采用2011年××市建设工程材料预算价格及2012年××市建设工程造价信息第1期材料指导价格,指导价上没有价格的材料采用参考资料的相似价格及市场调研价格。
3. 2011年××省建设工程计价依据《安装工程预算定额》,取费按总承包、市区纳税计取。
4. GB 50500—2013《建设工程工程量清单计价规范》通用安装工程

表4-19 单位工程投标报价汇总表

工程名称:某办公楼水灭火工程

序号	汇　总　内　容	金额/元	其中:暂估价/元
1	分部分项工程	81458.85	0
2	措施项目	3016.98	0
2.1	安全文明施工费、生活性临时设施费	1260.51	—
3	其他项目	0	—
3.1	暂列金额	0	—
3.2	专业工程暂估价	0	—

续表

序号	汇 总 内 容	金额/元	其中:暂估价/元
3.3	计日工	0	—
3.4	总承包服务费	0	—
4	规费	9447.23	—
5	税金	3202.78	
招标控制价/投标报价合计=1+2+3+4+5		97125.84	0

表 4-20 分部分项工程量清单计价表

序号	项目编码	项目名称	计量单位	工程数量	金额/元		
					综合单价	合价	其中:计费基数
一、消火栓系统							
1	030901002001	消火栓钢管 *DN*100	m	145	119.33	17303.56	3264.44
2	030901002002	消火栓钢管 *DN*70	m	15.1	72.67	967.23	230.45
3	031003002001	螺纹法兰阀门 *DN*100	个	9	303.79	2734.11	805.41
4	031003002002	螺纹法兰阀门 *DN*70	个	3	182.47	547.41	155.61
5	030901010001	室内消火栓	套	11	569.84	6268.24	590.68
6	031002001001	管道支架制作安装	kg	101.69	16.33	1975.53	598.28
7	031003005001	减压器	个	1	116.77	116.77	15.42
8	030601002001	压力仪表	台	1	63.32	63.32	30.78
二、喷淋系统							
9	030901001001	水喷淋钢管 *DN*150	m	44	250.82	11046.1	1221.8
10	030901001002	水喷淋钢管 *DN*100	m	25.90	118.26	3062.94	563.9
11	030901001003	水喷淋钢管 *DN*80	m	42.20	96.07	4054.34	815.85
12	030901001004	水喷淋钢管 *DN*70	m	27.40	77.79	2131.52	457.84
13	030901001005	水喷淋钢管 *DN*50	m	26.10	60.03	1566.86	390
14	030901001006	水喷淋钢管 *DN*40	m	30.50	51.08	1558.07	435.38
15	030901001007	水喷淋钢管 *DN*32	m	88.00	42.86	3771.86	1118.94
16	030901001008	水喷淋钢管 *DN*25	m	315.60	36.2	11424.5	3850.8
17	031003002003	螺纹法兰阀门 *DN*100	个	3.00	303.79	911.37	268.47
18	031003002004	螺纹法兰阀门 *DN*80	个	1.00	215.9	215.9	62.13
19	030901003001	水喷头	个	131.00	31.35	4107.01	1309.6
20	030901006001	水流指示器 *DN*100	个	3.00	575.13	1725.39	214.22
21	030901006002	水流指示器 *DN*80	个	1.00	502.84	502.84	59.98
22	030901007001	减压孔板 *d*52	个	1.00	237.12	237.12	17.14
23	030901008001	末端试水装置	组	4.00	105.38	421.52	184.68
24	031003005002	减压器	个	1.00	116.77	116.77	15.42
25	031002001002	管道支架制作安装	kg	286.67	16.33	4628.57	1401.76
		合 计				81458.85	

表 4-21 措施项目清单计价表

序号	措施项目名称	单位	数量	金额/元	
				合价	其中:计费基数
1.1	安全施工费	项	1	305.69	55.68
1.2	文明施工费	项	1	397.03	72.32
1.3	生活性临时设施费	项	1	557.79	101.6
1.4	生产性临时设施费	项	1	381.13	69.42
1.5	夜间施工增加费	项	1	107.2	19.53
1.6	冬雨季施工增加费	项	1	119.1	21.69
1.7	材料二次搬运费	项	1	158.8	28.93
1.8	停水停电增加费	项	1	17.86	3.25
1.9	工程定位复测、工程点交、场地清理费	项	1	31.77	5.79
1.10	室内环境污染物检测费	项	1		
1.11	检测试验费	项	1	83.38	15.19
1.12	生产工具用具使用费	项	1	186.6	33.99
1.13	环境保护费	项	1		
1.14	脚手架	项	1	670.63	149.36

表 4-22 规费、税金项目清单计价表

序号	项目名称	计算基础/元	费率/%	金额/元
1	规费	直接费中的人工费		9447.23
1.1	工程排污费			
1.2	社会保障费			7760.76
1.2.1	养老保险费	18655.7	32	5969.82
1.2.2	失业保险费	18655.7	2	373.11
1.2.3	医疗保险费	18655.7	6	1119.34
1.2.4	工伤保险费	18655.7	1	186.56
1.2.5	生育保险费	18655.7	0.6	111.93
1.3	住房公积金	18655.7	8.5	1585.73
1.4	危险作业意外伤害保险	18655.7	0.54	100.74
2	税金	分部分项工程费＋措施项目费＋其他项目费＋规费	3.477	3202.78
合计				12650.01

表 4-23 工程量清单综合单价分析表

项目编码		030901001005		项目名称		水喷淋镀锌钢管 $DN50$				计量单位	m
清单综合单价组成明细											
定额编号	定额名称	定额单位	数量	单价/元				合价/元			
				人工费	材料费	机械费	管理费和利润	人工费	材料费	机械费	管理费和利润
C7-42	镀锌钢管(螺纹连接) 公称直径 50mm 以内	10m	0.1	127.68	350.16	9.45	62.56	12.77	35.02	0.95	6.26
C11-44	管道刷油 磁漆 第一遍	$10m^2$	0.0189	15.96	19.23		7.82	0.3	0.36		0.15
C11-45	管道刷油 磁漆 第二遍	$10m^2$	0.0189	15.39	17.54		7.54	0.29	0.33		0.14
C7-115	自动喷水灭火系统管网水冲洗 公称直径 50mm 以内	100m	0.01	137.37	65.92	20.29	67.31	1.37	0.66	0.2	0.67
BM19	高层增加费,9 层以下(消防设备安装工程)	元	0.0383	0.81	6.57		0.39	0.03	0.25		0.01
BM127	高层增加费(刷油、防腐蚀、绝热工程)	元	0.0383	4.64			2.27	0.18			0.09
人工单价		小计						14.94	7.94	1.15	7.32
综合工日 57 元/工日		未计价材料费						28.68			
清单项目综合单价								60.03			
材料费明细	主要材料名称、规格、型号					单位	数量	单价/元	合价/元	暂估单价/元	暂估合价/元
	工程用水					m^3	0.106	5.6	0.59		
	酚醛磁漆各色					kg	0.0361	12.5	0.45		
	镀锌钢管					m	1.02	27.68	28.23		
	其他材料费							—	7.34	—	
	材料费小计							—	36.62	—	

续表

项目编码		030901001001		项目名称		水喷淋镀锌钢管 DN150				计量单位	m
清单综合单价组成明细											
定额编号	定额名称	定额单位	数量	单价/元				合价/元			
				人工费	材料费	机械费	管理费和利润	人工费	材料费	机械费	管理费和利润
C7-46	镀锌钢管(法兰连接) 公称直径 150mm 以内	10m	0.0705	90.06	1027.34	22.58	44.13	6.35	72.41	1.59	3.11
C7-46 R×1.3	镀锌钢管(法兰连接) 公称直径 150mm 以内 设置于管道间、管廊内的管道 人工×1.3	10m	0.0295	117.08	1027.34	22.58	57.37	3.46	30.33	0.67	1.69
C6-1441	低压法兰 碳钢平焊法兰(电弧焊) 公称直径 150mm 以内	副	0.5904	16.53	108.1	29.8	8.1	9.76	63.82	17.59	4.78
C8-231	室内管道 穿墙、穿楼板钢套管制作、安装 公称直径 200mm 以内	10 个	0.0068	129.96	429.39	13	63.68	0.89	2.93	0.09	0.43
C6-2915	柔性防水套管制作 公称直径 200mm 以内	个	0.0227	110.58	335.37	162.9	54.19	2.51	7.62	3.7	1.23
C6-2929	柔性防水套管安装 公称直径 200mm 以内	个	0.0227	34.2	1.72		16.76	0.78	0.04		0.38
C7-119	自动喷水灭火系统管网水冲洗 公称直径 150mm 以内	100m	0.01	186.96	608.92	46.73	91.61	1.87	6.09	0.47	0.92
C11-44	管道刷油 磁漆 第一遍	$10m^2$	0.0518	15.96	19.23		7.82	0.83	1		0.41
C11-45	管道刷油 磁漆 第二遍	$10m^2$	0.0518	15.39	17.54		7.54	0.8	0.91		0.39
BM19	高层增加费,9 层以下(消防设备安装工程)	元	0.0227	1.13	9.15		0.55	0.03	0.21		0.01
BM37	高层增加费,9 层以下(给排水、采暖、燃气工程)	元	0.0227	0.08	1.87		0.04	0	0.04		0
BM127	高层增加费(刷油、防腐蚀、绝热工程)	元	0.0227	21.45			10.51	0.49			0.24
人工单价		小计						27.74	20.95	24.11	13.59
综合工日 57 元/工日		未计价材料费						164.43			

续表

项目编码	030901001001	项目名称	水喷淋镀锌钢管 $DN150$			计量单位	m
清单项目综合单价					250.82		
材料费明细	主要材料名称、规格、型号	单位	数量	单价/元	合价/元	暂估单价/元	暂估合价/元
	酚醛磁漆各色	kg	0.0989	12.5	1.24		
	镀锌钢管	m	0.981	101.38	99.45		
	低中压碳钢平焊法兰	片	1.1807	50.04	59.08		
	碳钢管	m	0.0208	138.5	2.89		
	焊接钢管	kg	0.413	4.28	1.77		

项目编码	031003002004	项目名称	法兰阀门　信号控制阀 $DN80$							计量单位	个
清单综合单价组成明细											
定额编号	定额名称	定额单位	数量	单价/元				合价/元			
				人工费	材料费	机械费	管理费和利润	人工费	材料费	机械费	管理费和利润
C6-1221	低压阀门　法兰阀门　公称直径80mm以内	个	1	36.48	68.99	9.75	17.88	36.48	68.99	9.75	17.88
C6-1429	低压法兰　碳钢法兰(螺纹连接)　公称直径80mm以内	副	1	25.65	44.32	0.26	12.57	25.65	44.32	0.26	12.57
人工单价		小计						62.13	2.77	10.01	30.45
综合工日57元/工日		未计价材料费						110.54			
清单项目综合单价								215.9			

材料费明细	主要材料名称、规格、型号	单位	数量	单价/元	合价/元	暂估单价/元	暂估合价/元
	低压法兰阀门	个	1	66.96	66.96		
	低压碳钢螺纹法兰	片	2	21.79	43.58		
	其他材料费			—	2.76	—	
	材料费小计			—	113.3	—	

续表

项目编码		030901003001		项目名称		水喷头				计量单位	个
清单综合单价组成明细											
定额编号	定额名称	定额单位	数量	单价/元				合价/元			
				人工费	材料费	机械费	管理费和利润	人工费	材料费	机械费	管理费和利润
C7-59	喷头安装　公称直径有吊顶 15mm 以内	10 个	0.1	99.75	162.78		48.88	9.98	16.28		4.89
BM19	高层增加费，9 层以下(消防设备安装工程)	元	0.0076	2.87	23.26		1.41	0.02	0.18		0.01
人工单价		小计						10	2.07		4.9
综合工日 57 元/工日		未计价材料费						14.39			
清单项目综合单价								31.35			
材料费明细	主要材料名称、规格、型号					单位	数量	单价/元	合价/元	暂估单价/元	暂估合价/元
	喷头					个	1	14.39	14.39		
	其他材料费							—	2.07	—	
	材料费小计							—	16.46	—	
项目编码		031002001002		项目名称		管道支架制作安装				计量单位	kg
清单综合单价组成明细											
定额编号	定额名称	定额单位	数量	单价/元				合价/元			
				人工费	材料费	机械费	管理费和利润	人工费	材料费	机械费	管理费和利润
C7-114	管道支吊架	100kg	0.01	402.42	564.74	219.68	197.19	4.02	5.65	2.2	1.97
C11-3	手工除锈　一般钢结构	100kg	0.01	19.38	1.21	8.98	9.5	0.19	0.01	0.09	0.1
C11-88	金属结构刷油　一般钢结构　防锈漆　第一遍	100kg	0.01	13.11	8.57	8.98	6.43	0.13	0.09	0.09	0.06
C11-89	金属结构刷油　一般钢结构　防锈漆　第二遍	100kg	0.01	12.54	7.37	8.98	6.15	0.13	0.07	0.09	0.06
C11-94	金属结构刷油　一般钢结构　磁漆　第一遍	100kg	0.01	12.54	15.94	8.98	6.15	0.13	0.16	0.09	0.06
C11-95	金属结构刷油　一般钢结构　磁漆　第二遍	100kg	0.01	12.54	12.85	8.98	6.15	0.13	0.13	0.09	0.06
BM19	高层增加费，9 层以下(消防设备安装工程)	元	0.0035	2.51	20.31		1.23	0.01	0.07		0
BM127	高层增加费(刷油、防腐蚀、绝热工程)	元	0.0035	59.63		38.19	29.22	0.21		0.13	0.1
人工单价		小计						4.94	1.17	2.78	2.42
综合工日 57 元/工日		未计价材料费						5			

续表

项目编码	031002001002	项目名称	管道支架制作安装			计量单位	kg
清单项目综合单价				16.33			
材料费明细	主要材料名称、规格、型号	单位	数量	单价/元	合价/元	暂估单价/元	暂估合价/元
	酚醛磁漆各色	kg	0.014	12.5	0.18		
	型钢	t	0.0011	4280	4.71		
	酚醛防锈漆铁红	kg	0.017	7.11	0.12		
	其他材料费			—	1.17	—	
	材料费小计			—	6.18	—	

项目编码	030901008001	项目名称	末端试水装置							计量单位	组
清单综合单价组成明细											
定额编号	定额名称	定额单位	数量	单价/元				合价/元			
				人工费	材料费	机械费	管理费和利润	人工费	材料费	机械费	管理费和利润
C6-1205	低压阀门　螺纹阀门　公称直径25mm以内	个	1	15.39	12.89	6.24	7.54	15.39	12.89	6.24	7.54
C10-26	压力表、真空表　盘装	块	1	30.78	17.45		15.09	30.78	17.45		15.09
人工单价		小计						46.17	0.92	6.24	22.63
综合工日57元/工日		未计价材料费						29.42			
清单项目综合单价								105.38			

材料费明细	主要材料名称、规格、型号	单位	数量	单价/元	合价/元	暂估单价/元	暂估合价/元
	仪表取源部件	套	1	7.6	7.6		
	仪表接头	套	1	9.85	9.85		
	低压螺纹闸阀	个	1.01	11.85	11.97		
	其他材料费			—	0.91	—	
	材料费小计			—	30.33	—	

注：综合单价分析表仅列出有代表性的部分分部分项工程，其余项目读者可自行进行分析计算。企业管理费为人工费的25%，利润为人工费的24%，风险因素暂不考虑。

表 4-24 措施项目费分析表

序号	措施项目名称	单位	数量	金额/元					
				人工费	材料费	机械费	企业管理费	利润	综合单价
1	安全施工费	项	1	55.68	194.89	27.84	13.92	13.36	305.69
2	文明施工费	项	1	72.32	253.11	36.16	18.08	17.36	397.03
3	生活性临时设施费	项	1	101.6	355.61	50.8	25.4	24.38	557.79
4	生产性临时设施费	项	1	69.42	242.98	34.71	17.36	16.66	381.13
5	夜间施工增加费	项	1	19.53	68.34	9.76	4.88	4.69	107.2
6	冬雨季施工增加费	项	1	21.69	75.93	10.85	5.42	5.21	119.1
7	材料二次搬运费	项	1	28.93	101.24	14.46	7.23	6.94	158.8
8	停水停电增加费	项	1	3.25	11.39	1.63	0.81	0.78	17.86
9	工程定位复测、工程点交、场地清理费	项	1	5.79	20.25	2.89	1.45	1.39	31.77
10	检测试验费	项	1	15.19	53.15	7.59	3.8	3.65	83.38
11	生产工具用具使用费	项	1	33.99	118.96	16.99	8.5	8.16	186.6
12	脚手架	项	1	149.36	448.09		37.34	35.84	670.63
12.1	BM105 脚手架搭拆费(给排水、采暖、燃气工程)	元	1	22.29	66.88		5.57	5.35	100.09
12.2	BM103 脚手架搭拆费(工业管道工程)	元	1	28.62	85.87		7.16	6.87	128.52
12.3	BM108 脚手架搭拆费,刷油	元	1	10.59	31.77		2.65	2.54	47.55
12.4	BM104 脚手架搭拆费(消防及建筑智能化设备安装工程)	元	1	87.09	261.26		21.77	20.9	391.02
12.5	BM107 自动化脚手架搭拆费(自动化控制仪表安装工程)	元	1	0.77	2.31		0.19	0.18	3.45

小　　结

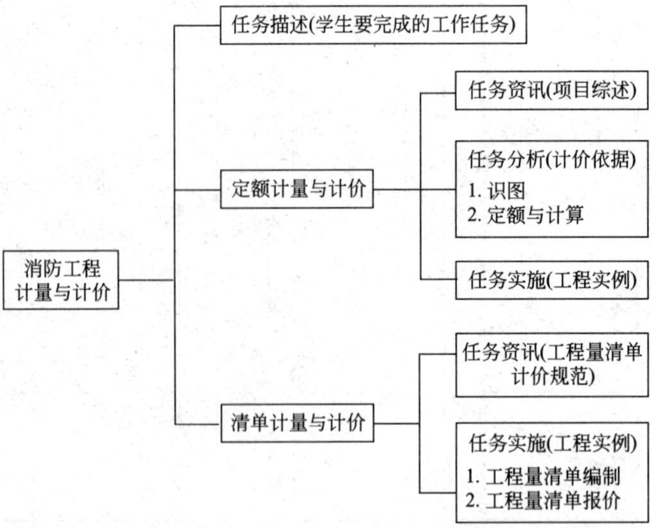

思考与练习

1. 消火栓给水系统由哪些具体设备组成？

2. 自动喷水灭火系统分哪些类型？系统如何组成？

3. 什么是湿式自动喷水灭火系统？什么是干式自动喷水灭火系统？什么是预作用自动喷水灭火系统？什么是雨淋灭火系统？什么是水幕灭火系统？什么是水喷雾灭火系统？

4. 湿式报警阀、干式报警阀、雨淋报警阀、预作用报警阀工作原理各是什么？

5. 什么是水力警铃？什么是压力开关？什么是延时器？什么是控制阀？其作用是什么？

6. 水流指示器设备有何要求？

7. 什么是末端试水装置？在设置上有何要求？

8. 消防工程列项计算工程量及计价时应注意哪些要求？

学习情境五　通风空调工程计量与计价

知识目标

了解通风空调工程的一般概念、项目组成、常用材料及设备；理解通风空调工程施工图的基本组成及通风空调工程预算定额、清单计价规范中分部分项工程项目的设置；掌握通风空调工程工程量计算规则、施工图预算定额计价与清单计价的方法。

能力目标

能熟练识读通风空调施工图；比较熟练应用通风空调工程量计算规则计算工程量；学会应用所掌握的定额计价与清单计价的方法进行工程造价的计算。

任务描述

一、工作任务

完成某空调工程定额或清单计量与计价。

工程施工图如图 5-1～图 5-7 所示。工程设计与施工说明如下。

(一) 风系统

(1) 设计图中所注风管标高表示如下：圆形风管为管中心标高，矩形风管为管顶标高。h 指本层地面标高。

(2) 风管管材选用如下：新风系统及空调系统的所有送、回风管均采用镀锌钢板，保温材料为 30mm 厚玻璃棉毡。

(3) 所有垂直及水平风管必须设置支吊架或托架，其构造形式根据现场情况选定，详见国标 03K132。

(4) 矩形风阀长边 $d \geqslant 320$mm 采用多叶对开调节阀，长边 $d < 320$mm 采用钢制蝶阀，圆形风阀均采用钢制蝶阀。

(5) 风机进出口均设置软接头，材料选用不燃且密实的帆布制作。

(6) 风机盘管送、回风管规格见表 5-1。

表 5-1　风机盘管送、回风管规格　　单位：mm

风机盘管	送风管	送风口	回风口
42CE003	630×120	200×200	630×200
42CE004	800×120	250×250	800×200
		2×(200×200)	
42CE005	800×120	2×(200×200)	800×200
42CE006	1000×120	320×320	1000×200

其中送风口型号：顶送为 HG-11C 型散流器，配 HG-28 调节阀；回风口型号：可开侧壁百叶风口 HG-5，配 HG-70 过滤器。

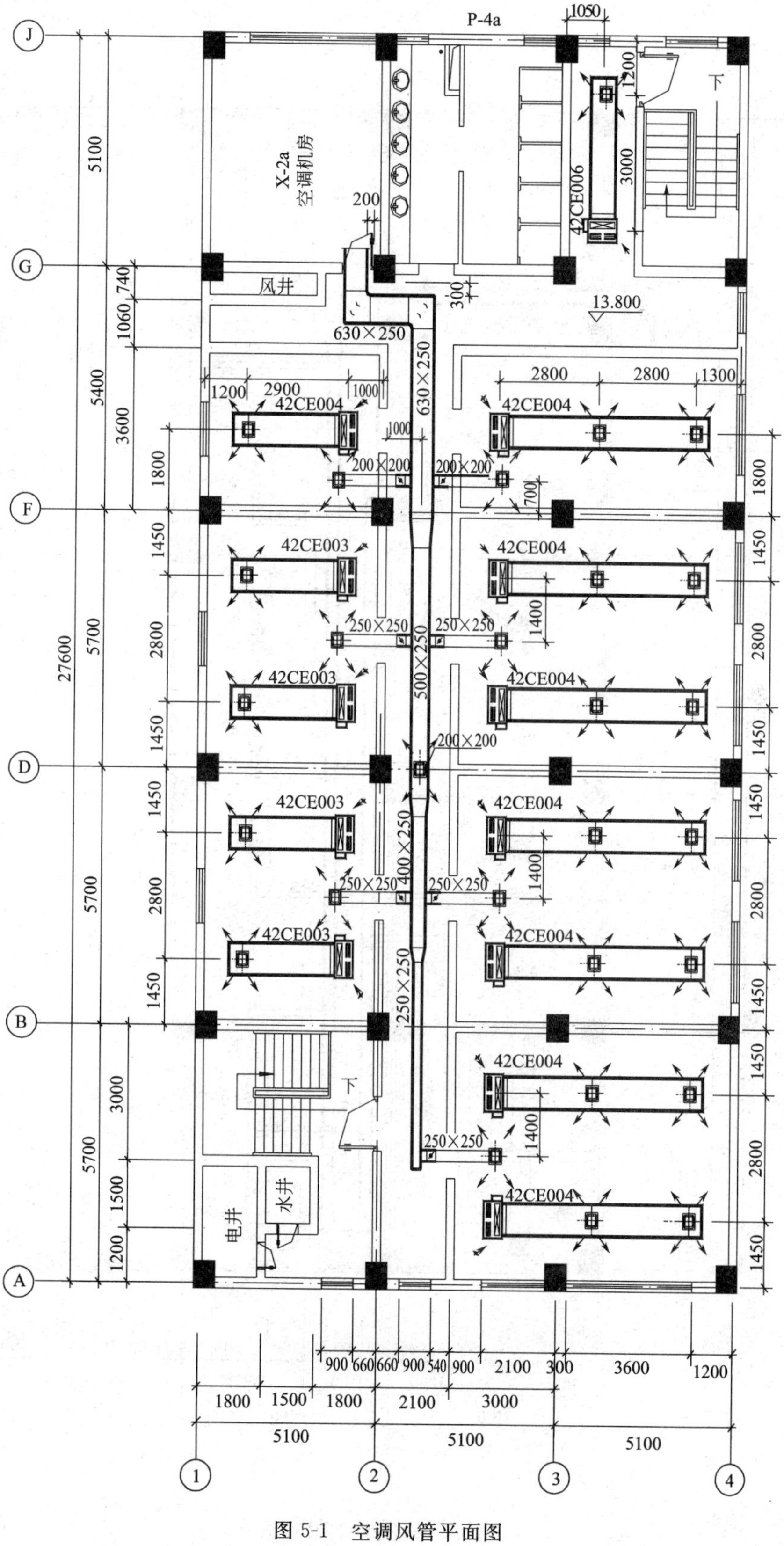
P-4a
X-2a
空调机房
风井
电井
水井
42CE006
42CE004
42CE003
630×250
500×250
400×250
250×250
200×200
13.800
27600
5100
5700
5400

图 5-1　空调风管平面图

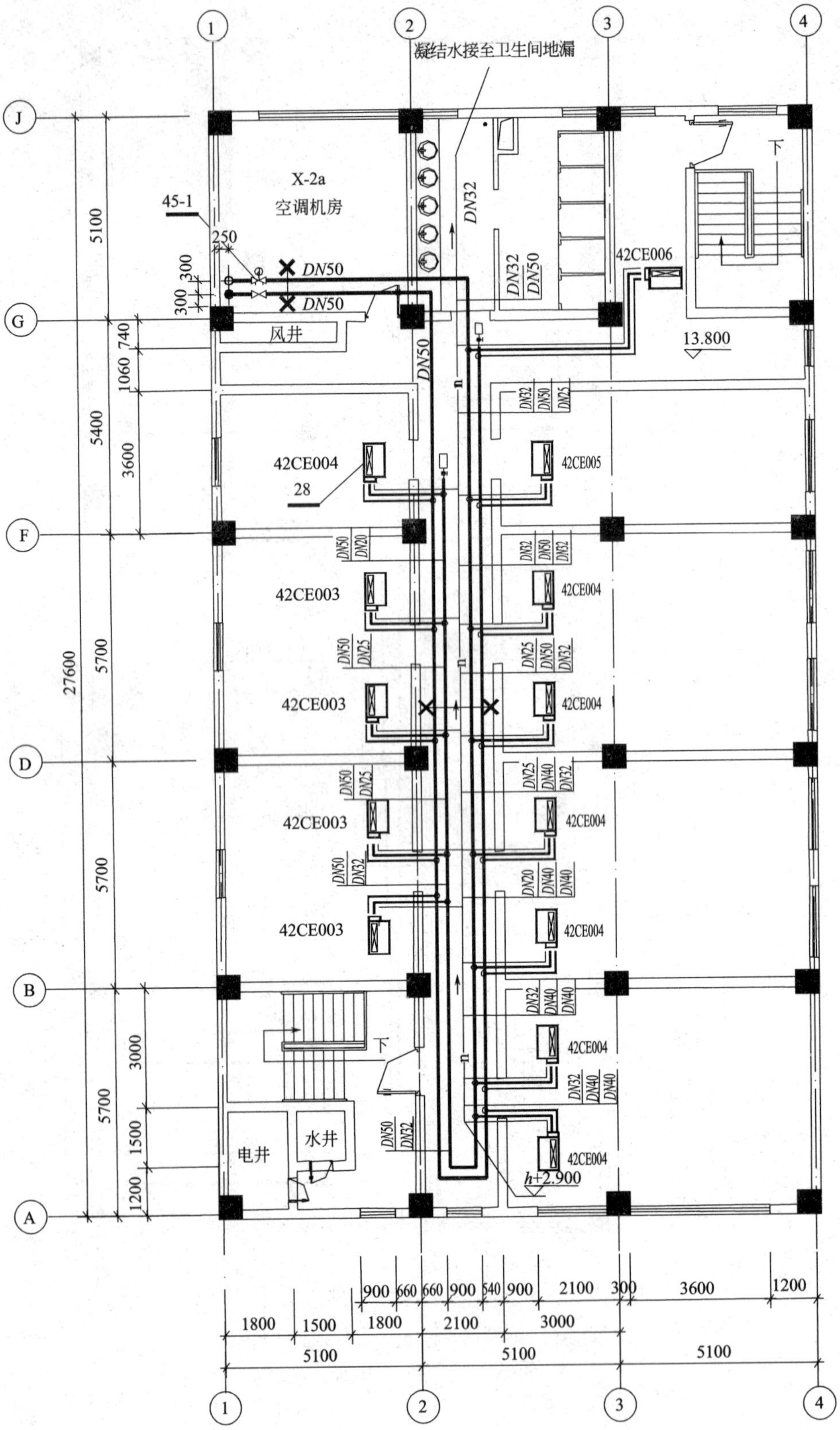
凝结水接至卫生间地漏
X-2a
空调机房
45-1
250
300
300
DN50
DN50
风井
DN32
DN32
DN50
42CE006
13.800
DN50
42CE004
28
42CE005
42CE003
42CE004
42CE003
42CE004
42CE003
42CE004
42CE003
42CE004
42CE004
42CE004
电井
水井
h+2.900
下
下
5100
740
1060
5400
3600
27600
5700
5700
3000
5700
1500
1200
900
660
660
900
540
900
2100
300
3600
1200
1800
1500
1800
2100
3000
5100
5100
5100
J
G
F
D
B
A
1
2
3
4

图 5-2　空调水管平面图

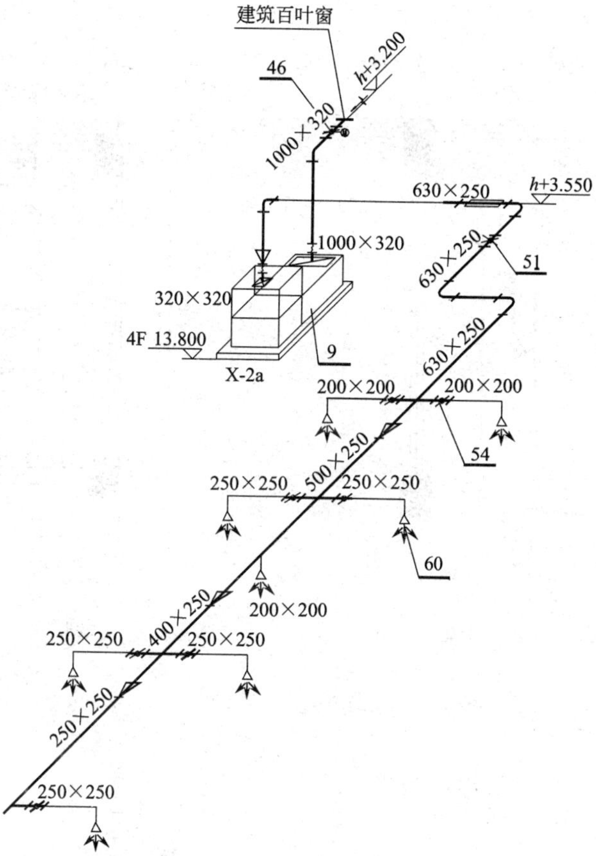

图 5-3　空调 X-2a 系统图

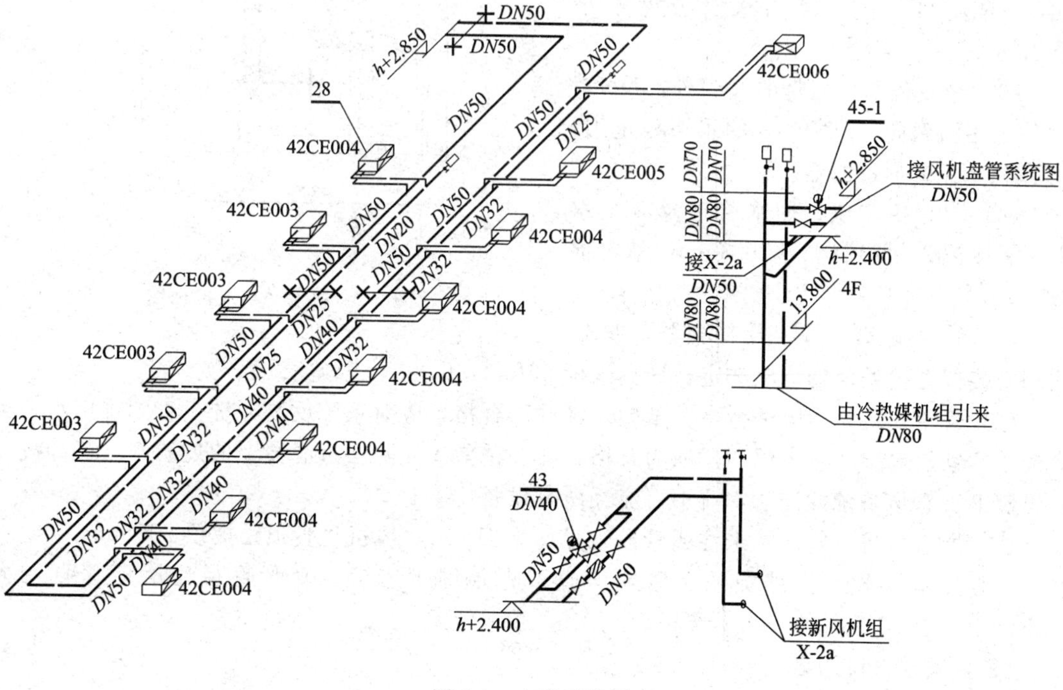

图 5-4　水管系统图

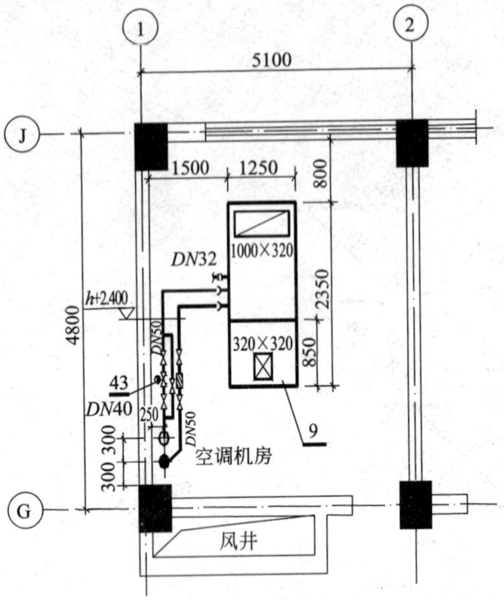

图 5-5 空调 X-2a 机房设备及水管平面图

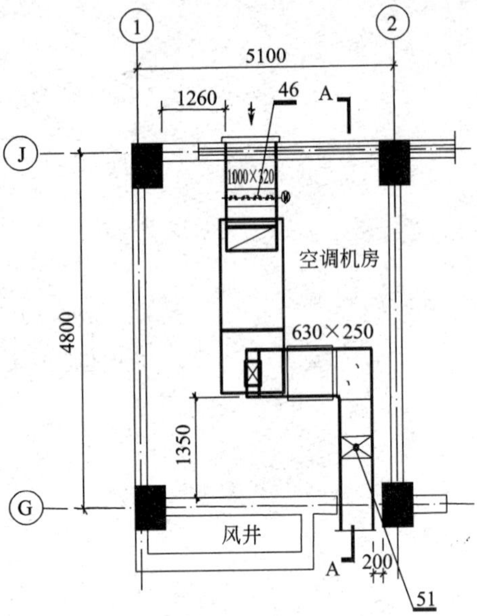

图 5-6 空调 X-2a 机房风管平面图

（7）未注明支风管均为 320mm×320mm。

（二）水系统

（1）图中所注标高均以管中心为准，*h* 指本层地面标高。

（2）水管全部选用镀锌钢管，水管管路系统低处设 *DN*25 泄水阀，高处设 *DN*20 自动排气阀，凝结水管坡度不小于 0.003。

（3）除设备本身配带的阀门外，*DN*≥32 的采用活塞阀，*DN*≤25 的采用截止阀，过滤器选用 Y 形过滤器。

（4）所有空调供、回水管道及凝结水管均需保温，保温材料选用 30mm 厚岩棉管壳。

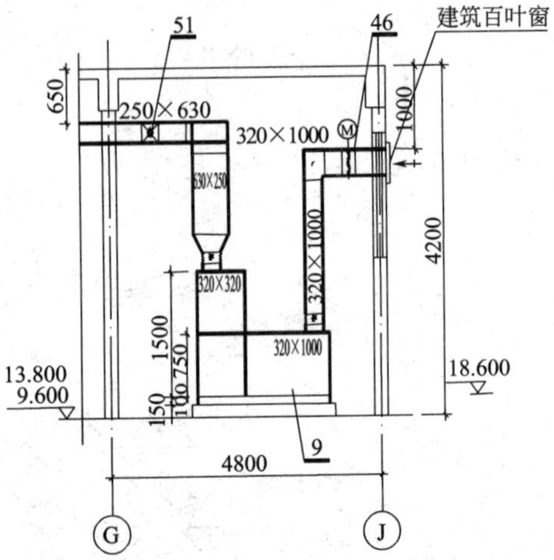

图 5-7 机房 A—A 剖面图

（5）管道支架、吊架及托架其具体形式和安装位置根据现场情况选定，详见国标 95R417-1。

（6）管道安装完毕应进行水压试验，经试压合格，应对系统反复冲洗，直到排出水中不含泥砂、铁屑等杂质且水色不浑浊为合格，在冲洗前应先除去过滤器上的过滤网，待冲洗完后再装上，管道系统冲洗时水流不得流经所有设备。

（7）所有风机盘管以及未注明管道管径均为 *DN*20；风机盘管顶距板顶 700mm。

（8）所有穿墙、穿楼板的水管，均应事先预埋钢套管，套管直径比所穿管直径大 2 号。

（三）其他未说明者

其他未说明者按相关规范规定执行和调试。

（四）主要设备材料

主要设备材料表见表 5-2。

表 5-2　主要设备材料表

编号	设备名称	型号及规格	单位	数量
9	组合式新风机组	功能段：进风段＋过滤段＋表冷加热加湿段＋送风段	台	1
28	卧式暗装风机盘管	42CE003	台	4
		42CE004（其中 6 台两个送风口）	台	7
		42CE005（两个送风口）	台	1
		42CE006	台	1
43	动态平衡电动调节阀	SM21　*DN*50　PN16	个	1
44	风机盘管电动二通阀	*DN*20　PN16	套	13
45	动态流量平衡阀	SH 型　*DN*50　PN16	个	1
46	电动对开多叶调节阀	HG-35　1000×320　保温型	个	1
51	防火调节阀	630×250　常开　配信号输出装置	个	1
54	方形、圆形手柄式钢制蝶阀	HG-25　250×250	个	5
		HG-25　200×200	个	2
57	回风百叶风口	HG-17　1000×320	个	1
59	可开侧壁百叶风口	HG-5　630×200　配 HG-70 过滤器	个	4
		HG-5　800×200　配 HG-70 过滤器	个	8
		HG-5　1000×200　配 HG-70 过滤器	个	1
60	方形散流器	HG-11C　250×250　配 HG-28 调节阀	个	6
		HG-11C　200×200　配 HG-28 调节阀	个	21
		HG-11C　320×320　配 HG-28 调节阀	个	1
62	阻抗消声器	630×250　L=900mm	个	1
63	消声弯头	630×250	个	1
		1000×320	个	1
72	Y 形过滤器	*DN*50　PN16	个	1
79	自动排气阀	*DN*20	个	1
		*DN*25	个	1

注：表中的编号是与图 5-1～图 5-7 中的编号相对应。

二、可选工作手段

包括：现行建筑安装工程预算定额；工程量清单计价规范；当地建设工程材料指导价格；网络；计算器；五金手册；建筑施工规范；建筑施工质量验收规范。

规范。

学习单元 5.1　通风空调工程定额计量与计价

任务资讯

一、通风工程

（一）通风工程的任务

将被污染的空气或含有大量热蒸汽、有害物质、不符合卫生标准的室内空气直接或经净化后排出室外，把新鲜空气补充进来，使室内达到符合卫生标准或满足生产工艺的要求。通风不仅是改善室内空气环境的一种手段，同时也是保证产品质量、促进生产发展和防止大气污染的重要措施之一。

（二）通风系统的分类

通风包括从室内排出污浊的空气和向室内补充新鲜空气两部分内容。前者称为排风，后者称为送风或进风。为实现排风或送风所采用的一系列设备、装置的总体称为通风系统。

1. 按通风系统工作的动力不同分类

按通风系统工作的动力不同，通风可分为自然通风和机械通风两种方式。

自然通风是依靠自然界的动力（风压或热压）来使室内外的空气进行交换，从而实现室内空气环境的改变，如图 5-8 所示。

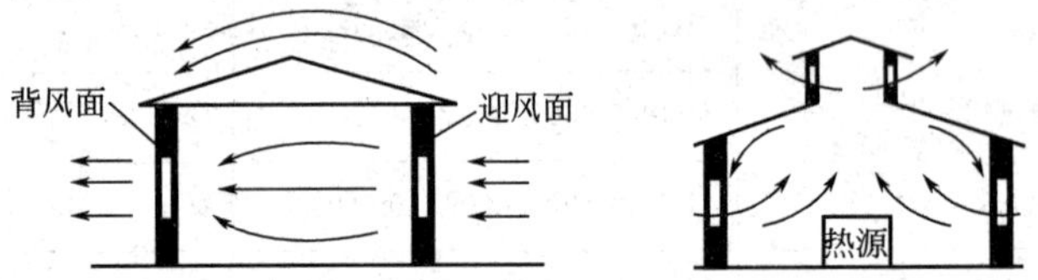

(a) 风压作用的自然通风　　(b) 热压作用的自然通风

图 5-8　自然通风

机械通风就是借助通风机所产生的动力强迫空气沿着设定的方向流动，进行室内外空气交换的通风方式。

2. 按通风系统的作用范围分类

按通风系统的作用范围，可分为局部通风和全面通风两种方式。

局部通风就是在有害物质、高温气体产生的地点对其直接捕获、收集、排放，或直接向有害物质产生地送入新鲜空气，从而改善该局部区域的空气环境。此系统所需风量小，效果好。如图 5-9 所示为某车间局部机械排风系统。

全面通风是对整个车间或房间进行换气，以改变室内空气的温度、湿度和稀释有害物质的浓度，使该房间的空气环境符合卫生标准的要求。全面通风可以分为全面送风系统、全面排风系统及全面送排风系统。

全面送风系统即利用风机把室外的新鲜空气送入室内，在室内造成正压，把室内污浊的空气排出，达到全面通风的效果。如图 5-10 所示为某车间全面机械送风系统。

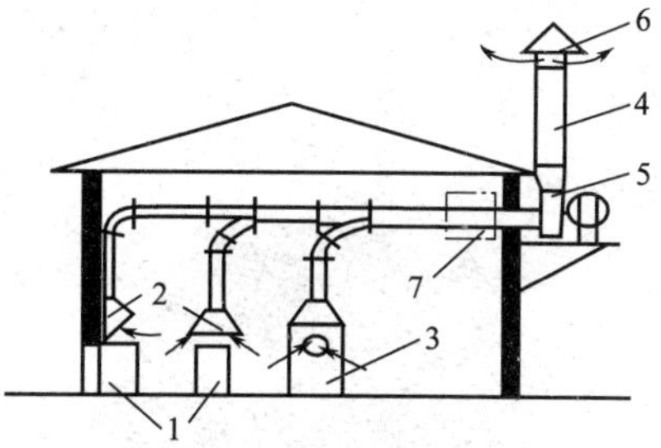

图 5-9　局部机械排风系统

1—工艺设备；2—局部排风罩；3—排风柜；
4—风管；5—风机；6—排风帽；
7—排风处理装置

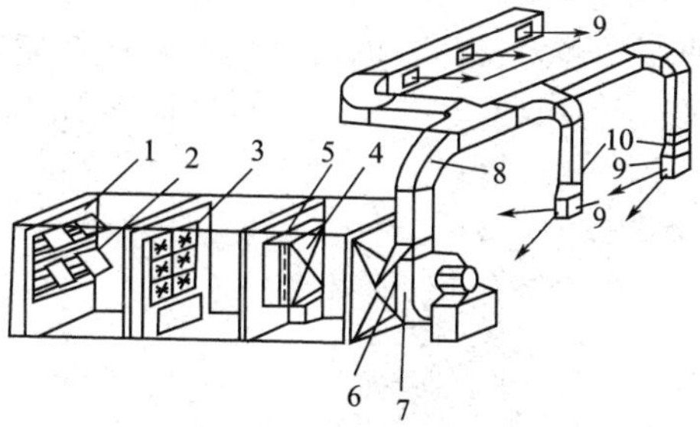

图 5-10　全面机械送风系统

1—百叶窗；2—保温阀；3—过滤器；4—空气加热器；5—旁通阀；6—启动阀；7—风机；
8—送风道；9—送风口；10—调节阀

（三）通风系统的主要设备和部件

自然通风的设备装置比较简单，只需用进、排风窗以及附属的开关装置。但机械通风系统要由较多的设备和部件组成。

一般的机械排风系统组成有：有害物质收集、净化除尘设备、风道、通风机、排风口或伞形风帽等；一般的机械送风系统组成有：进气室、风道、通风机、送风口等。

机械通风系统中，为了开关和调节进、排气量，还装设有阀门。下面将介绍机械通风系统中使用的主要材料、设备和部件。

1. 风道

风道是通风系统中的主要部件之一，其作用是用来输送空气。

常用通风管道的断面有圆形和矩形两种。同样截面积的风道，以圆形截面最节省材料，而且其流动阻力小，因此采用圆形风道较好。当考虑到美观和穿越结构物或管道交叉敷设时便于施工，设计多采用矩形风道。

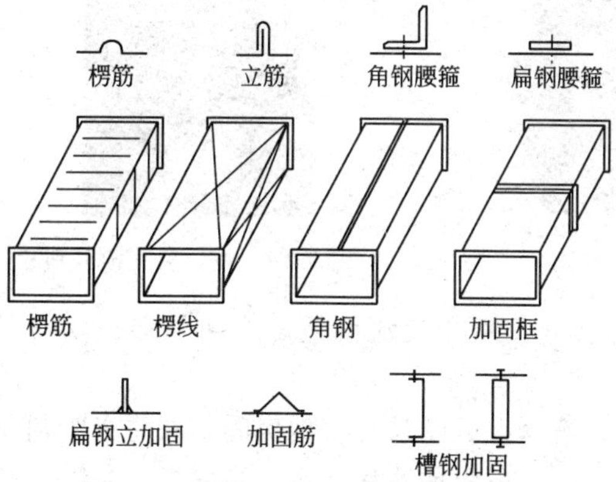

图 5-11　角钢法兰连接风道

图 5-12　共板法兰连接风道

制作风道的材料是多样的。最常用的风道管材一般有下列几种。

（1）金属风道：普通薄钢板、镀锌薄钢板。对洁净度要求高或有特殊要求的项目，采用铝板或不锈钢板制作。最常用的镀锌薄钢板，一般厚度在 0.5～2.5mm。

镀锌薄钢板制作成风管，风管连接形式有咬口、铆接和焊接等方法。风管之间采用角钢法兰（图 5-11）或共板法兰（图 5-12）通过螺栓连接。

(2) 非金属风道：钢筋混凝土风道、复合板风管、塑料风管、玻璃钢风管等。玻璃钢风管使用较多，是耐酸碱的合成树脂和玻璃纤维布粘接压制而成的，在工厂压制成风管。玻璃钢风道通过自身法兰螺栓连接，图 5-13 所示。

图 5-13　玻璃钢风管

图 5-14　无纺布风管

(3) 柔性风管：有用薄铝带缠绕而成金属风管，也有人造革、帆布、无纺布制作风管等。金属风管应用于不易转弯的位置，布类风管一般在设备与管道之间进行柔性连接，如图 5-14 所示。

2. 调节阀

通风系统中的调节阀主要是安装在风道上或风口上，用于调节风量、关闭风口以及风机的启动和系统中的阻力平衡，有的还起到防止系统火灾蔓延的作用。常用的调节阀有插板阀、蝶阀、止回阀和防火阀、对开多叶调节阀、三通调节阀等。

(1) 插板阀　多用于通风机的出口或主干管上，通过拉动手柄改变闸板位置，即可调节通过风道的风量。它的特点是关闭时严密性好，但占地面积大。

(2) 蝶阀　多安装在分支管上或空气分布器前，作为风量调节之用，但严密性较差，故不宜作为关断之用。如图 5-15 所示。

图 5-15　圆形蝶阀

图 5-16　防火阀

图 5-17　对开多叶调节阀

(3) 止回阀　止回阀的作用是当风机停止运转时，阻止气流倒流。止回阀必须动作灵活，阀板关闭严密。

(4) 防火阀　为了防止房间在发生火灾时，火焰窜入通风系统其他房间，在防火级别要求较高房间的系统应装设防火阀。防火阀由阀板套、阀板和易熔片组成。当发生火警时，易熔片熔断，阀板靠自重下落，将管道关闭，从而起到防火的目的。如图 5-16 所示。

(5) 对开多叶调节阀　当风道尺寸较大时，可以做成类似活动百叶风口形状的对开阀门，使之联合动作来调节风量，较多用于通风机出口或主干风道上。如图 5-17 所示。

3. 室外进、排风装置

(1) 进风装置　进风装置的作用是从室外采集洁净空气，供给室内送风系统使用，根据进气室的位置及对进风的不同要求，进风装置可以单独设置，也可以是设在外墙上的百叶风口，在百叶格里面根据需要有时装有保温门，作为冬季关闭进风口之用。

（2）排风装置　排风装置的作用则是将排风系统汇集的污浊空气排放至室外。最常用的为装在屋顶上的风塔，这时要求排风口高出屋面 1m 以上，以免污染附近空气。为防止雨、雪或风沙等倒灌入排风口中，在出口处应设有百叶格或风帽。机械排风时可直接在外墙上开口作为排风口。

4. 风口

风口分送风口（新风口）、排风口（回风口）等，材质有木质、塑料、铝合金等，常用铝合金风口。

（1）百叶格风口（图 5-18）　分双百叶格、单百叶格风口。

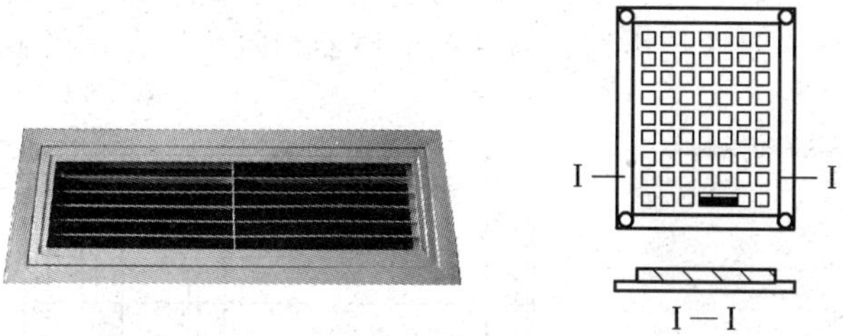

(a) 活动百叶风口　　(b) 固定百叶风口

图 5-18　百叶格风口

1）活动百叶风口：活动百叶格是室内送风系统中的风道末端装置。其任务是将各房间所要求的风量，按一定的方向、一定的流速均匀地送入室内。如图 5-18(a) 所示。

2）固定百叶风口：固定百叶风口常用于室内排风系统中的气流收集装置。其任务是将室内被污染的空气集中收集进入排风道，由风机排走。一些设备的回风口常采用门铰式固定百叶风口。门铰式的百叶固定，百叶格与风口框能够开启，一般配有过滤网。如图 5-18(b) 所示。

（2）空气分布器　工业厂房中通风量一般较大，而且风道多采用明装，因此常采用空气分布器作为送风口。这种送风口大都直接开在风道的侧面或下面。风口可以是分开的，也可以是一体的。

（3）散流器　散流器是一种由上向下送风的送风装置（图 5-19），适用于由顶部送风或房间精度要求高的场所，一般有圆形和方形两种。

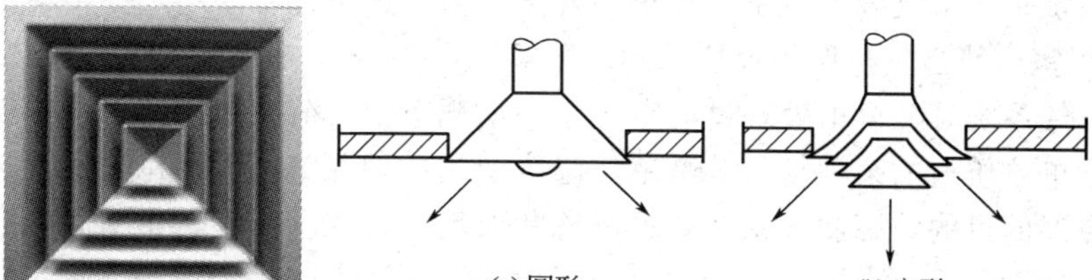

(a) 圆形　　(b) 方形

图 5-19　散流器

5. 风机

风机是通风系统中重要的动力设备。主要任务是：为空气流动提供动力，克服风道和其他部件、设备对空气流动产生的阻力。风机按其工作原理，可以分为离心风机和轴流风机两种。

离心风机按其产生的压力不同，可分为以下三类。

(1) 低压风机（$H<1\text{kPa}$） 一般用于送排风系统或空气调节系统。

(2) 中压风机（$1\text{kPa}\leqslant H\leqslant 3\text{kPa}$） 一般用于除尘系统或管网较长、阻力较大的通风系统。

(3) 高压风机（$H>3\text{kPa}$） 用于加热炉的鼓风或物料的气力输送系统。

轴流式通风机的叶轮进出口面积较大，叶轮进口与出口直径近似相等，此时风机转速较大。轴流风机与离心风机在性能上最主要的差别是，前者产生的压力较小、风量大，后者产生的压力大、风量小。因此，轴流风机一般应用于管道阻力较小而流量较大的系统，或用在高温车间作为散热设备，而离心风机则往往用在阻力较大的系统中。

6. 消声器

通风系统大功率风机运转过程中，气流与管壁摩擦和机械噪声形成噪声源。为了消除噪声，常采用消声器。分为阻性消声器、微穿孔消声器和阻抗复合式消声器，如图 5-20 所示。

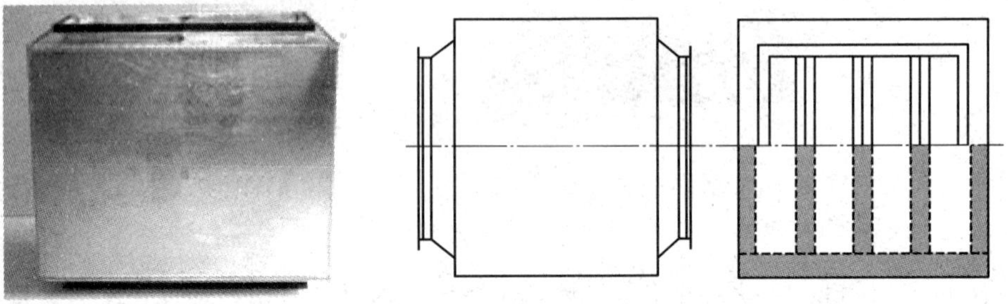

(a) 微穿孔板消声器　　(b) 阻抗复合式消声器

图 5-20　消声器

二、空调工程

（一）空调工程的任务

空气调节（简称空调）是指保持建筑物内部空间的空气温度、相对湿度、气流速度和洁净度（室内空气含尘粒的多少）在一定限值内，而不论外界和内部条件如何变化。采用一定技术手段创造并保持满足一定要求的室内空气环境，空调工程是高级的通风工程。

（二）空调系统的分类及组成

空调系统一般由空气处理、空气输送、空气分配和运行调节系统四个基本部分组成。空调系统按负担室内热湿负荷所用介质的不同可分为：全空气系统、全水系统、空气—水系统、制冷剂系统；按空气处理设备设置集中程度分为：集中式、局部式和半集中式三种。

1. 按负担室内热湿负荷所用介质的不同分类

(1) 全空气系统　完全由处理过的空气作为承载空调负荷的介质，由于空气的比热 c 较小（比热是指单位质量的某种物质升高单位温度所需的热量），需要用较多的空气才能达到消除余热、余湿的目的，因此该系统要求风道断面较大，或风速较高，从而占据较多的建筑空间。

(2) 全水系统　完全由处理后的水作介质，水的比热 c 大，因此管道所占空间小，但这种方式只能解决空气的温度（冷热），无法解决换气，故不能（很少）单独使用。

(3) 空气—水系统　处理过后的空气、水各承担室内的一部分负荷，如新风＋风机盘管系统，通过风机盘管的水加热或冷却来承担室内部分负荷，同时新风系统也承担部分负荷，此种系统的特点是风管截面尺寸可大大减小，各个房间调节温度也比较方便。

(4) 制冷剂系统　以制冷剂为介质，对室内空气进行冷却或加热、去湿，现在的户式中央空调常用。

2. 按空气处理设备设置集中程度分类

(1) 集中式空调系统　将空气集中处理、有组织输送、合理分配的空调系统，称为集中式空调系统。集中式空调系统的空气处理设备，如图 5-21 中的过滤器、喷水室、加热器，以及风机、水泵等都集中设在专用的机房内，其中根据所处理的空气来源不同，又可以分为封闭式、直流式和混合式三种。

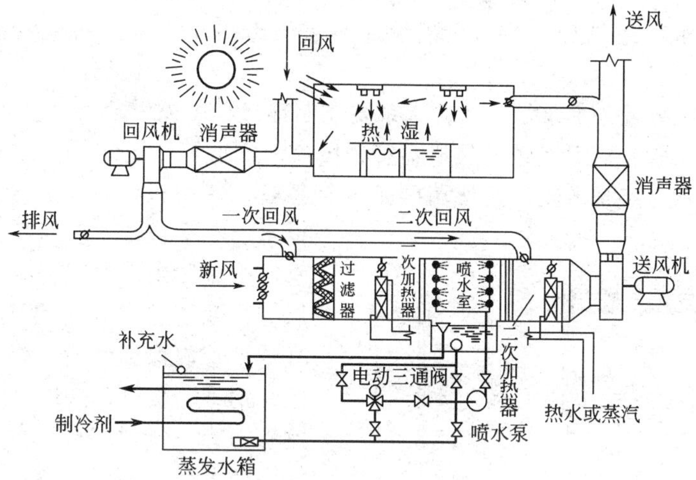

图 5-21　集中式空调系统示意图

1）封闭式系统：它所处理的空气全部来自空调房间本身，没有室外空气补充，全部为再循环空气。因此房间和空气处理设备之间形成了一个封闭环路 [图 5-22(a)]。封闭式系统用于密闭空间且无法（或不需）采用室外空气的场合。

2）直流式系统：它所处理的空气全部来自室外，室外空气经处理后送入室内，然后全部排出室外 [图 5-22(b)]，这种系统适用于不允许采用回风的场合。

3）混合式（回风式）系统：从上述两种系统可见，封闭式系统不能满足卫生要求，直流式系统经济上不合理，所以两者都只在特定情况下使用，对于绝大多数场合，往往需要综合这两者的特点，采用混合一部分回风的系统。这种系统既能满足卫生要求，又经济合理，故应用最广。图 5-22(c) 就是这种系统图式。

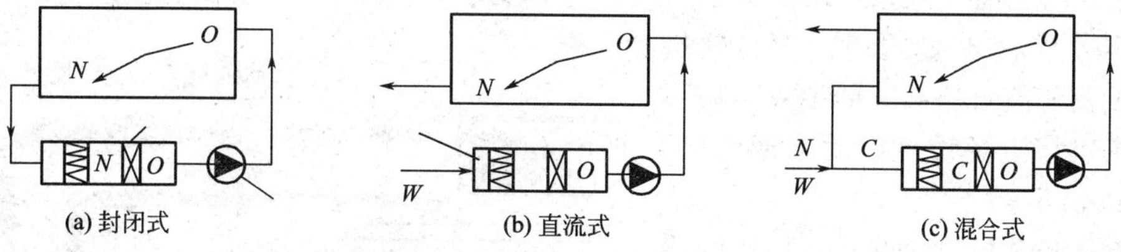

图 5-22　按处理空气的来源不同对空调系统分类示意图

(2) 局部式空调系统　把冷源、热源、风机和自动控制等所有对室内进行空气处理的设备装成一体组成空调机组，空调机组一般装在需要空调的房间或邻室内，就地处理空气，可以不用或只用很短的风道就可把处理后的空气送入空调房间内。主要优点是安装方便，调节灵活，可由用户自行调节。

(3) 半集中式空调系统　半集中式空调系统是在克服集中式和局部式空调系统的缺点而

取其优点的基础上发展起来的，它包括诱导系统和风机盘管系统两种。尤以风机盘管这种系统在目前的办公楼、商用建筑中采用较多。

风机盘管空调系统有水-水系统、水-空气系统等。

1）水-水系统：水-水系统一般由空调机房设备和末端设备构成。

① 空调机房设备。包括冷水机组、锅炉或热水机组或热交换器、水泵及定压装置、软化水设备、电气部分。

a. 冷水机组：冷水机组制成低温冷冻水，供给风机盘管需要。

b. 锅炉或热水机组或热交换器：锅炉或热水机组用于供给风机盘管制热时所需要的热水。

c. 水泵及定压装置：水泵是为空调水系统在循环过程中提供动力。

② 末端设备。包括管路系统、风机盘管、风口、风道等。

a. 管路系统：目前我国较广泛使用的是双管系统。一根供水管、一根回水管。夏季送冷水，冬季送热水。风机盘管夏季制冷时会产生凝结水，在风机盘管下方设置凝结水管，就近排入下水系统。供、回水管、凝结水管应保温处理。供、回水管材可用镀锌钢管、塑料管（PP-R、PE 等），常用镀锌钢管，丝扣连接。在管路的最高点或抬头处设排气装置。凝结水管可采用塑料管（RVC、PP-R、PE 等）、镀锌钢管，常用塑料管。

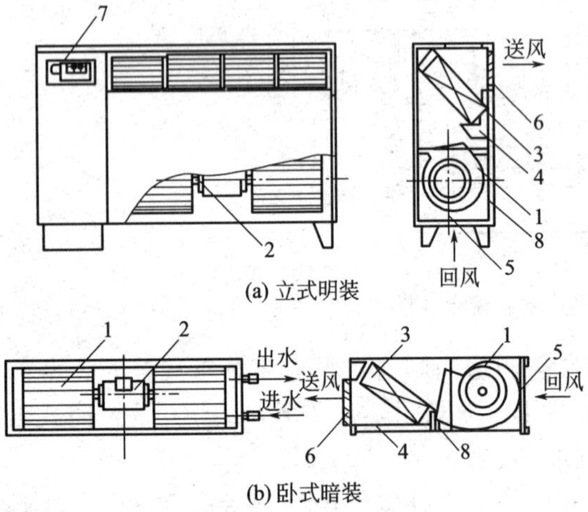

图 5-23　风机盘管机组

1—离心风机；2—电动机；3—盘管；4—凝水盘；5—空气过滤器；6—出风格栅；7—电动阀；8—箱体

b. 风机盘管：风机盘管是半集中式空调系统的末端装置。它由风机、盘管（换热器）以及电动机、空气过滤器、室温调节器和箱体组成（图 5-23），室内空气通过与盘管内的低温（热）水进行冷（热）量交换得以降（升）温。

风机盘管分明装和安装两种。明装机表面处理较好，一般有墙壁式、天花式和落地式；暗装机一般布置在吊顶内。

暗装风机盘管一般采用吊杆固定。与管道连接时在供水管上设置阀门、过滤器、金属软接头；回水管上设置阀门、金属软接头。在设置节能自控系统的中央空调系统中，供水管上还设置电动二通阀门，如图 5-24 所示。

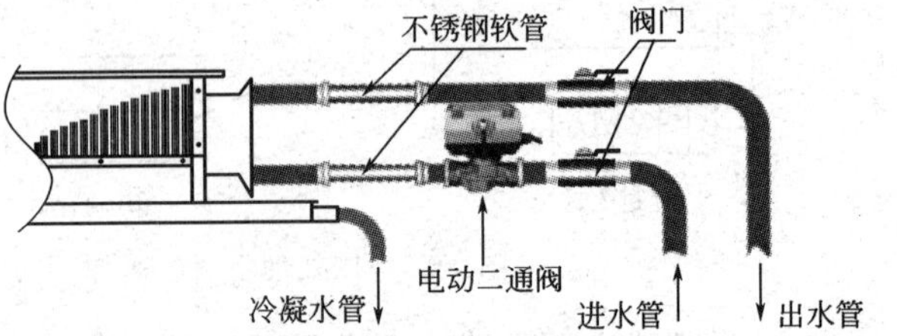

图 5-24　风机盘管与管道连接示意

为保证暗装风机盘管送、回风的效果，风机盘管出风口前一般设置风道，与风道的连接处采用柔性连接；回风口处与风口的连接有两种形式：一种是设回风箱；另一种不设置，如图 5-25、图 5-26 所示。

2）水-空气系统：水-空气系统解决了水-水系统中无新风的缺陷，使空调系统更加舒适，目前采用得较多。其水系统与水-水系统相同，增加了新风系统。新风系统设备有新风机组、新风换气机等。

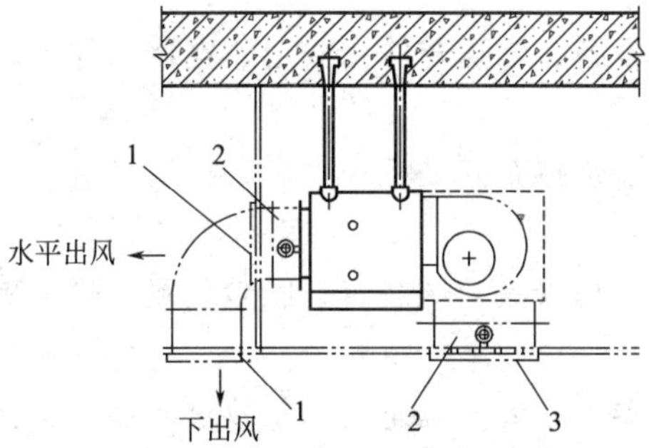

图 5-25　设回风箱风机盘管与风道连接示意
1—送风口；2—软管接头；3—回风口

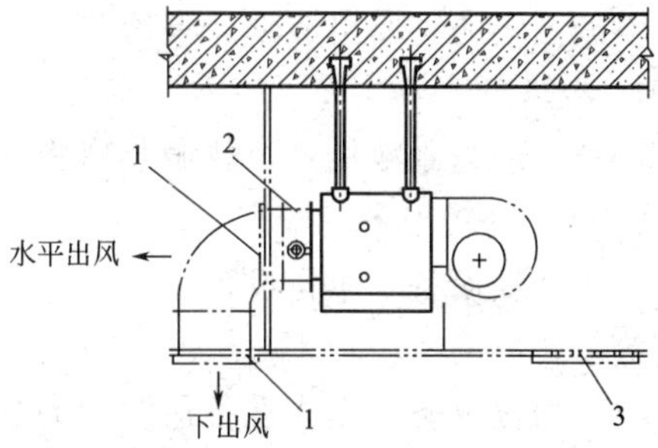

图 5-26　不设回风箱风机盘管与风道连接示意
1—送风口；2—软管接头；3—回风口

① 新风机组系统。由防雨进风口、保温阀、新风机组、风道、风口组成。

新风机组是提供新鲜空气的一种空气调节设备。功能上按使用环境的要求可以达到恒温恒湿或者单纯提供新鲜空气。工作原理是在室外抽取新鲜的空气经过除尘、除湿（或加湿）、降温（或升温）等处理后通过风机送到室内，在进入室内空间时替换室内原有的空气。新风机组有供水管、回水管和凝结水管，安装附件与风机盘管相同，如图 5-27 所示。

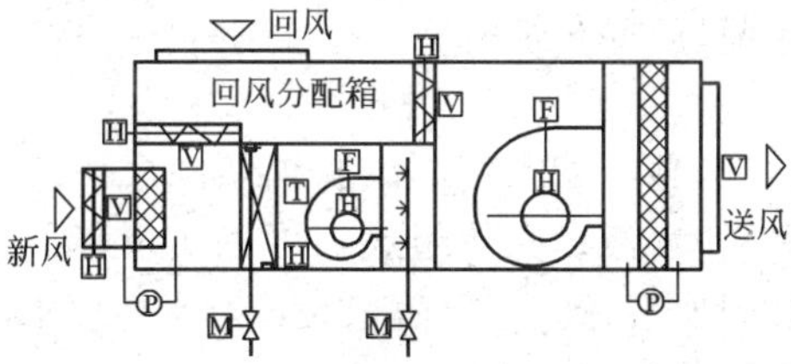

图 5-27　新风机组

② 新风换气机系统。由防雨进风口、保温阀、新风换气机、送风道、排风道、风口组成，如图 5-28 所示。

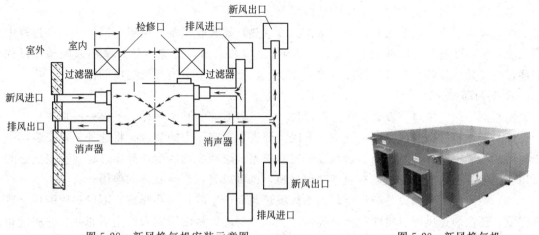

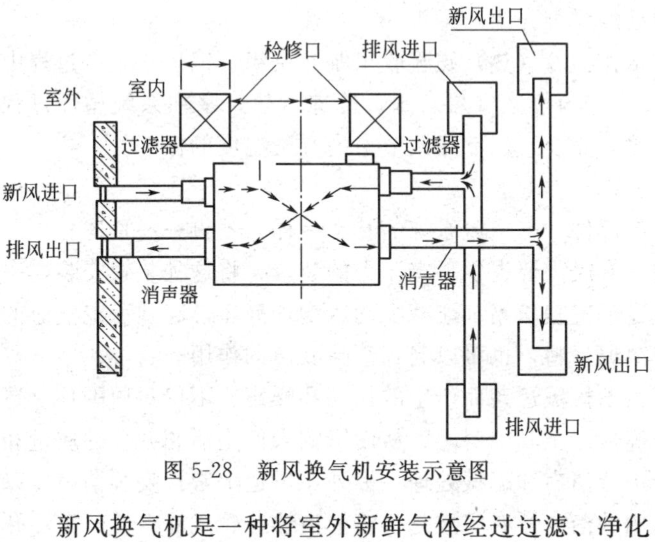

图 5-28　新风换气机安装示意图

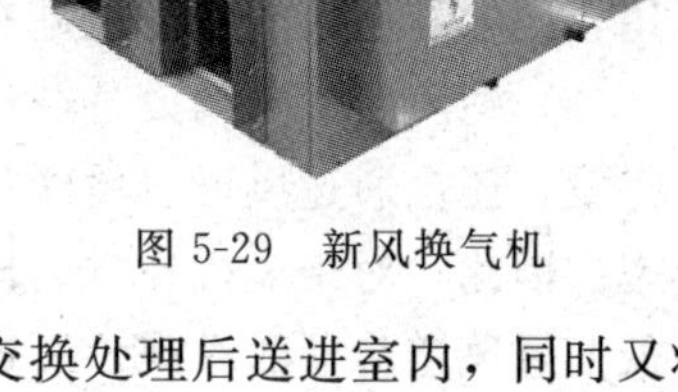

图 5-29　新风换气机

新风换气机是一种将室外新鲜气体经过过滤、净化，热交换处理后送进室内，同时又将室内受污染的有害气体经过过滤、净化，热交换处理后排出室外，而室内的温度基本不受新风影响的一种高效节能，环保型的高科技产品，如图 5-29 所示。

（三）空气处理设备、管道及部件

空调系统的主要组成部分有冷热源、空气处理设备、输送与输水管道、空调部件等。

1. 冷热源

冷源一般为制冷机组，热源一般为锅炉、换热器、热泵。

2. 空气处理设备

空气处理设备有净化设备、加热（冷却）装置、加（减）湿装置、除尘装置、隔离噪声装置等。

（1）净化设备　净化设备最常用的是空气过滤器。一般空调系统为初效过滤器，滤材多采用玻璃纤维、人造纤维、金属丝及粗孔聚氨酯泡沫塑料等。金属网丝、铁屑及瓷环等种类的滤料可以浸油后使用，以便提高过滤效率并防止金属表面锈蚀。初效过滤器需人工清洁或更换，为减少清洗工作量、提高运行质量，可采用自动浸油式空气过滤器或自动卷绕式空气过滤器。

（2）加热（冷却）装置

① 电加热器　电加热器是通过电阻丝发热来加热空气的设备。其特点是加热均匀，热量稳定，易于控制，耗电多。一般用于精度要求高的空调系统。

② 表面式换热器　表面式换热器多用肋片管（也有用光管制造），材质为钢、铜、铝材等。管内流动介质（冷、热水，蒸汽，制冷剂），管外流动空气。

（3）加（减）湿装置

① 喷水室　向流过的空气直接喷大量的水滴，空气与水滴实现热湿交换，主要由喷嘴（雾状水）、管路、前后挡水板（减少水损失）、水池、壳体组成，可以实现多种空气处理过程，具有一定的空气净化能力，耗材少，易于加工，但占地面积大，对水质要求高。水系统复杂，还需定期保养。较多用于纺织厂、卷烟厂等以调节湿度为主的场合。

② 除喷水室之外　设计上还用加热通风法减湿、冷冻减湿、液体吸湿剂减湿和固体吸湿剂减湿等。

3. 输送与输水管道

（1）输送风道　前面通风工程中已经详细介绍，不再一一赘述。

（2）输水管道　在空调系统中，水作为冷（热）媒吸收了制冷机组（锅炉）生产过程中冷（热）量，使自身温度降低（升高），变为冷冻（热）水。冷冻（热）水在系统循环过程中通过空气处理设备与空气进行冷（热）交换，以完成调节室内空气温度的任务。

4. 空调部件

（1）调节阀、风口、散流器等空调部件　与通风系统的基本一样，不再一一赘述。

（2）静压箱　在通风空调工程中，有时需要提供一定压力的装置，将这种装置安装在一个封闭的箱子里，称为静压箱。送风道配置静压箱，能减少动压增加静压，起到稳定气流的作用，同时静压箱的内表面贴有吸声减振材料，也可以起到消除噪声的作用。

（3）消声器　空调设备在运行时由于机械运动而产生的振动和噪声，不仅对周围环境造成污染，还会通过风道、墙体、楼板等传递至其他房间，从而影响人们生活和办公的质量和效率。因此，对于风机和空调设备应进行消声和减振处理，另外在风道上常常安装消声器以降低通过风道传播的噪声。风道上常用的消声器有阻抗复合式消声器、管式消声器、微穿孔板式消声器、片式消声器、折板式消声器、消声弯头等。

任务分析

一、通风空调工程施工图识读

（一）通风空调工程施工图的组成

施工图是采用规定的图例符号、绘制规则、统一的文字标注来表达工程中实际管路的空间走向和设备的空间位置的。通风空调工程施工图是通风空调工程设计方案的图形化的表示，它表达了设计人员的设计意图，是进行通风空调安装工程施工的依据，也是编制施工图预算的重要依据之一。

通风空调工程施工图由设计施工说明、主要设备材料明细表、平面图、系统图、剖面图、系统原理图及详图组成。详图包括制作加工详图及安装详图。

1. 设计施工说明

设计说明主要包括工程概况、系统的设计依据、形式及设计参数，施工说明主要包括施工所用的材质、连接方式、防腐、保温、试压等的施工质量要求以及特殊部位的施工方法等。

一般图例附在设计施工说明后面。

2. 主要设备材料明细表

主要设备材料明细表是将工程中所用到的设备和材料以表格的形式详细列出其规格、型号、数量。需要注意的是设备材料明细表中所列设备、材料的规格、型号并不能满足预算编制的要求，只能作为参考，如一些设备的规格、型号、质量需查找相关产品样本或使用说明书。风管工程量必须按照施工图纸尺寸计算。

3. 平面图

通风空调工程平面图表达通风空调管道、设备的平面布置情况，主要内容如下。

（1）在平面图中主要以双线表示风管、异径管、弯头、检查孔，测定孔的位置。并应注明风管的轴线长度尺寸、各管道及管件的截面尺寸（圆形风管以“ϕ”表示，矩形风管以“宽×高”表示）。

（2）各种设备的平面布置尺寸、标注编号及说明其型号、规格的设备明细表。

（3）各种调节阀、防火阀、送排风口等均用图例表示，并注明规格、型号。送排风口空气流动方向用带箭头的符号表明。

4. 剖面图

通风空调工程剖面图表示管道及设备在高度方向的布置情况及主要尺寸，即注明管径或截面尺寸、标高（圆形风管标中心，矩形风管标底边）。

5. 系统图

通风空调工程系统图表明通风空调系统各种设备、管道及主要部件的空间位置关系。该图内容完整，立体感强，标注详尽，便于了解整个工程系统的全貌。弥补了在有些较复杂的通风系统中平面图和剖面图不能准确表达系统全貌的缺陷。对于简单的通风系统，除了平面图以外，可不绘制剖面图，但必须绘制管网系统轴测图。

系统图中主要设备、部件应标出编号，以便与平面图、剖面图及设备明细表相对照，还应有管径、标高、坡度，系统图的通风管道用单线绘制。

6. 通风空调工程详图

详图又称大样图，包括制作加工详图和安装详图。如果是国家通用标准图则只标明图号，需要时直接查用。如果没有标准图集，必须画出大样图，以便进行制作和安装。

7. 系统原理图

标明空气处理和输送过程的走向；标明整个系统控制点与测点的联系，控制方案及控制点参数。

（二）通风空调工程施工图的识读

（1）熟悉有关图例、符号、设计及施工说明，通过说明了解系统的组成形式、系统所用的材料、设备、保温绝热、刷油的做法及其他主要施工方法。

（2）识读时水系统与前面所述给水、采暖系统相类似，在这里不再赘述。通风系统主要以空气流动线路识读，依次为进风装置、空气处理设备、送风机、干管、支管、送风口、回风口、回风机、回风管、排风口和空气处理室。

（3）识读时要将平面图、系统图、剖面图三者相结合，以便建立整体的空间概念。

（三）通风空调工程常用图例

图线、图纸比例、空调水管道及其阀门的常用图例与采暖工程相同，在此介绍风道和通风空调设备图例，见表5-3。

表5-3　通风空调工程常用图例

名称	图例	名称	图例	名称	图例
空调供水管	————	活塞阀、截止阀	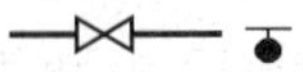	自动排气阀	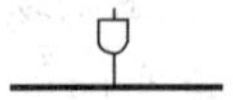
空调回水管	- - - - - - - -	动态平衡电动调节阀		水过滤器	
冷凝水管	——n——	动态流量平衡阀		柔性软接头	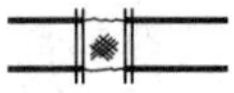
送(新)风管	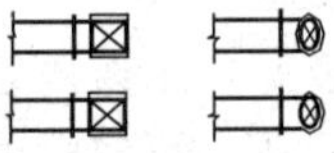	回(排)风管	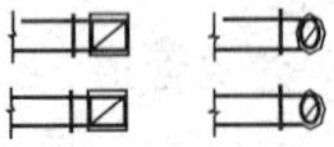	方形散流器	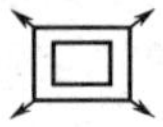
异径风管		砖砌风道	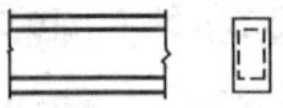	送风口	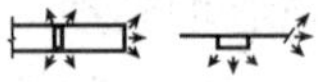
天圆地方	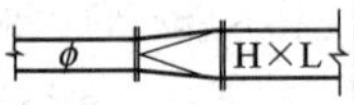	插板阀	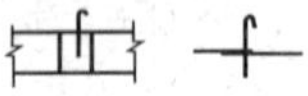	回风口	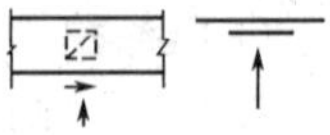
柔性风管	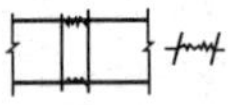	蝶阀	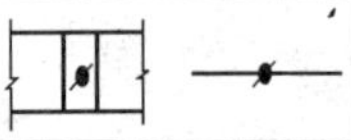	消声器、消声弯头	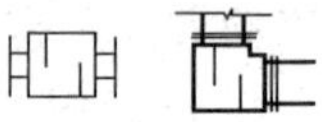
矩形三通	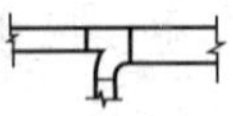	手动多叶对开调节阀	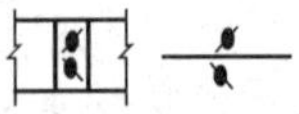	空气加热冷却器	
圆形三通	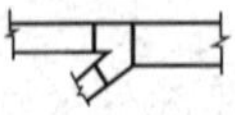	电动对开调节阀	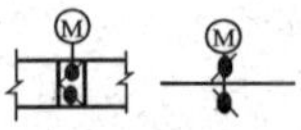	空气加湿器	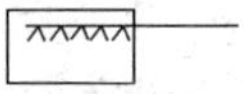
弯头	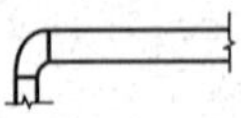	防火调节阀	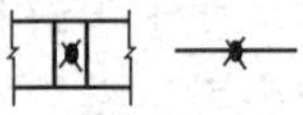	挡水板	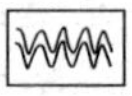
带导流片弯头	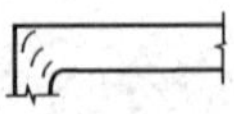	止回阀	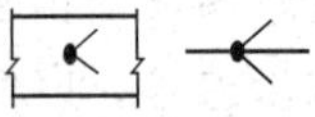	空气过滤器	
离心风机		轴流风机	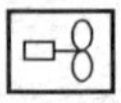	风机盘管	
单层百叶风口	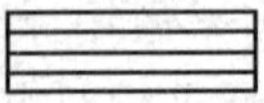	双层百叶风口	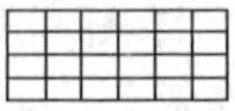	风机箱	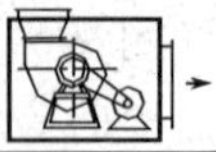

二、定额与计量

工业与民用建筑的新建、扩建项目中的通风、空调工程执行 2011 年山西省建设工程计价依据《安装工程预算定额》中第九册《通风空调工程》。

（一）薄钢板通风管道制作安装

1. 定额说明

（1）工作内容

风管制作：放样、下料、卷圆、折方、轧口、咬口，制作直管、管件、法兰，钻孔、铆焊、上法兰、组对。

风管安装：找标高、配合预留孔洞，组装、风管就位、找平、找正，制垫、垫垫、上螺栓、紧固。

（2）整个通风系统设计采用渐缩管均匀送风者，圆形风管按平均直径、矩形风管按平均周长执行相应规格项目，其人工乘以系数 2.5。

（3）镀锌薄钢板风管项目中的板材是按镀锌薄钢板编制的，如设计要求不用镀锌薄钢板者，板材可以换算，其他不变。

（4）风管导流叶片不分单叶片和香蕉形双叶片均执行同一项目。

（5）如制作空气幕送风管时，按矩形风管平均周长执行相应风管规格项目，其人工乘以系数 3，其余不变。

（6）薄钢板通风管道制作安装项目中，包括弯头、三通、变径管、天圆地方等管件及法兰、加固框的制作用工。

（7）薄钢板风管项目中的板材，如设计要求厚度不同者可以换算，人工、机械不变。

（8）法兰垫料如使用泡沫塑料者每 kg 橡胶板换算为泡沫塑料 0.125kg；使用闭孔乳胶海绵者每 kg 橡胶板换算为闭孔乳胶海绵 0.5kg。

（9）柔性软风管适用于由金属、涂塑化纤织物、聚酯、聚乙烯、聚氯乙烯薄膜、铝箔等材料制成的软风管。

（10）柔性软风管安装按图示中心线长度以“m”为单位计算；柔性软风管阀门安装以“个”为单位计算。

（11）各种通风管道安装项目中，未包括支（吊）架的制作安装，应参照相应项目另行计算。

2. 计算规则

（1）风管制作安装以施工图规格不同按展开面积计算，不扣除检查孔、测定孔、送风口、吸风口等所占面积。

$$圆管\ F=\pi DL$$

式中　F——圆形风管展开面积，m^2；

D——圆形风管直径，m；

L——管道中心线长度，m。

矩形风管按图示周长乘以管道中心线长度计算：

$$矩形\ F=2(A+B)L$$

式中　F——圆形风管展开面积，m^2；

A，B——矩形风管断面的长度和宽度，m；

L——管道中心线长度，m。

（2）风管长度一律以施工图示中心线长度为准（主管与支管以其中心线交点划分），如

图 5-30 所示，包括弯头、三通、变径管、天圆地方等管件的长度，但不得包括部件所占长度。直径和周长按图示尺寸为准展开，咬口重叠部分已包括在定额内。

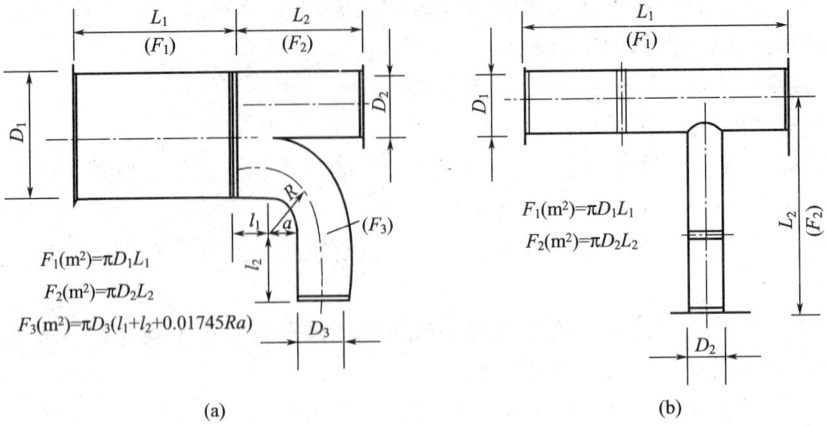

图 5-30 风管展开面积计算

在计算风管长度时，应扣除的部分通风部件长度如下。

① 蝶阀 $L=150$mm。

② 密闭式对开多叶调节阀 $L=210$mm。

③ 止回阀 $L=300$mm。

④ 圆形风管防火阀 $L=D+240$mm。

⑤ 矩形风管防火阀 $L=B+240$mm（B 为风管高度）。

⑥ 密闭式斜插板阀 T305 长度见表 5-4。

（3）风管导流叶片制作安装按图示叶片的面积计算。

（4）整个通风系统设计采用渐缩管均匀送风者，圆形风管按平均直径、矩形风管按平均周长计算。

表 5-4 密闭式斜插板阀长度

型号	1	2	3	4	5	6	7	8	9	10	11	12
D/mm	80	85	90	95	100	105	110	115	120	125	130	135
L/mm	280	285	290	300	305	310	315	320	325	330	335	340
型号	13	14	15	16	17	18	19	20	21	22	23	24
D/mm	140	145	150	155	160	165	170	175	180	185	190	195
L/mm	345	350	355	360	365	365	370	375	380	385	390	395
型号	25	26	27	28	29	30	31	32	33	34	35	36
D/mm	200	205	210	215	220	225	230	235	240	245	250	255
L/mm	400	405	410	415	420	425	430	435	440	445	450	455
型号	37	38	39	40	41	42	43	44	45	46	47	48
D/mm	260	265	270	275	280	285	290	300	310	320	330	340
L/mm	460	465	470	475	480	485	490	500	510	520	530	540

（5）塑料风管、复合型材料风管制作安装定额所列规格直径为内径，周长为内周长。

（6）柔性软风管安装，按图示管道中心线长度以“m”为计量单位，柔性软风管阀门安装以“个”为计量单位。

（7）软管（帆布接口）制作安装，按图示尺寸以“m^2”为计量单位。

（8）风管检查孔重量，按“国标通风部件标准重量表”计算。

（9）风管测定孔制作安装，按其型号以“个”为计量单位。

（二）风管部件制作安装

1. 定额说明

（1）工作内容

① 调节阀安装：产品质量验收、号孔、钻孔、对口、校正、制垫、垫垫、上螺栓、紧固、试动。

② 风口安装：产品质量验收、对口、上螺栓、制垫、垫垫、找正、找平、固定、试动、调整。

③ 排烟风口安装：产品质量验收、测位、预埋铁件、找正、钻眼、上螺栓、制垫、垫垫、找正、找平固定、单体调试、配合系统调试。

④ 风帽制作：放样、下料、咬口，制作法兰、零件，钻孔、铆焊、组装。

⑤ 风帽安装：安装、找正、找平，制垫、垫垫、上螺栓、固定。

⑥ 罩类制作：放样、下料、卷圆，制作罩体、来回弯、零件、法兰，钻孔、铆焊、组合成型。

⑦ 罩类安装：埋设支架、吊装、对口、找正，制垫、垫垫、上螺栓，固定配重环及钢丝绳、试动调整。

⑧ 消声器、消声弯头安装：产品质量验收、组对、安装、找正、找平，制垫、垫垫、上螺栓、固定。

（2）各类调节阀安装、消声装置安装中，规范及设计要求设置独立支（吊）架，可套用“通风管道支（吊）架制作安装”子目。

（3）消声静压箱按外形尺寸不同套用相近规格消声器安装子目。

2. 计算规则

（1）调节阀安装，区分不同规格尺寸，以“个”为计量单位。

（2）风口安装区分不同规格尺寸，以“个”为计量单位。

（3）百叶窗安装区分不同面积，以“个”为计量单位。

（4）排烟风口安装区分不同规格尺寸，按固定形式不同以“个”为计量单位。

（5）风帽筝绳制作安装按图示规格、长度，以“kg”为计量单位。

（6）风帽泛水制作安装按图示展开面积，以“m^2”为计量单位。

（7）罩类制作安装区分不同规格形式，以“100kg”为计量单位。

（8）消声器安装分规格，按所接风管的周长以“台”为计量单位。

（9）消声弯头安装分规格，按所接风管的周长以“个”为计量单位。

（三）通风空调设备安装

1. 定额说明

（1）工作内容：开箱检查设备、附件、底座螺栓；吊装、找平、找正、垫垫、灌浆、螺栓固定、装梯子。

（2）通风机安装项目内包括电动机安装，也适用不锈钢和塑料风机安装。

（3）设备安装项目中包括地脚螺栓安装，材料另行计算。

（4）诱导器安装套用风机盘管安装项目。

（5）风机盘管的配管套用第八册《给排水、采暖、燃气工程》相应项目。

2. 计算规则

(1) 风机、空气幕安装按设计不同型号以“台”为计量单位。

(2) 空调器按不同重量和安装方式以“台”为计量单位；分段组装式空调器按重量以“100kg”为计量单位。

(3) 风机盘管安装按不同安装方式以“台”为计量单位。

(4) 空气加热器、除尘设备按安装重量不同以“台”为计量单位。

(四) 净化通风管道及部件制作安装

1. 定额说明

(1) 工作内容

① 风管制作：放样、下料、折方、轧口、咬口，制作直管、管件、法兰，钻孔、铆焊、上法兰、组对口缝外表面涂密封胶，风管内表面清洗、风管两端封口。

② 风管安装：找标高、找平、找正、配合预留孔洞、风管就位、组装、制垫、垫垫、上螺栓、紧固，风管内表面清洗、管口封闭、法兰口涂密封胶。

③ 部件制作：放样、下料、零件、法兰、预留预埋，钻孔、铆焊、制作、组装、擦洗。

④ 部件安装：测位、找平、找正，制垫、垫垫、上螺栓、清洗。

⑤ 高、中、低效过滤器，净化工作台，风淋室安装：开箱、检查、配合钻孔、垫垫、口缝涂密封胶、试装、正式安装。

(2) 净化通风管道制作安装项目中包括弯头、三通、变径管、天圆地方等管件及法兰、加固框。

(3) 净化风管项目中的板材，如设计厚度不同者进行换算。

(4) 圆形风管执行矩形风管相应项目。

(5) 风管涂密封胶是按全部口缝外表面涂抹考虑的，如设计要求口缝不涂抹而只在法兰处涂抹者，每 $10m^2$ 风管应减去密封胶 1.5kg 和人工 0.37 工日。

(6) 过滤器安装项目中包括试装。

(7) 风管及部件项目中，型钢未包括镀锌费。

(8) 铝制孔板风口如需电化处理时，另加电化费。

(9) 低效过滤器指：M-A 型、WL 型、LWP 型等系列。

中效过滤器指：ZKL 型、YB 型、M 型、ZX-1 型等系列。

高效过滤器指：GB 型、GS 型、JX-20 型等系列。

净化工作台指：XHK 型、BZK 型、SXP 型、SZP 型、SZX 型、SW 型、SZ 型、SXZ 型、TJ 型、CJ 型、等系列。

(10) 洁净室安装以重量计算，执行第九册“分段组装式空调器安装”项目。

(11) 定额按空气洁净度 100000 级编制。

2. 计算规则

(1) 高、中、低效过滤器、净化工作台安装以“台”为计量单位。

(2) 风淋室安装按不同重量以“台”为计量单位。

(五) 不锈钢板、铝板通风管道及部件制作安装

1. 定额说明

(1) 工作内容

① 风管制作：放样、下料、卷圆、折方，制作管件、组对焊接、试漏、清洗焊口。

② 风管安装：找标高、清理墙洞、风管就位、组对焊接、试漏、清洗焊口、固定。

③ 部件制作：下料、平料、开孔、钻孔，组对、铆焊、攻螺纹、清洗焊口、组装固定，试动、短管、零件、试漏。

④ 部件安装：制垫、垫垫、找平、找正、组对、固定、试动。

(2) 不锈钢矩形风管执行圆形风管相应项目。

(3) 不锈钢吊托支架执行本章相应项目。

(4) 不锈钢风管凡以电焊考虑的项目，如需使用手工氩弧焊者，其人工乘以系数1.238，材料乘以系数1.163，机械乘以系数1.673；铝板风管凡以电焊考虑的项目，如需使用手工氩弧焊者，其人工乘以系数1.15，材料乘以系数0.85，机械乘以系数1.24。

(5) 风管制作安装项目中包括管件，但不包括法兰和吊托支架；法兰和吊托支架应单独列项计算。

(6) 风管项目中的板材如设计要求厚度不同者可以换算，人工、机械不变。

2. 计算规则

风管制作安装以施工图规格不同按展开面积，以"$10m^2$"为计量单位。

(六) 刷油、防腐蚀、绝热

通风、空调的刷油、绝热、防腐蚀，执行第十一册《刷油、防腐蚀、绝热工程》相应定额。

1. 定额说明

(1) 薄钢板风管刷油按工程量执行相应项目，仅外（或内）面刷油者，定额乘以系数1.2，内外均刷油者，定额乘以系数1.1（其法兰加固框已包括在此系数内）。

(2) 薄钢板部件刷油按其工程量执行金属结构刷油项目，定额乘以系数1.15。

(3) 各种风管吊托支架的除锈、刷油，应按其工程量执行第十一册相应项目。

(4) 绝热保温材料不需粘接者，执行相应项口时需减去其中的粘接材料，人工乘以系数0.5。

(5) 风道及部件在加工厂预制的，其场外运费另行计算。

2. 计算规则

(1) 除锈、刷油、防腐蚀　风管以展开面积"m^2"计算；部件和吊托支架以质量"kg"计算。

(2) 绝热工程

① 矩形风管保温层体积按下式计算：

$$V=S\delta+4\delta^2L$$

② 圆形风管保温层体积按下式计算：

$$V=平均周长\times L\delta$$

③ 矩形风管外保护壳面积按下式计算：

$$S'=S+2\delta 4L$$

式中　S——风管展开面积，m^2；

V——保温层体积，m^3；

δ——保温层厚度，m；

L——风管长度，m；

S'——风管外保护壳面积，m^2。

（七）定额总说明

（1）脚手架搭拆费可参照人工费的2%计算，其中人工工资占25%。

（2）高层建筑增加费（指高度在6层或20m以上的工业与民用建筑）可参照表5-5计算。

表5-5 高层建筑增加费计算表

层数	9层以下（30m）	12层以下（40m）	15层以下（50m）	18层以下（60m）	21层以下（70m）	24层以下（80m）	27层以下（90m）	30层以下（100m）	33层以下（110m）
按人工费/%	1	2	3	5	6	7	9	11	13
其中，人工费占/%	10	19	25	28	30	33	34	36	37
层数	36层以下（120m）	39层以下（130m）	42层以下（140m）	45层以下（150m）	48层以下（160m）	51层以下（170m）	54层以下（180m）	57层以下（190m）	60层以下（200m）
按人工费/%	15	17	18	19	21	23	26	29	33
其中，人工费占/%	38	39	41	43	45	47	49	51	53

（3）超高增加费（指操作物高度距离楼地面6m以上的工程）可参照人工费的8%计算。

（4）系统调整费可参照系统工程人工费的10%计算，其中人工工资占25%。

（5）安装与生产同时进行增加的费用，可参照人工费的5%计算。

（6）在有害身体健康的环境中施工增加的费用，可参照人工费的5%计算。

（7）第九册项目中，调节阀、风口及各类消声器均按成品考虑。

（8）定额中人工、材料、机械凡未按制作和安装分别列出的，其制作与安装费的比例可按表5-6划分。

表5-6 制作安装费比例分配表

序号	项 目	制作占/%			安装占/%		
		人工	材料	机械	人工	材料	机械
1	薄钢板通风管道制作安装	60	95	95	40	5	5
2	风帽制作安装	75	80	99	25	20	1
3	罩类制作安装	78	98	95	22	2	5
4	通风管道支(吊)架及设备支架制作安装	86	98	95	14	2	5
5	净化通风管道及部件制作安装	60	85	95	40	15	5
6	不锈钢板通风管道及部件制作安装	72	95	95	28	5	5
7	铝板通风管道及部件制作安装	68	95	95	32	5	5
8	塑料通风管道及部件制作安装	85	95	95	15	5	5
9	复合型风管制作安装	60		99	40	400	1

任务实施

现以某五层办公楼标准层通风系统为例，介绍空调工程施工图预算定额计价方式的编制方法。

一、××办公楼通风空调工程施工图

1. 施工图

以××办公楼四层空调系统（通风系统）为例，如图5-31～图5-33所示。由于空调水系统的施工图预算和前面章节介绍的采暖系统基本一样，在此只介绍通风系统施工图预算的编制。

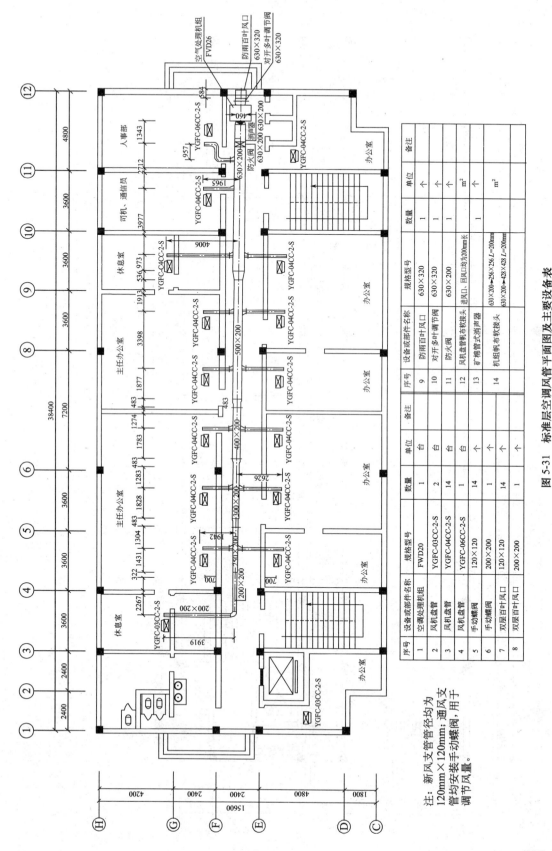

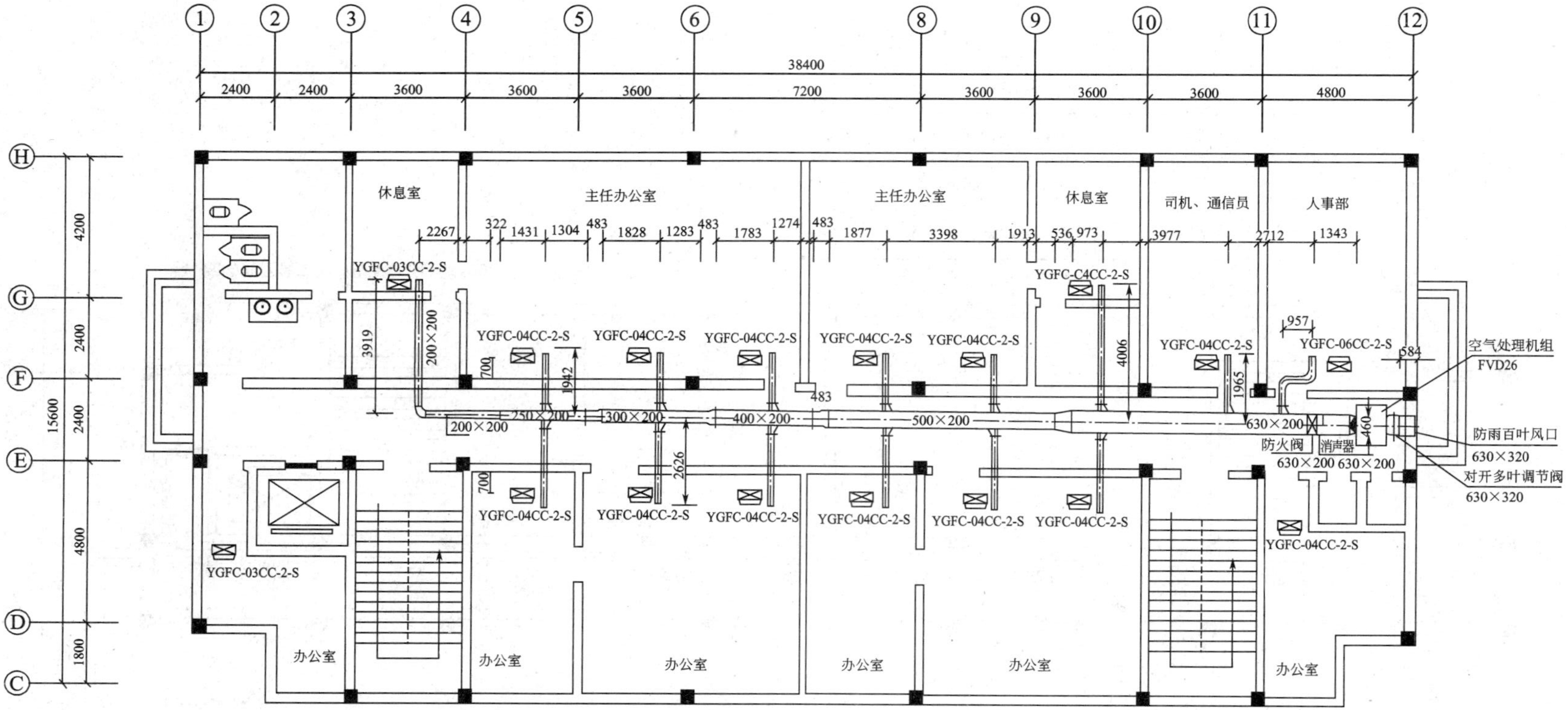

注：新风支管管径均为120mm×120mm；通风支管均安装手动蝶阀，用于调节风量。

序号	设备或部件名称	规格型号	数量	单位	备注	序号	设备或部件名称	规格型号	数量	单位	备注
1	空调处理机组	FWD20	1	台		9	防雨百叶风口	630×320	1	个	
2	风机盘管	YGFC-03CC-2-S	2	台		10	对开多叶调节阀	630×320	1	个	
3	风机盘管	YGFC-04CC-2-S	14	台		11	防火阀	630×200	1	个	
4	风机盘管	YGFC-06CC-2-S	1	台		12	风机盘管帆布软接头	进风口、回风口均为200mm长		m^2	
5	手动蝶阀	120×120	14	个		13	矿棉管式消声器		1	个	
6	手动蝶阀	200×200	1	个		14	机组帆布软接头	630×200→256×256 L=200mm 630×200→428×428 L=200mm		m^2	
7	双层百叶风口	120×120	14	个							
8	双层百叶风口	200×200	1	个							

图 5-31　标准层空调风管平面图及主要设备表

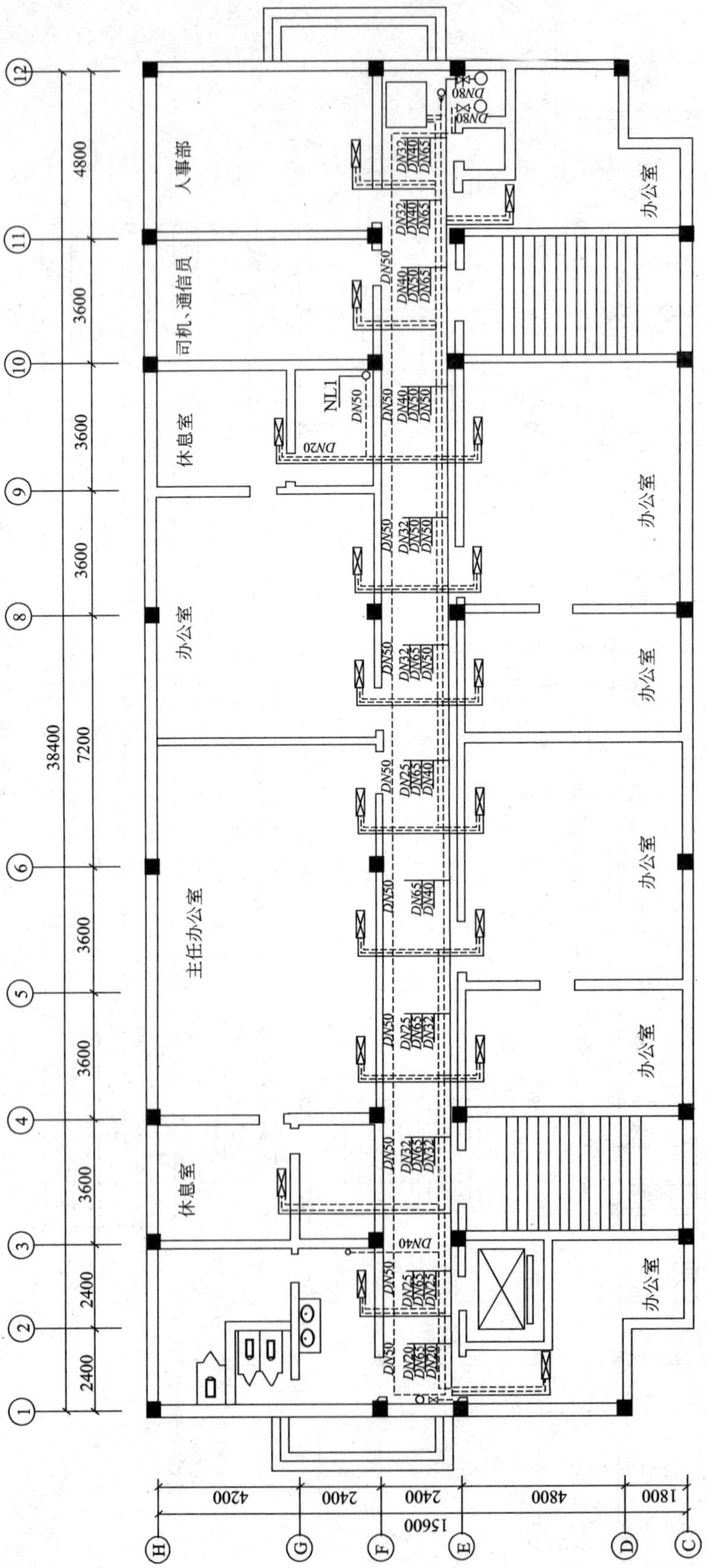

注：接风机盘管支管公称管径均为DN20。

风机盘管	门铰型单层百叶回风口	双层百叶送风口
YGFC-06CC-2(3)-S	1050×150(带滤网)	1000×150
YGFC-04CC-2(3)-S	750×150(带滤网)	700×150
YGFC-03CC-2-S	650×150(带滤网)	600×150

图 5-32　标准层空调水管平面图及主要设备表

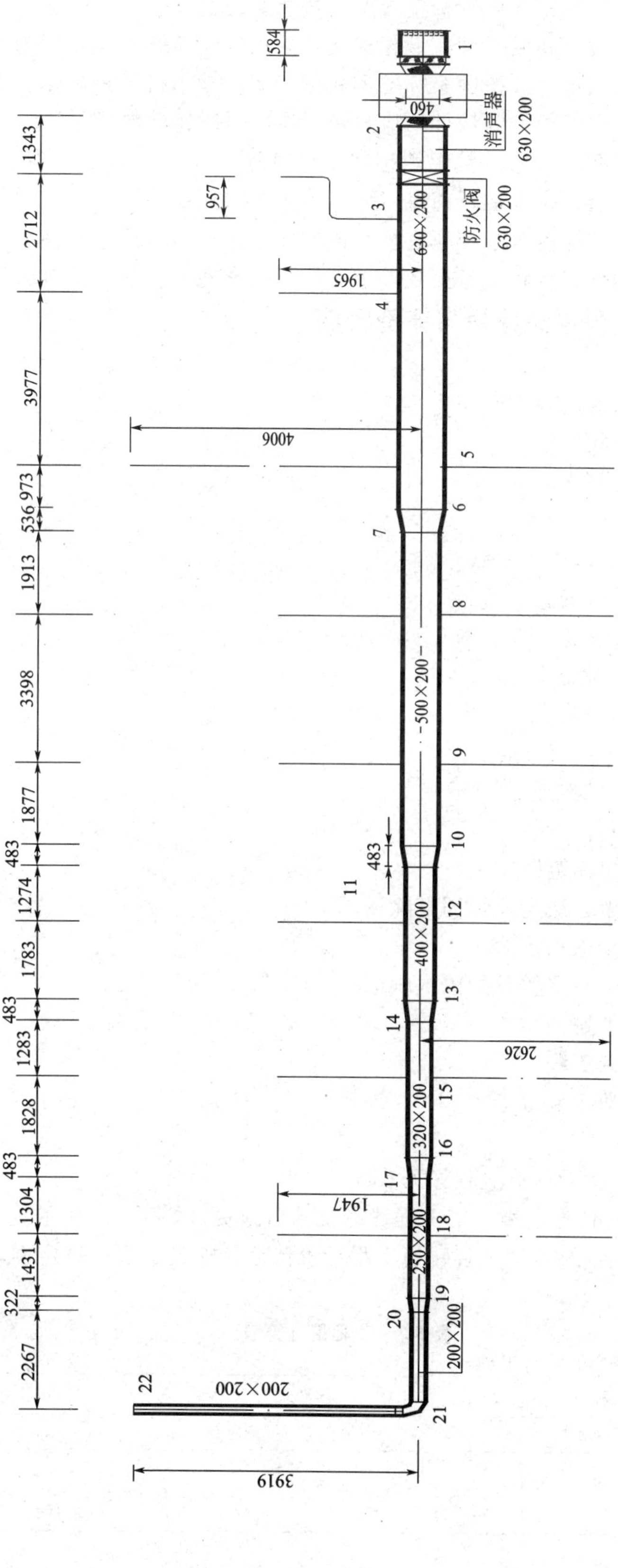

图 5-33　工程量计算草图

2. 施工说明

(1) 空调风管采用镀锌钢板风管，钢板厚度按相关规范。

(2) 风管与空调设备之间以柔性短管相连接，采用厚帆布制作，长度为200mm。

(3) 风管支吊架、风道配件按国家标准形式进行制作，不得任意制作。

(4) 风管、部件支吊架等钢制构件均应除锈后刷红丹防锈漆二道。

(5) 风管保温采用30mm厚外粘铝箔超细玻璃棉毡。

(6) 通风机组加热器在投入运行前进行外观检查与水压试验。

(7) 通风系统安装完毕后对系统应进行全面调试工作，达到设计和使用要求。

(8) 风管、部件制作安装和设备安装要求，执行国家施工验收规范有关规定。

二、通风空调工程定额计量与计价实例

1. 列项

(1) 镀锌钢板通风管道制作安装。

(2) 对开多叶调节阀安装。

(3) 风管防火阀安装。

(4) 风管蝶阀安装。

(5) 双层百叶送风口。

(6) 防雨百叶通风口安装。

(7) 门铰型回风口安装（带滤网）。

(8) 矿棉管式消声器安装。

(9) 帆布接口制作安装。

(10) 吊顶卧式通风机组安装。

(11) 调节阀、消声器支架制作安装。

(12) 风管支吊架制作安装。

(以上属于第九册定额范围)

(13) 通风管道支架、法兰及加固框除锈。

(14) 通风部件支架除锈。

(15) 通风管道支架、法兰及加固框刷油。

(16) 通风部件支架刷油。

(17) 通风管道绝热工程。

(以上属于第十一册定额范围)

2. 工程量计算

本例空调工程的工程量计算过程详见表5-7。

3. 套用定额单价，计算定额直接工程费和技术措施费，如表5-8所示。

(1) 本例所用定额：2011××省建设工程计价依据《安装工程预算定额》第九册、第十一册。

表5-7 工程量计算表

工程名称：××办公楼空调安装工程

部位编号	分项工程名称	计算式	单位	工程量	定额号
1	新风管道制作安装				
编号1	镀锌薄钢板矩形风管 630×320	编号1风管长度为：0.584m 编号1风管展开面积为：(0.63＋0.32)×2×0.584	m^2	1.11	C9-6

续表

部位编号	分项工程名称	计算式	单位	工程量	定额号
编号 2～6	镀锌薄钢板矩形风管 630×200	编号 2～6 风管长度为:1.343+2.712+3.977+0.973−0.2(帆布软接头长度)−1.0(消声器长度)−0.44(防火阀长度)=7.365m 编号 2～6 风管展开面积为: (0.63+0.20)×2×7.365	m^2	12.23	C9-6
编号 6～7	镀锌薄钢板矩形变径风管 630×200→500×200	编号 6～7 风管长度为:0.536m 编号 6～7 风管展开面积为:1.53(变径管平均周长)×0.536	m^2	0.82	C9-6
编号 7～10	镀锌薄钢板矩形风管 500×200	编号 7～10 风管长度为:1.913+3.398+1.877=7.188m 编号 7～10 风管展开面积为:(0.5+0.2)×2×7.188	m^2	10.06	C9-6
编号 10～11	镀锌薄钢板矩形变径风管 500×200→400×200	编号 10～11 风管长度为:0.483m 编号 10～11 风管展开面积为:1.3(变径管平均周长)×0.483	m^2	0.63	C9-6
编号 11～13	镀锌薄钢板矩形风管 400×200	编号 11～13 风管长度为:1.274+1.783=3.057m 编号 11～13 风管展开面积为:(0.4+0.2)×2×3.057	m^2	3.67	C9-6
编号 13～14	镀锌薄钢板矩形变径风管 400×200→320×200	编号 13～14 风管长度为:0.483m 编号 13～14 风管展开面积为:1.12(变径管平均周长)×0.483	m^2	0.54	C9-6
编号 14～16	镀锌薄钢板矩形风管 320×200	编号 14～16 风管长度为:1.283+1.828=3.111m 编号 14～16 风管展开面积为:(0.32+0.2)×2×3.111	m^2	3.24	C9-6
编号 16～17	镀锌薄钢板矩形变径风管 320×200→250×200	编号 16～17 风管长度为:0.483m 编号 16～17 风管展开面积为:0.97(变径管平均周长)×0.483	m^2	0.47	C9-6
编号 17～19	镀锌薄钢板矩形风管 250×200	编号 17～19 风管长度为:1.304+1.431=2.735m 编号 17～19 风管展开面积为:(0.25+0.2)×2×2.735	m^2	2.46	C9-6
编号 19～20	镀锌薄钢板矩形变径风管 250×200→200×200	编号 19～20 风管长度为:0.322m 编号 19～20 风管展开面积为:0.85(变径管平均周长)×0.322	m^2	0.27	C9-6
编号 20～22	镀锌薄钢板矩形风管 200×200	编号 20～22 风管长度为:2.267+3.919−0.15(蝶阀长度)=6.036m 编号 20～22 风管展开面积为:(0.20+0.20)×2×6.036	m^2	4.83	C9-5
14 个 支风管	镀锌薄钢板矩形风管 120×120	风管长度为:1.965+0.957+1.965+4.006+2.626×6+1.947×5−0.15(支管手动蝶阀长度)×14=32.284m 编号 20～22 风管展开面积为:(0.12+0.12)×2×32.284	m^2	15.50	C9-5
2	调节阀安装 对开多叶调节阀 手动蝶阀 手动蝶阀 防火阀	 630×320 120×120 200×200 630×200	 个 个 个 个	 1 14 1 1	 C9-62 C9-50 C9-50 C9-66
3	风口安装 防雨百叶风口 双层百叶风口 双层百叶风口	 630×320 120×120 200×200	 个 个 个	 1 14 1	 C9-73 C9-70 C9-70

续表

部位编号	分项工程名称	计算式	单位	工程量	定额号
3	双层百叶风口 双层百叶风口 双层百叶风口 门铰型回风口(带滤网) 门铰型回风口(带滤网) 门铰型回风口(带滤网)	600×150 700×150 1000×150 650×150 750×150 1050×150	个 个 个 个 个 个	2 14 1 2 14 1	C9-72 C9-72 C9-73 C9-72 C9-72 C9-73
4	消声器安装	630×200	台	1	C9-154
5	帆布软接头(空气处理机组及风机盘管接口)	1.806(空气处理机组进风软接头平均周长)×0.2+1.342(空气处理机组出风软接头平均周长)×0.2+(0.6+0.15)×2×0.2×2+(0.7+0.15)×2×0.2×14+(1.0+0.15)×2×0.2×1+(0.65+0.15)×2×0.2×2+(0.75+0.15)×2×0.2×14+(1.05+0.15)×2×0.2×1	m^2	12.61	C9-41
6	空气处理机组	FWD20(设备支架费用已包括在内)180kg	台	1	C9-201
7	风管支吊架制作安装	风管支架数量: 1(1管段)+3(3～6管段)+3(7～10管段)+2(11～13管段)+2(14～16管段)+2(17～19管段)+3(20～22管段)+15(支管)=31个 支架角钢重量: 5.818kg/m(角钢∟75×5重量)×1.09(角钢长度)×1(支架数量)+4.372kg/m(角钢∟70×4重量)×1.09(角钢长度)×3(支架数量)+3.059(角钢∟50×4重量)×(0.96×3+0.86×2+0.78×2+0.71×2)+2.736(角钢∟45×4重量)×(0.66×3+0.58×15)=73.05kg 支架圆钢重量: 0.395kg/m(ϕ8圆钢的重量)×0.8(每个支架一根吊杆的长度)×2(双杆)×45(支架数量)=28.44kg	kg	101.49	C9-177
8	风管部件支吊架制作安装	部件支架数量: 2(消声器支架数量)+2(防火阀支架数量)+2(调节阀支架数量)+15(风管蝶阀支架数量)=21个 支架角钢重量: 2.088kg/m(角钢∟45×3重量)×1.09(角钢长度)×2(消声器支架数量)+1.852kg/m(角钢∟40×3重量)×1.09(角钢长度)×4(防火阀、调节阀支架数量)+2.088kg/m(角钢∟45×3重量)×0.58(角钢长度)×14(蝶阀支架数量)+2.088kg/m(角钢∟45×3重量)×0.66(角钢长度)×1(蝶阀支架数量)=30.96kg 支架圆钢重量: 0.617kg/m(ϕ10圆钢重量)×0.8(每个支架一根吊杆的长度)×2(双杆)×2(支架数量)+0.395kg/m(ϕ8圆钢重量)×0.8(每个支架一根吊杆的长度)×2(双杆)×19(支架数量)=13.98	kg	44.94	C9-175
9	风机盘管 风机盘管03 风机盘管04 风机盘管06	 2 14 1	 台 台 台	 2 14 1	 C9-210 C9-210 C9-210
10	风管、部件支架除锈刷油	101.49(风管支架重量)+44.94(部件支架重量)	kg	146.43	C11−3+C9−88+C9−89
11	风管绝热	56.04(风管展开面积)×0.03(保温厚度)+4×0.03^2×65.12(风管长度)	m^3	1.92	C11−1041
12	风管法兰、加固框除锈、刷油	0.035t/10m^2(定额含量)×(0.50+1.57)+0.032t/10m^2(定额含量)×(0.11+1.35+1.07+0.42+0.37+0.27)	t	0.187	C11−3+C9−88+C9−89

表 5-8　安装工程预算书

工程名称：某办公楼空调新风工程

序号	定额号	工程及费用名称	单位	数量	预(决)算价值		总价分析							
					单价/元	总价/元	主材费/元		人工费/元		材料费/元		机械费/元	
							单价	总价	单价	总价	单价	总价	单价	总价
一		分部分项工程	项			12168.6		27904.64		6705.76		3746.3		1716.53
1	C9-5	镀锌薄钢板矩形风管　δ=1.2mm以内 咬口　周长800mm以下	$10m^2$	2.033	700.28	1423.67	261.74	532.12	358.53	728.89	164.21	333.84	177.54	360.94
	主材	镀锌钢板　0.5mm	m^2	23.136			23.00	532.12						
2	C9-6	镀锌薄钢板矩形风管　δ=1.2mm以内 咬口　周长2000mm以下	$10m^2$	3.55	521.18	1850.19	409.68	1454.36	281.58	999.61	145.74	517.38	93.86	333.2
	主材	镀锌钢板　0.75mm	m2	40.399			36.00	1454.36						
3	C9-62	对开多叶调节阀安装　周长2800mm以内	个	1	30.96	30.96	344.5	344.5	25.65	25.65	5.31	5.31		
	主材	对开多叶调节阀　630×320	个	1.000			344.50	344.50						
4	C9-50	风管蝶阀安装　周长800mm以内	个	14	16.35	228.9	120	1680	11.97	167.58	1.72	24.08	2.66	37.24
	主材	风管蝶阀　120×120	个	14.000			120.00	1680.00						
5	C9-50	风管蝶阀安装　周长800mm以内	个	1	16.35	16.35	149.5	149.5	11.97	11.97	1.72	1.72	2.66	2.66
	主材	风管蝶阀　200×200	个	1.000			149.50	149.50						
6	C9-66	风管防火阀安装　周长2200mm以内	个	1	74.09	74.09	510.12	510.12	68.97	68.97	5.12	5.12		
	主材	风管防火阀　630×200	个	1.000			510.12	510.12						
7	C9-154	消声器安装　长度≤2000m 周长≤2000mm	台	1	60.09	60.09	1656.48	1656.48	44.46	44.46	15.63	15.63		
	主材	消声器　630×200		1.000			1656.48	1656.48						
8	C9-70	百叶风口安装　周长900mm以内	个	14	14.86	208.04	71.71	1003.94	7.98	111.72	4.22	59.08	2.66	37.24
	主材	百叶风口　120×120	个	14.000			71.71	1003.94						

续表

序号	定额号	工程及费用名称	单位	数量	预(决)算价值		总价分析							
					单价/元	总价/元	主材费/元		人工费/元		材料费/元		机械费/元	
							单价	总价	单价	总价	单价	总价	单价	总价
9	C9-70	百叶风口安装 周长900mm以内	个	1	14.86	14.86	79.49	79.49	7.98	7.98	4.22	4.22	2.66	2.66
	主材	百叶风口 200×200	个	1.000			79.49	79.49						
10	C9-72	百叶风口安装 周长1800mm以内	个	2	30.51	61.02	70.52	141.04	23.37	46.74	4.48	8.96	2.66	5.32
	主材	双层百叶风口 600×150	个	2.000			70.52	141.04						
11	C9-72	百叶风口安装 周长1800mm以内	个	14	30.51	427.14	82.02	1148.28	23.37	327.18	4.48	62.72	2.66	37.24
	主材	双层百叶风口层 700×150	个	14.000			82.02	1148.28						
12	C9-72	百叶风口安装 周长1800mm以内	个	2	30.51	61.02	97.98	195.96	23.37	46.74	4.48	8.96	2.66	5.32
	主材	门铰型回风口(带滤网) 650×150	个	2.000			97.98	195.96						
13	C9-72	百叶风口安装 周长1800mm以内	个	14	30.51	427.14	110	1540	23.37	327.18	4.48	62.72	2.66	37.24
	主材	门铰型回风口(带滤网) 750×150	个	14.000			110.00	1540.00						
14	C9-73	百叶风口安装 周长2500mm以内	个	1	47.46	47.46	167.77	167.77	36.48	36.48	8.32	8.32	2.66	2.66
	主材	防雨百叶风口 630×320	个	1.000			167.77	167.77						
15	C9-73	百叶风口安装 周长2500mm以内	个	1	47.46	47.46	98.35	98.35	36.48	36.48	8.32	8.32	2.66	2.66
	主材	双层百叶风口 1000×150	个	1.000			98.35	98.35						
16	C9-73	百叶风口安装 周长2500mm以内	个	1	47.46	47.46	136	136	36.48	36.48	8.32	8.32	2.66	2.66
	主材	门铰型回风口(带滤网) 1050×150	个	1.000			136.00	136.00						
17	C9-41	软管接口	m^2	12.61	251.04	3165.61			104.88	1322.54	129.03	1627.07	17.13	216.01

续表

序号	定额号	工程及费用名称	单位	数量	预(决)算价值		总价分析							
					单价/元	总价/元	主材费/元		人工费/元		材料费/元		机械费/元	
							单价	总价	单价	总价	单价	总价	单价	总价
18	C9-201	空调器安装　吊顶式　重量0.2t以内	台	1	122.84	122.84	3200	3200	119.7	119.7	3.14	3.14		
	主材	空调器	台	1.000			3200.00	3200.00						
19	C9-177	通风管道支吊架	100kg	1.015	720.42	731.15	445.12	451.75	463.41	470.31	68.09	69.1	188.92	191.73
	主材	型钢	t	0.106			4280.00	451.75						
20	C9-175	设备支架　CG327　50kg以下	100kg	0.449	458.84	206.2	445.12	200.04	359.67	161.64	28.91	12.99	70.26	31.57
	主材	型钢	t	0.047			4280.00	200.04						
21	C9-210	风机盘管安装　吊顶式	台	2	98.32	196.64	650	1300	61.56	123.12	19.29	38.58	17.47	34.94
	主材	风机盘管03	台	2.000			650.00	1300.00						
22	C9-210	风机盘管安装　吊顶式	台	14	98.32	1376.48	750	10500	61.56	861.84	19.29	270.06	17.47	244.58
	主材	风机盘管04	台	14.000			750.00	10500.00						
23	C9-210	风机盘管安装　吊顶式	台	1	98.32	98.32	900	900	61.56	61.56	19.29	19.29	17.47	17.47
	主材	风机盘管05	台	1.000			900.00	900.00						
24	C11-3	一般钢结构除锈　手工	100kg	3.334	29.57	98.6			19.38	64.62	1.21	4.03	8.98	29.94
25	C11-88	一般钢结构刷防锈漆　第一遍	100kg	3.334	24.12	80.42	6.54	21.81	13.11	43.71	2.03	6.77	8.98	29.94
	主材	酚醛防锈漆　铁红	kg	3.068			7.11	21.81						
26	C11-89	一般钢结构刷防锈漆　第二遍	100kg	3.334	23.34	77.82	5.55	18.51	12.54	41.81	1.82	6.07	8.98	29.94
	主材	酚醛防锈漆　铁红	kg	2.601			7.11	18.49						
27	C11-1041	毡类制品安装　卧式设备厚度30mm	m^3	1.92	194.89	374.19	247.2	474.62	133.95	257.18	48.77	93.64	12.17	23.37
	主材	带铝箔离心玻璃棉毡	m^3	1.978			240.00	474.62						
28	9-0401	通风空调工程系统调整费	元	6144.82	0.1	614.48			0.025	153.62	0.075	460.86		
二		措施项目				166.61				41.64		124.95		
29	9-0101	通风空调工程脚手架搭拆费	元	6144.82	0.02	122.89			0.005	30.72	0.015	92.17		
30	11-0101	脚手架搭拆费　刷油工程	元	85.52	0.06	5.13			0.015	1.28	0.045	3.85		
31	11-0103	脚手架搭拆费　绝热工程	元	257.18	0.15	38.58			0.04	9.64	0.11	28.93		

(2) 材料预算价格采用2011年××市建设工程材料预算价格及2012年××市建设工程造价信息第1期取定，部分主要材料价格为市场询价，工程结算时以实际价格结算。

表5-9　建筑（安装）工程价差计算表

工程名称：××办公楼空调新风工程

序号	材料名称	单位	数　量	单价/元		价差/元	
				定额价	市场价	价格差	合　计
	材料价差(小计)						571.58
1	圆钢　8mm	t	0.034	3530	4300	770	26.18
2	角钢　边宽25mm	t	0.238	3440	4280	840	199.75
3	角钢　边宽30mm	t	0.227	3440	4280	840	190.68
4	槽钢　6.3#	t	0.034	3420	4280	860	29.24
5	扁钢	t	0.101	3310	4200	890	89.8
6	镀锌铁丝　4mm(8#)	kg	21.235	4.41	5.05	0.64	13.59
7	电焊条　结422　3.2mm	kg	12.199	4.5	5	0.5	6.1
8	电焊条　结422　4mm	kg	0.724	4.5	5	0.5	0.36
9	氧气	m^3	4.643	2.73	2.87	0.14	0.65
10	乙炔气	m^3	1.656	14.16	14.9	0.74	1.23
11	汽油	L	2.401	5.34	7.29	1.95	4.68
12	柴油	L	4.219	5.63	7.84	2.21	9.32

表5-10　安装工程预算总值表

工程名称：××办公楼空调新风工程

序号	工程或费用名称	计算公式或基数	费率/%	金额/元
(1)	直接工程费	分部分项直接费		12168.6
(2)	其中：人工费	人工费		6705.76
(3)	施工技术措施费	技术措施费		166.61
(4)	其中：人工费	人工费		41.64
(5)	施工组织措施费	(2)×费率	11.82	792.62
(6)	其中：人工费	(5)×费率	20	158.53
(7)	直接费小计	(1)+(3)+(5)		13127.83
(8)	企业管理费	[(2)+(4)+(6)]×相应费率	25	1726.48
(9)	规费	[(2)+(4)+(6)]×核准费率	50.64	3497.16
(10)	间接费小计	(8)+(9)		5223.64
(11)	利润	[(2)+(4)+(6)]×相应利润率	24	1657.42
(12)	动态调整	材料价差		571.58
(13)	主材费	主材费		27904.64
(14)	税金	(7)+(10)+(11)+(12)+(13)×相应税率	3.477	1687.28
(15)	工程造价	(7)+(10)+(11)+(12)+(13)+(14)		50172.39

(3) 本例建筑（安装）工程价差计算见表5-9，安装工程预算总值见表5-10。对表中的有关问题说明如下：

① 本例空调部件制作安装项目中，对开多叶调节阀、矩形风管防火阀、矿棉管式消声器、双层百叶送风口、门铰型回风口等均为成品。因此，只需计算其安装费和成品费（或主材费）。

② 本例通风管道均为矩形风管，在计算风管保温安装项目定额直接工程费时，定额内没有矩形风管保温材料项目，借套卧式设备保温相应子目。

③ 本例定额说明中按规定系数计取的费用有空调系统调整费和脚手架搭拆费。第九册定额规定：系统调整费按系统工程人工费的10%计算，其中人工工资占25%；脚手架搭拆费按人工费的2%计算，其中人工工资占25%。

④ 2011年××省建设工程计价依据《安装工程预算定额》通风空调工程中风管制作安装项目中未包括风管支吊架的制作安装，风管常用的吊架形式如图5-34所示。

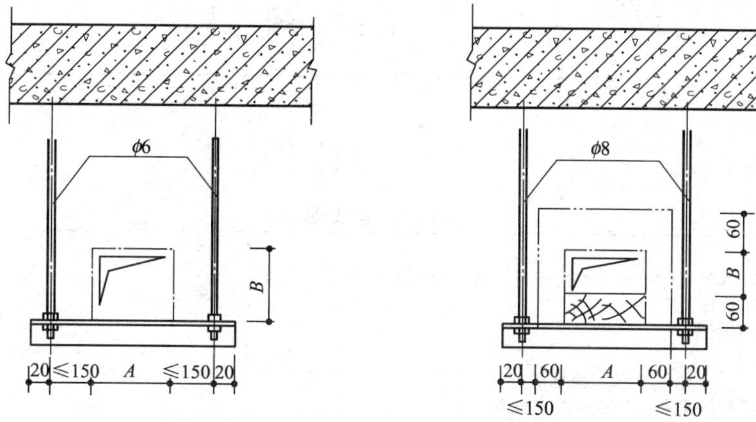

图5-34　风管常用吊架图

4. 取费计算单位工程造价

(1) 本例按2011年××省建设工程计价依据《建设工程费用定额》和计费程序表计算。

(2) 承包方式按总承包方式。

(3) 税金按照××省市区取定。

学习单元5.2　通风空调工程清单计量与计价

任务资讯

GB 50500—2013《建设工程工程量清单计价规范》通用安装工程计量规范附录G通风空调工程常用项目：G.1通风及空调设备及部件制作安装（编码：030701）；G.2通风管道制作安装（编码：030702）；G.3通风管道部件制作安装（编码：030703）；G.4通风工程检测、调试（编码：030704）清单项目详见附录一。

任务实施

下面仍以××办公楼空调工程为例来说明通风空调工程工程量清单的编制及清单计价，所用表格以GB 50500—2013《建设工程工程量清单计价规范》为依据。其中清单的编制为招标人委托工程造价咨询人编制、清单计价为造价咨询人编制的招标控制价。

一、空调工程清单编制实例

(一) 封面

封面见表5-11。

表 5-11 封面

×××办公楼空调工程 工程量清单	
企业招标人：××办公楼单位公章 （单位盖章）	工程造价咨询人：×××工程造价咨询资质专用章 （单位资质专用章）
法定代表人或其授权人：×××法定代表人 （签字或盖章）	法定代表人或其授权人：×××工程造价咨询企业法定代表人 （签字或盖章）
×××签字 编制人：盖造价工程师或造价员专用章 （造价人员签字盖专用章）	复核人：×××签字盖造价工程师专用章 （造价工程师签字盖专用章）
编制时间：×年×月×日	复核时间：×年×月×日

（二）总说明

总说明见表 5-12。

表 5-12 总说明

1 工程概况：（略）
2 工程招标范围：本次招标范围为施工图范围内的建筑工程和安装工程
3 工程质量要求：优良工程
4 工程量清单编制依据
4.1 ××办公楼施工图。
4.2 GB 50500—2013《建设工程工程量清单计价规范》。
4.3 《××办公楼招标文书》、招标答疑文件等。
5 其他需要说明的问题
5.1 建筑工程、水暖、电气的工程量清单略，只列空调工程工程量清单。
5.2 招标人供应空调器与风机盘管，空调器单价暂定为 3200 元/台；风机盘管单价暂定为 06：900 元/台；04：750 元/台；03：650 元/台。
5.3 暂列金额按 3000 元考虑。

（三）分部分项工程量清单与计价表

分部分项工程量清单与计价表（土建、水暖、电气略）见表 5-13。

表 5-13 分部分项工程量清单与计价表

序号	项目编码	项目名称	项目特征	计量单位	工程量	金额/元		
						综合单价	合价	其中：暂估价
1	030702001001	碳钢通风管道制作安装	碳钢通风管道制作安装 周长 800mm 以内 1. 材质：镀锌钢板 2. 形状：矩形风管周长 800mm 以内 3. 接口形式：咬口、法兰连接 4. 厚度：按规范要求 5. 风管支吊架：按规范要求 6. 风管保温：采用 30mm 厚铝箔离心玻璃棉毡 7. 风管法兰加固框、支吊架：手工除锈，防锈漆两道 8. 系统调试	m^2	20.30			
2	030702001002	碳钢通风管道制作安装	碳钢通风管道制作安装 周长 2000mm 以内 1. 材质：镀锌钢板 2. 形状：矩形风管周长 2000mm 以内 3. 接口形式：咬口、法兰连接 4. 厚度：按规范要求 5. 风管支吊架：按规范要求 6. 风管保温：采用 30mm 厚铝箔离心玻璃棉毡 7. 风管法兰加固框、支吊架：手工除锈，防锈漆两道 8. 系统调试	m^2	35.50			

续表

序号	项目编码	项目名称	项目特征	计量单位	工程量	金额/元		
						综合单价	合价	其中：暂估价
3	030703001001	对开多叶调节阀安装	对开多叶调节阀安装　630×320 1. 形式:安装 2. 规格:630×320 3. 系统调试	个	1.00			
4	030703001002	矩形防火阀安装	矩形防火阀安装　630×200 1. 形式:安装 2. 规格:630×200 3. 系统调试	个	1.00			
5	030703001003	矩形风管蝶阀安装	矩形风管蝶阀安装　120×120 1. 安装 2. 矩形风管蝶阀 120×120 3. 系统调试	个	14.00			
6	030703001004	矩形风管蝶阀安装	矩形风管蝶阀安装　200×200 1. 安装 2. 矩形风管蝶阀 200×200 3. 系统调试	个	1.00			
7	030703007001	防雨百叶风口	防雨百叶风口 630×320 1. 名称:防雨百叶风口 2. 规格:630×320 3. 形式:安装 4. 系统调试	个	1.00			
8	030703007002	双层百叶风口	双层百叶风口　120×120 1. 名称:双层百叶风口 2. 规格:120×120 3. 形式:安装 4. 系统调试	个	14.00			
9	030703007003	双层百叶风口	双层百叶风口　200×200 1. 名称:双层百叶风口 2. 规格:120×120 3. 形式:安装 4. 系统调试	个	1.00			
10	030703007004	双层百叶风口	双层百叶风口　600×150 1. 名称:双层百叶风口 2. 规格:600×150 3. 形式:安装 4. 系统调试	个	2.00			
11	030703007005	双层百叶风口	双层百叶风口　700×150 1. 形式:安装 2. 规格:630×320 3. 支吊架:手工除锈,防锈漆两道 4. 系统调试	个	14.00			
12	030703007006	双层百叶风口	双层百叶风口　1000×150 1. 名称:双层百叶风口 2. 规格:1000×150 3. 形式:安装 4. 系统调试	个	1.00			
13	030703007007	门铰型回风口(带滤网)	门铰型回风口(带滤网)650×150 1. 名称:门铰型回风口(带滤网) 2. 规格:650×150 3. 形式:安装 4. 系统调试	个	2.00			

续表

序号	项目编码	项目名称	项目特征	计量单位	工程量	金额/元		
						综合单价	合价	其中：暂估价
14	030703007008	门铰型回风口(带滤网)	门铰型回风口(带滤网) 750×150 1. 名称:门铰型回风口(带滤网) 2. 规格:750×150 3. 形式:安装 4. 系统调试	个	14.00			
15	030703007009	门铰型回风口(带滤网)	门铰型回风口(带滤网) 1050×150 1. 名称:门铰型回风口(带滤网) 2. 规格:1050×150 3. 形式:安装 4. 系统调试	个	1.00			
16	030703020001	消声器安装	消声器安装 1. 名称:矿棉管式消声器 2. 规格:630×200 3、形式:安装 4. 支吊架:手工除锈,防锈漆两道 5. 系统调试	kg	54.00			
17	030701003001	空调器	空调器 1. 吊顶式安装 2. 质量:180kg 3. 帆布软接头制作安装:630×320,428×428,L=200mm 630×200,256×256,L=200mm 4. 系统调试	台	1.00			
18	030701004001	风机盘管 YGFC-06CC-2-S	风机盘管 YGFC-06CC-2-S 1. 吊顶式安装 2. 帆布软接头制作安装:1000×150,L=200mm 1050×150,L=200mm 3. 系统调试	台	1.00			
19	030701004002	风机盘管 YGFC-04CC-2-S	风机盘管 YGFC-04CC-2-S 1. 吊顶式安装 2. 帆布软接头制作安装:700×150,L=200mm 750×150,L=200mm 3. 系统调试	台	14.00			
20	03070104003	风机盘管 YGFC-03CC-2-S	风机盘管 YGFC-03CC-2-3 1. 吊顶式安装 2. 帆布软接头制作安装:600×150,L=200mm 650×150,L=200mm 3. 系统调试	台	2.00			

(四) 措施项目清单与计价表

措施项目清单与计价表见表 5-14。

表 5-14 措施项目清单计价表

项目编码	措施项目名称	单位	数量	金额/元	
				合价	其中:计费基数
031301001001	安全施工费	项	1		
031301001002	文明施工费	项	1		
031301001003	生活性临时设施费	项	1		

续表

项目编码	措施项目名称	单位	数量	金额/元	
				合价	其中:计费基数
031301001004	生产性临时设施费	项	1		
031301002001	夜间施工增加费	项	1		
031301005001	冬雨季施工增加费	项	1		
031301004001	材料二次搬运费	项	1		
031301001001	停水停电增加费	项	1		
03B001	工程定位复测、工程点交、场地清理费	项	1		
03B002	检测试验费	项	1		
03B003	生产工具用具使用费	项	1		
031301001005	脚手架	项	1		

(五）其他项目清单与计价汇总表

其他项目清单与计价表见表 5-15，材料暂估单价表见表 5-16，计日工表见表 5-17。

表 5-15　其他项目清单与计价表

序号	项目名称	计量单位	金额/元	备注
1	暂列金额	项	3000	
2	暂估价			
2.1	材料暂估价			明细见表 5-16 材料暂估单价表
2.2	专业工程暂估价			
3	计日工			明细见表 5-17 计日工表
4	总承包服务费			
合计				

表 5-16　材料暂估单价表

序号	材料名称、规格、型号	计量单位	单价/元	备注
1	空调器 FWD20	台	3200	
2	风机盘管 06	台	900	
3	风机盘管 04	台	750	
4	风机盘管 03	台	650	

表 5-17　计日工表

编号	项目名称	单位	暂定数量	综合单价/元	合价/元
一	人工				
1	综合工日	工日	10		
2					
人工小计					
二	材料				
1	电焊条结 422 3.2mm	kg	8		
2	氧气	m^3	15		
3	乙炔	m^3	5		
4					
材料小计					
三	施工机械				
1	咬口机　板厚(≤1.2mm)	台班	1		
2	交流弧焊机　容量(≤2kV·A)	台班	1		
3					
施工机械小计					
总计					

(六) 规费、税金项目清单与计价表

规费、税金项目清单与计价表见表 5-18。

表 5-18　规费、税金项目清单与计价表

序号	项目名称	计算基础	费率/%	金额/元
1	规费			
1.1	社会保障费	(1)+(2)+(3)+(4)+(5)		
(1)	养老保险费	人工费		
(2)	失业保险费	人工费		
(3)	医疗保险费	人工费		
(4)	工伤保险费	人工费		
(5)	生育保险费	人工费		
1.2	住房公积金	人工费		
1.3	危险作业意外伤害保险费	人工费		
2	税金	分部分项工程费+措施项目费+其他项目费+规费		
合计				

二、空调工程清单计价实例

(一) 封面

封面见表 5-19。

表 5-19　封面

××办公楼空调工程	
招标控制价	
招标控制价(小写):51720.65 元	
(大写):伍万壹仟柒佰贰拾元陆角伍分	
招标人:××单位公章	工程造价咨询人:×××工程造价咨询企业资质专用章
(单位盖章)	(单位资质专用章)
法定代表人或其授权人:××法定代表人	法定代表人或其授权人:×××工程造价咨询企业法定代表人
(签字或盖章)	(签字或盖章)
×××签字	×××签字
编制人:盖造价工程师或造价员专用章	复核人:盖造价工程师专用章
(造价人员签字盖专用章)	(造价工程师签字盖专用章)
编制时间:×年×月×日	复核时间:×年×月×日

(二) 总说明

总说明见表 5-20。

(三) 单位工程费汇总表

单位工程费汇总表见表 5-21。

(四) 分部分项工程量清单与计价表

分部分项工程量清单与计价表见表 5-22(项目特征详见表 5-13)。

(五) 措施项目清单与计价表

措施项目清单与计价表见表 5-23。

表 5-20　总说明

1　工程概况：(略)

2　招标控制价包括范围：为本次招标的办公楼施工图范围内的建筑工程和安装工程

3　招标控制价编制依据

3.1　招标文件提供的工程量清单。

3.2　招标文件中有关计价的要求。

3.3　GB 50500—2013《建设工程工程量清单计价规范》。

3.4　××办公楼空调施工图。

3.5　2011年××省建设工程计价依据《安装工程预算定额》。

3.6　材料价格采用××市建设工程材料预算价格(2011年)，有暂定价的执行暂定价。

3.7　税金按照市区取定。

4　其他需要说明的问题

4.1　建筑工程、水暖工程、电气工程的计价略，只列空调工程招标控制价。

4.2　招标人供应空调器与风机盘管，空调器单价暂定为3200元/台；风机盘管单价暂定为06:900元/台；04:750元/台；03:650元/台。

4.3　暂列金额按3000元考虑。

表 5-21　单位工程费汇总表

序号	汇总内容	金额/元	其中:暂估价/元
1	分部分项工程	40966.19	15900
2	措施项目	1060.71	0
2.1	安全文明施工费、生活性临时设施费	468.96	—
3	其他项目	4159.46	—
3.1	暂列金额	3000	—
3.2	专业工程暂估价	0	—
3.3	计日工	1159.46	—
3.4	总承包服务费	0	—
4	规费	3796.39	—
5	税金	1737.9	
招标控制价/投标报价　合计=1+2+3+4+5		51720.65	15900

表 5-22　分部分项工程量清单与计价表

序号	项目编码	项目名称	项目特征	计量单位	工程量	综合单价/元	金额/元		
							合价	其中	
								计费基数	其中:暂估价
1	030702001001	碳钢通风管道制作、安装	碳钢通风管道制作、安装　周长800mm以内	m^2	20.33	176.18	3581.69	1158.44	
2	030702001002	碳钢通风管道制作、安装	碳钢通风管道制作、安装　周长2000mm以内	m^2	35.5	149.28	5299.48	1502.67	
3	030703001001	碳钢调节阀制作、安装	对开多叶调节阀安装630×320	个	1	220.99	220.99	47.98	
4	030703001002	碳钢调节阀制作、安装	矩形防火阀安装630×200	个	1	400.21	400.21	92.39	
5	030703001003	碳钢调节阀制作、安装	矩形风管蝶阀安装120×120	个	14	122.84	1719.69	279	
6	030703001004	碳钢调节阀制作、安装	矩形风管蝶阀安装200×200	个	1	139.5	139.5	20.58	
7	030703007001	碳钢风口、散流器制作、安装(百叶窗)	防雨百叶风口630×320	个	1	219.44	219.44	37.39	

续表

序号	项目编码	项目名称	项目特征	计量单位	工程量	综合单价/元	金额/元		
							合价	其中	
								计费基数	其中：暂估价
8	030703007002	碳钢风口、散流器制作、安装(百叶窗)	双层百叶风口 120×120	个	14	69.68	975.46	114.51	
9	030703007003	碳钢风口、散流器制作、安装(百叶窗)	双层百叶风口 200×200	个	1	79.68	79.68	8.18	
10	030703007004	碳钢风口、散流器制作、安装(百叶窗)	双层百叶风口 600×150	个	2	124.59	249.17	47.91	
11	030703007005	碳钢风口、散流器制作、安装(百叶窗)	双层百叶风口 700×150	个	14	134.58	1884.17	335.36	
12	030703007006	碳钢风口、散流器制作、安装(百叶窗)	双层百叶风口 1000×150	个	1	184.44	184.44	37.39	
13	030703007007	碳钢风口、散流器制作、安装(百叶窗)	门铰型回风口(带滤网)650×150	个	2	139.59	279.17	47.91	
14	030703007008	碳钢风口、散流器制作、安装(百叶窗)	门铰型回风口(带滤网)750×150	个	14	154.58	2164.17	335.36	
15	030703007009	碳钢风口、散流器制作、安装(百叶窗)	门铰型回风口(带滤网)1050×150	个	1	205.44	205.44	37.39	
16	030703020001	消声器制作、安装	消声器安装	kg	54	18.61	1004.84	72.57	
17	030701003001	空调器	空调器	台	1	3592.87	3592.87	190.41	3200
18	030701004001	风机盘管 06CC-2-S	风机盘管 YGFC-06CC-2-S	台	1	1330.73	1330.73	164.15	900
19	030701004002	风机盘管 04CC-2-S	风机盘管 YGFC-04CC-2-S	台	14	1119.25	15669.46	2003.56	10500
20	03070104003	风机盘管 03CC-2-S	风机盘管 YGFC-03CC-2-3	台	2	882.8	1765.59	192.85	1300
			合　计				40966.19		15900

表 5-23　措施项目清单与计价表

项目编码	措施项目名称	单位	数量	金额/元	
				合价	其中:计费基数
031301001001	安全施工费	项	1	113.74	20.72
031301001002	文明施工费	项	1	147.7	26.9
031301001003	生活性临时设施费	项	1	207.52	37.8
031301001004	生产性临时设施费	项	1	141.8	25.83

续表

项目编码	措施项目名称	单位	数量	金额/元	
				合价	其中:计费基数
031301002001	夜间施工增加费	项	1	39.87	7.26
031301005001	冬雨季施工增加费	项	1	44.32	8.07
031301004001	材料二次搬运费	项	1	59.08	10.76
031301001001	停水停电增加费	项	1	6.65	1.21
03B001	工程定位复测、工程点交、场地清理费	项	1	11.82	2.15
03B002	检测试验费	项	1	31.03	5.65
03B003	生产工具用具使用费	项	1	69.4	12.64
031301001005	脚手架	项	1	187.78	41.82

（六）其他项目清单与计价表

其他项目清单与计价表见表5-24。

表5-24　其他项目清单与计价表

序号	项目名称	单位	数量	金额/元		备注
				合价	其中:计费基数	
1	暂列金额	项	1	3000		
2	暂估价					
2.1	材料暂估价			—	—	明细详见表5-25
2.2	专业工程暂估价	项				
3	计日工	项	3	1159.46	570	明细详见表5-26
4	总承包服务费	项				
合计				4159.46		

表5-25　材料暂估单价表

序号	材料名称、规格、型号	计量单位	单价/元	备注
1	空调器FWD20	台	3200	
2	风机盘管06	台	900	
3	风机盘管04	台	750	
4	风机盘管03	台	650	

表5-26　计日工表

序号	项目名称	单位	暂定数量	综合单价/元	合价/元
一	人工				
1	综合工日	工日	10	84.93	849.3
2					
人工小计					849.3
二	材料				
1	电焊条　结422　3.2mm	kg	8	3.97	31.76
2	氧气	m^3	15	2.86	42.90
3	乙炔	m^3	5	15.70	78.50

续表

序号	项目名称	单位	暂定数量	综合单价/元	合价/元
4					
材料小计					153.16
三	施工机械				
1	咬口机　板厚(≤1.2mm)	台班	1	62.00	62.00
2	交流弧焊机　容量(≤2kV·A)	台班	1	95.00	95.00
3					
施工机械小计					157.00
总计					1159.46

(七) 规费、税金项目清单与计价表

规费、税金项目清单与计价表见表5-27。

表 5-27　规费、税金项目清单与计价表

序号	项目名称	计算基础	费率/%	金额/元
1	规费			3796.39
1.1	社会保障费	(1)+(2)+(3)+(4)+(5)		3118.68
(1)	养老保险费	7496.81	32	2398.98
(2)	失业保险费	7496.81	2	149.94
(3)	医疗保险费	7496.81	6	449.81
(4)	工伤保险费	7496.81	1	74.97
(5)	生育保险费	7496.81	0.6	44.98
1.2	住房公积金	7496.81	8.5	637.23
1.3	危险作业意外伤害保险	7496.81	0.54	40.48
小计				3796.39
2	税金	分部分项工程费+措施项目费+其他项目费+规费	3.477	1737.9
合计				5534.29

(八) 工程量综合单价分析表

工程量综合单价分析表见表5-28。

表 5-28　工程量清单综合单价分析表

项目编码	030702001001		项目名称		碳钢通风管道制作安装				计量单位		m^2
清单综合单价组成明细											
定额编号	定额名称	定额单位	数量	单价/元				合价/元			
				人工费	材料费	机械费	管理费和利润	人工费	材料费	机械费	管理费和利润
C9-5	镀锌薄钢板矩形风管(δ=1.2mm以内　咬口)　周长800mm以下	$10m^2$	0.1	358.53	423.56	177.54	175.68	35.85	42.36	17.75	17.57
C11-1041	毡类制品安装　卧式设备厚度30mm	m^3	0.0368	133.95	295.97	12.17	65.64	4.93	10.89	0.45	2.42

续表

定额编号	定额名称	定额单位	数量	单价/元				合价/元			
				人工费	材料费	机械费	管理费和利润	人工费	材料费	机械费	管理费和利润
C9-177	通风管道　支吊架	100kg	0.0264	463.41	322.89	188.92	227.07	12.23	8.52	4.99	5.99
C11-3	手工除锈　一般钢结构	100kg	0.0614	19.38	1.21	8.98	9.5	1.19	0.07	0.55	0.58
C11-88	金属结构刷油　一般钢结构　防锈漆　第一遍	100kg	0.0614	13.11	8.57	8.98	6.43	0.8	0.53	0.55	0.39
C11-89	金属结构刷油　一般钢结构　防锈漆　第二遍	100kg	0.0614	12.54	7.37	8.98	6.15	0.77	0.45	0.55	0.38
BM74	系统调试费(通风空调工程)	元	0.0492	24.44	73.32		11.98	1.2	3.61		0.59
人工单价		小计						56.98	23.93	24.84	27.92
综合工日 57 元/工日		未计价材料费						42.5			
清单项目综合单价								176.18			
材料费明细	主要材料名称、规格、型号					单位	数量	单价/元	合价/元	暂估单价/元	暂估合价/元
	镀锌钢板 0.5mm					m^2	1.138	22.79	25.93		
	毡类制品					m^3	0.0379	240	9.09		
	型钢					t	0.0027	2450	6.72		
	酚醛防锈漆铁红					kg	0.1044	7.11	0.74		
项目编码	030703001001	项目名称			碳钢调节阀制作、安装			计量单位			个
清单综合单价组成明细											
定额编号	定额名称	定额单位	数量	单价/元				合价/元			
				人工费	材料费	机械费	管理费和利润	人工费	材料费	机械费	管理费和利润
C9-62	对开多叶调节阀　周长 2800mm 以内	个	1	25.65	125.31		12.57	25.65	125.31		12.57
C9-175	设备支架 CG327　50kg 以下	100kg	0.0524	359.67	283.71	70.26	176.24	18.85	14.87	3.68	9.23
C11-3	手工除锈　一般钢结构	100kg	0.0524	19.38	1.21	8.98	9.5	1.02	0.06	0.47	0.5
C11-88	金属结构刷油　一般钢结构　防锈漆　第一遍	100kg	0.0524	13.11	8.57	8.98	6.43	0.69	0.45	0.47	0.34
C11-89	金属结构刷油　一般钢结构　防锈漆　第二遍	100kg	0.0524	12.54	7.37	8.98	6.15	0.66	0.39	0.47	0.32
BM74	系统调试费(通风空调工程)	元	1	1.11	3.34		0.55	1.11	3.34		0.55
人工单价		小计						47.97	10.43	5.09	23.51
综合工日 57 元/工日		未计价材料费						133.86			
清单项目综合单价								220.99			
材料费明细	主要材料名称、规格、型号					单位	数量	单价/元	合价/元	暂估单价/元	暂估合价/元
	型钢					t	0.0054	2450	13.23		
	酚醛防锈漆铁红					kg	0.0891	7.11	0.63		
	对开多叶调节阀					个	1	120	120		

续表

项目编码	030703001004	项目名称	碳钢调节阀制作、安装					计量单位		个	
清单综合单价组成明细											
定额编号	定额名称	定额单位	数量	单价/元				合价/元			
				人工费	材料费	机械费	管理费和利润	人工费	材料费	机械费	管理费和利润
C9-50	风管蝶阀 200×200	个	1	11.97	96.72	2.66	5.86	11.97	96.72	2.66	5.86
C9-175	设备支架 CG327 50kg以下	100kg	0.0201	359.67	283.71	70.26	176.24	7.23	5.7	1.41	3.54
C11-3	手工除锈 一般钢结构	100kg	0.0201	19.38	1.21	8.98	9.5	0.39	0.02	0.18	0.19
C11-88	金属结构刷油 一般钢结构 防锈漆 第一遍	100kg	0.0201	13.11	8.57	8.98	6.43	0.26	0.17	0.18	0.13
C11-89	金属结构刷油 一般钢结构 防锈漆 第二遍	100kg	0.0201	12.54	7.37	8.98	6.15	0.25	0.15	0.18	0.12
BM74	系统调试费（通风空调工程）	元	1	0.48	1.44		0.24	0.48	1.44		0.24
人工单价		小计						20.58	3.84	4.61	10.09
综合工日 57 元/工日		未计价材料费						100.39			
清单项目综合单价								139.5			
材料费明细	主要材料名称、规格、型号					单位	数量	单价/元	合价/元	暂估单价/元	暂估合价/元
	型钢					t	0.0021	2450	5.15		
	酚醛防锈漆铁红					kg	0.0342	7.11	0.24		
	风管蝶阀 200×200					个	1	95	95		

项目编码	030703007002	项目名称	碳钢风口、散流器制作安装（百叶窗）					计量单位		个	
清单综合单价组成明细											
定额编号	定额名称	定额单位	数量	单价/元				合价/元			
				人工费	材料费	机械费	管理费和利润	人工费	材料费	机械费	管理费和利润
C9-70	百叶风口 120×120	个	1	7.98	54.22	2.66	3.92	7.98	54.22	2.66	3.92
BM74	系统调试费（通风空调工程）	元	0.0714	2.79	8.38		1.37	0.2	0.6		0.1
人工单价		小计						8.18	4.82	2.66	4.02
综合工日 57 元/工日		未计价材料费						50			
清单项目综合单价								69.68			
材料费明细	主要材料名称、规格、型号					单位	数量	单价/元	合价/元	暂估单价/元	暂估合价/元
	百叶风口					个	1	50	50		

项目编码	030703007007	项目名称	碳钢风口、散流器制作安装（百叶窗）					计量单位		个	
清单综合单价组成明细											
定额编号	定额名称	定额单位	数量	单价/元				合价/元			
				人工费	材料费	机械费	管理费和利润	人工费	材料费	机械费	管理费和利润
C9-72	门铰型回风口（带滤网）650×150	个	1	23.37	99.48	2.66	11.45	23.37	99.48	2.66	11.45

续表

定额编号	定额名称	定额单位	数量	单价/元				合价/元			
				人工费	材料费	机械费	管理费和利润	人工费	材料费	机械费	管理费和利润
BM74	系统调试费(通风空调工程)	元	0.5	1.17	3.51		0.57	0.59	1.76		0.29
人工单价		小计						23.96	6.24	2.66	11.74
综合工日57元/工日		未计价材料费						95			
清单项目综合单价								139.59			
材料费明细	主要材料名称、规格、型号				单位	数量		单价/元	合价/元	暂估单价/元	暂估合价/元
	百叶风口				个	1		95	95		
项目编码	030701003001	项目名称		空调器					计量单位		台
清单综合单价组成明细											
定额编号	定额名称	定额单位	数量	单价/元				合价/元			
				人工费	材料费	机械费	管理费和利润	人工费	材料费	机械费	管理费和利润
C9-201	空调器安装　吊顶式　重量0.2t以内	台	1	119.7	3203.14		58.66	119.7	3203.14		58.66
C9-41	软管接口	m^2	0.63	104.88	129.03	17.13	51.39	66.07	81.29	10.79	32.38
BM74	系统调试费(通风空调工程)	元	1	4.64	13.93		2.27	4.64	13.93		2.27
人工单价		小计						190.41	98.36	10.79	93.31
综合工日57元/工日		未计价材料费						3200			
清单项目综合单价								3592.87			
材料费明细	主要材料名称、规格、型号				单位	数量		单价/元	合价/元	暂估单价/元	暂估合价/元
	帆布				m^2	0.7245		26.14	18.94		
	空调器安装　吊顶式　重量0.2t以内				台	1				3200	3200
项目编码	030701004002	项目名称		风机盘管04CC-2-S					计量单位		台
清单综合单价组成明细											
定额编号	定额名称	定额单位	数量	单价/元				合价/元			
				人工费	材料费	机械费	管理费和利润	人工费	材料费	机械费	管理费和利润
C9-210	风机盘管安装　吊顶式	台	1	61.56	769.29	17.47	30.16	61.56	769.29	17.47	30.16
C9-41	软管接口	m^2	0.7443	104.88	129.03	17.13	51.39	78.06	96.04	12.75	38.25
BM74	系统调试费(通风空调工程)	元	0.0714	48.87	146.6		23.95	3.49	10.47		1.71
人工单价		小计						143.11	125.8	30.22	70.12
综合工日57元/工日		未计价材料费						750			
清单项目综合单价								1119.25			
材料费明细	主要材料名称、规格、型号				单位	数量		单价/元	合价/元	暂估单价/元	暂估合价/元
	帆布				m^2	0.8559		26.14	22.37		
	风机盘管安装　吊顶式				台	1				750	750

其余分部分项工程工程量清单综合单价分析表（略）。

小　结

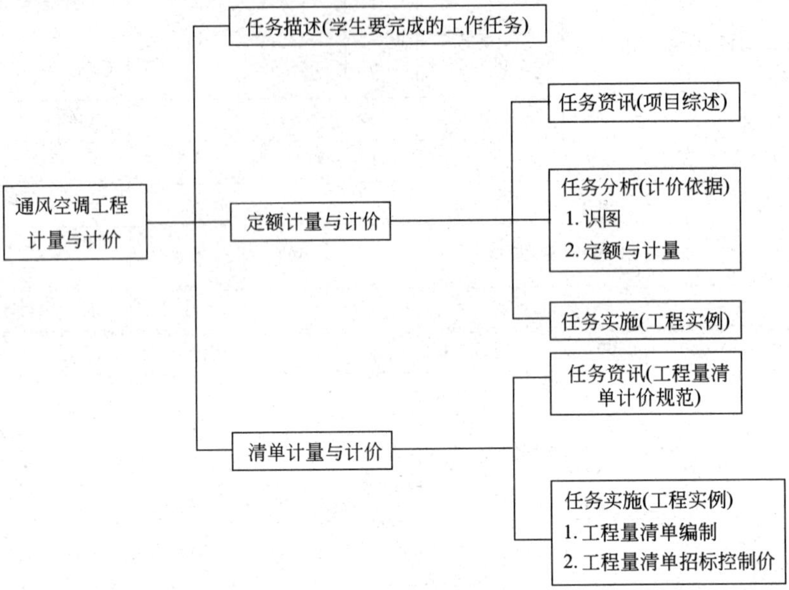

思考与练习

1. 通风空调工程中常用的风阀有哪几种？各起什么作用？
2. 通风空调系统中有哪些常用设备？
3. 渐缩管工程量如何计算？
4. 风管部件通常有哪些？其工程量如何计算？
5. 装配式空调器的安装工程量如何计算？

附 录 一

GB 50500—2013《建设工程工程量清单计价规范》室内安装工程常用项目

D 电气设备安装工程

表 D.4 控制设备及低压电器安装（编码：030404）

<table>
<tr><th>项目编码</th><th>项目名称</th><th>项目特征</th><th>计量单位</th><th>工程量计算规则</th><th>工作内容</th></tr>
<tr><td>030404001</td><td>控制屏</td><td rowspan="4">1. 名称
2. 型号
3. 规格
4. 种类
5. 基础型钢形式、规格
6. 接线端子材质、规格
7. 端子板外部接线材质、规格
8. 小母线材质、规格
9. 屏边规格</td><td rowspan="7">台</td><td rowspan="9">按设计图示数量计算</td><td rowspan="3">1. 本体安装
2. 基础型钢制作、安装
3. 端子板安装
4. 焊、压接线端子
5. 盘柜配线、端子接线
6. 小母线安装
7. 屏边安装
8. 补刷(喷)油漆
9. 接地</td></tr>
<tr><td>030404002</td><td>继电、信号屏</td></tr>
<tr><td>030404003</td><td>模拟屏</td></tr>
<tr><td>030404004</td><td>低压开关柜(屏)</td><td>1. 本体安装
2. 基础型钢制作、安装
3. 端子板安装
4. 焊、压接线端子
5. 盘柜配线、端子接线
6. 屏边安装
7. 补刷(喷)油漆
8. 接地</td></tr>
<tr><td>030404016</td><td>控制箱</td><td rowspan="2">1. 名称
2. 型号
3. 规格
4. 基础形式、材质、规格
5. 接线端子材质、规格
6. 端子板外部接线材质、规格
7. 安装方式</td><td rowspan="2">1. 本体安装
2. 基础型钢制作、安装
3. 焊、压接线端子
4. 端子接线
5. 补刷(喷)油漆
6. 接地</td></tr>
<tr><td>030404017</td><td>配电箱</td></tr>
<tr><td>030404018</td><td>插座箱</td><td>1. 名称
2. 型号
3. 规格
4. 安装方式</td><td>本体安装</td></tr>
<tr><td>030404019</td><td>控制开关</td><td>1. 名称
2. 型号
3. 规格
4. 接线端子材质、规格
5. 额定电流(A)</td><td>个</td><td rowspan="2">1. 本体安装
2. 焊、压接线端子
3. 接线</td></tr>
<tr><td>030404031</td><td>小电器</td><td>1. 名称
2. 型号
3. 规格
4. 接线端子材质、规格</td><td>个(套、台)</td></tr>
</table>

续表

项目编码	项目名称	项目特征	计量单位	工程量计算规则	工作内容
030404032	端子箱	1. 名称 2. 型号 3. 规格 4. 安装部位	台	按设计图示数量计算	1. 本体安装 2. 接线
030404033	风扇	1. 名称 2. 型号 3. 规格 4. 安装方式			1. 本体安装 2. 调速开关安装
030404034	照明开关	1. 名称 2. 材质 3. 规格 4. 安装方式	个		1. 开关安装 2. 接线
030404035	插座				1. 插座安装 2. 接线
030404036	其他电器	1. 名称 2. 规格 3. 安装方式	个(套、台)		1. 安装 2. 接线

注：1. 控制开关包括：自动空气开关、刀型开关、铁壳开关、胶盖刀闸开关、组合控制开关、万能转换开关、风机盘管三速开关、漏电保护开关等。

2. 小电器包括：按钮、电笛、电铃、水位电气信号装置、测量表计、继电器、电磁锁、屏上辅助设备、辅助电压互感器、小型安全变压器等。

3. 其他电器安装指本节未列的电器项目。

4. 其他电器必须根据电器实际名称确定项目名称，明确描述工作内容、项目特征、计量单位、计算规则。

表 D.8　电缆安装（编码：030408）

项目编码	项目名称	项目特征	计量单位	工程量计算规则	工作内容
030408001	电力电缆	1. 名称 2. 型号 3. 规格 4. 材质 5. 敷设方式、部位 6. 地形	m	按设计图示尺寸以长度计算	1. 电缆敷设 2. 揭(盖)盖板
030408002	控制电缆				
030408003	电缆保护管	1. 名称 2. 材质 3. 规格 4. 敷设方式			保护管敷设
030408004	电缆槽盒	1. 名称 2. 材质 3. 规格 4. 型号 5. 接地			槽盒安装
030408005	铺砂、盖保护板(砖)	1. 种类 2. 规格			1. 铺砂 2. 盖板(砖)
030408006	电缆终端头	1. 名称 2. 型号 3. 规格 3. 材质、类型 4. 安装部位 5. 电压等级(kV)	个	按设计图示数量计算	1. 电缆终端头制作 2. 电缆终端头安装 3. 接地
030408007	电缆中间头	1. 名称 2. 型号 3. 规格 4. 材质、类型 5. 安装方式 6. 电压等级(kV)			1. 电缆中间头制作 2. 电缆中间头安装 3. 接地

续表

项目编码	项目名称	项目特征	计量单位	工程量计算规则	工作内容
030408008	防火堵洞	1. 名称 2. 材质 3. 方式 4. 部位	处	按设计图示数量计算	安装
030408009	防火隔板		m^2	按设计图示尺寸以面积计算	
030408010	防火涂料		kg	按设计图示尺寸以质量计算	
030408011	电缆分支箱	1. 名称 2. 型号 3. 规格 4. 基础形式、材质、规格	台	按设计图示数量计算	1. 本体安装 2. 基础制作、安装

注：1. 电缆穿刺线夹按电缆中间头编码列项。
2. 电缆井、电缆排管、顶管，应按《市政工程计量规范》相关项目编码列项。

表 D.9 防雷及接地装置（编码：030409）

项目编码	项目名称	项目特征	计量单位	工程量计算规则	工作内容
030409001	接地极	1. 名称 2. 材质 3. 规格 4. 土质 5. 基础接地形式	根(块)	按设计图示数量计算	1. 接地极（板、桩）制作、安装 2. 基础接地网安装 3. 补刷(喷)油漆
030409002	接地母线	1. 名称 2. 材质 3. 规格 4. 安装部位 5. 安装形式	m	按设计图示尺寸以长度计算	1. 接地母线制作、安装 2. 补刷(喷)油漆
030409003	避雷引下线	1. 名称 2. 材质 3. 规格 4. 安装部位 5. 安装形式 6. 断接卡子、箱材质、规格			1. 避雷引下线制作、安装 2. 断接卡子、箱制作、安装 4. 利用主钢筋焊接 5. 补刷(喷)油漆
030409004	均压环	1. 名称 2. 材质 3. 规格 4. 安装形式			1. 均压环敷设 2. 钢铝窗接地 3. 柱主筋与圈梁焊接 4. 利用圈梁钢筋焊接 5. 补刷(喷)油漆
030409005	避雷网	1. 名称 2. 材质 3. 规格 4. 安装形式 5. 混凝土块标号			1. 避雷网制作、安装 2. 跨接 3. 混凝土块制作 4. 补刷(喷)油漆
030409006	避雷针	1. 名称 2. 材质 3. 规格 4. 安装形式、高度	根	按设计图示数量计算	1. 避雷针制作、安装 2. 跨接 3. 补刷(喷)油漆
030409007	半导体少长针消雷装置	1. 型号 2. 高度	套		本体安装
030409008	等电位端子箱、测试板	1. 名称 2. 材质 3. 规格	台(块)		
030409009	绝缘垫		m^2	按设计图示尺寸以展开面积计算	1. 制作 2. 安装

注：1. 利用桩基础作接地极，应描述桩台下桩的根数，每桩几根柱筋需焊接。其工程量计入柱引下线的工程量。
2. 利用柱筋作引下线的，需描述是几根柱筋焊接作为引下线。
3. 使用电缆、电线作接地线，应按本附录 D.8、D.12 相关项目编码列项。

表 D.11　电气调整试验（编码：030411）

项目编码	项目名称	项目特征	计量单位	工程量计算规则	工作内容
030411001	电力变压器系统	1. 名称 2. 型号 3. 容量(kV·A)	系统	按设计图示数量计算	系统调试
030411002	送配电装置系统	1. 名称 2. 型号 3. 电压等级(kV) 4. 类型			
030411005	中央信号装置	1. 名称 2. 类型	系统(台)	按设计图示数量计算	调试
030411006	事故照明切换装置		系统	按设计图示系统计算	
030411007	不间断电源	1. 名称 2. 类型 3. 容量			
030411008	母线	1. 名称 2. 电压等级(kV)	段	按设计图示数量计算	
030411009	避雷器		组		
030411010	电容器				
030411011	接地装置	1. 名称 2. 类别	系统(组)	按设计图示系统计算	接地电阻测试

注：1. 功率大于 10kW 电动机及发电机的启动调试用的蒸汽、电力和其他动力能源消耗及变压器空载试运转的电力消耗及设备需烘干处理应说明。

2. 配合机械设备及其他工艺的单体试车，应按本规范附录 M 措施项目相关项目编码列项。

3. 计算机系统调试应按本规范附录 F 自动化控制仪表安装工程相关项目编码列项。

表 D.12　配管、配线（编码：030412）

项目编码	项目名称	项目特征	计量单位	工程量计算规则	工作内容
030412001	配管	1. 名称 2. 材质 3. 规格 4. 配置形式 5. 接地要求 6. 钢索材质、规格	m	按设计图示尺寸以长度计算	1. 电线管路敷设 2. 钢索架设（拉紧装置安装） 3. 预留沟槽 4. 接地
030412002	线槽	1. 名称 2. 材质 3. 规格			1. 本体安装 2. 补刷（喷）油漆
030412003	桥架	1. 名称 2. 型号 3. 规格 4. 材质 5. 类型 6. 接地			1. 本体安装 2. 接地
030412004	配线	1. 名称 2. 配线形式 3. 型号 4. 规格 5. 材质 6. 配线部位 7. 配线线制 8. 钢索材质、规格	m	按设计图示尺寸以单线长度计算	1. 配线 2. 钢索架设（拉紧装置安装） 3. 支持体（夹板、绝缘子、槽板等）安装
030412005	接线箱	1. 名称 2. 材质 3. 规格 4. 安装形式	个	按设计图示数量计算	本体安装
030412006	接线盒				

注：1. 配管、线槽安装不扣除管路中间的接线箱（盒）、灯头盒、开关盒所占长度。

2. 配管名称指：电线管、钢管、防爆管、塑料管、软管、波纹管等。

3. 配管配置形式指：明、暗配、吊顶内、钢结构支架、钢索配管、埋地敷设、水下敷设、砌筑沟内敷设等。

4. 配线名称指：管内穿线、瓷夹板配线、塑料夹板配线、绝缘子配线、槽板配线、塑料护套配线、线槽配线、车间带形母线等。

5. 配线形式指：照明线路、动力线路、木结构、顶棚内、砖、混凝土结构、沿支架、钢索、屋架、梁、柱、墙、跨屋架、梁、柱。

6. 配线保护管遇到下列情况之一时，应增设管路接线盒和拉线盒：①管长度每超过 30m，无弯曲；②管长度每超过 20m，有 1 个弯曲；③管长度每超过 15m，有 2 个弯曲；④管长度每超过 8m，有 3 个弯曲。垂直敷设的电线保护管遇到下列情况之一时，应增设固定导线用的拉线盒：①管内导线截面为 $50mm^2$ 及以下，长度每超过 30m；②管内导线截面为 $70\sim95mm^2$，长度每超过 20m；③管内导线截面为 $120\sim240mm^2$，长度每超过 18m。在配管清单项目计量时，设计无要求时上述规定可以作为计量接线盒、拉线盒的依据。

7. 配管安装中不包括凿槽、刨沟的工作内容，应按本附录 D.14 相关项目编码列项。

表 D.13 照明灯具安装（编码：030413）

项目编码	项目名称	项目特征	计量单位	工程量计算规则	工作内容
030413001	普通灯具	1. 名称 2. 型号 3. 规格 4. 类型	套	按设计图示数量计算	本体安装
030413002	工厂灯	1. 名称 2. 型号 3. 规格 4. 安装形式			
030413003	高度标志（障碍）灯	1. 名称 2. 型号 3. 规格 4. 安装部位 5. 安装高度			
030413004	装饰灯	1. 名称 2. 型号 3. 规格 4. 安装形式			
030413005	荧光灯				
030413006	医疗专用灯	1. 名称 2. 型号 3. 规格			

注：1. 普通灯具包括：圆球吸顶灯、半圆球吸顶灯、方形吸顶灯、软线吊灯、座灯头、吊链灯、防水吊灯、壁灯等。

2. 工厂灯包括：工厂罩灯、防水灯、防尘灯、碘钨灯、投光灯、泛光灯、混光灯、密闭灯等。

3. 高度标志（障碍）灯包括：烟囱标志灯、高塔标志灯、高层建筑屋顶障碍指示灯等。

4. 装饰灯包括：吊式艺术装饰灯、吸顶式艺术装饰灯、荧光艺术装饰灯、几何型组合艺术装饰灯、标志灯、诱导装饰灯、水下（上）艺术装饰灯、点光源艺术灯、歌舞厅灯具、草坪灯具等。

5. 医疗专用灯包括：病房指示灯、病房暗脚灯、紫外线杀菌灯、无影灯等。

表 D.14 附属工程（编码：030414）

项目编码	项目名称	项目特征	计量单位	工程量计算规则	工作内容
030414001	铁构件	1. 名称 2. 材质 3. 规格	kg	按设计图示尺寸以质量计算	1. 制作 2. 安装 3. 补刷（喷）油漆
030414002	铁构件开孔	1. 开孔规格 2. 开孔方式	个	按设计图示数量计算	开孔
030414003	凿（压）槽	1. 名称 2. 规格 3. 类型 4. 填充（恢复）方式 5. 混凝土标准	m	按设计图示尺寸以长度计算	1. 开槽 2. 恢复处理
030414004	打洞（孔）	1. 名称 2. 规格 3. 类型 4. 填充（恢复）方式 5. 混凝土标准	个	按设计图示数量计算	1. 开孔、洞 2. 恢复处理
030414005	管道包封	1. 名称 2. 规格 3. 混凝土强度等级	m	按设计图示长度计算	1. 灌注 2. 养护
030414006	人（手）孔砌筑	1. 名称 2. 规格 3. 类型	个	按设计图示数量计算	砌筑

续表

项目编码	项目名称	项目特征	计量单位	工程量计算规则	工作内容
030414007	人(手)孔防水	1. 名称 2. 类型 3. 规格 4. 防水材质及做法	m^2	按设计图示防水面积计算	防水

注：电气铁构件适用于电气工程的各种支架、铁构件的制作安装。

D.15 其他相关问题，应按下列规定处理

1. “电气设备安装工程”适用于10kV以下变配电设备及线路的安装工程、车间动力电气设备及电气照明、防雷及接地装置安装、配管配线、电气调试等。

2. 本附录中的电线、电缆、母线均按设计要求、规范、施工工艺规程规定的预留量及附加长度应计入工程量。附加长度表如下：

表 D.15.1 母线制作安装预留长度（每一根线）

序号	项 目	预留(附加)长度	说 明
1	带形、槽形母线终端	0.3m	从最后一个支持点算起
2	带形、槽形母线与分支线连接	0.5m	分支线预留
3	带形母线与设备连接	0.5m	从设备端子接口算起
4	多片重型母线与设备连接	1.0m	从设备端子接口算起
5	槽形母线与设备连接	0.5m	从设备端子接口算起
6	接地母线、避雷网附加长度	3.9%	按接地母线、避雷网全长计算

表 D.15.2 电线预留长度表（每一根线） 单位：m

序号	项目	预留长度	说 明
1	各种箱、柜、盘、板	高+宽	按盘面尺寸
2	接线盒	0.15	
3	单独安装(无箱、盘)的铁壳开关、闸刀开关、启动器、线槽进出线盒、箱式电阻器、变阻器	0.5	从安装对象中心起算
4	继电器、控制开关、信号灯、按钮、熔断器等小电器	0.3	从安装对象中心起算
5	分支接头	0.2	分支线预留
6	由地面管子出口引至动力接线箱	1.0	从管口计算
7	电源与管内导线连接(管内穿线与软、硬母线接点)	1.5	从管口计算
8	出户线	1.5	从管口计算

表 D.15.3 电缆附加长度表

序号	项 目	预留(附加)长度	说 明
1	电缆敷设弛度、波形弯度、交叉	2.5%	按电缆全长计算
2	各种箱、柜、盘、板	高+宽	按盘面尺寸
3	单独安装的铁壳开关、闸刀开关、启动器、变阻器	0.5m	从安装对象中心起算
4	继电器、控制开关、信号灯、按钮、熔断器	0.3m	从安装对象中心起算

续表

序号	项 目	预留(附加)长度	说 明
5	分支接头	0.2m	分支线预留
6	电缆进入建筑物	2.0m	规范规定最小值
7	电缆进入沟内或吊架时引上(下)预留	1.5m	规范规定最小值
8	变电所进线、出线	1.5m	规范规定最小值
9	电力电缆终端头	1.5m	检修余量最小值
10	电缆中间接头盒	两端各留 2.0m	检修余量最小值
11	高压开关柜及低压配电盘、箱	2.0m	盘下进出线
12	电缆至电动机	0.5m	从电动机接线盒起算
13	厂用变压器	3.0m	从地坪起算
14	电梯电缆与电缆架固定点	每处 0.5m	规范规定最小值
15	电缆绕过梁柱等增加长度	按实际计算	按被绕物的断面情况计算增加长度

3. 挖土、填土工程、灯具拆除，应按《房屋建筑与装饰工程计量规范》相关项目编码列项。

4. 开挖路面、电杆拆除，应按《市政工程计量规范》相关项目编码列项。

5. 电气套管，应按本规范附录 J 采暖、给排水、燃气工程相关项目编码列项。

6. 除锈、刷漆（补刷漆除外）、保温及保护层安装，应按本规范附录 L 刷油、防腐蚀、绝热工程相关项目编码列项。

7. 工作内容含补漆的工序，可不进行特征描述，由投标人在投标中根据相关规范标准自行考虑报价。

E 建筑智能化工程

表 E.2 综合布线系统工程（编码：030502）

项目编码	项目名称	项目特征	计量单位	工程量计算规则	工作内容
030502001	机柜、机架	1. 名称 2. 材质 3. 规格 4. 安装方式	台	按设计图示数量计算	1. 本体安装 2. 相关固定件的连接
030502002	抗震底座		个		1. 本体安装 2. 底盒安装
030502003	分线接线箱(盒)				
030502004	电视、电话插座	1. 名称 2. 安装方式 3. 底盒材质、规格			
030502005	双绞线缆	1. 名称 2. 规格 3. 线缆对数 4. 敷设方式	m		1. 敷设 2. 标记 3. 卡接
030502006	大对数电缆				
030502007	光缆				
030502012	信息插座	1. 名称 2. 类别 3. 规格 4. 安装方式 5. 底盒材质、规格	1. 个 2. 块		1. 端接模块 2. 安装面板

表 E.7　安全防范系统工程（编码：030507）

项目编码	项目名称	项目特征	计量单位	工程量计算规则	工作内容
030507001	入侵探测设备	1. 名称 2. 类别 3. 探测范围 4. 安装方式	套	按设计图示数量计算	1. 本体安装 2. 单体调试
030507002	入侵报警控制器	1. 名称 2. 类别 3. 路数 4. 安装方式			
030507003	入侵报警中心显示设备	1. 名称 2. 类别 3. 安装方式			
030507004	入侵报警信号传输设备	1. 名称 2. 类别 3. 功率 4. 安装方式			
030507005	出入口目标识别设备	1. 名称 2. 规格	台		1. 本体安装 2. 单体调试
030507006	出入口控制设备				
030507007	出入口执行机构设备	1. 名称 2. 类别 3. 规格			
030507008	监控摄像设备	1. 名称 2. 类别 3. 安装方式			
030507009	视频控制设备	1. 名称 2. 类别 3. 路数 4. 安装方式	1. 台 2. 套		1. 本体安装 2. 单体调试
030507010	音频、视频及脉冲分配器				
030507011	视频补偿器	1. 名称 2. 通道量	1. 台 2. 套		
030507012	视频传输设备	1. 名称 2. 类别 3. 规格			
030507013	录像设备	1. 名称 2. 类别 3. 规格 4. 存储容量、格式	1. 台 2. 套		1. 本体安装 2. 单体调试
030507014	显示设备	1. 名称 2. 类别 3. 规格	1. 台 2. m^2		
030507015	安全检查设备	1. 名称 2. 规格 3. 类别 4. 程式 5. 通道数	1. 台 2. 套		
030507016	停车场管理设备	1. 名称 2. 类别 3. 规格			
030507017	安全防范分系统调试	1. 名称 2. 类别 3. 通道数	系统	按设计内容	各分系统调试
030507018	安全防范全系统调试	系统内容			1. 各分系统的联动、参数设置 2. 全系统联调
030507019	安全防范系统工程试运行	1. 名称 2. 类别			系统试运行

E.8 其他相关问题，应按下列规定处理

1．“建筑智能化工程”适用于建筑室内、外的建筑智能化安装工程。

2．土方工程，应按《房屋建筑与装饰工程计量规范》相关项目编码列项。

3．开挖路面工程，应按《市政工程计量规范》相关项目编码列项。

4．配管工程、线槽、桥架、电气设备、电气器件、接线箱、盒、电线、接地系统、凿（压）槽、打孔、打洞、人孔、手孔、立杆工程，应按本规范附录D电气设备安装工程相关项目编码列项。

G 通风空调工程

表G.1 通风空调设备及部件制作安装（编码：030701）

项目编码	项目名称	项目特征	计量单位	工程量计算规则	工作内容
030701001	空气加热器（冷却器）	1．名称 2．型号 3．规格 4．质量 5．安装形式 6．支架形式、材质	台	按设计图示数量计算	1．本体安装、调试 2．设备支架制作、安装
030701002	除尘设备				
030701003	空调器	1．名称 2．型号 3．规格 4．安装形式 5．质量 6．隔振垫（器）、支架形式、材质	台（组）		1．本体安装或组装、调试 2．设备支架制作、安装
030701004	风机盘管	1．名称 2．型号 3．规格 4．安装形式 5．减振器、支架形式、材质 6．试压要求	台		1．本体安装、调试 2．支架制作、安装 3．试压
030701005	表冷器	1．名称 2．型号 3．规格			1．本体安装 2．型钢制作安装 3．过滤器安装 4．挡水板安装 5．调试及运转
030701006	密闭门	1．名称 2．型号 3．规格 4．形式 5．支架形式、材质	个		1．本体制作 2．本体安装 3．支架制作、安装
030701007	挡水板				
030701008	滤水器、溢水盘				
030701009	金属壳体				
030701010	过滤器	1．名称 2．型号 3．规格 4．类型 5．框架形式、材质	1．台 2．m^2	1．按设计图示数量计算 2．按设计图示尺寸以过滤面积计算	1．本体安装 2．框架制作、安装
030701011	净化工作台	1．名称 2．型号 3．规格 4．类型	台	按设计图示数量计算	本体安装
030701012	风淋室	1．名称 2．型号 3．规格 4．类型 5．质量			
030701013	洁净室				

注：通风空调设备安装的地脚螺栓按设备自带考虑。

表 G.2　通风管道制作安装（编码：030702）

项目编码	项目名称	项目特征	计量单位	工程量计算规则	工作内容
030702001	碳钢通风管道	1. 名称 2. 材质 3. 形状 4. 规格 5. 板材厚度 6. 管件、法兰等附件及支架设计要求 7. 接口形式	m^2	按设计图示尺寸以展开面积计算	1. 风管、管件、法兰、零件、支吊架制作、安装 2. 过跨风管落地支架制作、安装
030702002	净化通风管				
030702003	不锈钢板通风管道	1. 名称 2. 形状 3. 规格 4. 板材厚度 5. 管件、法兰等附件及支架设计要求 6. 接口形式			
030702004	铝板通风管道				
030702005	塑料通风管道				
030702006	玻璃钢通风管道	1. 名称 2. 形状 3. 规格 4. 板材厚度 5. 支架形式、材质 6. 接口形式		按图示外径尺寸以展开面积计算	1. 风管、管件安装 2. 支吊架制作、安装 3. 过跨风管落地支架制作、安装
030702007	复合型风管	1. 名称 2. 材质 3. 形状 4. 规格 5. 板材厚度 6. 接口形式 7. 支架形式、材质			
030702008	柔性软风管	1. 名称 2. 材质 3. 规格 4. 风管接头、支架形式、材质	m	按设计图示中心线以长度计算	1. 风管安装 2. 风管接头安装 3. 支吊架制作、安装
030702009	弯头导流叶片	1. 名称 2. 材质 3. 规格 4. 形式	1. m^2 2. 组	1. 按设计图示以展开面积计算 2. 按设计图示以组计算	1. 制作 2. 组装
030702010	风管检查孔	1. 名称 2. 材质 3. 规格	1. kg 2. 个	1. 按风管检查孔质量以公斤计算 2. 按设计图示数量以个计算	1. 制作 2. 安装
030702011	温度、风量测定孔	1. 名称 2. 材质 3. 规格 4. 设计要求	个	按设计图示数量以个计算	1. 制作 2. 安装

注：1. 风管展开面积，不扣除检查孔、测定孔、送风口、吸风口等所占面积；风管长度一律以设计图示中心线长度为准（主管与支管以其中心线交点划分），包括弯头、三通、变径管、天圆地方等管件的长度，但不包括部件所占的长度。风管展开面积不包括风管、管口重叠部分面积。风管渐缩管：圆形风管按平均直径，矩形风管按平均周长。

2. 穿墙套管按展开面积计算，计入通风管道工程量中。

3. 通风管道的法兰垫料或封口材料，按图纸要求应在项目特征中描述。

4. 净化通风管的空气清洁度按 100000 级标准编制，净化通风管使用的型钢材料如要求镀锌时，工作内容应注明支架镀锌。

5. 弯头导流叶片数量，按设计图纸或规范要求计算。

6. 风管检查孔、温度测定孔、风量测定孔数量，按设计图纸或规范要求计算。

表 G.3 通风管道部件制作安装（编码：030703）

项目编码	项目名称	项目特征	计量单位	工程量计算规则	工作内容
030703001	碳钢阀门	1. 名称 2. 型号 3. 规格 4. 质量 5. 类型 6. 支架形式、材质	个	按设计图示数量计算	1. 阀体制作 2. 阀体安装 3. 支架制作、安装
030703002	柔性软风管阀门	1. 名称 2. 规格 3. 材质 4. 类型			阀体安装
030703003	铝蝶阀	1. 名称 2. 规格 3. 质量 4. 类型			
030703004	不锈钢蝶阀				
030703005	塑料阀门	1. 名称 2. 型号 3. 规格 4. 类型			
030703006	玻璃钢蝶阀				
030703007	碳钢风口、散流器、百叶窗	1. 名称 2. 型号 3. 规格 4. 质量 5. 类型 6. 形式			1. 风口制作、安装 2. 散流器制作、安装 3. 百叶窗安装
030703008	不锈钢风口、散流器、百叶窗	1. 名称 2. 型号 3. 规格 4. 质量 5. 类型 6. 形式			1. 风口制作、安装 2. 散流器制作、安装
030703009	塑料风口、散流器、百叶窗				
030703010	玻璃钢风口	1. 名称 2. 型号 3. 规格 4. 类型 5. 形式			风口安装
030703011	铝及铝合金风口、散流器				1. 风口制作、安装 2. 散流器制作、安装
030703012	碳钢风帽	1. 名称 2. 规格 3. 质量 4. 类型 5. 形式 6. 风帽筝绳、泛水设计要求			1. 风帽制作、安装 2. 筒形风帽滴水盘制作、安装 3. 风帽筝绳制作、安装 4. 风帽泛水制作、安装
030703013	不锈钢风帽				
030703014	塑料风帽				
030703015	铝板伞形风帽				1. 板伞形风帽制作、安装 2. 风帽筝绳制作、安装 3. 风帽泛水制作、安装
030703016	玻璃钢风帽				1. 玻璃钢风帽安装 2. 筒形风帽滴水盘安装 3. 风帽筝绳安装 4. 风帽泛水安装
030703017	碳钢罩类	1. 名称 2. 型号 3. 规格 4. 质量 5. 类型 6. 形式 7. 罩类材质			罩类制作、安装
030703018	塑料罩类	1. 名称 2. 型号 3. 规格 4. 质量 5. 类型 6. 形式			1. 罩类制作 2. 罩类安装

续表

项目编码	项目名称	项目特征	计量单位	工程量计算规则	工作内容
030703019	柔性接口	1. 名称 2. 规格 3. 材质 4. 类型 5. 形式	m^2	按设计图示尺寸以展开面积计算	1. 柔性接口制作 2. 柔性接口安装
030703020	消声器	1. 名称 2. 规格 3. 材质 4. 形式 5. 质量 6. 支架形式、材质	个	按设计图示数量计算	1. 消声器制作 2. 消声器安装 3. 支架制作安装
030703021	静压箱	1. 名称 2. 规格 3. 形式 4. 材质 5. 支架形式、材质	1. 个 2. m^2	1. 按设计图示数量计算 2. 按设计图示尺寸以展开面积计算	1. 静压箱制作、安装 2. 支架制作、安装

注：1. 碳钢阀门包括：空气加热器上通阀、空气加热器旁通阀、圆形瓣式启动阀、风管蝶阀、风管止回阀、密闭式斜插板阀、矩形风管三通调节阀、对开多叶调节阀、风管防火阀、各型风罩调节阀、人防工程密闭阀、自动排气活门等。

2. 塑料阀门包括：塑料蝶阀、塑料插板阀、各型风罩塑料调节阀。

3. 碳钢风口、散流器、百叶窗包括：百叶风口、矩形送风口、矩形空气分布器、风管插板风口、旋转吹风口、圆形散流器、方形散流器、流线型散流器、送吸风口、活动箅式风口、网式风口、钢百叶窗等。

4. 碳钢罩类包括：皮带防护罩、电动机防雨罩、侧吸罩、中小型零件焊接台排气罩、整体分组式槽边侧吸罩、吹吸式槽边通风罩、条缝槽边抽风罩、泥心烘炉排气罩、升降式回转排气罩、上下吸式圆形回转罩、升降式排气罩、手锻炉排气罩。

5. 塑料罩类包括：塑料槽边侧吸罩、塑料槽边风罩、塑料条缝槽边抽风罩。

6. 柔性接口指：金属、非金属软接口及伸缩节。

7. 消声器包括：片式消声器、矿棉管式消声器、聚酯泡沫管式消声器、卡普隆纤维管式消声器、弧形声流式消声器、阻抗复合式消声器、微穿孔板消声器、消声弯头。

8. 通风部件图纸要求制作安装、要求用成品部件只安装不制作，这类特征在项目特征中应明确描述。

9. 静压箱的面积计算：按设计图示尺寸以展开面积计算，不扣除开口的面积。

表 G.4　通风工程检测、调试（编码：030704）

项目编码	项目名称	项目特征	计量单位	工程量计算规则	工作内容
030704001	通风工程检测、调试	系统	系统	按由通风设备、管道及部件等组成的通风系统计算	1. 通风管道风量测定 2. 风压测定 3. 温度测定 4. 各系统风口、阀门调整
030704002	风管漏光试验、漏风试验	漏光试验、漏风试验设计要求	m^2	按设计图纸或规范要求以展开面积计算	通风管道漏光试验、漏风试验

G.5　其他相关问题，应按下列规定处理

1. “通风空调工程”适用于通风（空调）设备及部件、通风管道及部件的制作安装工程。

2. 冷冻机组站内的设备安装及通风机安装，应按本规范附录A机械设备安装工程相关项目编码列项。

3. 冷冻机组站内的管道安装，应按本规范附录H工业管道工程相关项目编码列项。

4. 冷冻站外墙皮以外通往通风空调设备的供热、供冷、供水等管道，应按本规范附录J给排水、采暖、燃气工程相关项目编码列项。

5. 设备和支架的除锈、刷漆、保温及保护层安装，应按本规范附录L刷油、防腐蚀、绝热工程相关项目编码列项。

I　消防工程

表 I.1　水灭火系统（编码：030901）

项目编码	项目名称	项目特征	计量单位	工程量计算规则	工作内容
030901001	水喷淋钢管	1. 安装部位 2. 材质、规格 3. 连接形式 4. 钢管镀锌设计要求 5. 压力试验及冲洗设计要求 6. 管道标识设计要求	m	按设计图示管道中心线以长度计算	1. 管道及管件安装 2. 钢管镀锌及二次安装 3. 压力试验 4. 冲洗 5. 管道标识
030901002	消火栓钢管				
030901003	水喷淋（雾）喷头	1. 安装部位 2. 材质、型号、规格 3. 连接形式 4. 装饰盘材质、型号	个	按设计图示数量计算	1. 安装 2. 装饰盘安装 3. 严密性试验
030901004	报警装置	1. 名称 2. 型号、规格	组		安装
030901005	温感式水幕装置	1. 型号、规格 2. 连接形式	组		安装
030901006	水流指示器	1. 规格、型号 2. 连接形式	个		
030901007	减压孔板	1. 材质、规格 2. 连接形式			
030901008	末端试水装置	1. 规格 2. 组装形式	组		
030901009	集热板制作安装	1. 材质 2. 支架形式	个		1. 制作、安装 2. 支架制作、安装
030901010	室内消火栓	1. 安装方式 2. 型号、规格 3. 附件材质、规格	套		1. 箱体及消火栓安装 2. 配件安装
030901011	室外消火栓				1. 安装 2. 配件安装
030901012	消防水泵接合器	1. 安装部位 2. 型号、规格 3. 附件材质、规格			1. 安装 2. 附件安装
030901013	灭火器	1. 形式 2. 规格、型号	具（组）		设置
030901014	消防水炮	1. 水炮类型 2. 压力等级 3. 保护半径	台		1. 本体安装 2. 调试

注：1. 水灭火管道工程量计算，不扣除阀门、管件及各种组件所占长度以延长米计算。

2. 水喷淋（雾）喷头安装部位应区分有吊顶、无吊顶。

3. 报警装置适用于、湿式报警装置、电动雨淋报警装置、预制作用报警装置等报警装置安装。报警装置安装包括装配管（除水力警铃进水管）的安装，水力警铃进水管并入消防管道工程量。其中：

(1) 湿式报警装置包括内容：湿式阀、蝶阀、装配管、供水压力表、装置压力表、试验阀、泄放试验阀、泄放试验管、试验管流量计、过滤器、延时器、水力警铃、报警截止阀、漏斗、压力开关等。

(2) 干湿两用报警装置包括内容：两用阀、蝶阀、装配管、加速器、加速器压力表、供水压力表、试验阀、泄放试验阀(湿式、干式)、挠性接头、泄放试验管、试验管流量计、排气阀、截止阀、漏斗、过滤器、延时器、水力警铃、压力开关等。

(3) 电动雨淋报警装置包括内容：雨淋阀、蝶阀、装配管、压力表、泄放试验阀、流量表、截止阀、注水阀、止回阀、电磁阀、排水阀、手动应急球阀、报警试验阀、漏斗、压力开关、过滤器、水力警铃等。

(4) 预作用报警装置包括内容：报警阀、控制蝶阀、压力表、流量表、截止阀、排放阀、注水阀、止回阀、泄放阀、报警试验阀、液压切断阀、装配管、供水检验管、气压开关、试压电磁阀、空压机、应急手动试压器、漏斗、过滤器、水力警铃等。

4. 温感式水幕装置，包括给水三通至喷头、阀门间的管道、管件、阀门、喷头等全部内容的安装。

5. 末端试水装置，包括压力表、控制阀等附件安装。末端试水装置安装中不含连接管及排水管安装，其工程量并入消防管道。

6. 室内消火栓，包括消火栓箱、消火栓、水枪、水龙头、水龙带接扣、自救卷盘、挂架、消防按钮；落地消火栓箱包括箱内手提灭火器。

7. 室外消火栓，安装方式分地上式、地下式；地上式消火栓安装包括地上式消火栓、法兰接管、弯管底座；地下式消火栓安装包括地下式消火栓、法兰接管、弯管底座或消火栓三通。

8. 消防水泵接合器，包括法兰接管及弯头安装，接合器井内阀门、弯管底座、标牌等附件安装。

9. 减压孔板若在法兰盘内安装，其法兰计入组价中。

10. 消防水炮：分普通手动水炮、智能控制水炮。

表 I.4　火灾自动报警系统（编码：030904）

项目编码	项目名称	项目特征	计量单位	工程量计算规则	工作内容
030904001	点型探测器	1. 名称 2. 规格 3. 线制 4. 类型	个	按设计图示数量计算	1. 探头安装 2. 底座安装 3. 校接线 4. 编码 5. 探测器调试
030904002	线型探测器	1. 名称 2. 规格 3. 安装方式	m		1. 探测器安装 2. 接口模块安装 3. 报警终端安装 4. 校接线 5. 调试
030904003	按钮	1. 名称 2. 规格	个		1. 安装 2. 校接线 3. 编码 4. 调试
030904004	消防警铃				
030904005	声光报警器				
030904006	消防报警电话插孔(电话)	1. 名称 2. 规格 3. 安装方式	个(部)		
030904007	消防广播(扬声器)	1. 名称 2. 功率 3. 安装方式	个		
030904008	模块(模块箱)	1. 名称 2. 规格 3. 类型 4. 输出形式	个(台)		1. 安装 2. 校接线 3. 编码 4. 调试
030904009	区域报警控制箱	1. 多线制 2. 总线制 3. 安装方式 4. 控制点数量 5. 显示器类型	台		1. 本体安装 2. 校接线、摇测绝缘电阻 3. 排线、绑扎、导线标识 4. 显示器安装 5. 调试
030904010	联动控制箱				
030904011	远程控制箱(柜)	1. 规格 2. 控制回路			
030904012	火灾报警系统控制主机	1. 规格、线制 2. 控制回路 3. 安装方式			1. 安装 2. 校接线 3. 调试
030904013	联动控制主机				
030904014	消防广播及对讲电话主机(柜)				
030904015	火灾报警控制微机(CRT)	1. 规格 2. 安装方式		按设计图示数量计算	1. 安装 2. 调试
030904016	备用电源及电池主机(柜)	1. 名称 2. 容量 3. 安装方式	套		

注：1. 消防报警系统配管、配线、接线盒均应按本规范附录D电气设备安装工程相关项目编码列项。
2. 消防广播及对讲电话主机包括功放、录音机、分配器、控制柜等设备。
3. 报警联动一体机按消防报警系统控制主机计算。
4. 点型探测器包括火焰、烟感、温感、红外光束、可燃气体探测器等。

表 I.5　消防系统调试（编码：030905）

项目编码	项目名称	项目特征	计量单位	工程量计算规则	工作内容
030905001	自动报警系统装置调试	点数 线制	系统	按设计图示数量计算	系统装置调试
030905002	水灭火系统控制装置调试				
030905003	防火控制装置联动调试	1. 名称 2. 类型	个		调试

1. 自动报警系统包括各种探测器、报警按钮、报警控制器组成的报警系统；按不同点数以系统计算。
2. 水灭火系统控制装置，是由消火栓、自动喷水灭火等组成的灭火系统装置；按不同点数以系统计算。
3. 防火控制装置联动调试，包括电动防火门、防火卷帘门、正压送风阀、排烟阀、防火控制阀等防火控制装置。

I.6　其他相关问题，应按下列规定处理

1. 管道界限的划分

(1) 喷淋系统水灭火管道：室内外界限应以建筑物外墙皮 1.5m 为界，入口处设阀门者应以阀门为界；设在高层建筑物内消防泵间管道应以泵间外墙皮为界。

(2) 消火栓管道：给水管道室内外界限划分应以外墙皮 1.5m 为界，入口处设阀门者应以阀门为界。

(3) 与市政给水管道的界限：以水表井为界；无水表井的，以与市政给水管道碰头点为界。

2. 凡涉及管沟及井类的土石方开挖、垫层、基础、砌筑、抹灰、地井盖板预制安装、回填、运输，路面开挖及修复、管道支墩等，应按《房屋建筑与装饰工程计量规范》、《市政工程计量规范》相关项目编码列项。

3. 消防水泵房内的管道，应按本规范附录 H 工业管道工程相关项目编码列项；消防管道如需进行探伤，应按本规范附录 H 工业管道工程相关项目编码列项。

4. 消防管道上的阀门、管道及设备支架、套管制作安装，应按本规范附录 J 给排水、采暖、燃气工程相关项目编码列项。

5. 本章管道及设备除锈、刷油、保温除注明者外，均应按本规范附录 L 刷油、防腐蚀、绝热工程相关项目编码列项。

6. 消防工程措施项目，应按本规范附录 M 措施项目相关项目编码列项。

J　给排水、采暖、燃气工程

表 J.1　给排水、采暖、燃气管道（编码：031001）

项目编码	项目名称	项目特征	计量单位	工程量计算规则	工作内容
031001001	镀锌钢管	1. 安装部位 2. 介质 3. 规格、压力等级 4. 连接形式 5. 压力试验及吹、洗设计要求	m	按设计图示管道中心线以长度计算	1. 管道安装 2. 管件制作、安装 3. 压力试验 4. 吹扫、冲洗
031001002	钢管				
031001003	不锈钢管				
031001004	铜管				
031001005	铸铁管	1. 安装部位 2. 介质 3. 材质、规格 4. 连接形式 5. 接口材料 6. 压力试验及吹、洗设计要求 7. 警示带形式		按设计图示管道中心线以长度计算	1. 管道安装 2. 管件安装 3. 压力试验 4. 吹扫、冲洗 5. 警示带铺设
031001006	塑料管	1. 安装部位 2. 介质 3. 材质、规格 4. 连接形式 5. 压力试验及吹、洗设计要求 6. 警示带形式			1. 管道安装 2. 管件安装 3. 塑料卡固定 4. 压力试验 5. 吹扫、冲洗 6. 警示带铺设
031001007	复合管				

注：1. 安装部位，指管道安装在室内、室外。
2. 输送介质包括给水、排水、中水、雨水、热媒体、燃气、空调水等。
3. 方形补偿器制作安装，应含在管道安装综合单价中。
4. 铸铁管安装适用于承插铸铁管、球墨铸铁管、柔性抗震铸铁管等。
5. 塑料管安装：
(1) 适用于 UPVC、PVC、PP-C、PP-R、PE、PB 管等塑料管材；
(2) 项目特征应描述是否设置阻火圈或止水环，按设计图纸或规范要求计入综合单价中。
6. 复合管安装适用于钢塑复合管、铝塑复合管、钢骨架复合管等复合型管道安装。
7. 排水管道安装包括立管检查口、透气帽。
8. 管道工程量计算不扣除阀门、管件（包括减压器、疏水器、水表、伸缩器等组成安装）及附属构筑物所占长度；方形补偿器以其所占长度列入管道安装工程量。
9. 压力试验按设计要求描述试验方法，如水压试验、气压试验、泄漏性试验、闭水试验、通球试验、真空试验等。
10. 吹、洗按设计要求描述吹扫、冲洗方法，如水冲洗、消毒冲洗、空气吹扫等。

表 J.2　支架及其他（编码：031002）

<table>
<tr><th>项目编码</th><th>项目名称</th><th>项目特征</th><th>计量单位</th><th>工程量计算规则</th><th>工作内容</th></tr>
<tr><td>031002001</td><td>管道支吊架</td><td>1. 材质
2. 管架形式
3. 支吊架衬垫材质
4. 减震器形式及做法</td><td rowspan="2">1. kg
2. 套</td><td rowspan="2">1. 以 kg 计量，按设计图示质量计算
2. 以套计量，按设计图示数量计算</td><td rowspan="2">1. 制作
2. 安装</td></tr>
<tr><td>031002002</td><td>设备支吊架</td><td>1. 材质
2. 形式</td></tr>
<tr><td>031002003</td><td>套管</td><td>1. 类型
2. 材质
3. 规格
4. 填料材质
5. 除锈、刷油材质及做法</td><td>个</td><td>按设计图示数量计算</td><td>1. 制作
2. 安装
3. 除锈、刷油</td></tr>
<tr><td>031002004</td><td>减震装置制作、安装</td><td>1. 型号、规格
2. 材质
3. 安装形式</td><td>台</td><td>按设计图示，以需要减震的设备数量计算</td><td>1. 制作
2. 安装</td></tr>
</table>

注：1. 单件支架质量 100kg 以上的管道支吊架执行设备支吊架制作安装。

2. 成品支吊架安装执行相应管道支吊架或设备支吊架项目，不再计取制作费，支吊架本身价值含在综合单价中。

3. 套管制作安装，适用于穿基础、墙、楼板等部位的防水套管、填料套管、无填料套管及防火套管等，应分别列项。

4. 减震装置制作、安装，项目特征要描述减震器型号、规格及数量。

表 J.3　管道附件（编码：031003）

<table>
<tr><th>项目编码</th><th>项目名称</th><th>项目特征</th><th>计量单位</th><th>工程量计算规则</th><th>工作内容</th></tr>
<tr><td>031003001</td><td>螺纹阀门</td><td rowspan="3">1. 类型
2. 材质
3. 规格、压力等级
4. 连接形式
5. 焊接方法</td><td rowspan="4">个</td><td rowspan="14">按设计图示数量计算</td><td rowspan="4">安装</td></tr>
<tr><td>031003002</td><td>螺纹法兰阀门</td></tr>
<tr><td>031003003</td><td>焊接法兰阀门</td></tr>
<tr><td>031003004</td><td>带短管甲乙阀门</td><td>1. 材质
2. 规格、压力等级
3. 连接形式
4. 接口方式及材质</td></tr>
<tr><td>031003005</td><td>减压器</td><td rowspan="3">1. 材质
2. 规格、压力等级
3. 连接形式
4. 附件名称、规格、数量</td><td rowspan="3">组</td><td rowspan="3">1. 组成
2. 安装</td></tr>
<tr><td>031003006</td><td>疏水器</td></tr>
<tr><td>031003007</td><td>除污器（过滤器）</td></tr>
<tr><td>031003008</td><td>补偿器</td><td>1. 类型
2. 材质
3. 规格、压力等级
4. 连接形式</td><td rowspan="2">个</td><td rowspan="3">安装</td></tr>
<tr><td>031003009</td><td>软接头</td><td>1. 材质
2. 规格
3. 连接形式</td></tr>
<tr><td>031003010</td><td>法兰</td><td>1. 材质
2. 规格、压力等级
3. 连接形式</td><td>副（片）</td></tr>
<tr><td>031003011</td><td>水表</td><td>1. 安装部位（室内外）
2. 型号、规格
3. 连接形式
4. 附件名称、规格、数量</td><td>组</td><td>1. 组成
2. 安装</td></tr>
</table>

续表

项目编码	项目名称	项目特征	计量单位	工程量计算规则	工作内容
031003012	倒流防止器	1. 材质 2. 型号、规格 3. 连接形式	套	按设计图示数量计算	安装
031003013	热量表	1. 类型 2. 型号、规格 3. 连接形式	块		
031003014	塑料排水管消声器	1. 规格 2. 连接形式	个		
031003015	浮标液面计		组		
031003016	浮漂水位标尺	1. 用途 2. 规格	套		

注：1. 法兰阀门安装包括法兰安装，不得另计法兰安装。阀门安装如仅为一侧法兰连接时，应在项目特征中描述。

2. 塑料阀门连接形式需注明热熔连接、粘接、热风焊接等方式。

3. 减压器规格按高压侧管道规格描述。

4. 减压器、疏水器、除污器（过滤器）项目包括组成与安装，项目特征应描述所配阀门、压力表、温度计等附件的规格和数量。

5. 水表安装项目，项目特征应描述所配阀门等附件的规格和数量。

6. 所有阀门、仪表安装中均不包括电气接线及测试，发生时按本规范附录D电气设备安装工程相关项目编码列项。

表 J.4 卫生器具（编码：031004）

项目编码	项目名称	项目特征	计量单位	工程量计算规则	工作内容
031004001	浴缸	1. 材质 2. 规格、类型 3. 组装形式 4. 附件名称、数量	组	按设计图示数量计算	1. 器具安装 2. 附件安装
031004002	净身盆				
031004003	洗脸盆				
031004004	洗涤盆				
031004005	化验盆				
031004006	大便器				
031004007	小便器				
031004008	其他成品卫生器具				
031004009	烘手器	1. 材质 2. 型号、规格	个		安装
031004010	淋浴器	1. 材质、规格 2. 组装形式 3. 附件名称、数量	套		1. 器具安装 2. 附件安装
031004011	淋浴间				
031004012	桑拿浴房				
031004013	大、小便槽自动冲洗水箱制作安装	1. 材质、类型 2. 规格 3. 水箱配件 4. 支架形式及做法 5. 器具及支架除锈、刷油设计要求	套		1. 制作 2. 安装 3. 支架制作、安装 4. 除锈、刷油
031004014	给、排水附件	1. 材质 2. 型号、规格 3. 安装方式	个 （组）		安装
031004015	小便槽冲洗管制作安装	1. 材质 2. 规格	m	按设计图示长度计算	1. 制作 2. 安装

续表

项目编码	项目名称	项目特征	计量单位	工程量计算规则	工作内容
031004016	蒸汽-水加热器制作安装	1. 类型 2. 型号、规格 3. 安装方式	套	按设计图示数量计算	1. 制作 2. 安装
031004017	冷热水混合器制作安装				
031004018	饮水器				

注：1. 成品卫生器具项目中的附件安装，主要指给水附件包括水嘴、阀门、喷头等，排水配件包括存水弯、排水栓、下水口等以及配备的连接管。

2. 浴缸支座和浴缸周边的砌砖、瓷砖粘贴，应按《房屋建筑与装饰工程计量规范》相关项目编码列项；功能性浴缸不含电机接线和调试，应按本规范附录D电气设备安装工程相关项目编码列项。

3. 洗脸盆适用于洗脸盆、洗发盆、洗手盆安装。

4. 器具安装中若采用混凝土或砖基础，应按《房屋建筑与装饰工程计量规范》相关项目编码列项。

表 J.5 供暖器具（编码：031005）

项目编码	项目名称	项目特征	计量单位	工程量计算规则	工作内容
031005001	铸铁散热器	1. 型号、规格 2. 安装方式 3. 托架形式 4. 器具、托架除锈、刷油设计要求	片（组）	按设计图示数量计算	1. 组对、安装 2. 水压试验 3. 托架制作、安装 4. 除锈、刷油
031005002	钢制散热器	1. 结构形式 2. 型号、规格 3. 安装方式 4. 托架刷油设计要求	组（片）		1. 安装 2. 托架安装 3. 托架刷油
031005003	其他成品散热器	1. 材质、类型 2. 型号、规格 3. 托架刷油设计要求	组（片）	按设计图示数量计算	1. 安装 2. 托架安装 3. 托架刷油
031005004	光排管散热器制作安装	1. 材质、类型 2. 型号、规格 3. 托架形式及做法 4. 器具、托架除锈、刷油设计要求	m	按设计图示排管长度计算	1. 制作、安装 2. 水压试验 3. 除锈、刷油
031005005	暖风机	1. 质量 2. 型号、规格 3. 安装方式	台	按设计图示数量计算	安装
031005006	地板辐射采暖	1. 保温层及钢丝网设计要求 2. 管道材质 3. 型号、规格 4. 管道固定方式 5. 压力试验及吹扫设计要求	1. m^2 2. m	1. 以m^2计量，按设计图示采暖房间净面积计算 2. 以m计量，按设计图示管道长度计算	1. 保温层及钢丝网铺设 2. 管道排布、绑扎、固定 3. 与分水器连接 4. 水压试验、冲洗 5. 配合地面浇注
031005007	热媒集配装置制作、安装	1. 材质 2. 规格 3. 附件名称、规格、数量	台	按设计图示数量计算	1. 制作 2. 安装 3. 附件安装
031005008	集气罐制作安装	1. 材质 2. 规格	个		1. 制作 2. 安装

注：1. 铸铁散热器，包括拉条制作安装。

2. 钢制散热器结构形式，包括钢制闭式、板式、壁板式、扁管式及柱式散热器等，应分别列项计算。

3. 光排管散热器，包括联管制作安装。

4. 地板辐射采暖，管道固定方式包括固定卡、绑扎等方式；包括与分集水器连接和配合地面浇注用工。

表 J.6　采暖、给排水设备（编码：031006）

项目编码	项目名称	项目特征	计量单位	工程量计算规则	工作内容
031006001	变频调速给水设备	1. 压力容器名称、型号、规格 2. 水泵主要技术参数 3. 附件名称、规格、数量	套	按设计图示数量计算	1. 设备安装 2. 附件安装 3. 调试
031006004	稳压给水设备				
031006005	无负压给水设备				
031006006	气压罐	1. 型号、规格 2. 安装方式	台		1. 安装 2. 调试
031006007	太阳能集热装置	1. 型号、规格 2. 安装方式 3. 附件名称、规格、数量	套		1. 安装 2. 附件安装
031006008	地源（水源、气源）热泵机组	1. 型号、规格 2. 安装方式	组		安装
031006014	电热水器、开水炉	1. 能源种类 2. 型号、容积 3. 安装方式	台	按设计图示数量计算	1. 安装 2. 附件安装
031006016	直饮水设备	1. 名称 2. 规格	套	按设计图示数量计算	安装
031006017	水箱制作安装	1. 材质、类型 2. 型号、规格	台		1. 制作 2. 安装

注：1. 变频调速给水设备、稳压给水设备、无负压给水设备安装，说明：
(1) 压力容器包括气压罐、稳压罐、无负压罐；
(2) 水泵包括主泵及备用泵，应注明数量；
(3) 附件包括给水装置中配备的阀门、仪表、软接头，应注明数量，含设备、附件之间管路连接；
(4) 泵组底座安装，不包括基础砌（浇）筑，应按《房屋建筑与装饰工程计量规范》相关项目编码列项；
(5) 变频控制柜安装及电气接线、调试应按本规范附录 D 电气设备安装工程相关项目编码列项。
2. 地源热泵机组，接管以及接管上的阀门、软接头、减震装置和基础另行计算，应按相关项目编码列项。

表 J.9　采暖、空调水工程系统调试（编码：031009）

项目编码	项目名称	项目特征	计量单位	工程量计算规则	工作内容
031009001	采暖工程系统调试	系统形式	系统	按采暖工程系统计算	系统调试
031009002	空调水工程系统调试			按空调水工程系统计算	

注：1. 由采暖管道、管件、阀门、法兰、供暖器具组成采暖工程系统。
2. 由空调水管道、管件、阀门、法兰、冷水机组组成空调水工程系统。

J.10　其他相关问题，应按下列规定处理

1. 管道界限的划分

1）给水管道室内外界限划分：以建筑物外墙皮 1.5m 为界，入口处设阀门者以阀门为界。与市政给水管道的界限应以水表井为界；无水表井的，应以与市政给水管道碰头点为界。

2）排水管道室内外界限划分：应以出户第一个排水检查井为界。室外排水管道与市政排水界限应以与市政管道碰头井为界。

3）采暖热源管道室内外界限划分：应以建筑物外墙皮 1.5m 为界，入口处设阀门者应以阀门为界；与工业管道界限的应以锅炉房或泵站外墙皮 1.5m 为界。

2. 凡涉及管沟及井类的土石方开挖、垫层、基础、砌筑、抹灰、井盖板预制安装、回

填、运输，路面开挖及修复、管道支墩等，应按《房屋建筑与装饰工程计量规范》、《市政工程计量规范》相关项目编码列项。

3. 凡涉及管道热处理、无损探伤的工作内容，均应按本规范附录H工业管道工程相关项目编码列项。

4. 医疗气体管道及附件，应按本规范附录H工业管道工程相关项目编码列项。

5. 凡涉及管道、设备及支架除锈、刷油、保温的工作内容除注明者外，均应按本规范附录L刷油、防腐蚀、绝热工程相关项目编码列项。

6. 凿槽（沟）、打洞项目，应按本规范附录D电气设备安装工程相关项目编码列项。

L 刷油、防腐蚀、绝热工程

表L.1 刷油工程（编码：031201）

项目编码	项目名称	项目特征	计量单位	工程量计算规则	工作内容
031201001	管道刷油	1. 除锈级别 2. 油漆品种 3. 涂刷遍数、漆膜厚度 4. 标志色方式、品种	1. m^2 2. m	1. 以 m^2 计量，按设计图示表面积尺寸以面积计算 2. 以m计量，按设计图示尺寸以长度计算	1. 除锈 2. 调配、涂刷
031201002	设备与矩形管道刷油				
031201003	金属结构刷油	1. 除锈级别 2. 油漆品种 3. 结构类型 4. 涂刷遍数、漆膜厚度	1. m^2 2. kg	1. 以 m^2 计量，按设计图示表面积尺寸以面积计算 2. 以kg计量，按金属结构的理论质量计算	
031201004	铸铁管、暖气片刷油	1. 除锈级别 2. 油漆品种 3. 涂刷遍数、漆膜厚度	1. m^2 2. m	1. 以 m^2 计量，按设计图示表面积尺寸以面积计算 2. 以m计量，按设计图示尺寸以长度计算	
031201005	灰面刷油	1. 油漆品种 2. 涂刷遍数、漆膜厚度 3. 涂刷部位	m^2	按设计图示表面积计算	调配、涂刷
031201006	布面刷油	1. 布面品种 2. 油漆品种 3. 涂刷遍数、漆膜厚度 4. 涂刷部位			
031201009	喷漆	1. 除锈级别 2. 油漆品种 3. 喷涂遍数、漆膜厚度 4. 喷涂部位			1. 除锈 2. 调配、喷涂

注：1. 管道刷油以米计算，按图示中心线以延长米计算，不扣除附属构筑物、管件及阀门等所占长度。

2. 涂刷部位：指涂刷表面的部位，如：设备、管道等部位。

3. 结构类型：指涂刷金属结构的类型，如：一般钢结构、管廊钢结构、H型钢钢结构等类型。

4. 设备筒体、管道表面积：$S=\pi\times D\times L$；π-圆周率，D-直径，L-设备筒体高或管道延长米。

5. 设备筒体、管道表面积包括管件、阀门、法兰、人孔、管口凹凸部分。

6. 带封头的设备面积：$S=L\times\pi\times D+(D/2D)\times\pi\times K\times N$；$K$-1.05，$N$-封头个数。

表 L.8 绝热工程（编码：031208）

项目编码	项目名称	项目特征	计量单位	工程量计算规则	工作内容
031208001	设备绝热	1. 绝热材料品种 2. 绝热厚度 3. 设备形式 4. 软木品种	m^3	按图示表面积加绝热层厚度及调整系数计算	1. 安装 2. 软木制品安装
031208002	管道绝热	1. 绝热材料品种 2. 绝热厚度 3. 管道外径 4. 软木品种			
031208003	通风管道绝热	1. 绝热材料品种 2. 绝热厚度 3. 软木品种	1. m^3 2. m^2	1. 以 m^3 计量，按图示表面积加绝热层厚度及调整系数计算 2. 以 m^2 计量，按图示表面积及调整系数计算	
031208004	阀门绝热	1. 绝热材料 2. 绝热厚度 3. 阀门规格	m^3	按图示表面积加绝热层厚度及调整系数计算	安装
031208005	法兰绝热	1. 绝热材料 2. 绝热厚度 3. 法兰规格			
031208006	喷涂、涂抹	1. 材料 2. 厚度 3. 对象	m^2	按图示表面积计算	喷涂、涂抹安装
031208007	防潮层、保护层	1. 材料 2. 厚度 3. 层数 4. 对象 5. 结构形式	1. m^2 2. kg	1. 以 m^2 计量，按图示表面积加绝热层厚度及调整系数计算 2. 以 kg 计量，按图示金属结构质量计算	安装
031208008	保温盒、保温托盘	名称	1. m^2 2. kg	1. 以 m^2 计量，按图示表面积计算 2. 以 kg 计量，按图示金属结构质量计算	制作、安装

注：1. 设备形式指立式、卧式或球形。
2. 层数指一布二油、两布三油等。
3. 对象指设备、管道、通风管道、阀门、法兰、钢结构。
4. 结构形式指钢结构：一般钢结构、H 型钢制结构、管廊钢结构。
5. 如设计要求保温、保冷分层施工需注明。
6. 设备简体、管道绝热工程量 $V=\pi\times(D+1.033\delta)\times1.033\delta\times L$；$\pi$-圆周率；$D$-直径；1.033-调整系数；$\delta$-绝热厚度；$L$-设备筒体高或管道延长米。
7. 设备筒体、管道防潮和保护层工程量 $S=\pi\times(D+2.1\delta+0.0082)\times L$；2.1-调整系数；0.0082-捆扎线直径或钢带厚。
8. 阀门绝热工程量：$V=\pi\times(D+1.033\delta)\times2.5D\times1.033\delta\times1.05\times N$；$N$-阀门个数。
9. 阀门防潮和保护层工程量 $S=\pi\times(D+2.1\delta)\times2.5D\times1.05\times N$；$N$-阀门个数。
10. 法兰绝热工程量：$V=\pi\times(D+1.033\delta)\times1.5D\times1.033\delta\times1.05\times N$；1.05-调整系数；$N$-法兰个数。
11. 法兰防潮和保护层工程量 $S=\pi\times(D+2.1\delta)\times1.5D\times1.05\times N$；$N$-法兰个数。
12. 弯头绝热工程量：$V=\pi\times(D+1.033\delta)\times1.5D\times2\pi\times1.033\delta\times N/B$；$N$-弯头个数；$B$ 值：90°弯头 $B=4$；45°弯头 $B=8$。
13. 弯头防潮和保护层工程量：$S=\pi\times(D+2.1\delta)\times1.5D\times2\pi\times N/B$；$N$-弯头个数；$B$ 值：90°弯头 $B=4$；45°弯头 $B=8$。
14. 绝热工程第二层（直径）工程量：$D=(D+2.1\delta)+0.0082$，依此类推。
15. 计算规则中调整系数按注中的系数执行。
16. 绝热工程前需除锈、刷油，应按本附录 D.13.1 刷油工程相关项目编码列项。

L.13　其他相关问题，应按下列规定处理

1. 刷油、防腐蚀、绝热工程适用于新建、扩建项目中的设备、管道、金属结构等的刷油、防腐蚀、绝热工程。

2. 一般钢结构（包括吊、支、托架、梯子、栏杆、平台）、管廊钢结构以 kg 为计量单位；大于 400mm 型钢及 H 型钢制结构以 m^2 为计量单位，按展开面积计算。

3. 由钢管组成的金属结构的刷油按管道刷油相关项目编码，由钢板组成的金属结构的刷油按 H 型钢刷油相关项目编码。

M　措施项目

表 M.1　一般措施项目（031301）

项目编码	项目名称	工作内容及包含范围
031301001	安全文明施工（含环境保护、文明施工、安全施工、临时设施）	1. 环境保护包含范围：现场施工机械设备降低噪音、防扰民措施费用；水泥和其他易飞扬细颗粒建筑材料密闭存放或采取覆盖措施等费用；工程防扬尘洒水费用；土石方、建渣外运车辆冲洗、防洒漏等费用；现场污染源的控制、生活垃圾清理外运、场地排水排污措施的费用；其他环境保护措施费用 2. 文明施工包含范围："五牌一图"的费用；现场围挡的墙面美化（包括内外粉刷、刷白、标语等）、压顶装饰费用；现场厕所便槽刷白、贴面砖，水泥砂浆地面或地砖费用，建筑物内临时便溺设施费用；其他施工现场临时设施的装饰装修、美化措施费用；现场生活卫生设施费用；符合卫生要求的饮水设备、淋浴、消毒等设施费用；生活用洁净燃料费用；防煤气中毒、防蚊虫叮咬等措施费用；施工现场操作场地的硬化费用；现场绿化费用、治安综合治理费用；现场配备医药保健器材、物品费用和急救人员培训费用；用于现场工人的防暑降温费、电风扇、空调等设备及用电费用；其他文明施工措施费用 3. 安全施工包含范围：安全资料、特殊作业专项方案的编制，安全施工标志的购置及安全宣传的费用；"三宝"（安全帽、安全带、安全网）、"四口"（楼梯口、电梯井口、通道口、预留洞口），"五临边"（阳台围边、楼板围边、屋面围边、槽坑围边、卸料平台两侧），水平防护架、垂直防护架、外架封闭等防护的费用；施工安全用电的费用，包括配电箱三级配电、两级保护装置要求、外电防护措施；起重机、塔吊等起重设备（含井架、门架）及外用电梯的安全防护措施（含警示标志）费用及卸料平台的临边防护、层间安全门、防护棚等设施费用；建筑工地起重机械的检验检测费用；施工机具防护棚及其围栏的安全保护设施费用；施工安全防护通道的费用；工人的安全防护用品、用具购置费用；消防设施与消防器材的配置费用；电气保护、安全照明设施费；其他安全防护措施费用 4. 临时设施包含范围：施工现场采用彩色、定型钢板，砖、砼砌块等围挡的安砌、维修、拆除费或摊销费；施工现场临时建筑物、构筑物的搭设、维修、拆除或摊销的费用；如临时宿舍、办公室，食堂、厨房、厕所、诊疗所、临时文化福利用房、临时仓库、加工场、搅拌台、临时简易水塔、水池等。施工现场临时设施的搭设、维修、拆除或摊销的费用。如临时供水管道、临时供电管线、小型临时设施等；施工现场规定范围内临时简易道路铺设，临时排水沟、排水设施安砌、维修、拆除的费用；其他临时设施费搭设、维修、拆除或摊销的费用
031301002	夜间施工	1. 夜间固定照明灯具和临时可移动照明灯具的设置、拆除 2. 夜间施工时，施工现场交通标志、安全标牌、警示灯等的设置、移动、拆除 3. 包括夜间照明设备摊销及照明用电、施工人员夜班补助、夜间施工劳动效率降低等费用
031301003	非夜间施工照明	为保证工程施工正常进行，在如地下室等特殊施工部位施工时所采用的照明设备的安拆、维护、摊销及照明用电等费用
031301004	二次搬运	包括由于施工场地条件限制而发生的材料、成品、半成品等一次运输不能到达堆放地点，必须进行二次或多次搬运的费用

续表

项目编码	项目名称	工作内容及包含范围
031301005	冬雨季施工	1. 冬雨(风)季施工时增加的临时设施(防寒保温、防雨、防风设施)的搭设、拆除 2. 冬雨(风)季施工时,对砌体、混凝土等采用的特殊加温、保温和养护措施 3. 冬雨(风)季施工时,施工现场的防滑处理、对影响施工的雨雪的清除 4. 包括冬雨(风)季施工时增加的临时设施的摊销、施工人员的劳动保护用品、冬雨(风)季施工劳动效率降低等费用
031301006	已完工程及设备保护	对已完工程及设备采取的覆盖、包裹、封闭、隔离等必要保护措施所发生的费用

注：安全文明施工费是指工程施工期间按照国家现行的环境保护、建筑施工安全、施工现场环境与卫生标准和有关规定，购置和更新施工安全防护用具及设施、改善安全生产条件和作业环境所需要的费用。

表 M. 2　脚手架（编码：031301）

项目编码	项目名称	工作内容及包含范围
031302001	脚手架搭拆	1. 场内、场外材料搬运 2. 搭、拆脚手架 3. 拆除脚手架后材料的堆放

注：脚手架按各附录分别列项。

表 M. 3　高层施工增加（编码：031303）

项目编码	项目名称	工作内容及包含范围
031303001	高层施工增加	1. 高层施工引起的人工工效降低以及由于人工工效降低引起的机械降效。 2. 通信联络设备的使用及摊销

注：1. 单层建筑物檐口高度超过 20m，多层建筑物超过 6 层时，按各附录分别列项。

2. 突出主体建筑物顶的电梯机房、楼梯出口间、水箱间、瞭望塔、排烟机房等不计入檐口高度。计算层数时，地下室不计入层数。

3. 同一建筑物有不同檐高时，以不同檐高分别编码列项。

附　录　二

安装工程计量与计价实务参考教学要求

一、课程的性质及任务

该学习领域是高等职业学院工程造价与建筑管理类专业的核心学习领域，是一门政策性、技术性、经济性和综合性很强的专业必修学习领域，内容多，涉及的知识面广；是以建筑经济学、价格学和市场经济学为理论基础，以建筑施工图识读、设备安装工程施工学习领域为专业基础，与施工组织设计、建筑工程计量与计价、建筑施工管理等学习领域相衔接，是一门研究如何合理地确定安装工程造价的综合性、实践性较强的应用型学习领域。

该学习领域的主要任务是培养学生逻辑思维、分析判断、运用知识的方法能力；提升学生信息交流、团队合作、协调组织的社会能力；使学生熟练掌握安装工程造价构成、安装工程造价计价依据、安装工程消耗量定额应用、工程量清单编制、清单组价的专业知识，具备既懂技术又懂经济的工程项目管理专业能力；以适应专业学习、劳动就业和继续发展的需要。

二、教学目标

本学习领域立足于职业能力的培养，以工作任务为导向进行学习情境教学，组织教学内容，根据不同的安装工程项目选择相应的工作任务，让学生在完成具体项目的过程中来构建相关职业技术知识体系，并发展综合职业能力。安装工程计量与计价实务主要在校内实训基地完成教学任务，在教学区域和实训区域，学生在真实的环境中边学边做，采取工学结合的培养模式，充分开发学习资源，给学生提供丰富的实践机会，为就业与发展奠定基础。

三、知识和能力结构分析

本学习领域以“任务驱动”的方式，构建以提出“任务”、分析“任务”、实施“任务”为主线的能力培养进行教学内容安排，在课程内容编排上，考虑到学生的认知水平，由浅入深地安排课程内容，实现能力的递进，能力的递进不是根据流程的先后关系确定的，而是按工作任务的难易程度确定的。每个学习情境内容设计为：安装工程定额计量与计价，安装工程清单计量与计价，并附有知识拓展的内容。

四、教学起点

（一）教学条件

1. 学生应具有的能力

（1）基本能力：独立搜集信息、分析资料的能力；逻辑思维与空间想象能力；小组合作能力；与人交流、演讲能力。

（2）专业能力：建筑安装工程施工图识读的能力；掌握建筑设备安装施工技术的基本知识和实践操作；编制施工组织设计、参与施工管理的能力。

2. 教师应具有的能力

（1）基本能力：教育学能力；专业理论知识与实践能力；管理学生的能力；与学生沟通的能力；计算机应用的能力；进行情境化教学过程设计和实施的能力。

（2）专业能力：能进行不同建筑安装工程的计量与计价；有关安装工程施工项目造价管

理的实践经验；有关工程计量与计价、成本控制方面的丰富知识和熟练技能；有一定的工程合同管理、工程经济以及工程财务方面的知识。

（二）教学方法

（1）在教学过程中，应立足于加强学生实际操作能力的培养，多采用项目教学法、演示教学法、四步法等，进行情境教学，以具体工作任务引领提高学生的学习兴趣，激发学生的成就动机。

（2）通过典型的工程任务，由教师提出要求或示范，组织学生进行实践，注重“教”与“学”的互动，让学生在活动中掌握本学习领域的职业能力，提高职业道德。

（3）在教学过程中，应要创设工作情境，同时应加大实践的容量，在实践过程中，使学生掌握建筑安装工程计量与计价的编制与操作，提高学生的岗位适应能力。

（三）教学组织

（1）在教学过程中，应发挥多媒体、工程资料、网络资料、学生工作页等教学资源辅助教学的作用，采用小组工作、现场观摩、专项训练、过程演示等方式，帮助学生理解安装工程计量与计价编制与操作的要点，在真实氛围下学习实践。

（2）充分发挥校内外实训基地作用，应配备1～2名有多年工作经验的兼职教师或双师素质的专任教师组织教学，学生的学习任务可来源于真实的施工项目，其成果直接或间接用于施工项目。

（3）项目教学课时应集中安排，以适应工作任务连续完成的需要。

（4）每一学习情境都应按照资讯、计划决策、实施、检查评价四步法组织教学，符合学生工作过程的认知规律和职业成长规律。

（四）教学手段

包括：工程图纸；学生工作页；视频片断；建筑模型；工程现场；规范标准；施工手册；网络平台；黑板、多媒体。

五、课时分配表

课时分配表

序 号	学习情境	参考学时
1	给排水工程计量与计价	20
2	采暖工程计量与计价	10
3	电气照明工程计量与计价	20
4	消防工程计量与计价	20
5	通风空调工程计量与计价	20

六、考核方式

建立体现工学结合的考核机制，实践多种考核方法，注重岗位技能以及对知识的理解能力、运用能力的考核，使学生在岗位技能训练中积极主动，充分发挥考核的导向功能和激励功能，促进学生专业能力和创新意识的提高。

（1）考核包括笔试考核和实践技能考核两部分，以实践技能考核为主（占成绩的60%），笔试考核为辅（占成绩的40%），实践技能部分考核不及格定为考试不通过。

（2）笔试考核（包括基础知识、理论知识、应用知识）；技能考核（包括出勤率、工作计划、工作实施、工作检查、操作技能、独立性、团队合作、成果质量、成果整理）。

参 考 文 献

[1] 全国建设工程造价员从业资格考试山西省培训教材．太原：山西科学技术出版社，2013.

[2] 汤万龙，刘玲．建筑设备安装识图与施工工艺．北京：中国建筑工业出版社，2004.

[3] 孙光远．建筑设备与识图．北京：高等教育出版社，2005.

[4] 张雪莲，张清．建筑水电安装工程预算（修订本）．武汉：武汉理工大学出版社，2004.

[5] 李立强，李万胜，林圣源．建筑设备安装工程看图施工．北京：中国电力出版社，2006.

[6] 姜湘山．建筑给水排水·暖通·空调设计问答实录．北京：机械工业出版社，2007.

[7] 中华人民共和国国家标准．建设工程工程量清单计价规范（GB 50500—2013）．北京：中国计划出版社，2008.

[8] 王丽．安装工程预算与施工组织设计．北京：中国建筑工业出版社，2005.

[9] 马志彪，贾永康．建筑卫生设备．内蒙古：内蒙古人民出版社，2005.

[10] 景星蓉，杨宾．建筑设备安装工程预算．北京：中国建筑工业出版社，2004.

[11] 冷风，刘东．通风空调工程预算知识问答．北京：机械工业出版社，2004.

[12] 张玉萍．建筑设备工程．北京：中国建材工业出版社，2005.

[13] 贾宝秋，马少华．建筑工程技术与计量（安装工程部分）．北京：中国计划出版社，2006.

[14] 马铁椿．建筑设备．北京：高等教育出版社，2003.

[15] 李作富，李德兴．电气设备安装工程预算知识问答．北京：机械工业出版社，2006.